U0323246

铝 箔 生 产 技 术

Aluminum Foil Production Technology

杨 钢　陈亮维　岳有成　编著

北 京
冶 金 工 业 出 版 社
2017

内 容 提 要

本书较系统地论述了铝箔生产过程，包括生产工艺、技术装备、常见质量问题及对策、组织性能分析等。全书分为上、下篇，共 15 章。上篇内容主要包括：绪言；铝箔连铸连轧；铝箔热轧；铝箔冷轧；箔轧；铝箔热处理；铝箔生产设备。下篇内容主要包括：铝液熔炼；熔体除气净化工艺对超薄铝箔质量的影响；合金成分控制工艺对超薄铝箔质量的影响；Al_5Ti_1B 晶粒细化剂对超薄铝箔质量的影响；1235 连续铸轧铝箔坯料的组织和性能研究；均匀化退火、中间退火对 1235 铝箔坯料组织和性能的影响；超薄双零铝箔的成品退火工艺及其影响。

本书内容翔实，注重理论性，突出实用性，可供从事铝箔生产加工技术及相关技术人员阅读，也可供高等院校材料类及相关工程类专业的师生参考。

图书在版编目（CIP）数据

铝箔生产技术/杨钢，陈亮维，岳有成编著 . —北京：冶金工业出版社，2017. 1
ISBN 978-7-5024-7358-7

Ⅰ. ①铝…　Ⅱ. ①杨…　②陈…　③岳…　Ⅲ. ①铝—金属箔—生产工艺　Ⅳ. ①TQ146. 2

中国版本图书馆 CIP 数据核字（2016）第 233106 号

出 版 人　谭学余
地　　　址　北京市东城区嵩祝院北巷 39 号　邮编　100009　电话　(010)64027926
网　　　址　www. cnmip. com. cn　电子信箱　yjcbs@ cnmip. com. cn
责任编辑　杨盈园　美术编辑　杨 帆　版式设计　彭子赫
责任校对　卿文春　责任印制　李玉山
ISBN 978-7-5024-7358-7
冶金工业出版社出版发行；各地新华书店经销；固安华明印业有限公司印刷
2017 年 1 月第 1 版，2017 年 1 月第 1 次印刷
169mm × 239mm；24.75 印张；482 千字；379 页
78.00 元

冶金工业出版社　投稿电话　(010)64027932　投稿信箱　tougao@ cnmip. com. cn
冶金工业出版社营销中心　电话　(010)64044283　传真　(010)64027893
冶金书店　地址　北京市东四西大街 46 号(100010)　电话　(010)65289081(兼传真)
冶金工业出版社天猫旗舰店　yjgycbs. tmall. com
（本书如有印装质量问题，本社营销中心负责退换）

前　　言

铝箔具有无毒、无味、防潮、密闭性好、密度低等优点，广泛应用于包装、散热器、电力电容器等方面，已成为日常生活中不可缺少的重要产品。铝箔生产工艺复杂、技术难度大、坯料质量要求高，需要经历熔炼、铸轧或热轧、冷轧、热处理、分切等一系列工序，是铝加工中生产工序最长、加工技术难度最大的产品之一。

近年来，我国围绕铝箔加工技术从坯料制备、轧制及热处理等方面开展了深入研究，突破了采用铸轧坯料制备超薄铝箔的关键技术，为超薄铝箔的短流程化和低成本化的生产方向提供了技术支撑。

本书的编著人员从事铝箔生产与技术研究工作多年，将积累的较丰富的原始实验数据以及收集到的国内外相关资料进行了整理并精心编著成此书。全书分为上、下篇，较为全面地介绍了铝箔的生产过程，包括生产工艺、技术装备、常见质量问题及对策、组织性能分析等。本书在内容上突出理论性和实用性，注重理论与实践有机结合，力求全面、实用，对从事铝箔生产加工技术及相关技术人员将有很大帮助。

本书上篇由杨钢和陈亮维编写，岳有成校对；下篇第8章由杨钢、陈亮维编写；第9章由杨钢、饶竹贵编写；第10章由杨钢、岳有成编写；第11章由陈亮维、饶竹贵编写；第12章由陈亮维、毛宏亮编写；第13章由杨钢、岳有成编写；第14章由陈亮维、岳有成编写；第15章由杨钢、岳有成编写。

在本书的编写过程中，得到了云南浩鑫铝箔有限公司的领导和专业技术人员的大力支持，在此特向他们表示衷心感谢！

　　由于铝箔加工工艺流程复杂，新技术的发展及应用日新月异，而我们的经验和水平有限，书中若有不妥之处，欢迎读者批评指正。

作　者

2016 年 8 月

目　录

上　篇

1　绪言 ……………………………………………………………………………… 3

1.1　铝箔分类 …………………………………………………………………… 3

1.1.1　铝箔按厚度分类法 ………………………………………………… 3

1.1.2　铝箔按形状分类法 ………………………………………………… 3

1.1.3　铝箔按组织状态分类法 …………………………………………… 3

1.1.4　铝箔按表面状态分类法 …………………………………………… 4

1.1.5　铝箔按加工状态分类法 …………………………………………… 4

1.2　铝箔材料成分 ……………………………………………………………… 4

1.2.1　铝箔材料的合金体系和化学成分 ………………………………… 4

1.2.2　铝箔材料中的二元化合物 ………………………………………… 6

1.2.3　铝箔材料中的多元化合物 ………………………………………… 9

1.3　铝箔的性能 ………………………………………………………………… 12

1.3.1　铝箔的防潮性能 …………………………………………………… 12

1.3.2　铝箔的绝热性能 …………………………………………………… 13

1.3.3　铝箔的热学性能 …………………………………………………… 13

1.3.4　铝箔的电学性能 …………………………………………………… 15

1.3.5　铝箔的针孔限制 …………………………………………………… 16

1.3.6　铝箔的尺寸要求 …………………………………………………… 17

1.3.7　铝箔的力学性能 …………………………………………………… 17

1.4　铝箔的应用 ………………………………………………………………… 25

1.4.1　包装用箔 …………………………………………………………… 25

1.4.2　烟箔 ………………………………………………………………… 29

1.4.3　电解电容器用铝箔 ………………………………………………… 29

1.4.4　装饰用箔 …………………………………………………………… 30

1.4.5　电缆箔 ……………………………………………………………… 30

1.4.6　空调箔 ……………………………………………………………… 31

　　1.4.7　其他铝箔 ……………………………………………………… 31
　1.5　铝箔生产方法简介 ………………………………………………… 32
　　1.5.1　叠轧法 ……………………………………………………… 32
　　1.5.2　带式轧制法 …………………………………………………… 32
　　1.5.3　沉积法 ……………………………………………………… 33
　1.6　铝箔加工的工艺装备水平 …………………………………………… 33
　1.7　世界铝箔生产发展的历史 …………………………………………… 34
　1.8　世界铝箔生产的发展趋势与存在问题 ………………………………… 34
　　1.8.1　我国铝箔生产和应用量将高速增长 …………………………… 35
　　1.8.2　工业发达国家铝箔企业数量会有所减少 ……………………… 35
　　1.8.3　铝箔产品的厚度会进一步减小 ………………………………… 35
　　1.8.4　铝箔轧制速度会更快 …………………………………………… 36
　　1.8.5　轧制精度会越来越高 …………………………………………… 36
　　1.8.6　连铸连轧法生产铝箔带坯所占比例会越来越大 ……………… 36
　1.9　我国铝箔生产的发展历史和现状 …………………………………… 36
　　1.9.1　铝箔工艺产业布局不合理 ……………………………………… 39
　　1.9.2　我国铝箔生产企业的生产水平 ………………………………… 39
　　1.9.3　铝箔产品结构不理想 …………………………………………… 39
　　1.9.4　铝箔产品质量不稳定 …………………………………………… 39
　　1.9.5　技术经济指标落后 ……………………………………………… 39
　　1.9.6　我国铝箔需求及发展方向 ……………………………………… 40
　参考文献 ………………………………………………………………… 41

2　铝箔连铸连轧 ………………………………………………………… 43
　2.1　概述 ………………………………………………………………… 43
　　2.1.1　连铸连轧生产简介 ……………………………………………… 43
　　2.1.2　连铸连轧的工艺特点 …………………………………………… 43
　　2.1.3　连铸连轧生产方法分类 ………………………………………… 44
　2.2　板带坯连铸连轧方法 ………………………………………………… 45
　　2.2.1　哈兹莱特（Hazelett）双钢带连铸连轧法 …………………… 45
　　2.2.2　双履带式劳纳法（Casrter Ⅱ） ……………………………… 48
　　2.2.3　凯撒微型双钢带连铸连轧方法 ………………………………… 49
　　2.2.4　轮带式带坯连铸连轧方法 ……………………………………… 50
　2.3　铝箔连铸连轧法历史及进展 ………………………………………… 51
　2.4　铝液连铸连轧温度控制 ……………………………………………… 52

2.5　铝液铸嘴流场的分布规律 ……………………………………………… 53

　　2.5.1　双辊铸轧铸嘴国内外发展与研究现状 ……………………… 53

　　2.5.2　熔体流态的判定 ………………………………………………… 54

　　2.5.3　影响铸嘴型腔中高温浅薄铝液三维流场与温度场的因素 …… 56

　　2.5.4　铝液冷却速度及变形量 ………………………………………… 57

2.6　轧辊润滑 ……………………………………………………………… 58

参考文献 …………………………………………………………………… 58

3　铝箔热轧 ………………………………………………………………… 59

3.1　铝坯热变形的特性 …………………………………………………… 59

　　3.1.1　铝合金中的动态回复 …………………………………………… 59

　　3.1.2　铝合金中的动态再结晶 ………………………………………… 61

　　3.1.3　应变速率和变形温度对流变应力的影响 ……………………… 63

3.2　热轧铝坯的制备 ……………………………………………………… 64

　　3.2.1　铝料熔炼 ………………………………………………………… 65

　　3.2.2　铝液净化 ………………………………………………………… 72

　　3.2.3　铸造 ……………………………………………………………… 80

　　3.2.4　晶粒细化技术 …………………………………………………… 82

　　3.2.5　铣面 ……………………………………………………………… 85

　　3.2.6　均匀化退火 ……………………………………………………… 85

3.3　热轧工艺的制定 ……………………………………………………… 85

　　3.3.1　热轧温度 ………………………………………………………… 86

　　3.3.2　压下量 …………………………………………………………… 86

参考文献 …………………………………………………………………… 86

4　铝箔冷轧 ………………………………………………………………… 87

4.1　铝坯冷变形的特性 …………………………………………………… 87

　　4.1.1　变形量 …………………………………………………………… 87

　　4.1.2　变形速度 ………………………………………………………… 87

4.2　冷轧铝坯的制备 ……………………………………………………… 87

　　4.2.1　热轧坯料法工艺 ………………………………………………… 87

　　4.2.2　连铸连轧坯料法工艺 …………………………………………… 93

　　4.2.3　两种方法在组织结构及性能特点方面的比较 ………………… 94

4.3　冷轧工艺的制定 ……………………………………………………… 95

　　4.3.1　总加工率 ………………………………………………………… 95

4.3.2　道次压下量 ································· 96

4.3.3　冷轧速度 ································· 96

4.3.4　张力的设定 ································· 97

4.4　冷轧板形控制的工艺方法及减少有害变形 ········· 98

4.5　铝箔毛料的组织控制及质量评价体系 ············· 99

4.5.1　铝箔毛料的重要性 ···················· 100

4.5.2　铝箔毛料的组织控制 ···················· 101

4.5.3　铝箔毛料的质量评价体系 ················ 102

4.5.4　铝箔毛料的技术标准要求 ················ 104

参考文献 ··· 105

5　箔轧 ··· 106

5.1　铝箔轧制 ····································· 106

5.1.1　道次轧制率编制原则 ···················· 107

5.1.2　箔材轧制力的计算 ···················· 108

5.1.3　轧制速度的选定 ························ 109

5.1.4　张后张力的选择与调节 ·················· 111

5.1.5　铝箔轧制时的厚度测量与控制 ············ 113

5.1.6　轧制油 ······························· 113

5.1.7　铝箔轧制的板形控制 ···················· 122

5.2　铝箔精合卷 ··································· 124

5.2.1　概述 ································· 124

5.2.2　铝箔合卷的方式 ························ 125

5.2.3　铝箔合卷质量要求 ···················· 125

5.3　铝箔分卷 ····································· 125

5.4　铝箔的分切 ··································· 126

5.4.1　概述 ································· 126

5.4.2　双合轧制铝箔的分切 ···················· 126

5.4.3　多条分切 ····························· 126

5.4.4　分切机和分切厚度 ···················· 127

5.4.5　分切过程的质量控制 ···················· 127

5.5　铝箔的清洗 ··································· 127

5.6　铝箔的二次加工 ······························· 127

5.6.1　重卷 ································· 127

5.6.2　压花 ································· 127

　　　5.6.3　切块 ··· 128

　　　5.6.4　复合 ··· 128

　　　5.6.5　涂层 ··· 128

　　　5.6.6　多色印刷 ··· 129

　　　5.6.7　多种精加工的组合 ····································· 129

　　5.7　铝箔产品质量评价和影响因素 ······························· 129

　　5.8　铝箔生产可能出现的各种缺陷名称和产生原因 ················· 132

　　　5.8.1　开缝 ··· 132

　　　5.8.2　褶皱 ··· 132

　　　5.8.3　起泡 ··· 132

　　　5.8.4　夹杂 ··· 133

　　　5.8.5　水斑和霉斑 ··· 133

　　　5.8.6　油斑 ··· 133

　　　5.8.7　飞边 ··· 133

　　　5.8.8　端面不齐 ··· 134

　　　5.8.9　碰伤 ··· 134

　　　5.8.10　针孔 ·· 134

　　　5.8.11　裂边 ·· 134

　　　5.8.12　缺油 ·· 135

　　　5.8.13　搭边 ·· 135

　　　5.8.14　厚薄不均匀 ·· 135

　　　5.8.15　麻皮 ·· 135

　　　5.8.16　表面亮斑 ·· 135

　　　5.8.17　斜角 ·· 136

　　　5.8.18　翘边 ·· 136

　　5.9　铝箔轧制过程中油泥形成分析 ······························· 136

　　　5.9.1　油泥物质的组成及来源 ································· 136

　　　5.9.2　磨屑的表面物质结构 ··································· 137

　　　5.9.3　轧制工艺与油泥形成的关系 ····························· 138

　　　5.9.4　轧制油性能与油泥形成的关系 ··························· 138

　　　5.9.5　预防油泥形成的措施 ··································· 139

　　参考文献 ··· 140

6　铝箔热处理 ··· 141

　　6.1　均匀化退火 ··· 141

6.1.1　概述 ……………………………………………… 141
6.1.2　均匀化退火的目的 ………………………………… 141
6.1.3　均匀化热处理基本原理 …………………………… 141
6.1.4　均匀化工艺参数的确定 …………………………… 141
6.1.5　均匀化热处理研究状况 …………………………… 142
6.1.6　均匀化处理中的相变 ……………………………… 142
6.1.7　高温均匀化热处理中的相变 ……………………… 143
6.1.8　均匀化工艺的选择 ………………………………… 146
6.2　冷轧预退火 ……………………………………………… 147
6.3　中间退火 ………………………………………………… 147
6.4　成品退火 ………………………………………………… 149
6.4.1　概述 ……………………………………………… 149
6.4.2　铝箔成品退火的种类 ……………………………… 150
6.4.3　影响铝箔退火品质的因素 ………………………… 150
6.4.4　成品退火工艺参数的选择 ………………………… 151
参考文献 ………………………………………………………… 152

7　铝箔生产设备 ………………………………………………… 154
7.1　铝箔生产设备概述 ……………………………………… 154
7.1.1　熔炼设备 …………………………………………… 154
7.1.2　铸造设备 …………………………………………… 163
7.1.3　熔炼设备的发展动态 ……………………………… 169
7.1.4　热轧设备 …………………………………………… 170
7.1.5　连铸连轧设备 ……………………………………… 176
7.1.6　冷轧设备 …………………………………………… 179
7.1.7　箔轧设备 …………………………………………… 188
7.1.8　热处理设备 ………………………………………… 202
7.1.9　铝箔精整和深加工设备 …………………………… 203
7.2　设备维护理念 …………………………………………… 208
7.3　设备维护模式 …………………………………………… 209
7.3.1　主要内容与适应范围 ……………………………… 209
7.3.2　职责 ……………………………………………… 209
7.3.3　管理内容与要求 …………………………………… 209
7.3.4　附加部分 …………………………………………… 211
7.4　铝箔生产中的防火措施 ………………………………… 220

7.4.1　铝箔生产过程中火险因素分析 ··············· 220

7.4.2　生产工艺设备与防火设计 ················· 220

7.4.3　生产中安全防火控制 ··················· 222

7.4.4　安全防火装置 ······················ 225

7.4.5　安全防火管理制度化、标准化 ··············· 226

参考文献 ···························· 226

下　篇

8　铝液熔炼 ·························· 229

8.1　铝合金熔炼时的物理化学特性 ················ 229

8.1.1　铝-氧反应 ······················ 229

8.1.2　铝-水气反应及铝-有机物反应 ·············· 230

8.1.3　铝合金中的气体及氧化物夹杂 ·············· 231

8.2　铝液成分控制 ······················· 232

8.2.1　炉料形态 ······················· 232

8.2.2　合金元素和炉料的加入 ················· 232

8.2.3　成分调整 ······················· 233

8.2.4　中间合金及其制造 ··················· 237

8.3　铝液在线精炼、净化 ···················· 238

8.3.1　铝合金的净化（精炼） ················· 238

8.3.2　铸造铝合金净化（精炼）工艺技术 ············ 242

8.4　铸造铝合金的液态处理控制组织 ··············· 246

8.4.1　晶粒的细化处理 ···················· 246

8.4.2　铝硅合金中共晶硅的变质处理 ·············· 248

参考文献 ···························· 252

9　熔体除气净化工艺对超薄铝箔质量的影响 ··········· 253

9.1　铝熔体中氢的来源及除氢原理 ················ 253

9.1.1　铝熔体中氢来源及生成机理 ··············· 253

9.1.2　熔体净化除氢原理 ··················· 254

9.2　熔炼温度对熔体氢含量的影响 ················ 256

9.2.1　实验过程 ······················· 256

9.2.2　实验结果及分析 ···················· 256

9.3　精炼气体对熔体氢含量的影响 ·· 257

　9.3.1　实验过程 ·· 257

　9.3.2　实验结果及分析 ·· 258

9.4　过滤技术对超薄铝箔质量的影响 ·· 260

　9.4.1　实验过程 ·· 260

　9.4.2　实验结果及分析 ·· 260

9.5　环境湿度对 1235 铝合金熔体吸氢特性的影响 ··················· 262

　9.5.1　实验方法 ·· 262

　9.5.2　环境湿度与熔液氢含量的关系 ·· 262

　9.5.3　理论氢分压和不同湿度下的氢实际分压计算 ··················· 263

　9.5.4　铝液溶氢率的计算 ·· 264

　9.5.5　环境湿度对超薄铝箔质量的影响研究 ···························· 264

9.6　本章小结 ·· 268

参考文献 ·· 268

10　合金成分控制工艺对超薄铝箔质量的影响 ··························· 270

10.1　Fe、Si 元素对 1235 工业纯铝组织影响 ··························· 270

10.2　主要合金元素 Fe、Si 对超薄铝箔质量的影响 ··················· 270

　10.2.1　实验过程 ·· 270

　10.2.2　实验结果及分析 ·· 271

　10.2.3　成分窄幅控制对超薄铝箔质量的影响 ·························· 273

10.3　铝箔坯料组织的扫描分析 ·· 273

10.4　铝箔坯料组织的 TEM 分析 ·· 275

　10.4.1　透射试样的制备 ·· 275

　10.4.2　铝箔坯料的第二相化合物分析 ····································· 276

10.5　本章小结 ·· 279

参考文献 ·· 279

11　Al₅Ti₁B 晶粒细化剂对超薄铝箔质量的影响 ························ 280

11.1　铝熔体晶粒细化目的 ·· 280

11.2　Al-Ti-B 晶粒细化机理 ·· 280

11.3　Al₅Ti₁B 中间合金的成分要求 ·· 281

11.4　Al₅Ti₁B 中间合金对铝箔质量的影响实验 ························· 282

　11.4.1　实验方法 ·· 282

　11.4.2　实验结果及讨论 ·· 282

　　11.4.3　Al$_5$Ti$_1$B 对超薄铝箔质量的影响 …………………… 286

　　11.4.4　Al$_5$Ti$_1$B 细化剂对铝箔铸轧坯料力学性能的影响 …… 288

　11.5　本章小结 ……………………………………………………… 289

　参考文献 ……………………………………………………………… 289

12　1235 连续铸轧铝箔坯料的组织和性能研究 ………………… 290

　12.1　连续铸轧坯料质量对最后产品的影响因素 ………………… 290

　　12.1.1　力学性能对连续铸轧坯料最后产品的影响 …………… 290

　　12.1.2　环境湿度对连续铸轧坯料最后产品的影响 …………… 294

　　12.1.3　Fe/Si 对连续铸轧坯料最后产品的影响 ……………… 296

　　12.1.4　保温炉温度对连续铸轧坯料最后产品的影响 ………… 298

　12.2　连续铸轧坯料的原始微观组织表征 ………………………… 300

　　12.2.1　连续铸轧坯料不同方向表面的金相组织 ……………… 300

　　12.2.2　连续铸轧坯料的 EBSD 织构分析 …………………… 302

　　12.2.3　连续铸轧坯料的 TEM 分析 ………………………… 307

　　12.2.4　连续铸轧坯料的断口分析 ……………………………… 309

　12.3　本章小结 ……………………………………………………… 310

　参考文献 ……………………………………………………………… 311

13　均匀化退火对 1235 铝箔坯料组织和性能的影响 …………… 313

　13.1　均匀化退火机制 ……………………………………………… 313

　13.2　铝箔坯料均匀化退火的金相显微组织分析 ………………… 315

　　13.2.1　均匀化退火前后晶粒的变化 …………………………… 315

　　13.2.2　均匀化退火前后第二相的尺寸分布 …………………… 323

　13.3　均匀化退火坯料的 SEM 和能谱观察 ……………………… 327

　13.4　铝箔坯料均匀化退火的 XRD 分析 ………………………… 329

　13.5　铝箔坯料均匀化退火的 EBSD 织构分析 ………………… 330

　13.6　铝箔坯料均匀化退火的 TEM 分析 ………………………… 335

　13.7　铝箔坯料均匀化退火的力学性能分析 ……………………… 337

　　13.7.1　不同均匀化退火条件对力学性能的影响 ……………… 337

　　13.7.2　断口观察 ………………………………………………… 339

　　13.7.3　对均匀化退火坯料的生产追踪 ………………………… 340

　13.8　本章小结 ……………………………………………………… 341

　参考文献 ……………………………………………………………… 342

14　中间退火对 1235 铝箔坯料组织和性能的影响 ……………………………… 343

14.1　中间退火工艺 ……………………………………………………………… 343

14.2　铝箔坯料中间退火的金相显微组织分析 ………………………………… 345

14.2.1　中间退火前后晶粒的变化 ………………………………………… 345

14.2.2　中间退火前后第二相的尺寸分布 ………………………………… 355

14.3　铝箔坯料中间退火的 XRD 分析 ………………………………………… 356

14.4　铝箔坯料中间退火的 EBSD 织构分析 ………………………………… 357

14.5　铝箔坯料中间退火的 TEM 分析 ………………………………………… 363

14.6　铝箔坯料中间退火的力学性能分析 ……………………………………… 365

14.6.1　中间退火温度和时间对力学性能的影响 ………………………… 365

14.6.2　断口观察 …………………………………………………………… 368

14.6.3　对中间退火坯料的生产追踪 ……………………………………… 369

14.7　本章小结 …………………………………………………………………… 371

参考文献 …………………………………………………………………………… 371

15　超薄双零铝箔的成品退火工艺及其影响 ………………………………… 373

15.1　铝箔成品退火的种类 ……………………………………………………… 373

15.1.1　低温除油退火 ……………………………………………………… 373

15.1.2　不完全再结晶退火 ………………………………………………… 373

15.1.3　完全再结晶退火 …………………………………………………… 374

15.2　影响铝箔退火质量的因素 ………………………………………………… 374

15.2.1　加热温度和冷却速度 ……………………………………………… 374

15.2.2　升温、保温、降温时间 …………………………………………… 374

15.3　成品退火工艺参数的选定 ………………………………………………… 374

15.3.1　加热速度 …………………………………………………………… 374

15.3.2　加热温度 …………………………………………………………… 375

15.3.3　保温时间 …………………………………………………………… 375

15.3.4　冷却速度 …………………………………………………………… 376

15.4　成品超薄双零铝箔的晶粒尺寸与 ODF 截面图 ………………………… 376

15.5　成品超薄双零铝箔的力学性能 …………………………………………… 377

15.6　本章小结 …………………………………………………………………… 378

参考文献 …………………………………………………………………………… 379

上　篇

1 绪 言

1.1 铝箔分类

铝箔（aluminum foil）一般是指厚度小于 0.2mm、断面为长方形的铝轧制产品。但不同国家的厚度划分也有所不同，如表 1-1 所示，低于厚度界限的铝箔也越来越多。

表 1-1 不同国家铝箔的厚度界限

国别	厚度/mm	标 准	国别	厚度/mm	标 准
中国	0.006 ~ 0.2	GB 3198—1982	日本	0.007 ~ 0.2	JIS H 4160：74
美国	0.0064 ~ 0.15	ASTM B479：73	前苏联	0.005 ~ 0.2	ГОСТ618：72
法国	0.004 ~ 0.2	NF A 50—171：1981	德国	0.007 ~ 0.02	DIN 1784

其实，铝箔的分类有多种方法，常见的有：按铝箔的厚度、形状、状态或材质都可以进行分类。

1.1.1 铝箔按厚度分类法

铝箔按厚度差异可分为厚箔、单零铝箔、双零铝箔。

（1）厚箔（heavy gauge foil）：厚度为 0.1 ~ 0.2mm 的铝箔；

（2）单零铝箔（medium gauge foil）：厚度为 0.01mm 至小于 0.1mm 的铝箔；

（3）双零铝箔（light gauge foil）：所谓双零铝箔，就是在其厚度以毫米（mm）为计量单位时小数点后有两个零的铝箔，通常为厚度小于 0.0075mm 的铝箔。在国外，有时把厚度小于或等于 40μm 的铝箔称为 light gauge foil，而把厚度大于 40μm 的铝箔统称为 heavy gauge foil。

1.1.2 铝箔按形状分类法

铝箔按形状可分为卷状铝箔和片状铝箔，铝箔深加工毛料大多数呈卷状供应，只有少数手工业包装场合才用片状铝箔。

1.1.3 铝箔按组织状态分类法

铝箔按状态可分为硬质箔、半硬箔和软质箔。

（1）硬质箔：轧制后未经软化处理，即未进行成品退火的铝箔。因为不经脱脂处理时，表面上有残油。所以硬质箔在印刷、贴合及涂层之前必须进行脱脂处理，而如果用于成型加工则可以直接应用；

（2）半硬箔：是指铝箔的硬度（或强度）在硬质箔和软质箔之间，常用于成型加工；

（3）软质箔：轧制后经过充分退火而变软的铝箔，其材质柔软，表面没有残油。目前大多数铝箔应用领域，如包装、复合、电工材料等都使用软质箔。

1.1.4　铝箔按表面状态分类法

铝箔按表面状态可分为一面光铝箔和两面光铝箔。

（1）一面光铝箔：双合轧制的铝箔，分卷后一面光亮，一面发乌，这样的铝箔称为一面光铝箔。由于采用双合轧制，其厚度一般不超过 0.025mm；

（2）两面光铝箔：单张轧制的铝箔，是由于两面都与轧辊接触而两面光滑。这种铝箔的两面因轧辊表面粗糙度不同又可以分为镜面二面光铝箔和普通二面光铝箔。由于单张轧制，一般厚度不小于 0.01mm。

1.1.5　铝箔按加工状态分类法

铝箔按加工状态可分为素箔、压花箔、复合箔、涂层箔、上色铝箔和印刷铝箔。

（1）素箔：轧制后不经任何其他深加工的铝箔，又称为光箔；

（2）压花箔：表面压有各种花纹的铝箔；

（3）复合箔：把铝箔和纸、塑料薄膜、纸板等贴合在一起而形成的复合铝箔；

（4）涂层箔：表面上涂有各类树脂或漆的铝箔；

（5）上色铝箔：表面上涂有单一颜色的铝箔；

（6）印刷铝箔：通过印刷在表面上形成各种花纹、图案、文字或画面的铝箔，可以是一种颜色，目前最多的可以达到 12 种颜色。

1.2　铝箔材料成分

1.2.1　铝箔材料的合金体系和化学成分

铝箔材料和合金体系包括 1×××系、2×××系、3×××系、5×××系、8×××系等合金。目前，铝箔产品的绝大部分是用工业纯铝制成的，如空调散热片用铝箔、精制铝箔，以及用于卷烟、食品、医药及电缆等领域的工业用纯铝箔。而电解电容阳极箔则通常用纯度大于99.9%的高纯铝制成，其余为铝合金铝箔，主要用3×××系、8×××系、5×××系及少量2×××系和4×××系合金制成。但一般仅限于厚度不少于0.018mm的单张轧制铝箔，主要用于电声器件、蜂窝结构、电暖及装饰等行业。表1-2为常用铝箔材料的合金体系和化学成分；表1-3为不同国家电解电容器铝箔的化学成分。

表1-2　常用铝箔材料的合金体系和化学成分（质量分数/%）

合金	Si	Fe	Cu	Mn	Mg	Cr	Zn	Ti	其他	Al	备注
1A99	0.003	0.003	0.005	—	—	—	—	—	—	99.99	LG5
1A97	0.015	0.015	0.005	—	—	—	—	—	—	99.97	LG4
1A93	0.040	0.040	0.010	—	—	—	—	—	—	99.93	LG3
1199	0.006	0.006	0.006	0.002	0.006		0.006	0.002	V 0.005	99.99	—
1188	0.06	0.06	0.005	0.01	0.01		0.03	0.01	V 0.05	99.88	—
1350	0.10	0.40	0.05	0.01		0.01	0.05	V + Ti 0.02	Ca 0.03 B 0.05	99.50	—
1145	Si + Fe	0.55	0.05	0.05	0.05		0.05	0.03	V 0.05	99.45	—
1235	Si + Fe	0.065	0.05	0.05			0.10	0.06	V 0.05	99.35	—
1120	0.10	0.40	0.05 ~ 0.20	0.01	0.20	0.01	0.05	0.02	—	99.20	
1100	Si + Fe	0.95	0.05 ~ 0.20		0.20	—	0.10			99.00	
1200	Si + Fe	1.00	0.05	0.05	—		0.10	0.05	—	99.00	
2A11	0.7	0.7	3.8 ~ 4.8	0.4 ~ 0.8	0.4 ~ 0.8		0.10	0.15			LY11
2A12	0.5	0.5	3.8 ~ 4.9	0.3 ~ 0.9	1.2 ~ 1.8	0.10	0.25	0.15			
2A70	0.35	0.9 ~ 1.5	1.9 ~ 2.5	0.20	1.4 ~ 1.8		0.30	0.02 ~ 0.10	Ni 0.9 ~ 1.5		
2024	0.50	0.50	3.8 ~ 4.9	0.30 ~ 0.9	1.2 ~ 1.8	0.10	0.25	0.15			
3A21	0.6	0.7	0.20	1.0 ~ 1.6	0.05		0.10	0.15			LF21
3003	0.6	0.7	0.05 ~ 0.20	1.0 ~ 1.5			0.10				
4A13	6.8 ~ 8.2	0.50	Ca 0.1	0.50	0.05			0.15			
5A02	0.40	0.40	0.10	0.15 ~ 0.40	2.0 ~ 2.8	0.15 ~ 0.40		0.15	Si + Fe 0.6		LF2

合金	Si	Fe	Cu	Mn	Mg	Cr	Zn	Ti	其他	Al	备注
5052	0.25	0.40	0.10	0.10	2.2~2.8	0.15~0.35	0.10				
5082	0.20	0.35	0.15	0.15	4.0~5.0	0.15	0.25	0.10			
5083	0.40	0.40	0.10	0.40~1.0	4.0~4.9	0.10	0.25	0.15			LF4
5086	0.40	0.50	0.10	0.20~0.70	3.5~4.5	0.05~0.25	0.25	0.15			
5182	0.20	0.35	0.15	0.20~0.50	4.0~5.0	0.10	0.25	0.10			
8006	0.40	1.2~2.0	0.30	0.30~1.0	0.10		0.10				
8011	0.50~0.90	0.60~1.0	0.10	0.20	0.05	0.05	0.10	0.08			
8079	0.05~0.30	0.7~1.3					0.10				

表 1-3　不同国家部分电解电容器铝箔的化学成分

序号	国别	$w(\text{Al})/\%$	化学成分及含量/10^{-6}												
			Fe	Si	Cu	Mg	Mn	Zn	Ti	Ni	Cr	Ca	P	B	其他
1	前苏联	99.995	15	15	10	—	—	10	10	—	—	—	—	—	—
2	日本	99.994	7	10	33	1	0.5	0.65	10	—	—	0.03	—	—	—
3	日本	99.993	8	8	50	—	—	—	—	—	—	—	—	—	—
4	日本	99.99	11	10	57	1	1	1	1	—	—	1	1	—	—
5	日本	99.99	51	40	18	2	0.5	35	2	—	—	19	—	—	—
6	日本	99.99	20~60	20~60	10~50	—	—	—	—	—	—	—	—	—	40
7	美国	99.99	27	20	41	3	1	1	1	—	—	2	0.5	—	—
8	法国	99.99	7~12	10~30	7~50					5	2			5	
9	中国	99.99	30	25	50					—	—	—	—	—	—
10	中国	99.97	150	150	50					—	—	—	—	—	—

1.2.2　铝箔材料中的二元化合物

铝箔材料中形成的二元化合物主要包括 Al-Fe、Al-Mn、Al-Mg、Al-Zn、

Al-Cu、Al-Cr、Al-Ti 和 Al-Zr 等二元合金相，表 1-4 是部分二元化合物的汇总。

表 1-4 铝箔材料中的二元化合物及其晶体结构

二元体系	相的代号	相的表达式	相的晶体构造
Al-Cr	β	θ-Al$_7$Cr	底心单斜
	γ	Al$_{11}$Cr$_2$	复杂斜方
	ε$_2$	γ-Al$_9$Cr$_4$	复杂立方
	ε$_3$	γ-Al$_9$Cr$_4$	复杂立方
	ξ$_1$	Al$_8$Cr$_5$	复杂立方
	ξ$_2$	Al$_8$Cr$_5$（低温）	菱形六面体
	η	AlCr + 2	体心立方
Al-Cu	β	β-AlCr$_3$	体心立方
	γ		面心立方
	γ$_1$		面心立方
	γ$_2$	Al$_4$Cu$_9$	立方
	χ		体心立方
	ε$_1$	Al$_4$Cu$_9$	尚未确定
	ε$_2$		尚未确定
	ξ$_1$	Al$_2$Cu$_3$	六方
	ξ$_2$		单斜
	η$_1$	AlCu（高温）	斜方
	η$_2$	AlCu（低温）	底心斜方
	θ	Al$_2$Cu	体心正方
Al-Fe	β$_1$	AlFe$_3$	面心立方
	β$_2$	AlFe	体心立方
	ε		复杂体心立方
	ξ	ξ-Al$_2$Fe	复杂菱形六面体
	η	η-Al$_5$Fe$_2$	底心斜方
	θ	θ-Al$_3$Fe	底心单斜
		Al$_9$Fe$_2$	单斜
		Al$_6$Fe	正交
		Al$_m$Fe($m=4.0\sim4.4$)	体心立方
Al-Mg	β	β-Al$_3$Mg$_2$	复杂面心立方
	β′	ε-Al$_{30}$Mg$_{23}$	复杂菱形六面体
	γ	γ-Al$_{12}$Mg$_{12}$	体心立方
	γ′		尚未确定

二元体系	相的代号	相的表达式	相的晶体构造
Al-Mn	β	Al_6Mn	斜方
	γ	Al_4Mn	六方
	ε	ϕ-$Al_{10}Mn_3$	六方
	ξ_1	Al_3Mn	斜方
	ξ_2	δ-$Al_{11}Mn_4$	三斜或立方
	η_1	η-AlMn	六方
	η_2	Al_8Mn_5	体心菱形六面体
	θ	ε-AlMn	六方
Al-Ti	β	Al_3Ti	正方
	γ	AlTi	面心正方
	δ	$AlTi_3$	六方
Al-Zr	β	Al_3Zr	体心正方
	γ	Al_2Zr	六方
	δ	Al_3Zr_2	斜方
	ε	AlZr	斜方
	ξ	Al_3Zr_4	六方
	η	Al_2Zr_3	正方
	θ	Al_3Zr_5	正方
	L	$AlZr_2$	六方
	K	$AlZr_3$	面心立方

在铝箔材料中,最重要的二元化合物之一是 Al-Fe 相。随凝固条件的不同,铝箔材料中可能出现多种二元 Al-Fe 相,如 Al_3Fe、Al_6Fe、Al_mFe ($m=4.0\sim4.4$)、Al_xFe (x 接近 5.8)等。Al_3Fe 是二元 Al-Fe 相中唯一的平衡相(通常记为 θ),其余为非平衡相。在铸锭均匀化过程中,非平衡相将转变为平衡相 Al_3Fe(相关部分内容见后面的均匀化退火章节)。

Al_3Fe 属单斜晶系,单位晶胞中有 100 个原子。Al_3Fe 颗粒中经常出现孪晶和堆垛层错。一般认为,Al_3Fe 在小于 1K/s 的冷却速度下形成。当冷速增大时,将会生成 Al_6Fe 亚稳相。Al_6Fe 属正交晶系,单位晶胞中有 28 个原子。冷速大于 10K/s 时,将会形成 Al_mFe 相,m 值为 $4.0\sim4.4$。但 Skjerpe 在对含 $w(Fe)=0.25\%$、$w(Si)=0.13\%$ 的 Al 合金的研究中,当冷速低至 1K/s 时,亦发现了 Al_mFe 的存在。由此他推断 Al_mFe 可以在较宽的冷速范围内出现。Al_m 为体心立方,单位晶胞中有 $110\sim118$ 个原子。

Westengen 在含 $w(Fe) = 0.25\%$、$w(Si) = 0.13\%$ 的 Al 合金的铸锭组织中又发现了另一种 Al/Fe 比的新相-Al_xFe，它的电子衍射花样非常不规则，因此 Westengen 没有给出其晶格常数。他测定的 x 接近 5.8。此外，Skjerpe 也观察到了这种相，而他测得的 x 值接近 5.7。

Simensen 在薄带铸造含 $w(Fe) = 0.5\%$、$w(Si) = 0.2\%$ 的 Al 合金中观察到 Fe_2Fe_9 共晶化合物其为单斜晶系，$a = 0.89nm$，$b = 0.635nm$，$c = 0.632nm$，$\beta \approx 93.4°$。该相的化学式计量式是通过 EDX 测量得到的，该相生成的凝固条件至今尚不清楚。

另外，Ping 等在直接水冷含 $w(Fe) = 0.25\% \sim 0.50\%$、$w(Si) = 0.125\%$ 的 Al 合金中，观察到了一种新的 Al-Fe 中间化合物生成并将之表达为 Al_pFe，其中 $p \approx 4.5$，为体心立方。$a = 1.03nm$。

Al_6Fe、Al_mFe 与三元立方 α 相相似，具有不规则、弯曲的形状，生长速度较快；而 Al_3Fe 与 β 相相似，以侧面或平面方式生长，故生长速度很慢。

1.2.3 铝箔材料中的多元化合物

1.2.3.1 1×××系及 8×××系合金中的多元化合物

1×××系合金的纯度大于 99.0%（质量），其中 Si、Fe 为主要合金元素；8×××系合金成分为 Al-Fe-X，其中 $w(Fe + X) > 1.0\%$。对铝箔用合金，X 主要是 Si 元素，并且可能含有比 1×××系合金元素较高含量的 Mn、Cu 等合金元素，主要合金牌号有 8111、8079。

由于形态上的明显差别，人们最早发现了两种 Al-Fe-Si 相，被记为 α 相和 β 相。前者具有明显的汉字外形，后者则呈长针状或盘片状。α 相中 Si 含量较低，$w(Fe/Si)/\%$ 比为 5.5 ~ 2.75；β 相中 Si 含量较高，$w(Fe/Si)/\%$ 比为 2.25 ~ 1.6。目前，α 相的化学计量式通常被表达为 Fe_2SiAl_8、$Fe_3Si_2Al_{12}$、$Fe_5Si_2Al_{20}$，成分组成范围为 $w(Fe) = 30\% \sim 33\%$、$w(Si) = 6\% \sim 12\%$；β 相的化学计量式通常被表达为 $Fe_2Si_2Al_9$、$FeSiAl_5$，成分组成范围为 $w(Fe) = 25\% \sim 30\%$、$w(Si) = 12\% \sim 15\%$。

在平衡态的 Al-Fe-Si 系中，α 相被认为具有六方晶格结构，晶格常数 $a = 1.23nm$，$c = 2.63nm$。文献中，立方相被表达为 α' 或 α_2。在实际合金相中也存在着具有立方晶系的 α 相，其单位晶胞里有 138 个原子，晶格常数 $a = 1.256nm$。文献中常用的表达式为 α 或 α_1。立方 α 相并不是热力学稳定相，但是可以被工业纯铝中少量存在的过渡族元素如 Mn、Ni、Cu、Cr、V、Mo、W 等所稳定。这一观点已被多位学者所接受并证实。在 0.75K/min 的冷却速度下，$w(Mn) = 0.1\%$ 即可使立方 α 相稳定。由于工业纯铝合金中普遍存在上述少量微量元素，因此立方 α 相成为工业纯铝合金中最为常见的 α 相。快冷条件下有利于立方 α 相的生成。实际上，快冷和稳定性元素对立方 α 相生成的促进作用很难区分开。

Westengen 在对 AA1050 合金 $[w(Fe) = 0.25\%$、$w(Si) = 0.13\%]$ DC 铸锭均匀化前后相的形成和转变的研究工作中，又发现一新的 α 相，Westengen 将之表达为 α'' 相。Westengen 的研究表明，α'' 相属于正方相系，晶格结构与立方 α 相很接近，晶格常数 $a = 1.26nm$，$c = 3.72nm$，其长轴是立方 α 相的 3 倍，Westengen 认为这表明 3 个立方 α 相的单位晶胞组成一个 α'' 相的单位晶胞。而且他还指出，α'' 具有比 α 相更低的 Si 含量。

1.2.3.2　2×××系合金中的多元化合物

2×××系合金中，Cu、Mg 是主要的合金元素。在 2024、2A11 等合金中，Mn 也是主要的合金元素之一。我国现行的 Al-Cu-Mg 系硬合金中，$w(Cu) = 2.2\% \sim 5\%$，一般含 4% 左右。Mg 含量范围较大，$w(Mg) = 0.15\% \sim 2.6\%$，合金中相组成主要取决于 Mg 的含量（质量分数）2A10、2A01、2A13、2B11 和 2A11 合金含 Mg 量小于 0.8%，Mg 除溶入 $\alpha(Al)$ 外，剩余的 Mg 优先与 Si 生成 Mg_2Si 相，很少有过剩 Mg 生成 S 相。因此这些合金中，主要是 $\alpha(Al) + \theta$ 两相共相体，即使出现 S 相，数据也较少。中等含 Mg 量的 2B12、2A12 合金 $[w(Mg) = 1.2\% \sim 1.8\%]$ 组织为 $\alpha(Al) + \theta + S$ 三相共晶体，并且随含 Mg 量的增加而增加，共晶体中的 S 相增多。高含 Mg 量的 2A06、2A04 和 2A02 合金 $[w(Mg) = 1.7\% \sim 2.6\%]$ 的铸态组织中不含有 θ 相，只有 $\alpha + S$ 两相共晶体。

在 Al-Cu-Mg 系合金中除 Cu、Mg 等主要合金元素外，还有 Mn 和 Ti 等少量添加元素以及 Fe、Si 杂质元素。Fe、Si 分别和主要合金元素形成 Mg_2Si 和 $N(Al_7Cu_2Fe)$ 相，Ti 由于加量较少，一般见不到含 Ti 相，2A13 和 2A01 合金中不含或只含很少量 Mn，合金组织中，不出现含 Mn 相，Fe、Si 杂质可能形成 $\alpha(Al_{12}FeSi)$ 相。其他合金系均含有 $0.3\% \sim 1.0\%$ Mn，合金组织中出现 $(MnFe)_3 SiAl_{12}$ 相，偶尔还可能出现 $(FeMn)Al_3$ 或 $(FeMn)Al_6$ 相。杂质 Fe 和 Si 在 Al-Cu-Mn 系合金中有时还可能形成 $(FeMn)Al_6$ 相。

工业上主要生产的 Al-Cu-Mn 系合金有 2A16 和 2A12，2A16 合金中半连续铸造时主要组成相为 $\alpha(Al) + \theta$ 共晶体，其次是 $N(Al_7Cu_2Fe)$ 和 $(FeMn)Al_6$ 相，还可能有 $(FeMn)Al_6$ 相。该合金同时含有 Ti、Zr，当两者含量为上限时，可能出现含 Zr 或 Ti 的化合物初晶。2A17 合金含 $0.20\% \sim 0.45\%$ Mg，合金铸造组织中，除有 θ、$N(Al_7Cu_2Fe)$ 和 $(FeMn)_3 SiAl_{12}$ 相外，还有 Mg_2Si 以及少量 S 相，有时也可能出现 $(FeMn)Al_6$ 相。但是由于 2A17 合金中只加入 Ti，而且加入量在 0.2% 以下，一般不会出现 $TiAl_2$ 化合物初晶体。

属于 Al-Cu-Mg-Fe-Ni-Si 系的合金有 2A70、2A80、2A90 和 2A11。2A70 合金 Mg 含量较高，只有 S 不生成 θ 相。Fe:Ni = 1:1，组织中出现出大量 $(FeNi)Al_9$ 相，只有当 Fe 或 Ni 稍有剩余时才有可能生成少量 Al_7Cu_2Fe 或 Al_6Cu_3Ni 相。2A70 合金中不加 Si，杂质 Si 可能和 Mg 形成少量 Mg_2Si 相。2A80 合金中 Cu、

Mg、Fe 和 Ni 含量与 2A70 合金相同。所不同的是 2A80 合金中加入 0.5%~1.2%Si，因而组织中出现了较多的 Mg_2Si 相，还可能生成 W 相。2A90 合金 Mg 含量较少，Cu 含量较多，组织中 θ 和 S 相同时存在。合金中 Ni 超过 Fe 一倍时，合金组织中除生成（FeNi）Al_9 相外，还出现一定时 Al_6Cu_3Ni 相。该合金中加入 0.5%~1.0% 的 Si，合金组织中出现 Mg_2Si 相，有时生成少量 α（Fe_3SiAl_{12}）相。2A11 合金中 Si 大于 12% 时，生成 α（Al）+ Si 共晶体和少量 Si 的初晶。当 Mg 大于 0.2% 时生成 Mg_2Si 相，Fe 含量大于 0.05% 时生成 β（Al_5FeSi）。2A11 合金中还含有近似 1:1 的 Cu 和 Mg 及 Fe 和 Ni，合金组织中全出现 S 及（FeNi）Al_9 相，不会出现 W 相。2A11 合金半连续铸造时的组成是 α（Al）、Si（α + Si 为共晶体）、S（FeNi）Al_9、Mg_2Si 和 β（Al_5FeSi），当 Si 含量为上限时，还会出现少量初晶 Si。

1.2.3.3　3×××系合金中的多元化合物

3×××系合金的主要合金元素是 Mn。该系合金中的 Mn 含量在 1.0%~1.6%。Fe、Si 是主要杂质元素。Fe、Si 元素含量为对合金相和显微组织有很大影响，必须严格控制其含量。可以认为 3×××系合金是 Al-Mn-Fe-Si 基合金。

3×××系合金的铸态组织除基体 α（Al）外，在枝晶间存在粗大富 Fe 共晶体化合物，化合物有两种类型：正交 Al_6（FeMn）和立方 Al_{12}（FeMn）$_3$Si，其相对数量取决于合金成分以及冷却速度。半连续铸造的冷速有利于 Al_6（FeMn）相的生成，在双辊铸造较高的冷速下 Al_{12}（FeMn）$_3$Si 为主要共晶体。在铸造快速冷却过程中，Mn 以过饱和的形式存在于铝基体中。在典型铸造态 3003 合金中，约有 0.7%~0.9% 的 Mn 在铝基体中。在铸锭加热过程中，Al_{12}（FeMn）$_3$Si 和 Al_6（FeMn）（当 w(Si) < 0.07% 时）在富 Mn 的枝晶间以细小颗粒状弥散析出。Mn 在 Al 中的扩散很慢。Fe、Si 对 Mn 的析出动力学有显著影响。Si 加速 Mn 的析出，Fe 降低 Mn 在 Al 中的固溶度因而也加快 Mn 的析出速度。这些细小颗粒的尺寸、分布对再结晶过程有很大影响。必须选择合适的铸造均匀化工艺，控制析出相的尺寸和分布，从而有效控制板材再结晶后合金的晶粒度。

1.2.3.4　5×××系合金中的多元化合物

Mg 是 5×××系合金中的主要合金元素。Mg 在铝中溶解度很大，在共晶体温度 451℃ 时 Mg 的溶解度高达 w(Mg) = 14.9%，随着温度降低，溶解度很快下降，在室温时 w(Mg) 约为 1.7%。但是含 Mg 的过饱和固溶体分解速度非常慢，通常的商用 5×××系合金不需特别的淬火处理 Mg 即能基本上全部固溶在铝中。

商用 5×××系合金的 w(Mg) = 0.5%~6.0%，可能存在的相随具体成分的不同而不同。由于 Mg_2Si 在铝中的固溶度极小，Mg_2Si 是该系合金中的主要存在相。5×××系合金中通常含有一定量的 Mn，Mn 可以提高合金强度和耐蚀性，但是当 Mn 含量过高时，会使合金塑性明显降低，尤其是在有微量 Na 存在的情况下，热轧时会产生 Na 脆。因此合金中的 Mn 含量均小于 1%。Mn 以及杂质元素 Fe、Si 的存在使合金中形成含 Fe、Mn、Si 的相，如 $Al_{12}Mn_2Si$。因此在铸锭均匀化加热过程中，Mn 倾向于以 $Al_6(FeMn)$ 化合物，而不是 $Al_{12}(FeMn)_3Si$ 化合物的形式析出。5×××系合金中的 Mg 通常处于过饱和状态，这种过饱和固溶体在室温下相当稳定。如果将合金进行一定的变形加工并在一定温度下加热，则固溶体中将析出 $\beta(Al_8Mg_5)$（即 Al_8Mg_5）平衡相或 $\beta'(Al_3Mg_2)$ 亚稳相。在较低温度下，β' 相相当稳定，较长时间的时效也不会发生向平衡 β 相的转变。β 相或 β' 相的时效强化效果不大，而且易于沿晶界或剪切带析出，恶化合金的抗腐蚀性能。在 5×××系合金中添加微量 Cr 可以提高合金的耐蚀性，Cr 在铝中的溶解度极小，在含有 Cr、Mn 的合金中，在铸造和铸锭均匀化加热过程中还会形成 Al、Mn、Cr 三元相。在压力加工的板材产品中，Cr 经常以细小分散的 $E(Al_{12}Mg_2Cr)$ 相存在，能抵制晶核形成和晶粒长大。

1.3　铝箔的性能

1.3.1　铝箔的防潮性能

铝箔具有良好的防潮性能，虽然当铝箔厚度小于 0.025mm 时不可避免地会出现针孔，但是具有针孔的铝箔的防潮性能比没有针孔的塑料薄膜的要强得多。这是因为塑料的高分子链相互间距较大，不能防止水气渗透。不同厚度的铝箔和塑料薄膜的透湿度见表 1-5。

表 1-5　铝箔和塑料薄膜的透湿度

材料种类	透湿度/g·$(m^2·24h)^{-1}$	材料种类	透湿度/g·$(m^2·24h)^{-1}$
0.009mm 素箔	1.08 ~ 10.70	0.09mm 聚乙烯	7
0.013mm 素箔	0.60 ~ 4.80	0.01mm 聚乙烯	4.8
0.018mm 素箔	0 ~ 1.24	0.02mm 聚氯乙烯	157
0.025mm 素箔	0 ~ 0.46	0.065mm 聚氯乙烯	28.4
0.03 ~ 0.15mm	0	0.095mm 聚氯乙烯	41.2
素箔玻璃纸	50 ~ 70		

铝箔厚度小到一定的程度不可避免地要出现针孔，出现针孔的最小厚度，一般认为是 0.038mm。由于轧制技术和材质的提高，这一厚度已降低到 0.025mm。通过试验还证明透气孔直径是临界的。当直径小于 5μm 时，在可测量到的范围不传递氧气和水蒸气。

1.3.2　铝箔的绝热性能

铝箔是良好的绝热材料，它的绝热性能可以表现在它的两面热辐射性能上。铝是一种温度辐射性能极差而对太阳光反射能力很强的金属材料。铝箔对辐射能的吸收和发射率特别小。这是由于铝箔的发射率与吸收率十分相近，因此在热功计算时把铝箔视为灰体。

铝箔的发射率仅取决于它的表面状态，与厚度无关，不同表面状态的铝箔的发射率差异是很大的。当表面状态从粗糙变为光平时，发射率从 0.3 变为 0.08。

铝箔表面允许的最高温度是 350℃，在最高温度下它的表面将变黑，推动绝热性能。

铝的纯度对铝箔的反射率有明显影响。铝箔中有杂质时，会发生杂质散射而使其辐射吸收增加。要获得高的反射率的铝箔，纯度应不小于 99.6%。由于铝箔轧辊表面光洁度不同，铝箔的光反射率也有所不同。当铝箔表面比较粗糙时，反射率受照射光线波长的影响明显，总的趋势是随波长的增加，反射率提高。当光线波长为 650μm 时，反射率最高。但是，一面光的铝箔，暗面的反射率随着光线的波长的增加反而降低。

1.3.3　铝箔的热学性能

1×××系、3×××系和5×××系铝箔材料的典型热学性能，如表1-6～表1-8所示。

表 1-6　1×××系合金的热学性能

合金	液相线温度/℃	固相线温度/℃	线膨胀系数		体膨胀系数/m³·(m³·K)⁻¹	比热容/J·(kg·K)⁻¹	热导率/W·(m·K)⁻¹	
			温度/℃	平均值/μm·(m·K)⁻¹			O 状态	H18 状态
1050	657	646	−50~20	21.8	68.1×10^{-6} (20℃)	900 (20℃)	231 (20℃)	—
			20~100	23.6				
			20~200	24.5				
			20~300	25.5				
1060	657	646	−50~20	21.8	68×10^{-6} (20℃)	900 (20℃)	234 (25℃)	—
			20~100	23.6				
			20~200	24.5				
			20~300	25.5				
1100	657	643	−50~20	21.8	68×10^{-6} (20℃)	904 (20℃)	222 (20℃)	218 (20℃)
			20~100	23.6				
			20~200	24.5				
			20~300	25.5				

合金	液相线温度/℃	固相线温度/℃	线膨胀系数		体膨胀系数/m³·(m³·K)⁻¹	比热容/J·(kg·K)⁻¹	热导率/W·(m·K)⁻¹	
			温度/℃	平均值/μm·(m·K)⁻¹			O 状态	H18 状态
1145	657	646	−50~20	21.8	68×10^{-6} (20℃)	904 (20℃)	230 (20℃)	227 (20℃)
			20~100	23.6				
			20~200	24.5				
			20~300	25.5				
1199	660	646	−50~20	21.8	—	900 (20℃)	243 (20℃)	—
			20~100	23.6				
			20~200	24.5				
			20~300	25.5				

表 1-7　3×××系合金的热学性能

合金	液相线温度/℃	固相线温度/℃	线膨胀系数		体膨胀系数/m³·(m³·K)⁻¹	比热容/J·(kg·K)⁻¹	热导率/W·(m·K)⁻¹	
			温度/℃	平均值/μm·(m·K)⁻¹			O 状态	H1×状态
3003	654	643	−50~20	21.5	67×10^{-6} (20℃)	893 (20℃)	193 (20℃)	H12:163 H14:159 H18:155 (20℃)
			20~100	23.2				
			20~200	24.1				
			20~300	25.1				
3004	654	629	−50~20	21.5	67×10^{-6} (20℃)	893 (20℃)	162 (20℃)	—
			20~100	23.2				
			20~200	24.1				
			20~300	25.1				
3A21	654	643	−50~20	21.6	—	1092（100℃）1176（200℃）1302（300℃）1302（400℃）	181 (25℃)	H14:164 H18:156 (25℃) H18:189 (400℃)
			20~100	23.2				
			20~200	24.3				
			20~300	25.0				

表 1-8　5×××系合金的热学性能

合金	液相线温度/℃	固相线温度/℃	线膨胀系数		体膨胀系数/m³·(m³·K)⁻¹	比热容/J·(kg·K)⁻¹	热导率/W·(m·K)⁻¹	
			温度/℃	平均值/μm·(m·K)⁻¹			O 状态	H18 状态
5052	649	607	−50~20	22.1	69×10^{-6} (20℃)	—	—	—
			20~100	23.8				
			20~200	24.8				
			20~300	25.7				

续表 1-8

合金	液相线温度/℃	固相线温度/℃	线膨胀系数		体膨胀系数 /m³·(m³·K)⁻¹	比热容 /J·(kg·K)⁻¹	热导率 /W·(m·K)⁻¹	
			温度/℃	平均值/μm·(m·K)⁻¹			O 状态	H18 状态
5056	638	568	-50~20 20~100 20~200 20~300	22.5 24.1 25.2 26.1	70×10⁻⁶ (20℃)	904 (20℃)	120 (20℃)	112 (20℃)
5083	638	574	-50~20 20~100 20~200 20~300	22.3 24.2 25.0 26.0	70×10⁻⁶ (20℃)	900 (20℃)	120 (20℃)	—
5A02	650	620	-50~20 20~100 20~200 20~300	22.2 23.8 24.9 25.8	—	947 (20℃)	156 (20℃)	

1.3.4 铝箔的电学性能

铝是仅次于金、银、铜的电的良导体,铝的体积电导率为57%~62% IACS,但当把铝箔绕成线圈或绕组时,因表面积增大,所以铝箔的电导率可达到60%~80%。1×××系、3×××系和5×××系铝箔材料的电学性能如表1-9~表1-11所示。

表 1-9 1×××系合金的电学性能

合金	20℃体积电导率 /% IACS		20℃电阻率 /nΩ·m		20℃电阻温度系数 /nΩ·m·K⁻¹		电极电位 /V①
	O 状态	H18 状态	O 状态	H18 状态	O 状态	H18 状态	
1050	61.3	—	28.1	—	0.1	—	
1060	62	61	27.8	28.3	0.1	0.1	-0.84
1100	59	57	29.2	30.2	0.1	0.1	-0.83
1145	61	60	28.3	28.7	0.1	0.1	
1199	64.5	—	26.7	—	0.1	—	

① 测定条件:25℃在 NaCl 53g/L + H₂O₂3g/L溶液中,以0.1N 甘汞电极作为标准电极。

表 1-10 3×××系合金的电学性能

合金	20℃电导率		20℃电阻率		20℃时各种状态的电阻温度系数 /nΩ·m·K⁻¹	电极电位/V①
	状态	% IACS	状态	nΩ·m		
3003	O H12 H14 H18	50 42 41 40	O H12 H14 H18	34 41 42 43	— 0.1	3003 合金及包铝合金芯层: -0.83;7072 合金包铝层: -0.96

合金	20℃电导率		20℃电阻率		20℃时各种状态的电阻温度系数 /nΩ·m·K^{-1}	电极电位/V[①]
	状态	/% IACS	状态	/nΩ·m		
3004	O	42	O	41	0.1	未包铝的及包铝合金芯层：-0.84；7072 合金包铝层：-0.96，-0.85
3A21	O	50		34	0.1	
	H14	41				
	H18	40				

① 测定条件：25℃在 NaCl 53g/L + H_2O_2 3g/L 溶液中，以 0.1N 甘汞电极作为标准电极。

表 1-11　5×××系合金的电学性能

合金	20℃体积电导率 /% IACS		20℃电阻率 /nΩ·m		20℃电阻温度系数 /nΩ·m·K^{-1}		电极电位 /V[①]
	O 状态	H38 状态	O 状态	H38 状态	O 状态	H38 状态	
5052	35	35	49.3	49.3	0.1	0.1	-0.85
5056[②]	29	27	59	64	0.1	0.1	-0.87
5083	29	29	59.5	59.5	0.1	0.1	-0.91
5A02	40	40	47.6	47.6	0.1	0.1	—

① 测定条件：25℃在 NaCl 53g/L + H_2O_2 3g/L 溶液中，以 0.1N 甘汞电极作为标准电极；
② 含有包覆层的合金。

1.3.5　铝箔的针孔限制

铝箔表面允许有对光目测可见的针孔，但在任意某一面积内，针孔数不能超过规定的数量。医药包装用铝箔的针孔直径最大不得超过 0.3mm，且不能超过 5 个/m^2。其他工业用铝箔针孔直径最大不得超过 0.3mm，针孔的评级标准见表 1-12。

表 1-12　铝箔针孔数的评级标准

公称厚度 /mm	针孔数/个·m^{-2} (≤)		
	A 级	B 级	C 级
0.0060	500	800	1500
>0.0060~0.0065	300	500	1000
>0.0065~0.0080	200	400	600
>0.0080~0.010	50	100	200
>0.010~0.020	10	20	30
>0.020~0.050	0	10	20
>0.050	0	0	0

1.3.6 铝箔的尺寸要求

铝箔局部厚度偏差应符合表 1-13 的规定，铝箔的平均厚度偏差应符合表 1-14的规定，铝箔的宽度允许偏差应符合表 1-15 的规定。

表 1-13　铝箔局部厚度偏差

厚度/mm	厚度允许偏差/%	
	高精度	普通级
0.006 ~ 0.010	名义厚度的 ±8	名义厚度的 ±10
>0.010 ~ 0.100	名义厚度的 ±6	名义厚度的 ±8
>0.100 ~ 0.200	名义厚度的 ±5	名义厚度的 ±7

注：测量置信度为90%。

表 1-14　铝箔平均厚度偏差

卷批量/t	平均厚度允许偏差/%	
	单张轧制铝箔	双张轧制铝箔
≤3	名义厚度的 ±6	名义厚度的 ±8
>3 ~ 10	名义厚度的 ±5	名义厚度的 ±6
>10	名义厚度的 ±4	名义厚度的 ±4

注：厚度单位为 mm。

表 1-15　铝箔平均厚度偏差

宽度/mm	宽度允许偏差/%
≤1000.0	±1.0
>1000.0	±1.5

注：如合同规定为单项偏差时，允许偏差为表中数值的两倍。

1.3.7 铝箔的力学性能

铝箔的力学性能一般是指抗拉强度、伸长率、破裂强度和撕裂强度。不同材料和不同状态下铝箔用材料的力学性能见表 1-16 ~ 表 1-28。我国在这方面也有国标规定。对于厚度小于 0.012mm 的软质铝箔，抗拉强度不到 50MPa，伸长率小于3%，破裂强度不足 3N/cm² 时，用于机械化包装或高速开卷都很容易拉断，所以只适于手工包装。

表 1-16　部分 1××× 系合金的典型室温力学性能

合金	状态	$\sigma_{0.2}$/MPa	σ_b/MPa	δ/%	硬度（HB[①]）	抗剪强度/MPa	疲劳强度/MPa[②]
1050	O	28	76	39	—	62	—
	H14	103	110	10	—	69	—
	H16	124	131	8	—	76	—
	H18	145	159	7	—	83	—

续表 1-16

合金	状态	$\sigma_{0.2}$/MPa	σ_b/MPa	δ/%	硬度（HB[1]）	抗剪强度/MPa	疲劳强度/MPa[2]
1060[3]	O	28	69	43	19	48	21
	H12	76	83	16	23	55	28
	H14	90	97	12	26	62	34
	H16	103	110	8	30	69	45
	H18	124	131	6	35	76	45
1100[3]	O	34	90	35	23	62	34
	H12	103	110	12	28	69	41
	H14	117	124	9	32	76	48
	H16	138	145	6	38	83	62
	H18	152	165	5	44	90	62
1145[4]	O	34	75	40	—	—	—
	H18	117	145	5	—	—	—
1199	O	10	45	50	—	—	—
	10[5]	57	59	40	—	—	—
	20	75	77	15	—	—	—
	40	94	96	11	—	—	—
	60	105	110	6	—	—	—
	75	113	120	5	—	—	—

①载荷 500kg，钢球直径 10mm；

②$5 \times 10^8$ 次循环，R. R. Moore 型试验；

③样品厚度 1.6mm；

④未镶嵌的厚度为 0.02 ~ 0.15mm 的铝箔；

⑤冷加工率（%）。

表 1-17　不同温度下 1100 铝的典型拉伸性能

温度 /℃	O 状态			H14 状态			H18 状态		
	$\sigma_{0.2}$/MPa	σ_b/MPa	δ/%	$\sigma_{0.2}$/MPa	σ_b/MPa	δ/%	$\sigma_{0.2}$/MPa	σ_b/MPa	δ/%
−195	41	170	50	140	205	45	180	235	30
−80	38	105	43	125	140	24	160	180	16
−28	34	97	40	115	130	20	160	170	16
24	34	90	40	115	125	20	150	165	15
100	32	69	45	105	110	20	130	145	15
149	29	55	55	83	97	23	97	125	20
204	24	41	65	52	69	26	24	41	65
260	18	28	75	18	28	75	18	28	75
316	14	20	80	14	20	80	14	20	80
371	11	14	85	11	14	85	11	14	85

表 1-18　3003 及 3004 合金在不同温度下的典型力学性能

温度 /℃	3003 合金				3004 合金			
	状态	σ_b/MPa	$\sigma_{0.2}$/MPa	δ/%	状态	σ_b/MPa	$\sigma_{0.2}$/MPa	δ/%
-200	O	230	60	46	O	290	90	38
-100		150	52	43		200	80	31
-30		115	45	41		180	69	26
25		110	41	40		180	69	25
100	O	90	38	43	O	180	69	25
200		60	30	60		96	65	55
300		29	17	70		50	34	80
400		18	12	75		30	9	90
-200	H14	250	175	30	H14	360	235	26
-100		175	155	19		270	212	17
-30		150	145	16		245	200	13
25		150	145	16		240	200	12
100		145	130	16		240	200	12
200		96	62	20		145	105	35
300		29	17	70		50	34	80
400		18	12	75		30	19	90
-200	H18	290	230	23	H18	400	295	20
-100		230	210	12		310	267	10
-30		210	190	10		290	245	7
25		200	185	10		280	245	6
100		180	145	10		275	245	7
200		96	62	18		150	105	30
300		29	17	70		50	34	80
400		18	12	75		30	19	90

注：无负载在不同温度下保温 10000h，然后以 35MPa/min 的加载速度向试样施加负载至屈服强度，再以 5%/min 的变形速度施加负载，直至试样断裂测得的性能。

表 1-19　3A21 合金 2mm 厚板材的室温力学性能

状态	弹性模量 E/MPa	剪切模量 G/MPa	屈服强度 $\sigma_{0.2}$/MPa	抗拉强度 σ_b/MPa	疲劳强度 σ_{-1}[1]/MPa	抗剪强度 σ_t/MPa	布氏硬度 (HB)	伸长率 δ_{10}/%	截面收缩率 ψ/%
O	71000	27000	50	130	50	8	300	23	70
H14	71000	27000	130	170	65	100	400	10	55
H18	71000	27000	180	220	70	110	550	5	50

[1] 5×10^8 次循环，R. R. Moore 型试验。

表 1-20　3A21 合金在不同温度下的力学性能

温度/℃	状态	抗拉强度 σ_b/MPa	屈服强度 $\sigma_{0.2}$/MPa	伸长率 δ/%
-78	H18	160	120	34
25	O	115	40	40
	H14	150	130	16
150	O	80	35	47
	H14	125	105	17
200	O	55	30	50
	H14	100	65	22
260	O	40	25	60
	H14	75	35	25
315	O	30	20	60
	H14	40	20	40
370	O	20	15	60
	H14	20	15	60

表 1-21　5052 合金的典型力学性能

状态	$\sigma_{0.2}$/MPa[①]	σ_b/MPa[①]	δ/%[①②]	硬度（HB[③]）	抗剪强度/MPa	疲劳强度/MPa[④]
O	90	195	25	46	125	110
H32	195	230	12	60	140	115
H34	215	260	10	68	145	125
H36	240	275	8	73	160	130
H38	255	290	7	77	165	140

注：合金的抗剪屈服强度约为拉伸屈服强度的 55%，而其抗压屈服强度大致与抗拉屈服强度相当。

① 低温下强度和伸长率不变或有所改善；

② 样品厚度 1.6mm；

③ 载荷 500kg，钢球直径 10mm，施载 30s；

④ 5×10^8 次循环，R. R. Moore 型试验。

表 1-22　5052 合金在不同温度下的典型拉伸性能

温度/℃	抗拉强度 σ_b /MPa			屈服强度 $\sigma_{0.2}$ /MPa			伸长率 δ /%		
	O 状态	H34 状态	H38 状态	O 状态	H34 状态	H38 状态	O 状态	H34 状态	H38 状态
-196	303	379	414	110	248	303	46	28	25
-80	200	276	303	90	221	262	35	21	18
-28	193	262	290	90	214	255	32	18	15
24	193	262	290	90	214	255	30	16	14
100	193	262	276	90	214	248	36	18	16
149	159	207	—	90	186	—	50	27	—

温度/℃	抗拉强度 σ_b /MPa			屈服强度 $\sigma_{0.2}$ /MPa			伸长率 δ /%		
	O 状态	H34 状态	H38 状态	O 状态	H34 状态	H38 状态	O 状态	H34 状态	H38 状态
194	—	—	234	—	—	193	—	—	24
204	117	165	—	76	103	—	60	45	—
260	83	83	—	52	52	—	80	80	—
316	52	52	—	38	38	—	110	110	—
371	34	34	—	31	21	—	130	130	—

表 1-23　5056 合金的典型力学性能

状态	$\sigma_{0.2}$/MPa[1]	σ_b/MPa[1]	δ/%[1][2]	硬度（HB[3]）	抗剪强度/MPa	疲劳强度/MPa[4]
O	152	290	35	65	179	138
H18	407	434	10	105	234	152
H38	345	414	15	100	221	152

注：合金的抗剪屈服强度约为拉伸屈服强度的 55%，而其抗压屈服强度大致与抗拉屈服强度相当。

① 低温下强度和伸长率不变或有所改善；

② 圆试样，直径 12.5mm；

③ 载荷 500kg，钢球直径 10mm，施载 30s；

④ 5×10^8 次循环，R. R. Moore 型试验。

表 1-24　5056 合金在不同温度下的典型拉伸性能

温度/℃	抗拉强度 σ_b /MPa			屈服强度 $\sigma_{0.2}$ /MPa			伸长率 δ /%		
	O 状态	H34 状态	H38 状态	O 状态	H34 状态	H38 状态	O 状态	H34 状态	H38 状态
24	193	262	290	90	214	255	30	16	14
100	193	262	276	90	214	248	36	18	16
149	159	207	—	90	186	—	50	27	—
194	—	—	234	—	—	193	—	—	24
204	117	165	—	76	103	—	60	45	—
260	83	83	—	52	52	—	80	80	—
316	52	52	—	38	38	—	110	110	—
371	34	34	—	31	21	—	130	130	—

表 1-25　5083 合金的典型力学性能

状　态	$\sigma_{0.2}$/MPa[1]	σ_b/MPa[1]	δ/%[1][2]	抗剪强度/MPa	疲劳强度/MPa[3]
O	145	290	22	172	—
H112	193	303	16	—	—
H116	228	317	16	—	160
H321	228	317	16	—	160
H323、H32	248	324	10	—	—
H343、H34	283	345	9	—	—

注：合金的抗剪屈服强度约为拉伸屈服强度的 55%，而其抗压屈服强度大致与抗拉屈服强度相当。

① 低温下强度和伸长率不变或有所改善；

② 样品厚度 1.6mm；

③ 5×10^8 次循环，R. R. Moore 型试验。

表 1-26　5083 合金氧状态不同温度下的典型拉伸性能

温度/℃	$\sigma_{0.2}$/MPa[①]	σ_b/MPa[①]	δ/%	温度/℃	$\sigma_{0.2}$/MPa[①]	σ_b/MPa[①]	δ/%
-195	165	405	36	150	130	215	50
-80	145	295	30	205	115	150	60
-30	145	290	27	260	75	115	80
25	145	290	25	315	50	75	110
100	145	275	36	370	29	41	130

①在指示温度下，无载荷，暴露 1000h 的最低强度；施加 35MPa/min 试验载荷至屈服强度，然后以 10%/min 的应变速度使其断裂。

表 1-27　5A02 合金的室温典型力学性能

状态	$\sigma_{0.2}$/MPa	σ_b/MPa	δ/%	硬度（HB[①]）	冲击韧性 a_K/N·m	疲劳强度/MPa[②]
O	80	190	23	45	88.2×10^4	120
H14	210	250	6	60	—	125
H18	—	320	4	—	—	—
H112	—	180	21	—	—	—

① 载荷 500kg，钢球直径 10mm，施载 30s；

② 5×10^8 次循环，R. R. Moore 型试验。

表 1-28　5A02 合金经不同温度退火后的室温力学性能

力学性能	温度/℃									
	150	200	220	240	280	300	320	350	400	450
σ_b/MPa	280	270	270	260	230	210	200	200	205	190
δ_{10}/%	8.5	9	9	10	15	23	23	23	25	25

　　按照铝及铝合金箔的新标准（GB/T 3198—2010），不同厚度铝箔的力学性能要求如表 1-29 所示。其中，电缆用铝箔的纵向室温力学性能应符合表 1-30 的规定。

表 1-29　不同温度下铝箔的力学性能

牌　号	状　态	厚度/mm	拉伸试验结果	
			抗拉强度 R_m /MPa	伸长率 A/% （不小于）
1100 1200	O	0.006 ~ 0.009	40 ~ 105	0.5
		0.010 ~ 0.024	40 ~ 105	1
		0.025 ~ 0.040	50 ~ 105	3
		0.041 ~ 0.089	55 ~ 105	6
		0.090 ~ 0.139	60 ~ 115	10
		0.140 ~ 0.200	60 ~ 115	14

牌 号	状 态	厚度/mm	拉伸试验结果	
			抗拉强度 R_m /MPa	伸长率 A/% （不小于）
1100 1200	H22	0.006 ~ 0.009	—	—
		0.010 ~ 0.024	—	—
		0.025 ~ 0.040	90 ~ 135	2
		0.041 ~ 0.089	90 ~ 135	3
		0.090 ~ 0.139	90 ~ 135	4
		0.140 ~ 0.200	90 ~ 135	6
	H24	0.006 ~ 0.009	—	—
		0.010 ~ 0.024	—	—
		0.025 ~ 0.040	110 ~ 160	2
		0.041 ~ 0.089	110 ~ 160	3
		0.090 ~ 0.139	110 ~ 160	4
		0.140 ~ 0.200	110 ~ 160	5
	H26	0.006 ~ 0.009	—	—
		0.010 ~ 0.024	—	—
		0.025 ~ 0.040	125 ~ 180	1
		0.041 ~ 0.089	125 ~ 180	
		0.090 ~ 0.139	125 ~ 180	2
		0.140 ~ 0.200	125 ~ 180	2
	H18	0.006 ~ 0.200	≥140	—
	H19	0.006 ~ 0.200	≥150	—
其他 1×××系	O	0.006 ~ 0.009	35 ~ 100	0.5
		0.010 ~ 0.024	40 ~ 100	1
		0.025 ~ 0.040	45 ~ 100	2
		0.041 ~ 0.089	45 ~ 100	4
		0.090 ~ 0.139	50 ~ 100	6
		0.140 ~ 0.200	50 ~ 100	10
	H18	0.006 ~ 0.200	≥135	—
2A11	O	0.030 ~ 0.049	≤195	1.5
		0.050 ~ 0.200	≤195	3
	H18	0.030 ~ 0.049	≤205	—
		0.050 ~ 0.200	≤215	—

牌　号	状　态	厚度/mm	拉伸试验结果	
			抗拉强度 R_m /MPa	伸长率 A/% （不小于）
2024	O	0.030 ~ 0.049	≤195	1.5
2A12	H18	0.050 ~ 0.200	≤205	3.0
		0.030 ~ 0.049	≥225	—
		0.050 ~ 0.200	≥245	—
3003	O	0.030 ~ 0.099	100 ~ 140	10
		0.100 ~ 0.200	100 ~ 140	15
	H14/24	0.050 ~ 0.200	140 ~ 170	1
	H16/26	0.100 ~ 0.200	≥180	—
	H18	0.020 ~ 0.200	≥185	—
5A02	O	0.030 ~ 0.049	≤195	
		0.050 ~ 0.200	≤195	4
	H16/26	0.100 ~ 0.200	≥255	—
	H18	0.020 ~ 0.200	≥265	—
5052	O	0.030 ~ 0.200	175 ~ 225	4
	H14/24	0.050 ~ 0.200	250 ~ 300	—
	H16/26	0.100 ~ 0.200	≥270	—
	H18	0.050 ~ 0.200	≥275	—
8011 8011A 8079	O	0.006 ~ 0.009	45 ~ 100	0.5
		0.010 ~ 0.024	50 ~ 105	1
		0.025 ~ 0.040	55 ~ 110	4
		0.041 ~ 0.089	60 ~ 110	8
		0.090 ~ 0.139	60 ~ 110	13
		0.140 ~ 0.200	60 ~ 110	16
	H22	0.035 ~ 0.040	90 ~ 150	2
		0.041 ~ 0.089	90 ~ 150	4
		0.090 ~ 0.139	90 ~ 150	5
		0.140 ~ 0.200	90 ~ 150	
	H24	0.035 ~ 0.040	120 ~ 170	2
		0.041 ~ 0.089	120 ~ 170	3
		0.090 ~ 0.139	120 ~ 170	4
		0.140 ~ 0.200	120 ~ 170	5

续表 1-29

牌　号	状　态	厚度/mm	拉伸试验结果	
			抗拉强度 R_m /MPa	伸长率 A/% （不小于）
8011 8011A 8079	H26	0.035 ~ 0.040	140 ~ 190	1
		0.041 ~ 0.089	140 ~ 190	1
		0.090 ~ 0.139	140 ~ 190	2
		0.140 ~ 0.200	140 ~ 190	2
	H18	0.035 ~ 0.200	≥160	—
	H19	0.035 ~ 0.200	≥170	—
8006	O	0.006 ~ 0.009	80 ~ 135	1
		0.010 ~ 0.024	85 ~ 140	2
		0.025 ~ 0.040	90 ~ 140	6
		0.041 ~ 0.089	90 ~ 140	10
		0.090 ~ 0.139	90 ~ 140	15
		0.140 ~ 0.200	90 ~ 140	15
	H18	0.006 ~ 0.200	≥170	—

表 1-30　电缆用铝箔的纵向室温力学性能

牌　号	状　态	厚度/mm	拉伸试验结果	
			抗拉强度 R_m /MPa	伸长率 A/% （不小于）
1145、1235、1060 1050A、1200、1100	O	0.100 ~ 0.150	60 ~ 95	15
		>0.150 ~ 0.200	70 ~ 110	20
8011	O	>0.150 ~ 0.200	80 ~ 110	23

1.4　铝箔的应用

铝箔具有质轻、密闭和包覆性好等一系列优点，故在许多部门及人们的日常生活中获得广泛地应用，但目前它主要用于包装、机电及建筑三大领域。具体如下：

1.4.1　包装用箔

铝箔用途十分广泛，有关专家根据其应用特点的不同，将它分成了 20 多个品种。不同国家由于经济发展水平的差异，铝箔消费结构也存在很大差距。在欧美发达国家，用于包装的铝箔产品占总需求量的70%。在我国市场，铝箔主要作为工业制造原辅材料，包装铝箔只占国内需求总量的30%。虽然铝箔包装发展较晚，但是目前市场增长迅速，前景引人关注。

1.4.1.1　铝箔包装的发展

铝箔包装始于20世纪初期，当时铝箔作为最昂贵的包装材料，仅用于高档包装。1911年瑞士糖果公司开始用铝箔包装巧克力，逐渐代替锡箔而流行起来。1913年美国在炼铝成功的基础上也开始生产铝箔，主要用于高档商品、救生用品和口香糖包装。1921年美国开发成功复合铝箔纸板，主要用作装饰板和高级包装折叠式纸盒。1938年可热封式铝箔纸问世。二战期间，铝箔作为军品包装材料得到快速发展。1948年开始采用成型铝箔容器包装食品。20世纪50年代，铝纸、铝塑复合材料开始发展。到20世纪70年代，随着彩印技术的成熟，铝箔和铝塑复合包装进入快速普及的时期。

进入21世纪，市场竞争和产品同质化的趋势，刺激了产品包装的快速发展，2002年全球包装市场的规模已超过5000亿美元。铝箔包装的发展基本与整个行业发展同步，在我国市场，铝箔包装发展更快，主要有两个原因：第一，我国软包装市场发展与发达国家差距明显，日用消费品及食品的软包装所占比重小，发达国家已占65%以上，有的超过70%，而我国约占17%，近两年比重快速增加；第二，国内铝塑复合、铝纸复合技术不断成熟，生产成本降低，促进了铝基复合材料在我国包装市场的普及应用。

1.4.1.2　铝箔包装的市场现状

经过近一个世纪的发展，铝箔已经成为一种主要的包装材料，其市场发展在欧美国家区域成熟，但是在我国市场，铝箔包装还有着广阔的前景。以下对铝箔在软包装方面的主要市场进行分析。

1.4.1.3　医药包装用铝箔

药用铝箔经过印刷、涂敷后用于药品铝塑泡罩包装。由于其具有防潮、卫生、安全、方便及保存期长等优点，已成为世界广泛应用的药品包装方式。我国在这方面的应用始于1985年，迄今药品的这种包装方式约占药品所有包装方式的25%。

2002年时全球医药包装业的产值近110亿美元，平均增长率4%。我国医药包装市场产值约18亿美元，年均增长率超过10%。铝箔在医药包装中主要用于泡罩包装。泡罩包装主要是由聚氯乙烯片（PVC）和0.02mm厚的铝箔制成。泡罩包装已成为西药片剂和胶囊的最主要的包装方式。我国中药片剂、散剂、胶囊、粒丸等包装，正逐步从纸袋、简易塑料袋、玻璃瓶包装变为铝塑泡罩包装。泡罩包装具有防潮、携带方便、安全卫生等优点，随着药品缓释技术的发展，市场将更加广阔。2002年泡罩包装对铝箔年需求量7000t以上，2015年将超过80000t。

另一个重要的铝箔市场是铝塑易撕膜（SP）生产，目前国内有1000多条这类生产线，铝箔需求量3000t/a。另外药膏包装用铝塑复合软管，水剂、针剂包装用铝塑复合瓶盖也是铝箔消费的两个潜在市场，目前铝箔总需求量1000t以上。

铝箔在医药行业的应用还有一个潜在的市场，即药剂无菌包装。目前国内只有个别企业生产无菌包装清凉茶之类的保健饮料，尚未有开发无菌包装水剂中成药。这一新领域将是铝箔软包装的重要潜在市场。

1.4.1.4 食品包装铝箔、软包装

我国食品工业正处在一个蓬勃发展的重要时期。食品软包装的出现极大地提高了食品加工的机械化、自动化水平，加快了人们饮食生活的现代化、社会化进程。在发达国家，食品、饮料主要采用软包装，而我国的软包装发展相对滞后。铝箔在食品包装中的应用主要有两种：一种是铝塑或铝纸复合包装；另一种是铝、塑、纸多层复合包装，即利乐包装。我国食品软包装的铝箔需求约3×10^4t/a。

铝箔应用的主要领域有：

（1）巧克力、糖果包装。目前巧克力基本上都采用铝箔包装，其市场需求量正随着我国巧克力消费市场的扩大而不断增加。糖果包装有两种形势，一种是铝塑复合或铝纸复合包装，还有一种是采用镀铝膜或单一塑料包装；

（2）方便食品，熟食包装。如方便面、地方特色食品等。随着食品商业市场的发展，这种包装的需求量越来越大，发展前景十分乐观；

（3）奶类产品包装。目前奶粉基本都采用铝塑复合包装，液态奶类产品主要采用铝箔纸盒包装。我国地域差异大，奶产品的产销区域分布不合理，给铝箔无菌包装提供了广阔的市场。同时奶品发展空间巨大，2005年时估计，奶类产品人均消费量将达到10kg，总产量达到1.35×10^7t，奶品包装对铝箔需求将达到7000t/a；

（4）茶叶、咖啡等产品有相当一部分采用铝塑复合包装，这也是铝箔包装的一个重要市场。

从市场发展趋势来看，新鲜农产品和天然食（饮）品将成为我国软包装的重要发展市场。如果汁饮料和其他饮料，2005年将达2.26×10^7t，其中软包装对铝箔需求量7000t以上，蔬菜汁饮料和佐料加工业在未来5年也将得到很大发展，这类产品的最佳包装将是铝箔无菌包装。

软包装铝箔（aluminum alloy foil for flexible packing）是利用软复合包装材料制成的袋式容器，软包装的出现极大地提高了食品饮料业的机械化、自动化水平，加快了人们饮食生活现代化、社会化的进程。在发达国家，软包装已成为食品、饮料的主要包装形式之一，在一定的范围内取代了罐装和瓶装。近年来我国

软包装市场的发展也很快，迄今已引进 10 条铝箔复合生产线，可根据软包装的用途不同采用干式复合、热熔复合、挤出复合等不同工艺。软包装不但具有防潮、保鲜的功效，而且可印刷各种图案和文字，是现代商业包装的理想材料。随着人们生活水平的提高，软包装铝箔还有很大的发展空间。

包装用铝箔已成为铝箔市场重要的消费增长点。目前，我国每年可消费 1.613×10^5 t 铝箔，已成为仅次于美国的全球第二大铝箔消费国，但人均占有量不足发达国家的 1/10。

据统计，目前我国有铝箔生产企业 90 家，年生产能力为 360×10^4 t。部分企业拥有现代化的生产设备，但大部分铝箔生产企业规模小，设备水平与发达国家相比还有很大差距，中低档产品多，高精尖产品少。因此，我国铝箔市场从发展前景看，无论是消费量还是产品档次都有巨大的发展空间。

1.4.1.5　牙膏包装复合软管

铝塑复合软管具有优良的阻隔性能、较强的抗腐蚀性能以及良好的印刷适应性，因此被广泛应用于牙膏、化妆品和一些工业产品的包装。对于牙膏包装，2002 年铝塑复合管已完全取代传统铝管包装。我国牙膏产量 30 亿支/年，牙膏包装对铝箔需求量 3000t。另外，铝塑复合软管在其他领域的需求量也不同程度增加，如医药保健品、美容化妆品、调味品、工业用品等。

1.4.1.6　铝箔包装的发展前景

铝箔包装的发展与材料复合技术的进步密切相关。复合材料分为基层、功能层和热封层：基层主要起美观、印刷、阻湿等作用；功能层主要起阻隔、避光等作用；热封层与包装物品直接接触，起适应性、耐渗透性、热封性等功能。随着基层材料和复合技术的发展，铝箔包装的功能将不断完善。

（1）包装材料发展动态。包装工业的发展是文化发展和科技进步的重要标志。20 世纪 50 年代以来，复合材料的兴起引发了包装领域的革命，材料复合技术不断发展，目前出现各种新兴复合材料，对铝箔应用产生一定影响。例如：1）由于铝箔包装的食品不能直接进行微波加工，近来出现一种高阻隔微波食品包装材料，即在塑料等基材上镀一薄层硅氧化物，使材料具有高阻隔性、高微波透过性和透明性，适用于高温蒸煮、微波加工等食品包装，也可用于饮料和食用油包装。但是这种材料生产成本很高，大规模生产技术还不完善；2）纳米包装材料进入快速发展时期。纳米技术是 21 世纪最年轻的科学技术，也被认为是 21 世纪最有前途的包装技术。目前纳米包装还处在开发阶段，实际应用较少。

此外，市场上还出现了各种新概念的包装材料，由于铝箔包装具有优良的性能和相对低廉的成本，这些新材料目前都没有形成规模市场和对铝箔包装的实质性影响。但目前和未来几年中，镀铝复合材料的发展将是一个重要趋势，它将作为传统压延铝箔的替代性材料，在部分市场代替铝箔材料。

（2）镀铝包装的发展。镀铝膜自 20 世纪 60 年代开始应用于包装行业，80 年代在北美、欧洲得到快速发展，我国自 20 世纪 90 年代初开始引入镀铝包装，但是直到最近几年才得到较快的发展，镀铝在我国包装工业的发展分三个阶段：第一阶段主要是镀铝标贴纸；第二阶段是作为产品外包装和软包装；第三阶段是作为卷烟内衬纸。

作为产品外包装和软包装，镀铝应用于软包装主要是替代单一性塑料和纸，从而增加对包装产品的隔绝性和视觉冲击力，同时有一部分铝箔包装被镀铝材料替代。随着镀铝生产发展，特别是多层复合技术的成熟，镀铝材料对铝箔包装将产生更大影响。

（3）结论。铝基复合材料将更多地取代单一性材料，广泛应用于各种软包装。一些新概念包装材料的出现将对铝箔应用产生影响，但一段时期内铝基复合材料在成本和性能上具有相对优势。复合软包装将更多的代替刚性和半刚性容器包装，市场空间从膏体、块状、颗粒、粉末类产品到液体半液体、含气体的产品；从日用消费品到军用产品。我国目前有软包装企业 4000 多家，复合膜的年生产能力 $1.50 \times 10^{6} t$ 以上。随着经济发展，我国必将成为全球最主要的包装需方市场。铝箔包装发展前景十分广阔。

1.4.2　烟箔

素铝箔经涂胶与衬纸复合后而成为裱纸烟箔（aluminum alloy foil for cigarette packing）。裱纸烟箔具有高的柔软性、装饰性和防潮性。一般用 1235 合金生产，在质量上要求厚度要均匀，针孔尺寸要小，针孔数量要少，板形要好。其厚度一般为 $6.0 \sim 7.0 \mu m$，而宽度通常是 350mm、460mm、545mm、1090mm 等。

我国是世界上最大的卷烟生产国和消费国。目前，我国约有 150 家大型卷烟厂，年生产卷烟总量 $3.4 \times 10^{7} t$ 大箱，基本上都采用香烟箔包装，其中 30% 采用喷镀箔，70% 采用压延铝箔（压延铝箔消耗量约为 35kt）。总的来说，目前我国烟箔需求量大，但是随着人们健康意识的增强以及国外进口香烟的冲击，需求量的增长已经明显减缓，预计近几年仅会略有增加。

1.4.3　电解电容器用铝箔

电解电容器用铝箔是一种在极性条件下工作的腐蚀材料，对铝箔的组织结构有较高的要求，所用的铝箔可分为三种：阴极箔（厚度为 0.015 ~ 0.06mm），高压阳极箔（厚度为 0.065 ~ 0.1mm），低压阳极箔（厚度为 0.06 ~ 0.1mm）。

铝电解电容器的阳极铝箔使用的是工业高纯铝，纯度要求均在 99.93%（质量百分比）以上，按 GB 3190—1982 标准，主要 LG3、LG4 和 LG5 高纯铝。其中，高压电解电容器用阳极铝箔的纯度要求达到 99.99%（质量百分比）。工业高纯铝中的主要杂质为 Fe、Si、Cu，其次尚有 Mg、Zn、Mn、Ni、Ti 等微量元素。我国的国家标准中只对 Fe、Si、Cu 的含量进行规定，但作为杂质元素，其限定含量明显高于国外同类优质箔。从发展趋势上来看，电解电容器铝箔不但对 Fe、Si、Cu 含量要求控制更低，而且对其他微量杂质元素含量也做了严格的规定。

1.4.4　装饰用箔

装饰箔是通过铝-塑复合形式应用的装饰材料，利用了铝箔着色性好、光热反射率高的特性，主要用于建筑、家具的装饰和一部分礼品盒包装。其在我国装饰行业的应用始于 20 世纪 90 年代，近几年需求量急剧增加，一般作为楼房内壁和室内家具的装饰材料，在商业机构的门面和室内装饰中也有广泛地应用。

装饰箔具有隔热、防潮、隔音、防火和易于清洗等优点，而且外表豪华，加工方便，施工安装速度快。目前，我国建筑、装饰行业已形成装饰箔的应用热潮。随着我国建筑装饰行业的快速发展和装饰用箔的应用不断普及，装饰箔需求量还会大幅度增加。另外，装饰箔包装礼品近几年在我国的发展速度也很快，预计会有较好的前景。

对于装饰用箔的质量要求如下：

铝塑复合板用于室内外装饰，对基体铝箔表面质量及板形的平整度都有严格的要求。铝塑复合板分解示意图如图 1-1 所示，基体铝箔在铝塑复合板中有两个作用，一是做面板的铝箔。要经过脱脂→涂色→烘干→涂胶等工序，表面质量要求光洁，表面均匀无树皮状花纹，无暗纹、亮线等影响表面质量的缺陷，板面平整无明显波浪。由

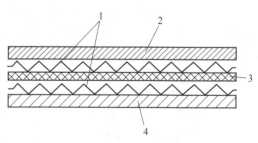

图 1-1　铝塑复合板分解示意图
1—高分子黏合剂；2—0.03mm 铝质涂色面板；
3—挤出式聚乙烯；4—0.03mm 铝质底板

于箔材要经脱脂处理，对表面带油不太要求，但带油会使脱脂液消耗过快，也会引起用户异议。二是做底板用的箔材直接使用素箔，要求箔材表面带油要少、板面平整，无明显波浪，装饰箔的抗拉强度不小于 190MPa。

1.4.5　电缆箔

由于铝箔具有高的密闭性和屏蔽性，单面或双面涂敷一层塑膜后构成的铝塑复合箔是理想的线缆护层。一般用 1145 合金或 1100 合金和 8011 合金生产，其

厚度可以为 0.10mm、0.15mm 或 0.20mm，宽度为 400mm 或 600mm，长度要求定尺，一般为 1100m 或 2100m。在质量上要求主要是表面带油量要少，表面无孔洞，具有较高的力学性能。目前，国内先进冷轧机、万能机和铝箔粗轧机都能生产电缆箔（aluminum and aluminum alloy foil for cable wrap），国内的成长性不足，国内的需求量目前约为 25kt/a。

1.4.6　空调箔

由于铝箔具有较高的导热率，而且密度小，重量轻，故被广泛应用于空调中的散热翅片。空调箔经冲孔、翻边后成为散热翅片。在质量上主要要求是厚度均匀，具有较高的力学性能和深冲性能。由于生产这种铝箔的厂家数量庞大，所以所用的合金种类也繁多，主要有 1100 合金、8011 合金和 1200 合金，状态也各异，主要有 H22、H24 和 H26，厚度一般为 0.1~0.15mm，但有向薄发展的趋势。为使散热片工作时减少风阻、降低噪声、减少能耗、提高使用寿命，目前出现了亲水和疏水空调箔，即在空调箔表面预涂亲水膜层或疏水膜层，目前的涂层法有单涂和双涂。

1.4.7　其他铝箔

其他铝箔包括铝箔器皿、铝箔复合蒸煮袋、铝合金百叶窗及复合软管用铝箔等。

铝箔器皿是铝箔的深加工产品，用作装食品的容器，如盘子、饭盒等，可保鲜、保味，是无毒、卫生的食品包装，用完后可打包回收，不像塑料盒污染环境，故很有前途。铝箔器皿的材质一般为 1235 合金，状态为 O 或 H24，厚度 0.04~0.10mm。

铝箔复合蒸煮袋是用铝箔两面贴合塑膜复合制成的，是一种具有气密性、遮光性和一定耐热性的包装袋，国内外广泛用于酱状、糊状、固状蒸煮物的包装，其所用合金一般为 1235 合金，厚度 7~16μm，其质量要求与烟箔相同。

铝合金百叶窗近十几年来流行于国内外的建筑物中，近年已进入普通百姓家。其产品一般用 5182 合金、5083 合金、5086 合金，H19 状态，厚度 0.15mm、0.19mm，宽度多为 25mm。

复合软管用铝箔主要用于膏状、半露状产品的包装，可用作牙膏、药膏和一些化工洗涤用品的容器，具有隔绝性好、不易破裂、清洁美观等优点，是前景很好的材料。在欧洲、美国、日本等发达国家和地区，90% 以上的牙膏采用这种包装。我国的牙膏用量为 90 亿支/年，但目前只有 3.5% 采用这种包装，重要的原因是复合软管的生产能力有限，生产成本过高，使得牙膏生产企业没有软管包装的配套生产线。复合软管包装可节约大量铝材，性能卓越，有很好的发展前景。

1.5 铝箔生产方法简介

随着工业生产和科学技术的不断发展，铝箔的生产也得到了很快的发展，产品的规格、品种不断增加，设备、生产工艺也不断改进。根据铝箔发展过程及产品品种、质量的差异，箔材的生产方法可分为以下几种。

1.5.1 叠轧法

叠轧法是采用多层块式叠轧法生产箔材的方法，是二辊式轧机出现时期采用的箔材生产方法。用叠轧法生产的铝箔容易产生压折，所轧最小厚度一般仅达 0.1~0.02mm，而且轧出的长度短，生产效率低。目前很少采用叠轧法。

1.5.2 带式轧制法

带式轧制法是目前铝箔生产的主要方法，采用该方法生产的铝箔已占 90% 以上。该法采用热轧后的板材或熔体连铸连轧板作为铝箔毛料。其主要特点是生产效率高（轧制速度可达 2500m/min），表面质量好，厚薄均匀。一般在最后的轧制道次采用两层或多层叠轧。此法生产的铝箔目前最薄可达 0.005mm，宽度可达 2000mm，由于四重轧机性能的提高，对 0.004mm 厚的薄箔大量进行规模生产是可能的。

用热轧法生产箔材的传统工艺是：采用半连续铸造法用铝熔体铸造成扁锭，经过热轧和冷轧轧制成 0.4~1mm 厚的板材，作为铝箔毛料。将这种箔材毛料通过高于再结晶温度的退火后，置于箔材轧机上，经若干道次的冷轧轧制成铝箔产品。与热轧坯料相比，铸轧坯料的质量较难控制。由于采用铸轧坯料（厚度为 7~3mm）轧制铝箔的变形量要小得多，因此铸轧坯料的质量，如气道、夹杂、偏析、粗大晶粒等缺陷对铝箔轧制的影响更直接。另一方面，铸轧坯料轧制铝箔也具有很多优点。由于双辊铸轧法冷却速度快，因此铸轧板中枝晶间距大大减少，可达 5~10μm，中间金属化合物颗粒也大大细化，大多在 1~2μm，这样的显微组织特别适合于薄箔产品的轧制。此外，用铸轧坯料避免了热轧坯料加工过程中的铣面、预热和热轧等工序，大大缩短了工艺流程，减少了这些工序因操作不当而可能给铝箔轧制带来的不利因素和缺陷。并且用铸轧坯料轧制铝箔，还具有设备投资少、占地面积小、加工费用低、金属及能源消耗低等优点。因此铸轧坯料也得到了较广泛地应用，并且已成为目前研究方向之一。目前全球已有 200 多台双辊铸轧机生产铝板、带、箔的坯料（国内有数十台铸轧机）。近年来，亨特公司、FAFA 亨特公司、彼施涅公司、戴维公司和牛津大学等国外厂家和研究机构都在致力于这方面的研究工作，我国华北铝业有限公司协同相关研究机构目前也在积极开展这方面的研究项目，研究工作主要集中在提高铸轧速度、减小板坯厚度以及提高铸轧板质量方面。

1.5.3 沉积法

沉积法是近年来发展起来的一种新方法，此法能生产极薄的铝箔。已生产出的箔材的最小厚度为 0.0004mm。该法主要的工艺过程是在真空条件下，使铝的蒸汽沉积在塑料薄膜上而生成。这种方法的优点是可以生产极薄的铝箔，这是带式轧制法所不能达到的。但是沉积法生产效率低、成本高、技术难度大，目前尚未得到广泛的工业应用。

1.6 铝箔加工的工艺装备水平

近年来，铝箔工业发展很快，铝箔生产技术、装备水平不断提高，计算机在铝箔生产领域里得到了充分的运用，它在铝箔生产的自动化控制、产品质量保证、提高生产率、科学管理等方面都起到了很重要的作用。

熔铸是影响铝箔产品质量的关键。熔铸设备正向大型化、连续化、自动化方向发展，也普遍采用了效果好、效率高的熔体净化处理设备和技术，如 SNIF、ALPUR、MINT 法，采用氧化铝球滤床和多孔陶瓷管等过滤，以降低含氢量、减少夹杂、提高熔体纯净度，从而获得冶金质量优良的铸锭和铝箔毛料。

热轧和冷轧中决定铝材质量的主要控制技术也有长足进步。在铝热轧线上配置了由固定型和扫描型 X 射线测厚仪构成的板凸度计和计算机控制的板凸度控制系统，从而对热轧板凸度进行精确控制；同时精确控制粗轧机出口处及精轧机卷取温度，实现对热轧板内在组织、结构的控制。冷轧机采用全油润滑、液压板厚自动控制系统（AGC）和板形自动控制系统（AFC），使得铝箔毛料表面质量、厚度公差、平直度都达到较好水平。

为了提高轧制效率和铝箔的质量，现代铝箔轧机更是向大卷重、宽辊身、高速和自动化四个方向发展。当代铝箔轧机的辊身宽度 2000mm，轧制速度 2000m/min，卷质量20t。相应的轧机自动化水平也大大提高，不但普遍安装了厚度控制系统（AGC），而且大多数铝箔轧机安装了自动板形控制系统（AFC）以及最优化、最佳化自动控制系统。

现代化铝箔工业生产所达到的水平是：轧辊辊长 2200mm，轧制速度 2500m/min，自控板形和测厚，产量达 3t/h；铝箔厚度 0.005mm，铝箔宽度 2000mm，铝箔卷重 10t 以上。由于四重轧机性能的提高，对 0.004mm 厚的薄铝箔大量进行规模工业化生产是可能的。

轧辊磨床普遍采用全过程计算机控制，装有辊径、辊型、光洁度等自动控制、调整、测量、记录装置，可达到高精度研磨，以确保铝箔的质量。

1.7　世界铝箔生产发展的历史

现代铝箔生产起始于 1905 年。当年，瑞士机械师阿尔弗雷德·高奇（alfred gautschi）在一台由热循环水加热的轧辊构成的二辊轧机上，采用叠轧法把多层铝薄板轧至 0.050mm 厚，他为此申请了专利。

1910 年，奈尔（Neher）和劳勃（I. auber）在轧机上加了自动卷取系统，这是一个重大的进展。他们生产的薄箔可达 0.030mm，被瑞士的 Tobler 公司用于包装巧克力。根据他们的设计，德国杜塞尔多夫市的奥古斯特·施密茨（august schmitz）公司建造了最早的轧机，该公司即今天的曼内斯曼·德马克·萨克（MDS）公司的一部分。

1922 年出现了又一重大进展，德国莱茵金属箔股份公司（REBAG）成立，在格雷芬布罗依希（grevenbroich）厂生产铝箔。这个康采恩财团就是今天德国联合铝公司（VAW）下属的 grevenbroich 工厂。1923 年，该公司有 8 台轧机运行，年产量 150t。1928 年，该厂运行 42 台轧机，年产量 1340t。1934 年造的老式阿亨巴赫（achenbach）箔材轧机安在 REBAG 公司，采用摩擦传动式卷取机。

第二次世界大战期间，箔材轧机的宽度增大到 700mm，轧制速度为 90m/min，单机产量为 20kg/h，只是此时还使用二辊轧机。

20 世纪 50 年代，三辊轧机使用了若干年，但不久就被四辊轧机所取代，选用的规格是工作辊直径 250mm，支承辊直径 700mm，最初宽度是 1000mm，20 世纪 70 年代增大到 1500mm。20 世纪 30 年代采用的摩擦传动卷取机变成了直流（DC）电机驱动的卷取机，能精确地控制带材张力。轧机速度迅速提高，20 世纪 50 年代是 300m/min，70 年代是 1500m/min。

如今的轧制速度已达 2500m/min，箔的最大宽度约 2000mm，卷质量达 6kg/mm。常用的最小厚度为 0.00635mm，这么薄的箔在精轧时需叠轧。

美国一个时期曾经有多家制造箔材轧机的工厂，但如今活跃的只有亨特（hunter）工程公司。匹兹堡市的 Blaw Knox、Lewis、Loeway 和 BLH 等公司都中断了积极性或完全结束了商务活动。欧洲领先的制造厂商是阿亨巴赫、法塔-亨特、戴维-克雷西姆、曼内斯曼·德马克·萨克（MDS）、施洛曼-西马克（SMS）和劳纳（launer）公司。日本的主要制造厂是日立、IHI-Ishikawajima-Harima 及神户制钢等公司。

1.8　世界铝箔生产的发展趋势与存在问题

现代铝箔工业生产向超薄、宽幅、大卷、高速和自动化的方向发展，铝箔生产效率和产品质量不断提高。如前所述，要获得高成品率、质量优良的薄箔产品，必须严格控制轧制工艺和使用高质量的铝箔毛料。自 1910 年铝箔生产工业化以来，人们在铝箔轧制工艺和装备方面做了大量的探索和改进，铝箔工业的装机水平和技术水平有了长足的进步，而对铝箔毛料材质本身的组织变化规律及控制未作深入系统地研究和分析。铝箔作为一种极限产品，必须进行负辊缝轧制。在这种轧制条件下，调节轧制压力对改变轧出产品的厚度已经失去作用，所能利用的控制因素是轧制速度和后张力，但它们只能在有限范围内进行调节。此时，铝箔毛料本身的质量就显得尤为重要。同时，铝箔越趋于薄型，组织因素的影响越显著，对铝箔毛料材质本身的组织、结构，尤其是轧制硬化元素 Fe、Si 在铝基体中的固溶度以及第二相的类型、数量、尺寸、分布的控制和要求就越严格。我国生产厂家的生产实践表明：在同样的轧制工艺和设备条件下，当采用进口毛料生产双零箔时，成品率可达 80% 以上，而用国产毛料时，成品率只有 60% 左右，而且针孔、断带多，这充分说明了铝箔毛料质量的重要性。随着轧制工艺水平的提高和完善，铝箔毛料对成品箔的影响也就愈来愈明显。20 世纪 80 年代起，铝箔毛料的重要性逐渐引起铝箔工作者的注意，这方面的研究工作逐渐开展并活跃起来，目前已成为材料工作者研究的重点之一。

铝箔生产的发展趋势可大体归结为以下几方面。

1.8.1　我国铝箔生产和应用量将高速增长

在铝材品种中，全世界的铝箔年平均增长率估计为 4% 左右，而我国估计可高达 20% 以上（2010 年前）。

1.8.2　工业发达国家铝箔企业数量会有所减少

发达国家将通过对现有企业的改扩建（提高轧制速度和自动化控制程度、加大带卷质量）来提高产量与改善品质，扩大品种。而发展中国家（包括俄罗斯在内）则仍处于数量发展阶段，主要靠新建企业来增加产量，当然对现有企业的改扩建也是很重要的措施。我国自 2008 年以后新建铝箔厂数量会有所下降，并进入新一轮的结构调整期。

1.8.3　铝箔产品的厚度会进一步减小

由于在大多数情况下，铝箔使用要求越薄，利用率越高。比较经济的最小可轧厚度为 0.0045mm，现在有进一步减薄至 0.004mm 的趋势。采用更薄一些的铝箔是用户所追求的。但既要轧得薄，又要轧得好、轧得快，除了设备、毛料外，操作技术是相当重要的条件。包装箔与空调箔等的发展趋势是厚度更薄些，强度更高些，密封性能更好些，但不是越来越薄，铝箔的最小轧制厚度有一定的值，不可以无限地向薄的方向发展。一般铝箔很难轧到比 0.004mm 还低的，因此工业化生产更薄的铝箔不一定是合理的。

1.8.4　铝箔轧制速度会更快

从生产效率等方面来说，铝箔的轧制速度越快越好。而且从第一代的 20m/min 到现在平均 1700m/min 以上，90 年间增长 85 倍，现在最高设计速度已达到 2500m/min。由于受铝箔表面光亮度的限制，双合轧制速度一般不超过 600m/min，把中轧速度提高到 2000m/min、精轧速度提高至 1000m/min，可以看做下一阶段铝箔工业生产的发展目标，能以这样高的速度轧制，对设备精度、毛料品质都有严格控制的要求。从另一个角度来看，铝箔轧制速度将来会更快，主要是指速度快的轧机所占的百分比会逐年增加。高速轧制一直是各国材料工业者的主要研究方向之一。但绝对的轧制速度也不是一直在增加。它是有一定的极限的，例如，粗轧机的轧制速度还很难超过 2500m/min，精轧机的速度也不易超过 1200m/min。而轧制速度每上一个阶梯（一般认为是 300m/min），要求轧机在机械刚度、强度与自动化控制程度等方面的突破。而在某一时期当轧制速度达到某一极限值时，欲突破这一极限几乎是不可能的。

1.8.5　轧制精度会越来越高

轧制精度是指厚度和平整度的控制精度。在厚度控制方面我国沿用了多数国家的标准，对厚度偏差规定为厚度的 ±10%。但实际上，第四代轧机对厚度偏差可以控制在 ±5% 以内，而第五代已经可以整卷控制在 ±2% 以内。平整度虽然不作为产品的交货指标，但对于提高产品产量以及随后的精加工品质都有重要的意义。对于 0.007mm 的铝箔，第五代轧机平整度的在线显示值可小于 ±3%。

1.8.6　连铸连轧法生产铝箔带坯所占比例会越来越大

现在新建的铝箔厂几乎都不再用铸锭热轧带坯法，但传统的或大型铝箔企业由于不可能同时大规模更换设备，所以在较长时间内还是会用铸锭热轧带坯。因此对连铸连轧法的研究及对热轧带坯质量的优化都具有非常重要的意义及经济价值。

1.9　我国铝箔生产的发展历史和现状

经过 74 年的发展，我国终于在 2005 年成为世界铝箔工业大国与强国，拥有比世界上任何一国都多的先进的超宽（2000mm 级）铝箔轧机；生产能力居全球第一；完全掌握了各种规格箔材的生产技术，可生产市场需要的各种厚度的不同合金的箔材；从 2004 年起中国成为铝箔净出口国，净出口量 3600t，2010 年的净出口量很可能达到 $2.1 \times 10^5 t$；从 2006 年起我国的铝箔产量超过美国，成为全球第一大国。

截至 2005 年年底有约 135 家可生产铝箔的企业，拥有约 125 台四辊现代化的箔轧机，总生产能力 $9.36 \times 10^5 t$；其中引进的箔轧机 77 台，设计生产能力 $4.24 \times 10^5 t$。此外，还有 112 台二辊轧机总生产能力 $8 \times 10^4 t$，根据国家政策，它们应于 2006 年全部淘汰，但能否实现仍难预料。

2005 年我国厚箔的产量约 $3.84 \times 10^5 t$，单零箔 $1.264 \times 10^5 t$，双零箔产量 $1.15 \times 10^5 t$，其中前 5 家双零箔产量大户为：厦顺铝箔有限公司 $4.7 \times 10^4 t$，华北铝业有限公司 $1.4 \times 10^4 t$，大亚集团丹阳铝业有限公司 $1.4 \times 10^4 t$，云南新美铝箔有限公司 8000t，华西铝业有限公司 7000t。

图 1-2 是 2000 ~ 2010 年中国铝箔的产能及产量。

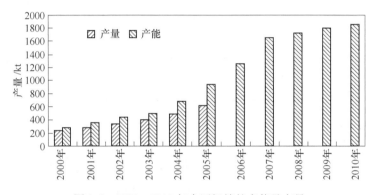

图 1-2　2000 ~ 2010 年中国铝箔的产能及产量

2001 ~ 2010 年，是我国铝箔工业史无前例的大发展阶段又是成为铝箔强国的初期。在此阶段将有 31 台 2000mm 级超宽幅箔轧机投产（其中引进的 25 台）；1800mm 级的箔轧机 13 台（其中引进或中外合作制造的 5 台）；小于 1700 ~ 1400mm 级的箔轧机及可轧单零箔的冷轧机 26 台。它们的总生产能力达 $1.6 \times 10^6 t$，约为 2000 年生产能力的 6.4 倍。在此期间，仅 2000mm 级箔轧机的双零箔设计生产能力就达 $2.3 \times 10^5 t$。

2005 年至 2006 年，我国有 30 台现代化大中型铝箔轧机（辊面宽度 ≥ 1400mm）投产或进行调试，形成双零箔设计生产能力 $1.5 \times 10^5 t/a$，其他箔生产能力 $1.2 \times 10^5 t/a$，这在世界铝箔发展史上是前所未有的。

在这 30 台铝箔轧机中有 20 台 2000mm 级的，其中：南山实业轻合金有限公司的 4 台 2000mm 阿申巴赫轧机；万基铝箔股份有限公司的 4 台 2000mm 轧机；上海神火铝箔有限公司的 3 台 2150mm 箔轧机；厦顺铝箔有限公司拥有 6 台 2000mm 宽幅阿申巴赫轧机、3 台 1700mm 宽幅米诺轧机；昆山铝业有限公司

（3 台 2100mm 的箔轧机）；江苏中基复合材料有限公司分别从德国阿申巴赫公司引进 3 台 2000mm 箔轧机都可于 2006 年投产。

除了以上的 20 台 2000mm 级超大型箔轧机外，在 2005～2006 年投产或调试的铝箔轧机及可轧单零箔的冷轧机共 13 台，生产能力在 $1.0 \times 10^5 t/a$ 以上，如首龙铝业有限公司的 2 台 1850mm 箔轧机、天鹏铝业有限公司的 1650mm 箔轧机 3 台、运城铝业（昆山）有限公司与三源铝业有限公司的各 1 台 1400mm 轧机等。

2005～2006 年形成的双零铝箔生产能力 $1.5 \times 10^5 t/a$，加上以前的 $0.9 \times 10^5 t/a$ 产能，共计 $2.4 \times 10^5 t/a$ 的双零铝箔生产能力。由于设备要有一个磨合过程，技术要有一个掌握过程，管理要有一个完善过程，销售市场要有一个开拓过程，所以按 3 年达产计算，今后几年我国双零箔的实际生产能力如表 1-31 所示。

表 1-31　2005～2008 年我国双零铝箔实际产能与国内需求预测　　（万吨/年）

年　份	实际生产能力	国内需求量
2005	11.0	7.5
2006	15.5	9.0
2007	20.0	10.6
2008	24.0	12.4

生产能力实现过于集中，开拓国际市场刻不容缓，从 2007 年起国内市场需求量只相当于实际生产能力的 50% 左右。同时，熔铸大板锭、热连轧、冷连轧、箔轧各道工序对上游坯料的需求增加迅速，拥有完整产业链的公司显然在成本优势之外，在原料供应和产品适应市场方面拥有更多的优势。

我国开发的铝板带的拉弯矫直技术，已经成功应用于提高铝板带的加工板形精度。在连续轧制方面，我国企业已经由消化吸收引进技术阶段发展到研制开发轧制设备和技术阶段。自主开发了铝板坯的连续铸轧设备和技术，连续铸轧机已出口国外。超薄快速铸轧工艺的开发，使我国连续铸轧技术水平大大提高。电解铝液直接处理后铸造铝合金坯锭技术，已经应用于生产。突破了中、小型四辊轧机的设计制造技术，已能批量生产高精度中、小型四辊轧机。开发了高、中、低压电容器用铝箔的生产技术和双零六铝箔生产技术，广泛应用于我国铝箔生产。基本解决了罐用铝合金板材的生产技术。西南铝业改造后的 2800mm 热轧生产线、东北轻合金改造后的 2800mm 四辊单机架单卷曲热轧生产线、我国自行设计制造的连续铸轧机组、具有中国特色的铝材快速铸轧机列等设备均属先进水平。华北铝业已形成 8 条连续铸轧生产线，并配套了 3 条亲水箔和 1 条 PS 版生产线，洛阳有色金属加工设计研究院、涿神公司等企业铝加工设备制造能力不断加强。一些民营企业技术装备也达到相当水平，厦顺铝箔 3 台 2000mm 宽铝箔轧机、南山集团 4 台 2000mm 的铝箔轧机、河南中色万基铝加工有限公司 3 台 2000mm 精、粗终轧等 12 台现代四辊高精度铝箔轧机,年产双零箔总能力可达 1.0×10^5 t。尽管自主创新加国外先进技术和装备的大量引进,使我国的铝箔加工业无论在装机水平、生产能力,还是在产品质量方面都有了大幅度的提高,但总体上看,我国铝箔加工业的工艺、技术装备水平仍落后于国际先进水平,低附加值产品多,深加工、高附加值的产品少,企业规模小,技术创新能力不足。存在突出问题如下:

1.9.1 铝箔工艺产业布局不合理

大中型现代化铝箔厂均建在内地和沿海,西部地区仅有西南铝、西北铝和新疆众和铝业等数家企业,铝箔总生产能力不超过 5×10^4 t/a,仅为全国铝箔产能的 6% 左右。

1.9.2 我国铝箔生产企业的生产水平

英国布瑞际诺斯铝业利用单机架四辊可逆式热轧机,配备冷轧机和张力矫直机确保 PS 版机的质量。生产的 PS 铝板带,主要供胶片制造行业。而我国企业虽然主机先进,但往往配套设备存在瓶颈,即使使用同样先进的设备,也难以大量生产高附加值的产品。生产自动化水平低下、检查手段不全的二辊铝箔轧机在发达国家早已被淘汰,而我国尚有 200 多台在服役。从生产规模、产品质量和技术水平来看,国产铝箔和国外产品还存在相当大的差距。我国企业的平均产能在 6000t/a,而国外企业都在 3×10^4 t/a 左右。我国在铝箔生产装备控制系统及轧制速度上也有较大差距。同时,铝箔的厚度、成品率、厚度偏差、针孔数等方面还有待改进。

1.9.3 铝箔产品结构不理想

有些高精铝箔产品尚需依赖进口,厚度 $5.5\mu m$ 的超薄铝箔国内能少量生产,但成品率极低,$6\mu m$ 厚铝箔的供货还不能完全满足国内市场需求。与国外相比,$6\mu m$ 和 $7\mu m$ 厚铝箔的差距主要体现在成品率上,较低的成品率使生产成本上升。

1.9.4 铝箔产品质量不稳定

铝箔的生产技术要求很高,熔体过滤、除气、晶粒细化等工艺过程决定了毛料的内在质量,冷轧板型、厚度公差以及铝箔粗、中轧工艺对铝箔的最终成品率都十分关键。我国许多铝箔企业都不同程度存在着生产工艺不够稳定现象,导致铝箔产品质量不稳定。

1.9.5 技术经济指标落后

2005 年时我国的铝材综合成品率仅为 65.8% ,箔材最终成品率更低,比国际先进水平约低 10%。国产铝箔的厚度偏差、单位面积针孔数等指标也均低于国际先进水平。

根据《铝加工》2006 年第 2 期得知，我国铝箔企业十强是：厦门厦顺铝箔有限公司、渤海铝业有限公司、华北铝业有限公司、江苏常铝铝业股份有限公司、江苏大亚铝业有限公司、西南铝业（集团）有限责任公司、美铝（上海）铝业有限公司、北京伟豪铝业集团、华西铝业有限责任公司、云南新美铝铝箔有限公司。

1.9.6　我国铝箔需求及发展方向

根据《铝加工》2006 年第 1 期的《科苑论坛-信息报导》报道，我国铝箔仍然呈供不应求的局面。近几年来，由于空调箔、电缆箔等厚规格铝箔需求的大量增长，使得我国铝箔自给率有所提高，但薄规格铝箔，特别是"双零"箔仍在大量进口，年进口量仍然维持在 $(2 \sim 3) \times 10^4 t$ 的水平，也就是说，薄规格铝箔产量和质量远不能满足消费需求。2002 年我国铝箔的人均消费量约 0.25kg，基本达到世界平均水平，但还只是美国的 1/10、日本的 1/3。随着我国国民经济的发展和人民生活水平的提高，对箔的消费水平必将有进一步的提高，2010 年将达到 $5.7 \times 10^5 t$。

从需求结构来看，目前我国消费量最大的是空调箔，年需求量 $1.0 \times 10^5 t$ 左右，其次是烟箔和电缆箔，年需求量分别为 $(3 \sim 3.5) \times 10^4 t$，技术的发展不断促进铝箔市场的扩大，除了空调卷烟、电缆、电力电容器等传统铝箔应用领域外，食品、医药、饮料、日化用品包装、建筑装饰等消费领域，正在支撑起一个潜力巨大的消费市场。双零箔、高档空调箔等高技术含量和高附加值产品将成为今后的市场主流。与发达国家相比，医药、无菌包装及家用铝箔在我国的消费量相对较小，是铝箔新兴的市场，正处于快速增长阶段。

根据我国铝箔市场巨大的发展潜力，今后铝箔需求的未来增长空间主要是在包装铝箔方面。用于食品、药品、饮料、日化用品包装的铝箔，正在支撑起一个潜力巨大的市场，2008 年时这一领域的铝箔需求量已达到 25 万 t 以上。另外，作为热交换器材料，空调箔的需求量将会进一步增加。目前，全球空调器年产量为 4500 万台，铝箔需求量超过 16 万吨，我国占 50% 以上。日本和韩国两个空调器生产大国正陆续将生产基地移到我国，我国将逐步成为世界空调器的生产中心，空调铝箔的市场空间也将大大拓展。

根据世界铝箔工业的发展趋势，结合我国铝箔工业特点，未来我国铝箔工业的发展方向有以下方面：

（1）现有大中型铝箔生产企业通过与科研院所等研究机构的纵向联合，加大铝箔生产工艺技术的研究，依靠新产品，新市场的开发，创造规模竞争和品牌竞争优势，提高产品的国际竞争力和抗风险能力；

（2）中高档铝箔产品的需求比重将不断加大，铝箔生产将向更宽、更薄、更高速的方向发展；

（3）为适应市场需求和竞争，新建铝箔企业将立足于高起点、专业化、规模化；

（4）随着我国新建热（连）轧生产线的投产，铝箔坯料的供应数量和质量都将大力改善，国产铝箔坯料将替代进口，在专业化铝箔生产企业中得到广泛应用；

（5）二辊轧机将逐步被淘汰，企业总数将逐步减少；

（6）经济的发展将会使各种背景的企业共同参与市场竞争，企业发展模式更为多样化，规模和品牌将成为竞争的主要优势。

参 考 文 献

[1] 潘复生，张静. 铝箔材料 [M]. 北京：化学工业出版社，2005，5：1～2.

[2] 潘复生，张静. 铝箔材料 [M]. 北京：化学工业出版社，2005，5：15～51.

[3] 潘复生，张静. 铅箔材料 [M]. 北京：化学工业出版社，2005，5：53～68.

[4] http：//www. ccal. cn/knowledge/showone. asp？sortid-592，2006-10-6.

[5] 潘复生，张静. 铝箔材料 [M]. 北京：化学工业出版社，2005，5：4.

[6] 潘复生，张静. 铝箔材料 [M]. 北京：化学工业出版社，2005，5：3.

[7] 潘复生. 张静. 铝箔材料 [M]. 北京：化学工业出版社，2005，5：3～4.

[8] 李建荣，侯波. 宽型装饰箔材板型控制 [J]. 世界有色金属，2005（12）：30.

[9] 潘复生. 张静. 铝箔材料 [M]. 北京：化学工业出版社，2005，5：4～5.

[10] 潘复生. 张静. 铝箔材料 [M]. 北京：化学工业出版社，2005，5：5.

[11] 潘复生. 张静. 铝箔材料 [M]. 北京：化学工业出版社，2005，5：69～70.

[12] 张家树. 轻合金加工技术，1991，19（9）：32.

[13] 沟内政文，深田和溥. 李小欧译. 轻合金加工技术，1993，21（11）：24.

[14] 王希维. 轻合金加工技术，1994，22（2）：14.

[15] 林浩. 轻合金加工技术，1995，23（12）：8.

[16] 肖立隆，蔡首军. 轻合金加工技术，1999，27（7）：8.

[17] 蒋励. 轻合金加工技术，1998，26（12）：4.

[18] 辛达夫. 轻合金加工技术，1999，27（9）：14.

[19] 范靖亚. 轻合金加工技术，1995，23（12）：34.

[20] 范靖亚. 轻合金加工技术，1994，22（1）：2.

[21] 韦志宏，张权才，黄平. 铝加工，1996，19（1）：4.

[22] 柯东杰. 轻合金加工技术，1994，22（11）：17.

[23] 刘静安. 科学技术文献出版社重庆分社, 1990.

[24] 李先胜. 轻合金加工技术, 1999, 27 (7): 33.

[25] 史文芳, 张小川, 杨秀艳. 轻合金加工技术, 1999, 27 (7): 1.

[26] 樊玉庆. 铝加工, 1996, 19 (3): 11.

[27] 潘复生, 张静. 铝箔材料 [M]. 北京: 化学工业出版社, 2005, 5: 6~8.

[28] 朱立民. 高等产品盈利潜力巨大. 铝加工行业分析. 上海证券. 行业报告 [R]. 2006, 8, 15.

2 铝箔连铸连轧

2.1 概述

2.1.1 连铸连轧生产简介

连铸连轧即通过连续铸造机将铝液铸造成一定厚度（一般约20mm厚）或一定截面积（一般为2000mm²）的锭坯，再进入后续的单机架或多机架热（温）板带轧机或线材孔轧机，从而直接轧制成供冷轧用的板带坯或代拉伸用的线坯及其他成品。虽然铸造与轧制是两个独立的工序，但由于在同一条生产线上连续地进行，因而实现了连铸连轧生产过程。

2.1.2 连铸连轧的工艺特点

（1）板带坯连铸连轧的工艺特点如下：

1）由于连铸连轧板带坯厚度较薄，且可直接带余热轧制，节省了大功率的热轧机和铸锭加热装备、铣面装备；

2）生产线简单、集中，从熔炼到轧制出板带，产品可在一条生产线连续地进行，简化了铸锭锯切、铣面、加热、热轧、运输等许多中间工序，缩短了生产周期；

3）几何废料少，成品率高；

4）机械化、自动化程度高；

5）设备投资小、生产成本低。

（2）线坯连铸连轧的工艺特点如下：

1）省去了铸锭、修锭及锭的运输，省去了加热工序及加热设备；

2）机械化、自动化程度提高，大大改善了劳动条件；

3）轧件直线通过机列，温降小，减少了轧件扭转及与设备发生黏、刮、碰等现象，表面质量得到提高；

4）成卷线坯质量不受铸锭质量限制，线坯重可达1t以上，大大减少了焊头次数，提高了生产效率；

5）设备小、质量轻、占地少、维修方便。

（3）连铸连轧的局限性如下：

1）可生产的合金少，特别是结晶温度范围大的合金；

2）产品品种、规格不易经常改变；

3）由于不能对铸锭表面进行铣面、修整，对某些需化学处理的及高表面要求的产品表面质量会产生不利的影响；

4）由于性能限制，不能生产某些特殊制品，如易拉罐料等；

5）产量受到限制，如要扩大生产规模，只有增加生产线的数量。

2.1.3　连铸连轧生产方法分类

连铸连轧按坯料的用途可分为两类：一类是板带坯连铸连轧；另一类是线坯连铸连轧。

按连铸机生产装备分，板带坯连铸连轧主要有以下几种方式：

（1）双钢带式。哈兹莱特法及凯撒微型法；

（2）双履带式。劳纳法、亨特-道格拉斯法；

（3）轮带式。主要有：美国的波特菲尔德-库尔斯法；意大利的利加蒙泰法；美国的 RSC 法；英国的曼式法等。

线坯连铸连轧主要有以下几种方式：普罗佩兹法（Properzik）；塞西姆法（Secim）；南方线材公司法（SCR）；斯皮特姆法（Spidem）等，均是轮带式连铸机。

主要的连铸连轧方法如表 2-1 所示。

表 2-1　各种连铸连轧方法简介

坯料类型	生产方式	代表性的方法
板带坯	双钢带式	哈兹莱特法（Hazelett）
		凯撒微型法（Kaiser）
	双履带式	劳纳法（Casrter E）
		亨特-道格拉斯法（Hunter-Douglas）
	轮带式	波特菲尔德-库尔斯法（Porterfield-Coors）
		利加蒙泰法（Rigamonto）
		RSC 法
		曼式法（Mann）
线坯	轮带式	普罗佩兹法（Properzik）
		塞西姆法（Secim）
		南方线材公司法（SCR）
		斯皮特姆法（Spidem）

2.2 板带坯连铸连轧方法

2.2.1 哈兹莱特（Hazelett）双钢带连铸连轧法

2.2.1.1 概述

哈兹莱特法是由双钢带式连铸机及轧机组成的生产线，1956年由美国人 Hazelett 发明，首条生产线于1963年在加拿大铝业公司投产。它由一台 hazelett 铸造机及一台四辊轧机构成，铸造机宽度为660mm，可铸带坯510mm，厚度为19~53mm，常用铝合金有1×××系、3×××系、5×××系及7×××系。连铸机后面可配置单机架、双机架或3机架轧机，组成连续生产线。

哈兹莱特连铸连轧生产线示意图如图2-1所示。

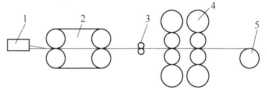

图 2-1 Hazelett 连铸连轧生产线示意图
1—供流系统；2—连铸机；3—牵引机；
4—热轧机；5—卷取机

2.2.1.2 连铸机构成

Hazelett 连铸机如图2-2所示，其由同步运行的两条无端钢带组成，钢带分别套在上、下两个框架上，每个框架有2~4个导轮支撑钢带（框架间距可以调整），下框架上带有不锈钢窄带（绳）连接起来的金属块，构成结晶腔的边部侧挡块，它靠钢带的摩擦力与运动的钢带同步移动，两侧边部挡块的距离可以调整。

框架内设有许多支撑棍，从上、下钢带的内侧对应地顶紧钢带，并可调节、控制其张紧程度，保证钢带的平直度偏差。

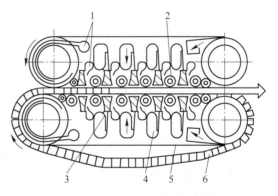

图 2-2 Hazelett 连铸机示意图
1—水喷嘴；2—钢带支撑辊；3—回水挡板；
4—集水器；5—钢带；6—边部挡块

钢带一般采用冷轧低碳特殊合金钢，用钨极惰性气体保护电弧焊接而成，使用前一般要做表面处理。处理方法有向表面喷涂特种涂料，如陶瓷涂层，避免铝熔体浸蚀钢带；另外也可进行喷丸处理，在钢带表面形成无数细小的坑，使铝熔体不能进入坑内凝固于钢带表面，这样可提高钢带使用寿命，但由于铸造条件恶劣，钢带寿命一般也只有8~33h。

连铸机装备有冷却系统，如图 2-3 所示。冷却水从给水管上的喷嘴高速喷出，沿弧形挡块切向冲刷钢带，使之快速、均匀冷却，冷却水穿过辊身上开有环形槽的钢带支撑辊，再沿前一个弧形挡块流入集水器，并从集水器通入排水管返回冷却槽，循环冷却。

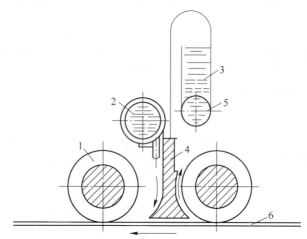

图 2-3　Hazelett 连铸机冷却系统示意图

1—钢带支撑辊；2—进水管；3—集水器；4—弧形挡块；5—出水管；6—钢带

与双辐铸轧不同，铸造过程中钢带对带坯不施加压力。

2.2.1.3　生产过程

熔体通过流槽进入前箱，再通过供料嘴进入铸造腔与上、下钢带接触，钢带通过冷却系统高速喷水冷却带走铝熔体热量，从而凝固成铸坯。在出口端，钢带与铸坯分离，并在空气中自然冷却。钢带重新转动到入口端进行铸造，循环往复，从而实现连续铸造。

带坯离开铸造机后，通过牵引机进入单机架或多机架热轧机，轧制成冷轧带坯，完成连铸连轧过程。

为保证铸造过程中钢带不形成热水汽层而影响传热效率，应保证冷却水流量及流速，一般水耗量 15t/(min·m)，要求水质清洁，不应有油及可见悬浮物，pH = 6~8。

开始铸造前，根据生产要求调整好厚度及宽度，不同厚度的带坯可以通过调整连铸机上、下框架的距离控制，宽度通过调整两侧边部侧挡块的距离控制，钢带表面必须保证清洁，必要时可用钢刷等工具清理表面的氧化皮、疤、瘤等异物，然后把引锭头推进钢带间与边部侧挡块形成封闭的结晶腔。

开头时，应及时调整、控制钢带的移动速度，使之与熔体流量达到平衡，使熔体液面高度正好处于结晶腔开口处。

供料嘴与钢带间隙约为 0.25mm，引锭头与嘴子前沿距离为 70~150mm。

　　生产过程中，宽度调整较为简单，只需按前面要求改变侧挡块位置即可，厚度调整比较烦琐，要更换侧挡块、冷却集水器、嘴子等，还要按前面要求调整框架距离。

　　生产过程中，应保证带坯表面平整、厚度均匀，可以通过调整钢带张紧程度，从而保证钢带平直度偏差来控制，一般厚差不大于0.1mm，铸造速度一般为3~8m/min。

2.2.1.4　带坯质量及其应用

　　由于 Hazelett 连铸机铸造时，冷却速度比直接水冷半连续铸造（DC 法）大得多，因而连铸带坯结晶组织细小，合金元素固溶程度较高，提高了产品性能。不同合金带坯枝晶间距与其厚度关系如图2-4所示。

　　哈兹莱特连铸连轧方法在生产民用铝板带方面与热轧开坯生产方式相比具有一定优势，特别是1×××系、3×××系、5×××系产品；在罐料生产方面，同热轧开坯相比没有明显的优势。

　　2000年年底时，全球铝带坯（哈兹莱特法）连铸连轧生产线近十余条，如表2-2所示，大部分配以2或3机架热连轧机，其生产能力视合金不同而变化，一般为15~25kg/(h·mm)。

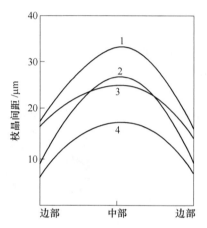

图 2-4　不同合金连铸带坯枝晶
间距与其厚度的关系
1—1100 合金；2—5082 合金；
3—3105 合金；4—5182 合金

表 2-2　Hazelett 连铸连轧主要生产线情况

企业名称	生产线数量	产品宽度/mm	生产线配置
加拿大铝业公司铝产品公司	1	660	Hazelett 连铸机 + 单机架热轧机
日本 Nihon Atsuen 公司	1	300	Hazelett 连铸机 + 2 机架热轧机
	1	450	
美国巴梅特铝业公司	1	711	Hazelett 连铸机 + 2 机架热轧机
	1	356	Hazelett 连铸机 + 3 机架热轧机
	1	1320	
美国先进铝产品公司	1	762	Hazelett 连铸机 + 2 机架热轧机
美国沃尔坎铝业公司	1	1320	Hazelett 连铸机 + 单机架热轧机
委内瑞拉皮范萨公司		1040	Hazelett 连铸机 + 2 机架热轧机
美国尼科尔斯霍姆舍尔德铝业公司	1	1320	Hazelett 连铸机 + 3 机架热轧机
加拿大纽曼铝业公司	1	380	Hazelett 连铸机 + 2 机架热轧机
西班牙沃莱西纳铝业公司	1	1320	Hazelett 连铸机 + 3 机架热轧机

除铝以外，该方法还广泛应用于铜、锌等有色金属，同其他几种连铸连轧方法相比，Hazelett 连铸机应用要更为广泛。

较为常见的几种双钢带式 Hazelett 连铸机型号如表 2-3 所示。

表 2-3　有代表性的 Hazelett 连铸机型号及规格

型　号	14	15	20	21	23	24
带坯宽度/mm	1600	1600	300 ~ 610	280	915 ~ 1375	1254 ~ 2540

2.2.2　双履带式劳纳法（Casrter Ⅱ）

具有代表性的双履带式连铸机有瑞士铝业公司的劳纳法及美国的亨特-道格拉斯法，以劳纳法为例，其生产线如图 2-5 所示。

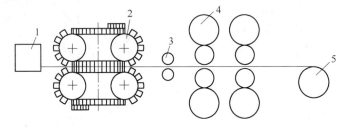

图 2-5　劳纳法连铸连轧生产线示意图

1—供流系统；2—连铸机；3—牵引机；4—热轧机；5—卷取机

该连轧机的工作原理与哈兹莱特法基本相同，主要的区别在于构成结晶腔的上、下两个面不是薄钢带，而是两组作同一方向运动的急冷块，如图 2-6 所示。

急冷块一个个安装于传动链上，在传动链与急冷块之间有隔热垫，以保证其受热后不产生较大的膨胀变形。由于急冷块在工作过程中不承受机械应力，不存在较大的变形，可以采用铸铁、钢、铜等材料制作。

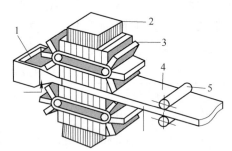

图 2-6　劳纳法连铸机示意图

1—供流装置；2—冷却系统；3—急冷块；
4—带坯；5—牵引辊

当铝熔体通过供料嘴进入结晶腔入口时，与上、下急冷块接触，热量与急冷块一起向出口移动，当达到出口并完全凝固后，急冷块与带坯分离。铸坯通过牵引辊进入热轧机（单、多机架）接受进一步轧制，加工成板带坯。急冷块则随着传动链传动返回，返回过程中，急冷块受到冷却系统冷却，温度降低，达到重新组成结晶腔的需要，从而使连铸过程持续进行。

劳纳法连铸机可生产合金1×××系、3×××系、5×××系，铸造速度决定于合金成分、带坯厚度及连铸机长度，一般为 2~5m/min，生产效率为 8~50kg/(h·mm)，可铸带坯厚度一般为 15~40mm，宽度一般为 600~1700mm。

劳纳铸造法主要用于一般铝箔带坯。在铸造易拉罐带坯上，同样由于质量及综合效益等因素，无法同热轧开坯生产方式竞争。全球仅有 3~4 条生产线，主要生产线如表 2-4 所示。

表 2-4 劳纳法（Casrter E）连铸连轧主要生产线情况

拥有企业	生产线数量	生产配置	产品宽度/mm
美国戈登铝业公司	1	Casrter II 连铸机 +2 机架热轧	813
	1	Casrter II 连铸机 +2 机架热轧	1750
德国埃森铝厂	1	Casrter II 连铸机 +2 机架热轧	1750

2.2.3 凯撒微型双钢带连铸连轧方法

凯撒微型双钢带连铸连轧法由凯撒铝及化学公司开发，最初拟采用此工艺专门轧制易拉罐料，其装备简单，生产规模较小（$0.35 \times 10^5 t/a$），计划以低的投资来降低制罐成本。

其生产线由熔炼-静置炉、供流系统、连铸机、牵引机、双机架热轧机、热处理炉、冷却系统、冷轧机、卷取机组成。工艺配置如图 2-7 所示，连铸机如图 2-8 所示。

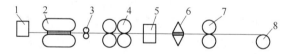

图 2-7 凯撒微型连铸连轧生产线示意图
1—供流系统；2—连铸机；3—牵引机；4—热轧机；5—热处理装置；
6—冷却装置；7—冷轧机；8—卷取机

凯撒微型连铸机同样有两条无端钢带，钢带厚度为 2~6mm，结晶腔入口两个辊内部通水冷却。此外，上、下钢带坯配置有快冷装置，出口辊起牵引及支撑作用。

当熔体通过时，立即凝固成薄坯，厚度一般较小，约为 3.5mm，这与哈兹莱特法不同。后者由于较厚（20mm 以上），铝熔体刚接触钢带时，仅上、下表面形成一层凝固壳，液穴较深，大部分在钢带之间凝固，如图 2-9 所示。因此，这种连铸

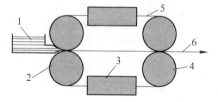

图 2-8 凯撒微型连铸机示意图
1—供流装置；2—水冷却辊；3—快冷装置；
4—牵引（支撑辊）；5—带坯；6—钢带

坯料比其他方法带坯质量要好。

凯撒微型连铸连轧的产品宽度为270～400mm，虽然该产品具有冶金质量高、投资少、生产能力适宜、成本较低、生产周期短等优点，但仍因罐料质量的稳定性、均匀性等同样不能与现代化的热轧开坯法相竞争，其应用受到了限制。不同生产方法生产的易拉罐料的相关指标如表2-5所示。

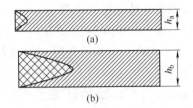

图 2-9　不同方法连铸坯结晶液穴示意图
（a）凯撒微型双钢带连铸，h_a——一般为 3.5mm；
（b）哈兹莱特双钢带连铸，h_b——一般不小于20mm

表 2-5　不同生产方法生产的易拉罐料比较

项　　目	热轧开坯法	Hazelett 法	凯撒微型法
建厂投资/M\$	300～1000	180	30
产量/kt·a^{-1}	136～454	90	35
成本/\$·t^{-1}	2200	2000	860
制造成本（平均成本为1）	0.67～1.25	0.67～0.83	0.45～0.5
生产周期/天	55	37	17

2.2.4　轮带式带坯连铸连轧方法

轮带式连铸机由一个旋转的铸轮及同该轮相互包络的薄钢带构成。通过铸轮与钢带不同的包络方式，形成了不同种类的连铸机。

轮带式连铸连轧生产线主要由供流系统、连铸机、牵引机、剪切机、一台或多台轧机、卷取机等组成。以曼式连铸机为例，其生产线配置示意图如图2-10所示。

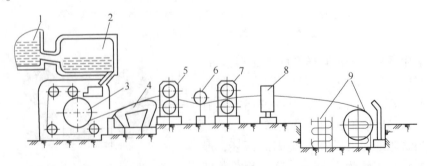

图 2-10　曼式连铸连轧生产线示意图
1—熔炼炉；2—静置炉；3—连铸机；4，6—同步装置；
5—粗轧机；7—精轧机；8—液压剪；9—卷装置

其工作原理是，铝熔体通过中间包进入供料嘴，再进入由钢带及装配于结晶轮上的结晶槽构成的结晶腔入口，通过钢带及结晶槽环把热量带走，从而凝固。并随着结晶轮的旋转，从出口导出，进入粗轧机或精轧机，实现连铸连轧过程，也可直接铸造薄带坯（0.5mm）而不经轧制。

由于工艺及装备条件的限制，轮带式带坯连铸机一般用于生产宽度 500mm 的带坯、厚度为 20mm 左右。经过热（温）连轧机组，可轧制生产 2.5mm 左右的冷轧卷坯。目前，Properzi 法生产的最小厚度可达 0.5mm。

2.3 铝箔连铸连轧法历史及进展

铝带坯连续铸轧是一项正在发展的新技术与新工艺。1846 年，英国人亨利·贝西默（Herry Bessmer）首先设想出来的双辊铸轧方法，采用上注式。但由于当时缺乏相应的技术，如结构材料和过程控制仪表等支持，这种设想未能获得成功。其后也有不少人继续朝这方面努力，也有所进展，但距离工业化、商品化生产仍还遥远。终于在 1951 年，美国亨特-道格拉斯公司采用下注式方式，首次铸轧成功铝带坯。此后，法国的彼施涅（pechiney）公司及前苏联、中国等也都相继研制成功了双辊式铝带坯铸轧机，并且铝带坯铸轧机逐渐从下注式演变成了倾斜式及水平式，如图 2-11 所示。因为后两者具有操作、调试简便的优点，且便于维护。

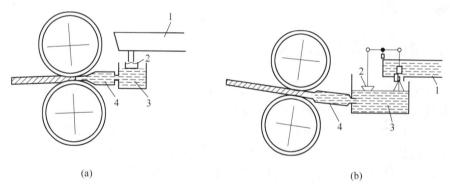

图 2-11 双辊式铝带坯铸轧机示意图
（a）水平式；（b）倾斜式
1—流槽；2—浮标；3—前箱；4—供料嘴

相对于传统的铝带坯生产方式来说，双辊连续铸轧技术具有投资费用少、生产流程短、运行费用低、自动化程度高及节约能源等突出优点，特别是能把电解铝液直接用于铸轧，节约能源就更显突出。双辊铸轧工艺可比常规热轧开坯工艺节约 35% 的能量。两种带坯生产工艺对比见表 2-6。

表 2-6　双辊铸轧工艺与常规热轧开坯工艺对比

方法	工　序						
	1	2	3	4	5	6	7
热轧法	熔炼与净化	铸造铸锭	铸切锭头尾与切成定尺铸坯	铣面	擦装炉与加热	热轧与切头尾	在四辊冷轧机上冷轧到 0.4~0.7mm 带卷
铸轧法	熔炼与净化	—	—	—	—	铸轧带坯	在四辊冷轧机上冷轧到 0.4~0.7mm 带卷

随着生产经验的积累，研究的深化，双辊连续铸轧工艺不断得到改进，铸轧机的辊径不断加大，控制过程自动化程度不断提高，并增加了在线除气、过滤装置、细化晶粒剂添加装置等。

我国铝带坯连续铸轧技术的研究开始于 20 世纪 60 年代初期。1963 年，东北铝合金加工厂开始双辊式铝带坯铸轧机的研制，1975 年通过了原冶金工业部的鉴定，然后研究成果、技术设备及部分人员转入华北铝加工厂，工业试验项目于 1983 年通过国家组织的鉴定。我国还先后引进了法国的 3C 铸轧机和美国的亨特铸轧机。通过独立研制以及引进消化，我国所研制的铸轧机已缩短了与世界先进水平之间的差距。

2.4　铝液连铸连轧温度控制

首先，铝液的连铸连轧温度的控制要求比较严格，如果铝液温度过高，结晶时有效形核率低。如直接使用电解铝液进行连铸连轧生产时，在电解铝液抽取时，铝液的温度一般在 920℃以上，通过浇包转运到混合炉中也在 850℃左右。由于铝液温度过高，结晶形核率降低，连铸连轧生产时将容易造成晶粒粗大等组织缺陷，甚至中断铸轧。铸轧板的组织缺陷严重影响着最终产品的力学性能、表面质量，尤其是将严重影响到铝箔的生产。

其次，铝液温度过高，易吸气，含氢量增加。经测量，注入混合炉中的电解铝液含氢量在 0.26mL/（100gAl）以上，但铝箔毛料含氢量规定在 0.12mL/（100gAl）以下，这又是一个生产中需要采取措施控制温度的一个重要因素。

此外，铝液温度过高影响熔炼工艺。在铝及铝合金产品的生产过程中，合金成分的控制准确与否，直接影响着产品后续加工工艺的稳定（尤其退火工艺等）及最终产品的性能。根据铝及铝合金的特点，其熔炼温度一般控制在 700~760℃，合金成分分析的取样、金属添加剂的加入、熔体的净化处理、细化处理等均应在此温度范围内进行，因此在生产中需要对注入混合炉中的电解铝液进行降温处理。

2.5　铝液铸嘴流场的分布规律

双辊连续铸轧不同于其他连续铸造工艺，在于它是集凝固、变形于一体的综合技术。而铸嘴结构和装配是双辊连续铸轧最关键的技术之一，是直接分布金属液到铸轧辊辊缝的部件。因而铸嘴型腔内流场与温度场的分布状态直接影响到板形，特别是铸嘴型腔高温浅薄铝熔体出口速度、出口温度分布的均匀性，决定了铸轧过程能否顺利进行以及能否获得高质量的铸坯。

2.5.1　双辊铸轧铸嘴国内外发展与研究现状

自从第一台双辊铸轧机诞生以来，人们就开始了对铸嘴的研究，但20世纪70年代以前铸轧机都为标准铸轧机，铸轧速度低，铸轧质量要求不高，对铸嘴要求也不高，因此，铸嘴型腔设计大都靠经验进行。进入20世纪80年代以后，由于超型铸轧机的出现，铸轧速度有较大提高，且随着铝的使用范围大大拓展，对铸轧坯质量有了很高的要求。而以前那种靠经验试验设计铸嘴型腔的方法既不能准确掌握铸嘴内的流场、温度场的特性，又浪费了人力、物力，还耽误了时间，在这种情况下，模型化方法被用于铸嘴型腔结构的研究。

第一个模型是由美国铝业公司（aluminum company of America）的 H. Yu 和 D. K. Ai 于 1985 年开发的。他们指出，在铸嘴中适当地插入与配置翼型分流块（spacer），可以达到使铸嘴出口处金属流动均匀分布。他们进行了两种当量铸轧速度的水模实验：（a）80；（b）180。从实验的情况来看，（a）情况相当于铸轧速度为 1.46m/min（以铸坯厚度 6mm、宽 1730mm 计），出口速度分布较均匀；（b）情况相当于铸轧速度为 3.3m/min（以铸坯厚度 6mm、宽 1730mm 计），出口速度分布不均匀。出现这种现象的原因是随着来流速度增加，分流块对主流的扰动加剧，使速度不均匀性增大。尽管当来流掠过分流块后，铸嘴上、下壁对流速分布有"扯平"作用，但在流过同样的距离内，（b）情况不可能比（a）情况好。而且，他们把铸嘴型腔内流体流动看成是海莱-肖（Hele-Shaw）流，并按海莱-肖流的准则来计算雷诺数。因此，只要型腔内来流是均匀的，当它掠过分流块后仍然是均匀的。分流块对流体的黏性摩擦只在边界内起作用。这样一来，分流块既能保证铸嘴刚度，又不会扰动流体流动。

1988 年，亨特公司（hunter engineering company）的 J. E. Flowers 等开发了二级分流的铸嘴模型。他们在铸嘴型腔只配置能保证铸嘴刚度的最少的分流块，且分流块形状做成泪珠状流线以便减少当地的熔体速度和减少紊流，但他们却配置了多达 19 个分流块，这么多分流块的制作、装置复杂且不易控制。

目前铸嘴型腔主要有两类典型结构，一类是法国彼施涅的 3C 式水平铸轧机铸嘴型腔，另一类是美意法塔—亨特的 Hunter 式倾斜铸轧机铸嘴类型腔。

彼施涅的 3C 式铸嘴内部为大直通分流道，流体阻力小，不易出现阻滞现象，且铸嘴结构简单、易于制作。Hunter 式倾斜式铸嘴内部分流道间隙小，流体阻力大，可以改善熔体分流状况。但是正是由于分流道间隙小，熔体黏度随环境温度的变化影响到熔体流过这些间隙的均衡性，不合理的分流间隙直接导致局部出现阻滞现象，影响铸坯质量。因此，铸嘴内部分流块尺寸和间隙要求严格，制作过程复杂。采用多级分流法的铸嘴型腔因制作复杂且不易控制，又不符合铸嘴制作和工艺操作过程简单化的发展方向而逐渐减少。这两类基于常规铸轧技术的铸嘴型腔难于满足快速超薄铸轧对铸嘴型腔的高要求。而且这些铸嘴还不能进行在线布流条件以便改善型腔流场以适应不同情况。

自从快速超薄铸轧技术出现以来，对铸嘴技术提出了更高的要求。亨特公司的 D. Smith 发明了名为"可调整供料铸嘴"（a djustable feed tip nozzle）的适应快速超薄铸轧的新型铸嘴结构，该铸嘴结构有两大特点：一是铸嘴厚度和宽度可调整，这样就能适应不同厚度和宽度的铸坯，并且减少铸嘴准备时间和铸嘴维修时间；二是铸嘴内部不设分流块，减少分流块对主流的扰动及减少紊流，使出口速度分布均匀，但铸嘴的刚度将成为一个复杂的问题。

中南大学冶金机械研究所研制出了具有在线布流控制功能的新型铸嘴。与以往的铸嘴相比，该铸嘴的特点是通过一种布流调节装置来在线控制铸嘴型腔流场的调整，这样可以大量地节省铸嘴准备时间，并且不影响正常生产，从而大大提高生产力。目前，该项成果已申报了发明专利。

2.5.2　熔体流态的判定

1883 年，雷诺（Reynolds）首先用实验表明影响流动是层流还是紊流的最有决定意义的因素是无量纲参数。

$$R = \frac{\rho UL}{\eta}$$

式中　ρ——流体密度；

　　　η——流体动力黏度；

　　　U——流体的特征速度；

　　　L——流体的特征长度。

为纪念雷诺，这一无量纲参数后来被命名为雷诺数，以 Re 表示。它也是流体运动时惯性力与黏性力的典型值之比。这是因为层流流动的特点，很大程度上归因黏性力。当层流受到外界扰动时，黏性力具有使层流恢复到初始未扰动状态的效应；另一方面，惯性力和局部过渡速度变化有关，它和黏性力具有完全相反的影响，惯性力趋于使层流不稳定，从而扩大局部扰动。因此，惯性力与黏性力比值的大小，决定流动运动是层流还是紊流。

雷诺在实验时发现当 Re 数小时（如小于 2000），流动可以保持层流，而当 Re 数大时（如大于 10000），流动就将转变为紊流，而当 Re 数在 2000~10000 之间时，则称为过渡流动工况。而区分这种流动的 Re 数就称为临界雷诺数 Re。后来进行的大量实验表明，临界雷诺数并不是一个固定的常数，它依赖实验时的扰动大小。如果所受扰动小，Re 数就大，艾克曼（Ekman）就曾成功地维持层流运动到 2×10^4。反之，若所受扰动大，则 Re 较小，但 Re 有一下界约为 2000，即 Re < 2000 时，不管外表扰动有多大，流动总能保持稳定的层流状态。

高温浅薄熔体流动和管内流动特点相似，在某些条件下，小扰动会使层流流动不稳定，因而过渡到一种基本不同类型的流动，即发生紊流流动。因此，影响高温熔体流态的因素不仅包括决定雷诺数的熔体的特征速度、特征长度、熔体密度、熔体动力黏度，而且还应包括与过渡过程有关的来流湍流度、压力梯度、壁面光滑度等。

铸嘴中的铝熔体是牛顿流。浅薄铝熔体流动行为涉及到流体力学和传热学的各个领域。为了提高铸嘴整体刚度和铸嘴出口速度分布均匀，通常在型腔内设置分流块，由于这些分流块对熔体流动造成扰动，使得型腔熔体的流态、流动特性都发生了变化。铸嘴型腔中流体具有高温的特点，物性随温度有一定的变化而且流体的流动还涉及热的传递和损失。在铸嘴型腔中热的传递属于对流换热，它还涉及铸嘴的传热，而铸嘴传热包括热传导、对流换热、热辐射。因而铸嘴型腔浅薄高温铝熔体的流动和传热行为再加上其三维性而导致其复杂性。

铝铸轧铸嘴入口温度为 680~685℃，出口温度一般为 665℃左右，温差变化不大。铸嘴熔体特点是速度和温度场是在高温下，物性变化不大但还是有一定的变化的。熔体物性随温度的变化主要包括熔体密度、熔体黏度、熔体导电性以及熔体比热与热传导等。

对于铝熔体的密度简述如下。

铝熔体的密度一般随着温度升高而减小。熔点以上几个温度值下的密度值如表 2-7 所示。

表 2-7 纯铝在其熔点以上的密度值

温度/℃	658.7	700	800	900	950	1000	1100
密度/g·cm⁻³	2.382	2.371	2.343	2.316	2.303	2.289	2.262

这可以用线性式子近似表达液态纯铝的密度经验公式：

$$\rho_T = 2.382 - 0.000273(T - 659)$$

式中　T——熔点的温度，K。

型腔温度沿流向逐步降低。在两块流块之间前半部分（平直部分），除分流块壁面附近之外，熔体温度沿宽度方向是均匀分布的。在后半部分（楔形区），熔体温度沿宽度方向分布的均匀比例减少，熔体过了分流块后，随着离分流块越来越远，熔体温度沿宽度方向分布的均匀比例迅速增大。这是因为虽然分流块尾迹区中的熔体温度比主流温度低，但由其高导热性及低 Pr 数，熔体温度扩散能力远比速度扩散能力强，因此，使得分流块尾迹区中的熔体温度比速度恢复快得多。分流块与侧壁之间大部分区域的熔体温度分布和两块分流块之间的熔体温度差不多，不过，在靠近侧壁附近，随着熔体从型号腔入口流向出口，熔体温度与主流温度相差越来越大。这是因为在侧壁附近的熔体除了从上、下板传走热量外，还要从侧壁传走热量。

2.5.3　影响铸嘴型腔中高温浅薄铝液三维流场与温度场的因素

影响铸嘴型腔中高温浅薄熔体三维流场与温度场的因素有很多，现主要就以下情况对熔体出口处三维流场与温度场产生的影响进行分析：流量变化（铸轧速度）的影响；分流块数目的影响；铸嘴型腔出口高度尺寸（开口度）的影响；型腔总长度的影响。

2.5.3.1　流量变化对熔体流场与温度场出口处速度与温度的影响

（1）熔体流向速度 u_y 随铸轧速度的增加而增加，且沿型腔宽度方向分布趋势基本一致，分流块后的速度比流向速度小，中部速度比边部速度小。表 2-8 为不同铸轧速度下出口处速度 u_y 相对误差比较表。

表 2-8　不同铸轧速度下型腔出口处速度 u_y 相对误差比较表

铸轧速度/m·min^{-1}	1.2	7	13
相对误差/%	20 以上	17.9	13.6

（2）熔体宽度方向速度分量 u_x 随铸轧速度的增加而有很大的不同。当铸轧速度为 1.2m/min 时，大致以边部通道中心线为分界线，从该分界线到型腔侧壁，熔体向外侧流，并随着到侧壁距离的接近，u_x 逐渐增大；从型腔中心到分界线，熔体向内侧流，且从型腔中心到边部流块中心线外侧 u_x 逐渐增加，最大值为 0.3（cm/s）。从边部分流块中心线外侧到分界线，u_x 逐渐减小到直至零。当铸轧速度为 7m/min 时，大致也以边部通道中心线为分界线，从该分界线到型腔侧壁，熔体向外侧流，并随着到侧壁距离的接近，u_x 逐渐增大；从型腔中心到分界线，熔体向内侧流，且出现一个波峰，两个波谷。当铸轧速度为 13m/min 时，熔体向外侧流，u_x 沿型腔宽度方向变化很小。

（3）熔体高度方向速度分量 u_z 随铸轧速度的增大有所不同。当铸轧速度分别为 1.2m/min、7m/min 时，熔体都向中间流，u_z 沿型腔宽度方向变化很小。当铸轧速度为 13m/min 时，u_z 从型腔中心到型腔侧壁无论数值还是方向都有较大变化。在中部及其大部分区域熔体向中间流,在接近边部分流块时,熔体逐渐改变为向型腔上、下板方向流,并且在边部分流块外侧附近,u_z 值最大。然后沿宽度方向逐渐减小,在接近型腔侧壁时,熔体又变为向中间流。这是由于流向涡变化造成的。

在快速铸轧时,研究熔体速度在型腔出口处的分布时,主要研究流向速度 u_y 可以达到要求。

熔体出口温度随铸轧速度的增加而增加,且沿型腔宽度方向分布趋势基本一致。分流块后的熔体温度和侧壁边缘附近的熔体温度比主流熔体温度低,且分流块后的熔体温度和侧壁边缘附近的熔体温度随着速度增加而增加的幅度没有主流熔体的大。表2-9为不同铸轧速度下型腔出口处熔体温度横向最大差值比较表。

表 2-9 不同铸轧速度下型腔出口处熔体温度横向最大差值比较表

铸轧速度/m·min^{-1}	1.2	7	13
温度横向最大差值/℃	3	3.6	4.1

2.5.3.2 分流块数目对熔体流场与温度场出口处速度与温度的影响

一般情况下,熔体主流速度比分流块后的速度大,而熔体主流温度比分流块后的熔体以及型腔侧壁边缘附近的熔体温度高。使用5个分流块能获得比使用3个或两个分流块更均匀的型腔熔体出口速度分布与温度分布。不过,数目不可能越多越好,况且即使是同样的数目,分流块的位置也会影响流场的速度分布与温度分布。例如,把型腔内中间的分流块和边部的分流块互相调换,结果将会大相径庭。

2.5.3.3 型腔开口度对熔体流场与温度场出口处速度与温度的影响

熔体速度 u_y 随型腔开口度的减小而增加,且沿型腔宽度方向分布趋势基本一致。适当减小型腔开口度能获得更均匀的熔体出口速度分布及更均匀的熔体出口温度分布。但在很多场合,它受到外部条件的限制。例如,铸轧区长度以及型腔出口与铸轧辊之间的弯液面表面张力限制了型腔开口度的减小。

2.5.3.4 型腔总长度对熔体流场与温度场出口处速度与温度的影响

改变型腔总长度可以改善型腔熔体出口速度分布与温度分布均匀性。增加型腔长度能获得更均匀的熔体出口速度分布及更均匀的温度分布。

2.5.4 铝液冷却速度及变形量

与热轧坯料法生产铝箔相比,采用连铸连轧坯料法(厚度为3~7mm)轧制铝箔的变形量非常小,所以连铸连轧坯料法的质量,如气道、夹杂、偏析、粗大晶粒等缺陷对铝箔轧制的影响更直接。而与热轧法相比而言,它的冷却速度却是非常高,可以达到 $10^2 \sim 10^3$ 数量级,这样就使得连铸连轧过程中溶质元素在固溶体中的过饱和程度大大的提高，所以它比热轧法的加工硬化率更高，变形抗力更大，强度更高。由于连铸连轧法没有铣面工序，其结晶条件不同而易导致板边部与中心以及板上下表面组织成分的不均匀。当然，它的快速冷却也可以使得板中枝晶间距大大的减少，可以达到 $5 \sim 10\mu m$，金属间化合物颗粒也大大细化，大多在 $1 \sim 2\mu m$，这样的显微组织特别适合于薄箔产品的轧制。

2.6　轧辊润滑

在铝板和铝箔的生产过程中，使用轧制润滑油来减少摩擦和轧辊的磨损，控制轧制温度通常使用的轧制基础油为典型的石蜡基油。不同的铝产品对轧制油的烃类组成和碳数分布有着严格的要求，以保证油品与添加剂的混溶性、良好的挥发性和其他性能。

在轧制过程中轧件与轧辊表面相对滑动，产生摩擦，轧材通过转动的轧辊产生变形要克服很大的摩擦力。摩擦对于轧制有着很大程度的负面影响，摩擦会引起变形力增加，多消耗了本来并不需要的功；摩擦引起变形不均匀，从而带来许多不良后果；摩擦会加剧轧辊的磨损，缩短轧辊的使用寿命。改善轧辊和轧材间的润滑状态，使其摩擦系数减小是提高轧机效率的有效办法。

铝材轧制润滑油是由添加剂和基础油调配而成，其中基础油为非极性的矿物油，其油膜的承载能力较低，主要起冷却和清洗作用，添加剂为长链极性化合物，吸附在轧辊和工件表面，起着减摩抗磨作用。

参 考 文 献

[1] B. Q. Li. Producing Thin Stripsby Twin-Rollc asting-Part1: Process As Pectsand Quality Issues, JOM, 1995, 5: 29 ~ 33.

[2] 唐俊龙. 铝合金铸轧铸嘴中高温熔体三维流场与温度场的数值仿真研究 [D]. 长沙：中南大学, 2004.

3 铝箔热轧

3.1 铝坯热变形的特性

高温下发生形变，材料受到温度和力的同时作用，微观组织的变化不仅是温度的函数，而且是应变速率的函数。常温下，热激活对屈服强度几乎不起作用，屈服强度较高；高温下，原子的扩散和位错攀移的作用明显地表现出来，屈服强度急剧下降同时，由于温度升高，位错的交截和交滑移、位错攀移、空位的定向扩散和晶界滑移等，都能迅速地进行。这是升高温度使点阵原子的活动能力增强的必然结果，当温度高到使晶体在形变的同时又迅速发生回复和再结晶时，晶体的强度就降得更低了。认识高温变形规律对材料加工成型和高温构件使用时变形的控制都是非常有意义的。

金属在高温下变形将发生复杂的行为，例如，动态回复（dynamic recovery）、动态再结晶（dynamic recrystallization）、静态回复（static recovery）、静态再结晶（static recrystallization）。这些都是影响高温变形行为的重要因素。在加工过程中伴随发生的回复过程和再结晶过程称为动态回复和动态再结晶，即它们是在形变过程同时发生的回复和再结晶。热加工完毕（或中断热加工过程）去除外力后，加工时进行的回复和再结晶过程还会继续进行，这时的回复过程和前面讨论的在无外力作用下的回复过程一样，称为静态回复。加工时正在进行的再结晶，在去除外力后可能发生两种情况：一是在动态再结晶时已形成的再结晶核心以及正在推移的再结晶晶粒界面，不必再经过任何孕育期继续长大和推移，这一过程称亚动态再结晶；其二是经过一段孕育期后，在变形的基体上，重新形成再结晶核心并长大，这一过程和前面讨论的在无外力作用下的再结晶过程一样，称为静态再结晶。虽然动态过程因形变硬化和软化机制同时开动而引起和静态过程不同的一些特点，但动态与静态过程具有很多相同的特征。下面介绍动态回复和动态再结晶的基本概念。

3.1.1 铝合金中的动态回复

在热加工过程中，一方面因形变使位错不断增殖和积累，另一方面，通过热激活使异号位错抵消、胞壁锋锐规整化形成亚晶以及亚晶合并等过程也在进行，这些过程因外加应力对小角度晶界移动和异号位错相消提供了附加的驱动力而以更快的速度进行。即在应变硬化的同时发生动态回复。这两类相反的过程在热变形中相互消长程度取决于被热加工金属材料的本性、形变速率和形变温度等因素。

由于铝合金属于高层错能的金属，因此一般认为铝合金在热变形过程中的软化机制主要是动态回复。根据真应力—真应变曲线的不同斜率，材料的热变形可以分为三个基本的阶段：

第一阶段成为微观应变区，在这个阶段材料的位错密度随着应变的增加而增加。

第二阶段成为微屈服形变阶段，加工硬化速率增大，大于回复的速度。因此随着应变增加，位错密度逐渐增加，流变应力逐渐上升，位错的可动范围被限制在一定尺寸内而形成了胞状组织。同时在高温热激活作用下，位错间又发生相互销毁和重排形成多边化亚晶组织，晶粒被伸长，材料出现软化。一般的文献中也把这两个阶段通称为应变硬化阶段，如图 3-1 所示。

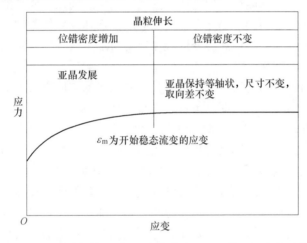

图 3-1　发生动态回复的应力-应变曲线以及显微组织变化示意图

第三阶段随着应变的增加，真应力基本不变，这个阶段称稳态流变阶段。材料在稳态变形阶段材料的软化与硬化达到动态平衡。稳态变形的实质是位错增殖引起的应变硬化和异号位错之间的相互销毁，以及位错的重排引起的恢复软化之间达到动态平衡。后者主要包括螺形位错的交滑移和与扩散有关的刃形位错的攀移等动态回复过程，它们都是与时间温度有关的现象。这个阶段材料内胞壁之间的位错密度、胞壁间距离和胞状亚组织间的取向差保持不变。

铝合金在热变形过程中发生的动态回复过程，其流变应力可以由变形时的温度补偿应变速率 Z 参数给出：

$$Z = \dot{\varepsilon} \exp\left[Q/(RT) \right]$$

式中　ε——变形速率，s^{-1}；

　　　　Q——激活能，kJ/mol；

　　　　R——气体常数；

　　　　T——变形温度，K。

　　铝合金的层错能高，扩展位错窄，利于发生交滑移。因此铝合金较易于发生动态回复。Z 表示被变形温度修正的变形速率，反映变形储存能的大小。变形温度低，变形速率快，所形成的亚晶粒细小。

　　铝合金由于具有较低的层错能，热变形是大部分发生了动态回复而使材料开始软化。研究结果表明，某些含有 Mg、Zn 的铝合金在热变形时也可发生动态再结晶。此外由于固溶相以及第二相粒子的作用小，因而引起晶界具有较大的活动能力，这也可能会引起动态再结晶。

3.1.2　铝合金中的动态再结晶

　　长期以来，认为铝合金属于高层错能的金属，由于其在高温变形过程中发生攀移与交滑移，产生充分回复，以致使形变储存能不足以发生动态再结晶。但是近年来的大量研究成果表明，层错能并不是决定金属材料软化机制的唯一因素，材料在特定温度以及特定的应变速率下可以会发生动态再结晶。一般认为动态再结晶分为两种形式：不连续动态再结晶和连续动态再结晶。

3.1.2.1　不连续动态再结晶

　　不连续动态再结晶即经典的动态再结晶，在热变形过程中，不连续动态再结晶通过再结晶晶粒的形核与长大而发生，呈现出反复形核、有限长大的特点。不连续动态再结晶后的晶粒十分粗大，远大于亚晶尺寸，且在基体中分布不均匀。这种情况下材料的真应力—真应变曲线多出现波动，表现为多峰值曲线，通常发生于低层错能金属与高纯铝合金中。

3.1.2.2　连续动态再结晶

　　连续动态再结晶是因为位错的聚集导致亚晶界的位向差角不断增大，最终转化为大角度晶界。连续动态再结晶的晶粒尺寸细小，与亚晶尺寸相近。其真应力—真应变曲线为单峰值曲线。连续再结晶一般有两类：一类是相邻亚晶界在相交点通过迁移发生合并；另一类则是某些亚晶界在变形过程中分解，分解出来的位错经过滑移和攀移进入相邻界面。Nes 与 Hales 对于第一种机制进行了深入的研究。

　　大量的实验结果表明，材料的 Z 参数值与材料的变形组织有密切的关系。Z 参数与动态再结晶晶粒内亚晶的尺寸存在以下关系：

$$\ln Z = a + bd$$

式中　a，b——常数；

　　　　d——晶粒直径。

　　一般而言，Z 值大对应的应力-应变曲线第一个峰的流变应力值 σ_m 也大。以 Z_c 表示应力-应变曲线从单峰过渡到多峰的临界 Z 值。实验表明，Z_c 不仅和热加工材料的原始晶粒尺寸 D_0 有关，而且也与稳态晶粒尺寸有关。

　　由图 3-2 可知，当 $2D_s \leqslant D_0$，应力-应变曲线是单峰的，并且动态再结晶时发生晶粒细化；当 $2D_s \geqslant D_0$，应力-应变曲线是多峰的，并且动态再结晶时发生晶粒粗化。可以找出 Z-$2D_s$ 曲线来做出区别两种类型动态再结晶的显微组织机制的图形。图 3-2 是这类显微组织机制图形的示意图。图中画出 Z-$2D_s$ 曲线，如果 Z-D_0 的状态点在曲线上侧（即影线区域），其应力-应变曲线是单峰的，并且动态再结晶发生晶粒细化。

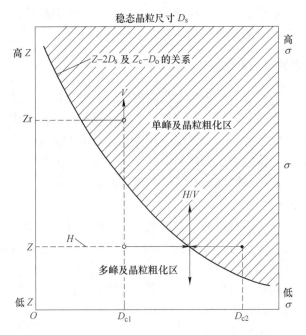

图 3-2　两种类型动态再结晶的显微组织机制示意图

　　在材料热变形过程中，应变硬化和应变软化过程是与时间有关的，它们的变化与一系列的因素有关，例如变形温度、变形量、变形速率、堆垛层错能、原始组织状态和材料的向组织等。下面分别介绍一些影响材料动态再结晶的因素。

　　A　堆垛层错能

　　层错能显著地影响着材料热变形中的软化行为。近期一些学者在研究 Al-Mg、Al-Zn 合金的热变形回复机制时发现，铝中 Mg、Zn 元素可以降低合金的层错能，从而动态再结晶有可能发生。研究人员发现，当 Mg 的含量达到 5% 时，合金才会发生动态再结晶，这是由于添加足量的 Mg 降低了铝合金的层错能所致。

向铝合金中添加 0.12% Mg 能把层错能从 200J/m² 降低到 108J/m²，而添加 0.36% 时能把层错能降低 65J/m²，然而向铝中加入 1% Mg 能使层错能降低到 50J/m²。这个值与 Cu 的层错能属于一个数量级，由此可以推论 Al-1% Mg 合金能够发生动态再结晶。然而 Al-2% Mg 合金只发生了动态回复，说明层错能可以影响材料是否发生动态再结晶，但并不是决定性因素。

B 变形温度与变形速率

变形温度对铝合金的影响是具有双重性的。一方面随着温度的提高，原子热震动加快，原子扩散速度增加，利于动态再结晶的发生；但是另一方面变形温度的增加会促进动态回复的发生，使再结晶形核困难。应变速率对材料动态再结晶有着强烈的影响。通过研究铝合金的高温变形，认为在在较高温度、较低应变速率的情况下材料能发生动态再结晶。此时，材料的温度补偿速率 Zener-Hollomon 参数值极低，变形条件和亚晶大小之间满足 Hall-Petch 关系：

$$d^{-1} = a + b\ln Z$$

式中，a, b 的值可以通过最小二乘法的一元线性回归算出。

C 变形量

热加工时，位错必须累积到一定程度才能形成再结晶核心。也就是说要经历一定的孕育应变量才会开始再结晶。设热变形量达临界值 ε_c 后发生动态再结晶，而且当动态再结晶晶粒变形后 ε_c 可再次发生动态再结晶。同时设动态再结晶过程符合静态再结晶的规律。

如果 $\varepsilon_R < \varepsilon_c$（$\varepsilon_R$ 为再结晶应变），例如，当变形速度很慢、变形温度很高或合金元素含量很少时，动态再结晶可以在到达下一个临界变形 ε_c 之前充分完成，这样就形成了周期性的再结晶。这时动态再结晶发生而使流变应力下降，动态再结晶完成之后由于再结晶晶粒进一步的变形而造成加工硬化，使流变应力重新上升，由此产生了周期性抖动的流变应力曲线。

如果 $\varepsilon_R > \varepsilon_c$，例如，当变形速度快、变形温度较低或合金元素含量很高时，前后不同的动态再结晶过程会叠加在一起。前一周期的动态再结晶尚未完成，后面一个周期的动态再结晶已经开始。这样的流变应力曲线上只会出现一个峰值，这与实际观察的结果完全相符。与周期性动态再结晶不同，人们有时称这种再结晶为连续再结晶（见图 3-3）。

3.1.3 应变速率和变形温度对流变应力的影响

流变应力是影响材料成型过程的一个很重要的因素，它不但受材料本身特性的影响，而且变形过程中的变形条件也是重要的影响因素。因此材料在一定的情况下，变形条件的改变会引起流变应力发生显著变化，在变形方式确定的情况

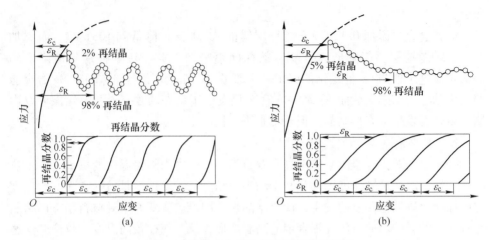

图 3-3　两种动态再结晶的流变曲线特征

（a）不连续动态再结晶 $\varepsilon_R < \varepsilon_c$；（b）连续动态再结晶 $\varepsilon_R > \varepsilon_c$

下，变形温度和应变速率是压力加工过程中最主要的控制因素。因此，研究变形温度和应变速率对流变应力的影响对指导压力加工过程有重要的理论和实际意义。

在热加工过程中，材料变形的最大应力值是确定材料加工工艺的主要工艺参数之一，而且变形的峰值应力是材料高温变形过程中的重要特征参量。

金属和合金的热加工变形和高温蠕变一样都存在热激活过程，应变速率受热激活控制。其变形机制是不同应力水平下蠕变机制的扩展。因此，金属在热加工变形中的木构方程常常是应用金属在蠕变条件下的本构关系发展起来的。在金属热加工过程中，根据加工硬化和动态软化的发生情况，流变应力 σ_o、应变速率 ε、变形温度 T 之间的关系，可由三者在稳态蠕变阶段的相互关系式即 Garofalo 公式来描述。

通过对不同材料高温塑性变形实验数据的仔细研究表明，在低应力水平下，稳态流变应力和应变速率之间的关系可用指数关系进行描述：

$$\varepsilon = A_1 \cdot \sigma^n$$

式中，A_1、n 为常数。在高应力水平下两者满足幂指数关系：

$$\varepsilon = A_2 \cdot \exp(\beta\sigma)$$

式中，A_2、β 也是与变形温度无关的常数。

3.2　热轧铝坯的制备

用热轧坯料法生产铝箔所用的热轧铝坯是指铝经熔炼与铸造、铣面及均匀化退火后可以作为热轧用的块状铝坯。

3.2.1 铝料熔炼

3.2.1.1 概述

熔炼与铸造生产是铝箔生产的首要组成部分，铸造质量在很大程度上影响后续变形加工过程和铝箔的质量。熔炼和铸造的主要目的是：配制合金，通过适当的工艺措施提高金属纯净度，铸造成型。

铝合金在熔炼过程中，熔体中存在气体、各种夹杂物及其他金属杂质等，影响纯净度，使铸锭产生气泡、气孔、夹杂、疏松等缺陷，对铸锭的加工性能和制品的强度、塑性、抗蚀性以及外观品质等都有显著影响。所以在熔炼过程中需要进行熔体净化处理。熔体净化就是利用物理化学原理和相应的工艺措施，除掉液态金属中的气体、杂质和有害元素，以便获得纯净的金属熔体。熔体中的气体主要是氢，夹杂物则主要是熔融状态的铝与氧、氮等元素化合而生成的氧化物、氮化物、碳化物、硫化物等非金属夹杂物及氧化膜，其中，以氧化夹杂物 Al_2O_3 对金属的污染最大。净化处理分为炉内净化与炉外净化两类。炉内净化如氮气净化、氯气净化、氮氯混合气体净化、N_2-Cl_2-CO 混合气体净化、熔剂净化等；炉外净化有玻璃丝布过滤、陶瓷滤器过滤、泡沫陶瓷板过滤等。现代铝工业目前普遍采用炉外在线净化处理新技术，如 SNIF 法、Alpur 法、MINT 法、DDF 法（双级除气和过滤系统），使熔体质量有了进一步提高。

对铝箔用工业纯铝，熔炼过程中应保持其纯度外，还应注意铁、硅比，以防止裂纹的产生。熔炼温度一般不应超过 745℃，液态停留时间不超过 2h。熔炼中多采用在线加入 Al-Ti-B 丝状晶粒细化剂，以得到细小晶粒的铸锭组织。

3.2.1.2 凝固组织图

凝固组织相图是用来表示显微组织随凝固速度的变化的图像。它更多的关注显微组织的变化，而不像亚稳相图更多地关注凝固顺序。

Allen 等人采用电子束表面熔化技术，模拟了生长速度大于 2mm/s 时含 w（Fe）=0.55%、w（Si）=0.05%~0.50% 的 Al 合金的显微组织，绘制了定性的凝固组织图，并与热力学计算得到的平衡状态下的组织进行了比较，如图 3-4 所示。Allen 等人得到的凝固组织图表明，当凝固速度增加时，$FeAl_6$、$FeAl_m$ 将取代 $FeAl_3$，当 Si 含量增加时，α-AlFeSi 将取代 Al-Fe 二元化合。这些凝固组织图可以用来指导预测不同生长速度的 DC 铸锭（1~2mm/s）和薄带连铸（2~50mm/s）铝合金的显微组织。

3.2.1.3 铸锭组织及其遗传性

在 Al-Fe-Si 合金体系中，半连铸水冷铸锭中有 α_c（AlFeSi）、β_p（AlFeSi）、Al_6Fe、Al_mFe、Al_3Fe 等物相，高温均匀化铸锭中还将生成较多的尺寸较大的粗大棒状 β_b（AlFeSi）相和不规则长针状 Al_3Fe 相。Al_6Fe 和 Al_mFe 是合金中非平衡

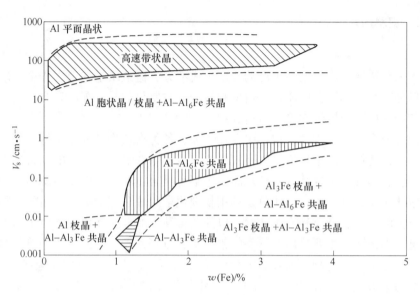

图 3-4　Al-Fe 合金的凝固组织

Al-Fe 二元相，也是均匀化前铸锭中的主要物相，它们都呈丝织状，从形态上很难区分。Al_6Fe 和 Al_mFe 尺寸细小，每一截只有 $0.1 \sim 1\mu m$。Al_3Fe 是平衡二元 Al-Fe 相，共晶 Al_3Fe 呈不规则长针状。铸锭均匀化前是 Al_3Fe 长轴可达 $3\mu m$ 甚至更大。均匀化过程中，非平衡 Al_6Fe 和 Al_mFe 相逐渐溶解、球化，与此同时，Al_3Fe 形核并长大，而原有 Al_3Fe 相则不断长大，均匀化温度越高、时间越长，Al_6Fe 和 Al_mFe 向平衡 Al_3Fe 相的转化就越充分。实验结果表明，经 610℃、13h 均匀化后的 Al_3Fe 相长轴可超过 $7\mu m$，短轴可达 $1 \sim 2\mu m$。研究表明，Al_3Fe 相十分稳定，在热轧和冷轧变形中不能转变，不易破碎，将一直遗传到冷轧态的铝箔毛料中，并将保留在最终铝箔产品中，因此是材料中最有害的一种物相。在 600℃ 的均匀化温度下，虽然均匀化时间较短，但 Al_3Fe 相已发生了过分的长大，部分 Al_3Fe 相的长轴尺寸已超过 $10\mu m$。均匀化过程中未溶解的非平衡 Al_6Fe 和 Al_mFe 基本不发生转化，并将一直遗传到冷轧态的铝箔毛料中。在轧制过程中，丝状 Al_6Fe 和 Al_mFe 相随基体的流动变形而散开，成为一截截的弯曲针状。由于其尺寸较小，而且在均匀化过程中溶解并球化，长短轴之比减小，因此不会造成太大的害处。从这一角度而言，均匀化温度不宜太高，以尽量抑制 Al_3Fe 相长大。

透射电镜观察表明，α_c 相呈球状。结晶过程中 α_c 通常形成一团球状 α_c 相组成的盘状 α_c 群，在轧制变形中，α_c 相容易随着基体的流动变形而被轧碎、轧开，从而在基体中离散分布。单个 α_c 相的尺寸均小于 $3\mu m$，多数在 $0.5 \sim 1.5\mu m$。由于 α_c 相尺寸细小，而且呈等轴的球状，因此 α_c 相是 AA1235 合金中理想的化合物。

β_p(FeSiAl) 相是合金铸锭中主要的物相之一,通常出现于快速冷却的铸锭中。β_p(FeSiAl) 相不同于 β_b(FeSiAl) 相,β_b(FeSiAl) 相是 Al-Fe-Si 平衡相图上的 β 相。该相通常呈棒状,通常用 β_b 表示。β_b 为简单单斜,晶格常数 $a=b=0.612nm$, $c=4.15nm$, $\beta=91°$。β_p 代表另一种(FeSiAl)三元化合物,它的化学成分和晶体结构与平衡 β 相不同。该相呈片层状或块状,为了与平衡 β 相区别,以下标 p 表示。β_p 属于单斜晶系,晶格常数 $a=0.89nm$, $b=0.49nm$, $c=4.16nm$, $\beta=92°$。α_c 和 α_h 代表两种不同晶型的 α(FeSiAl) 相:α_c 表示立方系的 α(FeSiAl) 相,晶格常数 $a=1.256nm$,α_h 表示六方晶系的 α(FeSiAl) 相,晶格常数 $a=1.23nm$, $c=2.62nm$。结果表明,在均匀化过程中,β_p 相也逐渐溶解,尺寸减小,数量减少。与此同时,平衡 β_b 相开始形核长大,而原有的 β_p 相也将不断长大。均匀化温度越高,转变速度越快。随着均匀化温度的升高和时间的延长,这种转变进行得越充分,β_p 相尺寸减小,数量减少,而 β_b 相则不断长大、增多。结合 X 射线分析结果可知,当温度低于 560℃ 时,这一转变已非常缓慢。在热轧和冷轧过程中,β_b 和 β_p 相不再发生变化,将一直保留或遗传到冷轧态的铝箔毛料中。在 560℃、13h 均匀化的冷轧铝箔毛料中,出现了平衡相 β_b 峰,同时 $FeAl_3$ 相的数量增多。这说明在较高的均匀化温度下,样品中发生了新相的形成和相转变过程。研究表明,在 560℃ 均匀化和分级均匀化条件下,样品中物相的种类并没有发生变化,表明没有新相形成或新相的数量较少。

为了弄清在较高温度的均匀化过程中新相形成和相转变规律,在 610℃ 进行 12~50h 的退火处理。结果表明,在 610℃ 保温 21h 后样品中出现 β_b(FeSiAl) 相的衍射峰,而 β_p(FeSiAl) 峰已基本消失;保温 31h 后 Al_6Fe 峰消失,而 Al_6Fe 相和 Al_mFe 相的衍射增强;保温 45h 后 β_b(FeSiAl) 相的衍射峰增多。这表明随着均匀化时间的延长,非平衡 β_p(FeSiAl) 相和 Al_6Fe 相逐渐溶解,而平衡 β_b(FeSiAl) 相和 Al_3Fe 相则逐渐形成或增多。

铸态和均匀化态存在的 α_c(FeSiAl)、β_p(FeSiAl)、Al_6Fe、Al_mFe、Al_3Fe、β_b(FeSiAl) 等物相在热轧变形过程中不发生相变,也基本没有形态和数量上的变化,将一直保留到冷轧态的铝箔毛料中并存在于最终的铝箔产品中,所以说,铸锭组织具有遗传性。均匀化后的铸锭组织,尤其是第二相的种类、形态、大小、数量将始终影响后续加工工艺和合金性能。不良的均匀化组织无法在后续工艺中消除,对合金加工性能和产品质量不利,如粗大针状 $FeAl_3$ 相和棒状 β_b(FeSiAl) 相,这两种物相不易破碎,易引起应力集中,对合金塑性危害很大。α_c(FeSiAl) 相容易在轧制变形过程中破碎分离,尺寸在 0.5~1.5μm,呈球状,而且 α_c(FeSiAl) 相可以在铝箔毛料中间退火过程中形成新相析出的核心,是 AA1235 合金铸锭中理想的第二相。β_p(FeSiAl) 相呈片状或块状,尺寸 2~3μm。

β$_p$(FeSiAl) 相可以在铝箔毛料中间退火过程中发生相变，转变为 α$_c$(FeSiAl) 相。这一转变对调整杂质元素存在状态、降低杂质元素 Fe、Si 固溶度、改善合金组织和轧制性能起到有益的作用，因此 β$_p$(FeSiAl) 相是合金铸锭中优良的物相。Al$_6$Fe 相 Al$_m$Fe 尺寸较小，而且在均匀化过程中发生溶解和球化，长短轴之比减小，对合金轧制性能没有太大的不利影响。

工业纯铝的铸锭组织中第二相变化可归纳为：

均匀化退火前铸锭中主要的物相有 α$_c$(FeSiAl)、片状或块状非平衡表 β$_p$(FeSiAl)、非平衡二元 Al-Fe 相 Al$_6$Fe 相和 Al$_m$Fe 相，以及不规则针状相 Al$_3$Fe 等物相。

均匀化过程中，非平衡 β$_p$(FeSiAl) 相和 Al$_6$Fe、Al$_m$Fe 相将逐渐溶解并分别转化为平衡棒状 β$_b$(FeSiAl) 相和针状 Al$_3$Fe，同时铸锭组织中原有的 Al$_3$Fe 相和 β$_b$(FeSiAl) 相将不断长大。均匀化温度越高，上述过程进行得越快、越充分。

均匀化温度较高时，铸锭中将生成较多尺寸较大的 Al$_3$Fe 相和 β$_b$(FeSiAl) 相。610℃、13h 均匀化后，Al$_3$Fe 相的长轴尺寸可超过 7μm，短轴可达 1~2μm；β$_b$(FeSiAl) 相的长轴可达 4~5μm，这些粗大的第二相对轧制薄箔不利。

铸锭中的 α$_c$(FeSiAl) 相容易在轧制变形过程中轧碎、分离，呈球状，尺寸在 0.5~1.5μm；β$_p$(FeSiAl) 相经 560℃、13h 均匀化后，尺寸在 2~3μm；Al$_6$Fe 和 Al$_m$Fe 相尺寸细小，在 0.1~1μm，均匀化后 Al$_6$Fe 和 Al$_m$Fe 相逐渐溶解并球化，长短轴之比减小。

铸锭组织具有遗传性，铸锭中的第二相在热轧和冷轧中不发生相变，也基本没有形态和数量上的变化，将一直保留到冷轧态的铝箔毛料中。生长速度和化学成分变化见图 3-5。

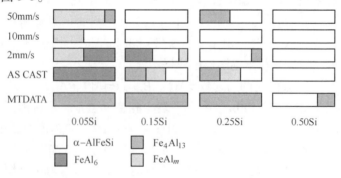

图 3-5　含 w(Fe)=0.55%、w(Si)=0.50% 的 Al 合金中相含量随着生长速度和化学成分的变化示意图
（"MTDATA"为通过热力学计算得到的结果）

3.2.1.4　熔化工艺

铝料熔化是铝箔生产工艺中的第一道工序，也是在加工过程中消耗能源最

多、对产品内在质量影响最大的工序。

熔化工艺内容如下：

（1）配料。投炉铝料应按照生产牌号所规定的化学成分进行配料。铝箔生产所用铝料应以铝锭为主，外来的废角料不能使用。铝箔粗轧以后各道工序的回残废铝箔也不可作为铝箔产品的配料直接投炉。投炉铝料的数量必须估量正确，既要防止投料过多使铝液从炉门溢出，又要保证炉膛加满以方便出灰操作。因此，在估算投料数量时，应考虑各种铝料的不同熔化损耗，并留出部分铝料于形成熔池后再酌量加入。

（2）装料。熔炼时，装入炉料的顺序和方法不仅关系到熔炼时间、金属的烧损、热能消耗，还会影响到金属熔体的质量和炉子的使用寿命。装料的原则有：

1）装料的顺序应合理。正确的装料要根据所加入炉料性质与状态而定，而且还要考虑到最快的熔化速度，最少的烧损以及准备的化学成分控制。

装料时，先装小块或薄片废料，铝锭和大块料装在中间，最后装中间合金。熔点低、易氧化的中间合金装在中下层，高熔点的中间金属装在最上层。所装入的炉料应当在熔池中均匀分布，防止偏重。

小块或薄板料装在熔池下层，这样可以减少烧损，同时还可保护炉体免受大块料的直接冲击而损坏。中间合金有的熔点高，如 Al-Ni 和 Al-Mn 合金的熔点为 750～800℃，装在上层，由于炉内上部温度高容易熔化，也有充分的时间扩散；使中间合金分布均匀，则有利于熔体的成分控制。

炉料装平，各处熔化速度相差不多，这样可以防止偏重时造成的局部金属过热。

炉料应尽量一次入炉，二次或多次加料会增加非金属夹杂物及含气量。

2）对于质量要求高的产品的炉料除上述的装料要求外，在装料前必须向熔池内撒 20～30kg 粉状熔剂，在装料过程中对炉料要分层撒粉状熔剂，这样可提高炉体的纯洁度，也可减少烧损。

3）电炉装料时，应注意炉料最高点距电阻丝的距离不得少于100mm，否则容易引起短路。

（3）熔化。炉料装完后即可升温熔化。熔化是从固态转变为液态的过程。这一过程的好坏，对产品质量有决定性的影响。

1）覆盖。熔化过程中随着炉料温度的升高，特别是当炉料开始熔化后，金属外层表面所覆盖的氧化膜很容易破裂，将逐渐失去保护作用。气体在这时候很容易侵入，造成内部金属进一步氧化。并且已熔化的液滴或液流要向炉底流动，当液滴或液流进入底部汇集起来时，其表面的氧化膜就会混入熔体中。所以为了防止金属进一步氧化和减少进入熔体中的氧化膜，在炉料软化下塌时，应适当向

金属表面撒上一层粉状熔剂覆盖，其用量见表3-1。这样减少熔化过程中的金属
吸气。

表 3-1　覆盖剂种类及用量

炉型及制品		覆盖剂用量（占投料量)/%	覆盖剂种类
电炉熔炼	普通制品	0.4~0.5	粉状熔剂
	特殊制品	0.5~0.6	
煤气炉熔炼	普通制品	1~2	KCl:NaCl 按 1:1 混合
	特殊制品	2~4	

2）加铜、锌。当炉料熔化一部分后，即可向液体中均匀加入锌锭或铜板，
以熔池中的熔体刚好能淹没住锌锭和铜板为宜。

这里应强调的是，铜板的熔点为1083℃，在铝合金熔炼温度范围内，铜熔解
在铝合金熔体中。因此，铜板如果加得过早，熔体未能将其盖住，这样将增加铜
板的烧损；反之如果加得过迟，铜板来不及熔解和扩散，将延长熔化时间，影响
合金的化学成分的控制。

电炉熔炼时，应尽量避免更换电阻丝带，以防止脏物落入熔体中，污染
金属。

3）搅动熔体。熔化过程中应注意防止熔体过热，特别是天然气炉（或煤气
炉）熔炼时炉膛温度高达1200℃，在这样高的温度下容易产生局部过热。因此
当炉料熔化之后，应适当搅动熔体，以使熔池里各处温度均匀一致，同时也利于
加速熔化。

（4）扒渣与搅拌。当炉料在熔池里已充分熔化，并且熔体温度达到熔炼温
度时，即可扒除熔体表面漂浮的大量氧化渣。

1）扒渣。扒渣前应先向熔体上均匀撒入粉状熔剂，以使渣与金属分离，有
利于扒渣，可以少带出金属。

扒渣要求平稳，防止渣卷入熔体内。扒渣要彻底，因浮渣的存在会增加熔体
的含气量，并弄脏金属。

2）加镁加铍。扒渣后便可向熔体内加入镁锭，同时要用2号粉状熔体进行
覆盖，以防止镁的烧损。

对于高镁铝合金为防止镁烧损，并改变熔体及铸锭表面氧化膜的性质，在加
镁后需向熔体内加入少量的铍。铍一般以 Al-Be 中间合金形式加入，为了提高铍
的实收率，Na_2BeF_4 与2号粉状熔剂按1:1混合加入，加入后应进行充分搅拌。

为防止铍的中毒，在加铍操作时应戴好口罩。另外，加铍后扒出的渣应堆积
在专门的堆放场地或作专门处理。

3）搅拌。在取样之前，调整化学成分之后，都应当及时进行搅拌。其目的
在于使合金成分均匀分布和熔体内温度趋于一致。这看起来似乎是一种极简单的
操作，但是在工艺过程中很重要。因为一些密度较大的合金元素容易沉底，另外

合金元素的加入不可能绝对均匀，这就造成了熔体上下层之间，炉内各区域之间合金元素分布不均匀。如果搅拌不彻底（没有保证足够长的时间和消灭死角），容易造成熔体化学成分不均匀。

搅拌应当平稳进行，不应激起太大的波浪，以防氧化膜卷入熔体中。

（5）调整成分。在熔炼过程中，由于各种原因都可能会使合金成分发生改变，这种改变可能使熔体的真实成分与配料计算值发生较大的偏差。因而须在炉料熔化后，取样进行快速分析，以便根据分析结果确定是否需要调整成分。

1）取样。熔体经充分搅拌之后，即应取样进行炉前快速分析，分析化学成分是否符合标准要求。取样时的炉内熔体温度应不低于熔炼温度中限。

快速分析试样的取样部位要有代表性，天然气炉（或煤气炉）在两个炉门中心部位各取一组试样。取样前试样勺要进行预热，对于高纯铝及铝合金，为了防止试样勺要污染，取样应采用不锈钢试样勺并涂上涂料。

2）成分调整。当快速分析结果和合金成分要求不相符时，就应该调整成分——冲淡或补料。

① 补料。快速分析结果低于合金化学成分要求时需要补料。为了使补料准确，应按下列原则进行计算：

先算量少者后算量多者；

先算杂质后算合金元素；

先算低成分的中间合金，后算高成分的中间合金；

最后计算新金属。

② 冲淡。快速分析结果高于化学成分的国家标准变化、交货材料等的上限时就需要冲淡。在冲淡时高于化学成分标准的合金元素要冲至低于标准要求的该合金元素含量上限。

我国的铝加工厂根据历年来的生产实践，对于铝合金都制定了厂内标准，以及便于使这些合金获得良好的铸造性能和力学性能。因此，在冲淡时一般都冲至低于该元素的厂内化学成分标准上限所需的化学成分。

3）调整成分时应注意的事项：

① 试样有无代表性。试样无代表性是因为某些元素密度较大、溶解扩散速度慢，或易于偏析分层。故取样前应充分搅拌，以均匀其成分，由于反射炉熔池表面温度高，炉底温度低，没有对流传热作用，取样前要多次搅拌，每次搅拌时间不得少于5min。

② 取样部位和操作方法要合理。由于反射炉熔池大而深，尽管取样前进行多次搅拌，熔池内各部位的成分仍然有一定的偏差，因此试样应在熔池中部最深部位的1/2处取出。

取样前应将试样模充分加热干燥，取样时操作方法正确，使试样符合要求，否则试样有气孔、夹渣或不符合要求，都会给快速分析带来一定的误差。

③ 取样时温度要适当。某些密度大的元素，它的溶解扩散速度随着温度的

升高而加快。如果取样前熔体温度较低，虽然经过多次搅拌，其溶解扩散速度仍然缓慢，此时取出的试样仍然无代表性，因此取样前应控制熔体温度适当高些。

④ 补料和冲淡时一般都用中间合金，熔点较高和较难熔化的新金属料，应予避免。

⑤ 补料量或冲淡量在保证合金元素要求的前提下应越少越好。具体冲淡时应考虑熔炼炉的容量和是否便于冲淡的有关操作。

⑥ 如果在冲淡量较大的情况下，还应补入其他合金元素，应使这些合金元素的含量不低于相应的标准和要求。

（6）精炼。工业生产的铝合金绝大多数在熔炼炉不再设气体精炼过程，而主要靠静置炉精炼和在线熔体净化处理，但有的铝加工厂仍还高有熔炼炉精炼，其目的是为了提高熔体的纯净度。这些精炼方法可分为两类，即气体精炼法和熔剂精炼法。

（7）出炉。当熔体经过精炼处理，并扒出表面浮渣后，待温度合适时，即可将金属熔体输注到静置炉，以便准备铸造。

（8）清炉。清炉就是将炉内残存的结渣彻底清出炉外。每当金属出炉后，都要进行一次清炉。当合金转换，普通制品连续生产 5 ~ 15 炉，特殊制品每生产一炉，一般都要进行大清炉。大清炉时，应先均匀向炉内撒入一层粉状熔剂，并将炉膛温度升至 800℃ 以上，然后用三角铲将炉内各自残存的结渣彻底清除。

3.2.2　铝液净化

3.2.2.1　概述
铝合金在熔铸过程中，熔体中不同程度地存在气体、各种非金属夹杂物和其他有害金属等，往往使铸锭产生气孔、夹渣等缺陷，对铝材的力学性能、加工性能、抗蚀性、阳极氧化性和铝材的外观质量都有显著影响。铝合金的熔体净化就是除去熔体中的气体和各种有害物质，获得纯洁度高的铝合金熔体的过程。

3.2.2.2　净化原理
净化原理如下：

（1）脱气原理。分压差脱气原理：利用气体分压对熔体中气体溶解度影响的原理，控制气相中氢的分压，造成与熔体中熔解气体浓度平衡的氢分压和实际气体的氢分压间存在很大的分压差，这样就产生较大的脱气驱动力，使氢很快排除。

预凝固脱气原理：影响金属熔体中气体溶解度的因素除气体分压外，还有熔体温度。气体溶解度随着温度的降低而减小，特别是在熔点温度变化最大。根据这一原理，让熔体缓慢冷却凝固，这样就可使溶解在深中的大部分气体自行扩散析出，然后再快速重熔，即可获得气体含量较低的熔体。但此时要特别注意熔体的保护，以防止重新吸气。

振动脱气原理：金属液体在振动状态下凝固时，能使晶粒细化，这是由于振动能促使金属中产生分布很广的细晶核心。实验也表明振动能有效地达到除气的目的，而且振动频率越大效果越好。一般使用5000~20000Hz的频率，可使用声波、超声波、交变电流或磁场等方法作为振动源。

（2）除渣原理。澄清除渣原理：一般金属氧化物与金属本身之间密度总是有差异的，如果这种差异较大，再加上氧化物颗粒也较大，在一定的过热条件下，金属的氧化物渣可以和金属分离，这种分离作用也叫澄清作用。

澄清法除渣对许多金属，特别是轻合金不是主要有效的方法，还必须辅以其他方法，但根据物理学基本原理，它仍不失为一种基本方法。

吸附除渣原理：吸附净化主要是利用精炼剂的表面作用，当气体精炼剂或熔剂精炼剂在熔体中与氧化物夹杂相遇时，杂质被精炼剂吸附在表面上，从而改变了杂质颗粒的物理性质，随精炼剂一起被除去。

过滤除渣原理：上述两种方法都不能将熔体中氧化物夹杂分离得足够干净，常给铝加工材的质量带来不良影响，所以近代采用了过滤除渣的方法，获得良好的效果。

从过滤除渣的机理来看，大致可以分为机械除渣和物理化学除渣两种。机械除渣主要是靠过滤介质的阻挡作用、摩擦力或液体的压力使杂质沉降或堵滞，从而净化熔体。而物理化学除渣主要是利用介质表面的吸附和范德华力的作用。

3.2.2.3 污染来源

污染来源如下：

（1）铝料本身带入的氧化膜，油污，水分，油漆，纸张，塑料，灰砂和杂质，如铜、铁、硅、锌、成分与牌号不同的铝合金等；

（2）在熔炼过程中产生的氧化铝，氮化铝，氢，以及耐火材料和操作工具被铝液侵蚀所产生的杂质；

（3）在灌注过程中铝液与含有水分的空气接触所产生的氢和氧化铝（也就是平时也说的"二次污染"）。

净化铝液的目的是清除铝液中的气体（主要是氢）和固体杂质。净化铝液需要采用能使氧化铝与金属熔体分离，将氢驱出熔池，而本身不溶解于铝液的物质，这种物质被称为"熔剂"。熔剂绝大多数是固体或气体。固体熔剂俗称为"盐粉"，按其功能可分为：阻止铝液氧化和吸气的覆盖熔剂；促使氧化物与铝液分离后进入浮渣的除灰熔剂；驱除溶解于铝液中过饱和氢的除气熔剂。在铝镁合金覆盖熔剂还具有阻止镁从铝液蒸发的作用。但在纯铝熔炼中，一般不使用覆盖熔剂，因为熔池表面的氧化膜具有较好的隔离能力，可在不剧烈搅动的条件下阻止熔池内部铝液继续氧化和吸气。

采用炉内净化铝液的方法只能清除铝料本身和在熔化过程中所新增的杂质，而不能消除铝液灌注过程中所受到的二次污染。同时，由于炉膛面积大，熔池深度浅，较难使熔剂遍及炉膛每个角落以便对全部铝液进行有效地净化。因此，在现代熔铸工艺中采用炉外在线净化处理法，使铝液在流出熔炉或静置炉后，在特制的容器内与气体熔剂对流接触，然后流入半连续铸造的结晶器或连续铸造的供料嘴，从而保证全部铝液得到有效净化，并防止发生二次污染。

根据斯托克斯定律，固体颗粒或气泡在液体介质中的上升或下降速度，与它们和介质的密度之差及颗粒或气泡直径的平方成正比，与介质的粒度成反比。

$$u = \frac{2}{9} \frac{(\rho_1 - \rho_2)gR^2}{\eta}$$

式中　　u——下降速度（上升速度为负值），m/s；

　　　　ρ_1——固体颗粒或气泡密度，kg/m^3；

　　　　ρ_2——液体介质密度，kg/m^3；

　　　　g——重力加速度，$g = 9.81m/s^2$；

　　　　R——颗粒或气泡半径，m；

　　　　η——动力黏度，Pa·s。

由于铝液黏度随着温度的上升而减小，在进行净化处理时，熔体温度不应过低，以利于氧化杂质和气体的下沉或上浮。但熔体温度也不宜过高，否则将加剧铝液的氧化和吸气。杂质颗粒的下沉和气泡的上浮需要一定的时间，因此在净化处理以后，应让铝液在炉膛内静置一段时间再开始浇铸。以原子状态溶解于铝液中的氢，可以在固态物质的表面以较低的自由能结合成氢分子。因此，在氧化物颗粒的表面大都吸附着从熔体中析出的氢，这也是使氢吸收在氧化铝表面的根源。生产实践证明，当铝中含氧化杂质较多时，含氢量也是较多的。

氯是净化铝液最有效的气体熔质。氯与铝生成气态 $AlCl_3$，在铝液中以微细气泡的形式从炉底部上升至表面。在上升过程中，氧化铝颗粒附着在气泡表面，铝液中的氯则扩散入气泡内部与气泡一同上升。所以氯既能除灰，又能除气，但氯有毒性，在操作场所空气中含氯不得超过 0.001mg/L，否则将危害人体健康，造成环境污染，现在多数用90%氮和10%氯的混合气体代替。固体熔剂一般采用熔点低于铝熔点的 NaCl，KCl，CaF_2，Na_2AlF_6，Na_2SiF_6 等混合盐。在高温时能分解释放出氯的固态 C_2Cl_6 和液态 CCl_4 也可作熔剂用。有些熔剂，如 D_2TiF_6 和 DBF_4 还具有细化晶粒的作用。

为了提高净化效果，应使熔剂所产生的气泡弥散地、自下而上地穿过熔池。熔剂也必须干燥。铝液净化以后的含氢量应低于 0.15 ~ 0.20mL/0.1kg。对于要求较高的产品，含氢量应不高于 0.10 ~ 0.12mL/0.1kg。氧化铝在铝液中不溶解。氧化铝颗粒在铝液中分布不均匀，难以测定其含量的正确数据。实验测定的氧化铝含量在 0.003% ~ 0.04% 之间。从熔炉或静置炉流出的铝液中经玻璃丝布、多孔耐火管、泡沫陶瓷板等过滤以后，可进一步清除氧化杂质，对降低含氢量也有一定的效果。

3.2.2.4 净化技术

净化技术主要有炉内处理和炉外处理两种。

A 炉内处理

炉内处理技术主要包括吸附净化和非吸附净化两种。但一般而言，炉内熔体净化处理对铝合金熔体的净化是相当有限的。下面简单介绍各种方法，更多信息可参考肖亚庆主编的《铝加工技术实用手册》（北京：冶金工业出版社，2005：1.）。

a 吸附净化

（1）浮游法：

1）惰性气体吹洗。熔体净化用惰性气体指的是与熔融及溶解的氢不起化学反应，又不溶于铝中的气体。

根据吸附除渣原理，氮气被吹入铝液后，形成许多细小的气泡。氮泡在从熔体中通过时与熔体中的氧化物夹杂相遇，夹杂被吸附在气泡的表面并随气泡上浮到熔体表面。已被带至液面的氧化物不能自动脱离气相而重新溶入铝液中，停留于铝液表面就可聚集除去。

2）活性气体吹洗。对于铝来说，实用的活性气体主要是氯气，氯气本身不溶于铝液中，但氯和铝及溶于铝液中的氢会迅速发生化学反应，即：

$$Cl_2 + H_2 \longrightarrow HCl \uparrow$$
$$Al + Cl_2 \longrightarrow AlCl_3 \uparrow$$

反应生成物 HCl 和 $AlCl_3$ 都是气态，不溶于铝液，它和未参加反应的氯一起都能起精炼作用。因此，精炼效果比吹氮要好得多，同时除钠效果也是明显的。但是，氯气对人体有害，污染环境，易腐蚀设备及加热元件，且易使合金铸锭结晶组织粗大，使用时一定要注意通风及防护。

3）混合气体吹洗。混合气体有两种气体混合，如 N_2-Cl_2；也有三种气体混合，如 N_2-Cl_2-CO。N_2-Cl_2 的混合比采用9:1或8:2效果较好，N_2-Cl_2-CO 的混合比为 8:1:1。

4）氯盐净化。许多氯化物在高温下可以和铝发生反应，生成挥发性的 $AlCl_3$ 而起到净化作用，即：

$$Al + 3MeCl \longrightarrow AlCl_3 \uparrow + 3Me$$

式中，Me 表示金属，但不是所有的氯盐都能发生上述反应，要视其分解压而定。一般氯盐的分解压需大于氯化铝的分解压，或它的生成热小于氯化铝的生成热，这种氯盐在高温下才能与氯化铝发生反应。常用的氯化物有氯化锌、氯化锰、六氯乙烷、四氯化碳、四氯化钛等。

5）无毒精炼剂。无毒精炼剂的特点是不产生有刺激气味的气体，并且有一定的精炼作用。它主要由硝酸盐等氧化剂和碳组成。在高温下产生反应如下：

$$4NaNO_3 + 5C \longrightarrow 2Na_2O + 2N_2 \uparrow + 5CO_2 \uparrow$$

反应产生的 N_2 和 CO_2 起精炼作用，可加入六氯乙烷、冰晶石、食盐及耐火砖粉，目的是为了提高精炼效果和减慢反应速度。

（2）熔剂法。铝合金净化所用的熔剂主要是碱金属的氯化盐和氟盐混合物。熔剂精炼作用主要是靠吸附和溶解氧化夹杂。

b 非吸附净化

根据熔体中氢的溶解度与熔体上方氢分压的平方根关系，在真空下，铝液吸气的倾向趋于零，而溶解在铝液中的氢有强烈的析出倾向，生成的气泡在上浮过程中能将非金属夹杂吸附在表面，使铝液得到净化。非吸附净化，又称真空处理，它有三种方法，即静态真空处理、静态真空处理加电磁搅拌、动态真空处理。

（1）静态真空处理。静态真空处理是将熔体置于 1333.3 ~ 3999.9Pa 的真空度下，保持一段时间。由于铝液表面有致密的 γ- Al_2O_3 膜存在，往往使真空除气达不到理想的效果，因此在真空除气之前，必须清除氧化膜的阻碍作用，如在熔体表面撒上一层熔剂，可使气体顺利通过氧化膜。

（2）静态真空处理加电磁搅拌。为了提高净化效果，在熔体静态真空处理的同时，对熔体施加电磁搅拌。这样可提高熔体深处的除气速度。

（3）动态真空处理。动态真空处理是预先使真空处理达到一定的真空度（1333.3Pa），然后通过喷嘴向真空炉内喷射熔体。喷射速度约为 1 ~ 1.5t/min，熔体形成细小液滴。这样熔体与真空接触面积增大，气体的扩散距离缩短，并且不受氧化膜的阻碍。所以气体得以迅速析出。与此同时，钠被蒸发烧掉，氧化夹渣聚集在液面。真空处理后熔体的气体含量低于 0.12mL/100gAl，氧含量低于0.0006%，钠含量也可降低到 0.0002%。真空炉有 20t、30t、50t 级三种。

B 炉外处理

一般而言，炉内熔体净化处理对铝合金熔体的净化是相当有限的，要进一步提高铝合金熔体的纯洁度，更主要的是靠炉外在线净化处理，才能更有效地去除铝合金熔体中的有害气体和非金属夹杂物。炉外在线净化处理根据处理方式和目的，又可分为以除气为主的在线除气，以除渣为主的在线熔体过滤处理，以及两者兼而有之的在线处理。根据产品质量要求不同，可采用不同的熔体在线处理方式。这方面内容可以参考由肖亚庆主编的《铝加工技术实用手册》（北京：冶金工业出版社，2005：1.）。

a 在线除气

在线除气是各大铝加工企业熔铸重点研究和发展对象，种类繁多，典型的有采用透气塞的过流除气方式 Air-Liquide 法、采用固定喷嘴方式的 MINT 法以及应用更广泛、除气稳定而有效可靠的旋转喷头除气法，如联合碳化公司最早研制的旋转喷头除气装置 SNIF，法国的 Alpur 除气装置，我国西南铝业（集团）有限责任公司自行开发的旋转喷头除气装置 DFU、DDF 等。这些除气方式都采用 N_2 气或 Ar 气作为精炼气体或 Ar(N_2) + 少量 Cl_2（CCl_4）等活性气体，不仅能有效除去铝熔体中的氢，而且还有很好除去碱金属或碱土金属，同时还可提高渣液分离效果。

　　b　熔体过滤

　　过滤是去除铝熔体中非金属夹杂物最有效和最可靠的手段，从原理上讲有饼状过滤和深过滤之分。过滤方式有多种多样，最简单的是玻璃丝布过滤，效果最好的是过滤管和泡沫陶瓷过滤板。

　　（1）玻璃丝布过滤。用玻璃丝布过滤铝熔体在国内外已广泛应用，一般用于转注过程和结晶器内熔体过滤，国产玻璃丝布孔眼尺寸为 1.2mm × 1.5mm，过流量约为 200kg/min。此法特点是适应性强，操作简便，成本低，但过滤效果不稳定，只能拦截除去尺寸较大的夹杂，对微小夹杂几乎无效，所以适用要求不高的铸锭生产，且玻璃丝布只能使用一次。

　　（2）床式过滤器。床式过滤器是一种过滤效果较好的过滤装置，但它体积庞大，安装和更换过滤介质费时费力，仅适用于大批量单一合金的生产，因而使用厂家较少。目前世界上应用的主要有 FILD 法和 Alcoa 法两种。

　　（3）刚玉管过滤。刚玉管过滤器过滤效率高，能有效去除熔体中较小的非金属夹杂物，适用于加工双零铝箔等产品，但刚玉管过滤使用价格昂贵，使用不方便。在日本使用较多，世界上其他地方使用较少。此法的最大缺点是刚玉管价格昂贵，装配质量要求高。

　　（4）泡沫陶瓷过滤。泡沫陶瓷过滤板因使用方便，过滤效果好，价格低，在全世界被广泛使用。发达国家中 50% 以上铝合金熔体都用泡沫陶瓷过滤板过滤，泡沫陶瓷过滤板一般为厚 50mm、长宽 200 ~ 600mm、孔隙率高达 80% ~ 90%。它在过滤时不需要很高的压头，初期为 100 ~ 150mm，以后只需 2 ~ 10mm，过滤效果好，且价格低。但是泡沫陶瓷过滤板较脆，易破损，一般情况只使用一次，若要使用两次及以上，必须采用熔体保温措施，但使用一般不允许超过 7次。下面重点介绍这种过滤方法。

　　泡沫陶瓷过滤技术于 20 世纪 70 年代问世，在美国、加拿大、日本、法国、澳大利亚、瑞士等国家迅速得到广泛应用。采用泡沫陶瓷过滤板过滤是清除铝熔体中夹杂的最有效方法。

　　近年来，国内外还研究了一些净化铝液的新技术，如真空动态处理、超声波连续去气净化和刚玉质陶瓷过滤器，收到了很好的效果。但这些工艺方法较为复杂，成本很高，难以在工业生产中大量推广。至于金属过滤网、纤维布过滤，只能除去铝合金熔体中的大块夹杂，但对微米级以下的夹杂无法去除，而且金属滤网还会污染铝合金。采用泡沫陶瓷过滤板，能滤除细小夹杂物，显著提高铸件的力学性能和外观质量。

1）过滤原理。泡沫陶瓷过滤板具有多层网络、多维通孔，孔与孔之间连通。过滤时，铝液携带夹杂物沿曲折的通道和孔隙流动，与过滤板泡沫状骨架接触时受到直接拦截、吸附、沉积等作用。当熔体在孔洞中流动时，过滤板通道是弯曲的，流经通道的熔体改变流动方向，其中的夹杂物与孔壁砥撞而牢固的黏附在孔壁上。

2）过滤板的使用和选择。泡沫陶瓷过滤板安装在炉口与分流盘之间的过滤箱里，过滤箱由"中耐五号"耐火材料制成，它能经过多次激冷激热而不开裂，具有强度高、保温性能好等优点，是目前制作过滤箱、流槽等最好的材料。过滤箱离分流盘越近越好，原因是这样能缩短铝液过滤后的流动距离而减少或避免氧化物的再次产生。铝液从炉口流出经过过滤箱，再通过流槽流八分流盘。过滤装置起动时，熔体过滤前后的落差约50mm，随着过滤时间的延长，过滤板表面和孔壁上夹杂物增加、过滤流量减小、前后落差增加，至铸造结束时，落差增加至60～120nm。选择过滤板必须根据铝液流量而定，其次，应考虑熔体的清洁度、夹杂物最高含量和熔体总通过量。见表3-2、表3-3。

表3-2　泡沫陶瓷过滤板的物理性能

厚　度	20～50mm
孔洞数	590～1770 孔/m
孔隙数	80%～85%
体积密度	0.359～0.45g/cm^3
透气性	（1000～2000）×10^{-7}
抗压强度	1300℃时为55N/cm^2
耐火度	>1800℃

表3-3　泡沫陶瓷过滤板的典型流量特征

过滤板规格 /mm	体积/m^3	最大金属流量 /kg·min^{-1}	最佳流量范围 /kg·min^{-1}	典型过滤量 /t
178×178×50	0.0213	57.00	25～45	4.2
229×229×50	0.0378	118.00	35～102	6.9
305×305×50	0.0745	198.00	90～165	13.8
381×381×50	0.1220	325.80	130～265	23.2
432×432×50	0.1600	427.20	210～350	34.5
508×508×50	0.2270	606.60	280～465	43.7
585×585×50	0.3440	772.20	370～640	57.3

过滤板的过滤效果主要由它的尺寸和孔隙度来保证，过滤板的孔隙越大，除渣效果越差，对于要求很严格的铝铸件，应选择孔隙小的过滤板。如选用17707L/m 的过滤板。

3）过滤装置的设计。设计过滤装置时，应根据被选过滤板的规格，以及考虑炉口、分流盘的落差，必须保证过滤板在熔体铸造时浸没在铝液内。此外，还必须考虑到安装和拆卸安全方便，在熔体铸造完后能把过滤箱内的铝液全部流完，如图3-6所示。

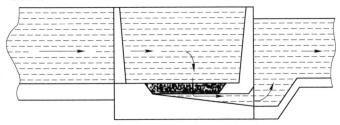

图 3-6 过滤装置示意图

4）过滤效果。实践证明，泡沫陶瓷过滤板是目前除去铝熔体中的氧化夹杂的最有效工具。一般的纤维过滤只能除去大块夹杂，而泡沫陶瓷过滤板可同时滤除大块夹杂和细小夹杂物，见表3-4。

表 3-4 泡沫陶瓷过滤情况表

试样棒号	过 滤		未过滤	
	气孔/ppi	夹渣/mm	气孔/ppi	夹渣/mm
1	0	0	3	5
2	1	0	2	2
3	0	0	3	0
4	0	0	1	2
合 计	1	0	9	9

c 除气＋过滤

任何熔体处理过滤和除气都是相辅相成的，渣和气不能截然分开，一般情况是渣伴除气，夹杂物越多，必然熔体中气体含量越高，反之亦然。同时在除气过程中必然同时去除熔体中的夹杂物，在去除夹杂物的同时，熔体中的气含量必然要降低。因此，把除气和过滤结合起来，对于提高熔体纯洁度是非常有益的。

3.2.2.5 净化技术的发展趋势

（1）炉内处理技术的发展。炉内熔体处理主要有气体精炼、熔剂精炼和喷粉精炼等方式。炉内处理技术由于受到条件的限制发展较慢，绝大部分企业基本停留在炉内气体精炼方式，一些比较先进的大型企业，在炉内处理方面有所发展，较有代表性有两种：一种是从炉顶或炉墙向炉内插入多根喷枪进行喷粉式气体精炼，该技术最大的缺点是喷枪易碎和密封困难，因而未被广泛采用；另一种则是在炉底均匀安装多个透气塞，由计算机控制精炼气体和精炼时间，该方法是比较有效的炉内处理方法。

（2）炉外处理技术的发展。由于炉内处理净化技术发展有限，世界各大铝加工熔铸企业重点研究发展的对象是炉外熔体在线净化技术，其主要的发展方向是不断提高熔体纯洁度，不断地追求高效、价廉的净化技术，满足铝加工熔体净化技术的发展需求。

目前使用的 MINT、SNIF、Alpur 等除气装置，其除气效果均满足产品质量要求，但这些装置的体积较大，铸次间需要放干金属或加热保温，运行费用高昂，除气装置新的发展方向是在不断提高除气效率的同时，通过减小金属处理容积，消除或减少铸次间金属的放干，取消加热系统来降低运行费用，如 ALCAN 开发的紧凑型除气装置 ACD，该装置是在供流流槽上用多个小转子进行精炼，转子间用隔板分隔。该装置在铸次间无金属放干，无须加热保温，且运行费用大幅度下降，除气效果可与传统装置相媲美。另一种有前途的除气装置是加拿大 Casthouse Technology lit 研制的流漕除气装置。该装置的宽度和高度与流槽接近，在侧面下部安装固定喷嘴供气，该装置占地极小，放干料极少，操作简单，除气效率高，投资少，运行费用低，特别适用于中小型熔铸厂熔体净化处理。我国西南铝业（集团）有限责任公司 2000 年也研制成了类似的紧凑型除气装置 CDU。

提高过滤效果，有效除去非金属夹杂物是熔体净化处理技术发展的重点。目前世界各国所研究的熔体过滤方式有多种多样，但研究得较多的还是泡沫陶瓷过滤板，它有不少新的品种出现，为了提高过滤精度，过滤板的孔径由 50ppi 发展到 60ppi，70ppi；并出现复合过滤板，即过滤板分为上、下两层，上面一英寸的孔径极大，下面一英寸的孔径较小，品种规格有 30/50、30/60、30/70，复合过滤板过滤效率高，通过的金属更大；此外，由 Vesuius Hi-Tech Ceramics 研制的新型波浪高表面过滤板也很有特点，此种过滤板的表面积比传统过滤板多 30%，金属通过时有所增加。

当前，一些铝加工发达先进企业为了提高产品质量，提高熔体纯洁度，采用双级泡沫陶瓷过滤板过滤，其前一级过滤板孔径较粗，后一级过滤板孔径较细，如 30/40ppi，30/50ppi，30/60ppi 甚至 40/70ppi 等。我国西南铝业（集团）有限责任公司采用类似 30/40ppi、30/50ppi 双级陶瓷板过滤。

3.2.3　铸造

铝液凝固结晶时发生下列变化：

（1）散发热量；

（2）收缩体积；

（3）释放气体。

铝合金凝固时还会产生合金元素的偏析。

在铝液凝固过程中，金属原子从无序运动转变为有序排列。铝原子按面心立方点阵的位置组成晶体，杂质和合金元素根据它们的晶体结构、原子大小和化学亲和力，在铝晶体中形成置换型固溶体、间隙固溶体或金属间化合物。铝液的凝固首先从与铁模、结晶器或连铸连轧机中的活动模接触面开始，逐步向铸锭或铸带中心延伸。金属原子先形成有序排列的晶核，然后逐渐长大成晶粒。熔体温度必须下降到熔点以下，即具有一定的过冷度才有可能形成稳定的晶核，否则熔体凝固时所散发的热量（潜热）将使刚形成的晶核重新熔化，晶粒的成核速度和长大速度与熔体过冷度之间的关系见图3-4。从图中曲线可以看出，当过冷度较大，即熔体凝固时所发生的体积收缩，会在固体金属与模壁之间生产绝热的空气间隙，使冷却强度降低，成核速度减慢。当熔体与铸模或结晶器内壁接触时，由于过冷度大，成核速度快，在铸锭表面形成一层细晶粒组织。然后结晶沿着垂直于冷却面的方向向熔体内部延伸，形成柱状晶粒组织。在最后凝固的铸锭中部位，因剩余熔体已全部达到过冷度较小的温度，将出现各晶粒同时长大的较粗的晶粒组织。随着冷却强度的增大，铸锭厚度的减小（例如在连铸连轧铸造中）和金属纯度的提高（熔体内部缺少现存的晶核），铸锭中心的等轴晶粒区逐渐缩小以至消失。

由于铸锭的组织遗传性，铸锭的结晶组织对加工产品的性能有着十分重要的影响。铸锭的结晶组织取决于铝料成分、铸造工艺、熔体温度和冷却强度。当铝中合金元素含量较多时，液相线与固相线温差大，在熔体凝固时将出现固、液两态共存的糊状区，阻碍熔体补缩，容易得到疏松的组织。民用箔材产品一般采用工业纯铝或低合金铝加工制造。这些杂质与铝形成熔点较高的金属化合物，以微粒状态悬浮于熔体内部，在凝固过程中起现成晶核的作用。因此，纯度较低的铝铸锭具有较细的晶粒组织。但当熔体温度过高时，金属化合物将溶解于铝液中，不能再起现成晶核作用，使铸锭的晶粒组织变粗，有时甚至会出现鹅毛状粗大晶粒。

随着熔体温度的上升，铝液的含氢量增加，凝固时间延长，铸锭内部容易产生缩管和气孔，金属的热脆性也增加，铸锭热轧以后将出现裂边现象，使材料的力学性能下降，冷轧时容易发生断带。但熔体温度也不应过低，否则，熔体的黏度增加，流动性减小，在浇铸时容易产生冷隔，并影响缩孔的填补和气体的逸出。因此，熔体温度是熔铸过程中必须严格控制的首要工艺参数。

铝液的凝固速度同铸造工艺有密切联系。铁模铸锭的凝固速度较慢；半连续（即直接水冷）铸锭的速度较快；连铸连轧因铸带厚度小，凝固速度最快。熔体的凝固速度越快，铸锭结晶组织的方向性越强，使加工产品具有各向异性。采取晶粒细化的措施可以减弱铸造组织的方向性。在铝液内加入 Al-Ti 或 Al-Ti-B 中间合金能使铸锭晶粒细化，其作用的机理是以 $TiAl_3$、TiB_2 等金属间化合物微粒作为外来的晶核。作为晶核的物质应具有下列条件：

(1) 晶格结构与铝相似；

(2) 原子间距与铝晶粒的原子间距相近（差别不大于 15%）；

(3) 在铝液中溶解度很小；

(4) 熔点高于铝。

TiB_2 的熔点为 2850℃，密度为 $4580kg/m^3$。晶粒细化剂加入铝液以后，静置时间不宜过长，否则 TiB_2 等微粒将凝聚成较大颗粒深入熔池底部，减弱或丧失其细化晶粒的作用。将 Al-Ti-B 中间合金以线材形式加入通向半连续铸造结晶器或连铸连轧机前箱的流槽内，可以最大限度地缩短外来晶粒在熔体内的停留时间，获得最好的晶粒细化效果。

3.2.4　晶粒细化技术

3.2.4.1　概述

理想的铸锭组织是铸锭整个截面上具有均匀、细小的等轴晶，这是因为等轴晶各向异性小，加工时变形均匀、性能优异、塑性好，利于铸造及随后的塑性加工。要得到这种组织，通常需要对熔体进行细化处理。凡是能促进形核、抑制晶粒长大的处理，都能细化晶粒。铝工业生产中常用以下几种方法。

3.2.4.2　晶粒细化方法

A　控制过冷度

形核率与长大速度都与过冷度有关，过冷度增加，形核率与长大速度都增加，但两者增加的速度不同，形核率的增长率大于长大速度的增长率。在一般金属结晶时的过冷度范围内，过冷度越大，晶粒越细小。

铝铸锭生产中增加过冷度的方法主要有降低铸造速度、提高液态金属的冷却速度、降低灌注温度等。

B　动态晶粒细化

动态晶粒细化就是对凝固的金属进行振动和搅动，一方面依靠从外面输入能量促使晶核提前形成，另一方面使成长中的枝晶破碎，增加晶核数目。目前已采用的方法有机械搅拌、电磁搅拌、音频振动及超声波振动等。利用机械或电磁感应法搅动液穴中熔体，增加了熔体与冷凝壳的热交换，液穴中熔体温度降低，过冷带增大，破碎了结晶前沿的骨架，出现大量可作为结晶核心的枝晶碎块，从而使晶粒细化。

C 变质处理

变质处理是向金属液中添加少量活性物质，促进液体金属内部生核或改变晶体成长过程的一种方法。生产中常用的变质剂有形核变质剂和吸附变质剂。

a 形核变质剂

形核变质剂的作用机理是向铝熔体中加入一些能产生非自发晶核的物质，使其在凝固过程中通过异质形核达到细化晶粒的目的。

（1）对形核变质剂的要求。要求所加入的变质剂或其与铝反应生成化合物具有以下特点：晶格结构和晶格常数与被变质熔体相适应；稳定；熔点高；在铝熔体中分散度高，能均匀分布在熔体中；不污染铝合金熔体。

（2）形核变质剂的种类。变形铝合金一般选含 Ti、Zr、B、C 等元素的化合物做晶粒细化剂，其化合物特征见表 3-5。

表 3-5 铝熔体中常用化合物细化剂特征

名　称	密度/g·cm^{-3}	熔点/℃
TiAl$_3$	3.11	1337
TiB$_2$	3.2	2920
TiC	3.4	3147

（3）变质剂的加入方法。以化合物形式加入：如 K$_2$TiF$_6$、KBF$_4$、TiCl$_4$ 等。经过化学反应，被置换出来的 Ti、Zr、B 等再重新化合而形成非自发晶核。这些方法虽然简单，但效果不理想。

以中间合金形式加入：目前工业用细化剂大多以中间合金形式加入，如 Al-Ti、Al-Ti-B、Al-Ti-C、Al-Ti-B-Sr、Al-Ti-B-RE 等。中间合金做成块状或线状。

（4）影响细化效果的因素：

具体因素如下：

1）细化剂的种类：细化剂的种类不同，细化效果也不同。实践证明，Al-Ti-B 比 Al-Ti 更为有效。

2）细化剂的用量：一般来说，细化剂加入越多，效果越好，但细化剂加入过多易使熔体中金属间化合物增多并聚集，影响熔体质量。因此在满足晶粒度的前提下，杂质元素加入的越少越好。

3）细化剂质量：细化质点的尺寸、形状和分布是影响细化效果的重要因素。质点尺寸小，比表面积小（以点状、球状最佳），在熔体中弥散分布，则细化效果好，这是因为块状 TiAl$_3$ 有三个面面向熔体，形核率高。

4）细化剂添加时机：TiAl$_3$ 质点在加入熔体中 10min 时效果最好，40min 后细化效果衰退。TiB$_2$ 质点的聚集倾向随时间的延长而加大。TiC 质点随时间延长易分解。因此，细化剂最好铸造前在线加入。

5）细化剂加入时熔体温度：随着温度的提高，$TiAl_3$ 逐渐溶解，细化效果降低。

b　吸附变质剂

吸附变质的特点是熔点低，能显著降低合金的液相线温度，原子半径大，在合金中因溶量小，在晶体生长时富集在相界面上，阻碍晶体长大，又能形成较大的成分过冷，使晶体分枝形成细的缩颈而易于熔断，促使晶体的游离和晶核的增加。其缺点是由于存在枝晶和晶界间，常引起热脆。吸附性变质剂主要有以下几种：

（1）含钠的变质剂。钠是变质共晶硅最有效的变质剂，生产中可以以钠盐或纯金属（但纯金属形式加入时可能分布不均，生产中很少采用）形式加入。钠混合盐组成为 NaF、NaCl、Na_3AlF_6 等，变质过程中只有 NaF 起作用。

混合的目的一方面是降低混合物的熔点，提高变质速度和效果；另一方面对熔体中钠质量分数一般控制在 0.01%～0.014%，考虑到实际生产条件下不是所有的 NaF 都参加，计算时钠盐的质量分数可适当提高，但一般不应超过 0.02%。

钠盐变质时，存在以下缺点：含量不易控制，量少易出现变质不足，量多则可能出现过变质；钠变质有效时间短，要加保护性措施（如合金化保护、熔剂保护等）；变质后炉内残余钠对随后生产合金的影响很大；NaF 有毒，影响操作者健康。

（2）含锶的变质剂。含锶变质剂有锶盐和中间合金两种。锶盐的变质效果受熔体温度和铸造时间影响大，应用很少。目前我国应用较多的是 Al-Sr 中间合金。与钠盐变质剂相比，锶变质剂无毒，具有长效性，它不仅细化初晶硅，还有细化共晶硅团的作用。对炉子污染小。但使用含锶变质剂时，锶烧损大，要加含锶盐类熔剂保护。同时合金加入锶后吸气倾向增加，易造成最终制品气孔缺陷。

（3）其他变质剂。钡对共晶硅具有良好的变质作用，其变质工艺简单，成本低，但对厚壁件变质效果不好。锑对 Al-Si 合金也有较好的变质效果，但对缓冷的厚壁铸件变质处理不明显。此外，对部分变形铝合金而言，锑是有害杂质，须严加控制。

c　变形铝合金常用变质剂

变形铝合金常用变质剂如表 3-6 所示。

表 3-6　变形铝合金常用变质剂

金　属	变质剂一般用量/%	加入方式	效果	附　　注
1×××系合金	0.01～0.05Ti	Al-Ti 合金	好	晶核 $TiAl_3$ 或 Ti 的偏析吸附细化晶粒
	0.01～0.03Ti + 0.003～0.01B	Al-Ti-B 合金或 K_2TiF_6 + KBF$_4$	好	晶核 $TiAl_3$ 或 TiB_2、(Ti，Al)B_2，质量分数之比 B:Ti = 1:2 效果好
3×××系合金	0.45～0.6Fe	Al-Fe 合金	较好	晶核 $(FeMn)_4Al_6$
	0.01～0.05Ti	Al-Ti 合金	较好	晶核 $TiAl_3$

金 属	变质剂一般用量/%	加入方式	效果	附 注
5×××系合金	0.01~0.05Zr 或 Mn、Cr	Al-Zr 合金或锆盐、Al-Mn、Cr 合金	好	晶核 $ZrAl_3$，用于高镁合金
	0.1~0.2Ti + 0.02Be	Al-Ti-Be 合金	好	晶核 $TiAl_3$ 或 $TiAl_x$，用于高镁铝合金
	0.1~0.2Ti + 0.15C	Al-Ti 合金或碳粉	好	晶核 $TiAl_3$ 或 $TiAl_x$、TiC，用于各种 Al-Mg 系合金
4××× 系合金	0.005~0.01Na	纯钠或钠盐	好	主要是钠的偏析吸附细化共晶硅、并改变其形貌；常用 67% NaF + 33% NaCl 变质，时间少于 25mm
	0.01~0.05P	磷粉或 P-Cu 合金	好	晶核 Cu_2P，细化初晶硅
	0.1~0.5Sr 或 Te、Sb	锶盐或纯碲、锑	较好	Sr、Te、Sb 阻碍晶体长大
6×××系合金	0.15~0.2Ti	Al-Ti 合金	好	晶核 $TiAl_3$ 或 $TiAl_x$
	0.1~0.2Ti + 0.02B	Al-Ti 或 Al-B 合金或 Al-Ti-B 合金	好	晶核 $TiAl_3$ 或 TiB_2、(Al，Ti)B_2

3.2.5 铣面

由于铸造及后续运输等过程中铝锭出现了表面粗糙、冷隔、偏析瘤和拉、划伤等表面缺陷，所以根据实际生产需要对铝锭进行铣面处理。目的是使生产出来的热轧铝坯表面光亮、无冷隔、偏析瘤和拉、划伤等缺陷，以便后续的深加工。对铣面工艺没有特殊要求。

3.2.6 均匀化退火

详见第 6 章《铝箔热处理》中的 6.1 节《均匀化退火》。

3.3 热轧工艺的制定

在影响铝箔性能的各种工艺因素中，热轧起着"承上启下"的作用，是一个关键性的因素。

现代铝热轧生产线普遍配置了板凸度控制系统，板厚自动控制系统等；同时能够精确控制精轧机出口处及精轧机卷取温度，从而可以实现对热轧板内在组织、结构的控制。

在热轧工艺中，还必须考虑在其温度范围和变形程度下合金中发生相变的情况。国外在工业纯铝毛料热轧生产中，通常在 350~400℃、板厚为 20~25mm 时停留数分钟，据分析这与该温度范围工业纯铝中发生的相变有关。

决定热轧板材组织和性能的主要工艺参数是热轧温度范围、压下制度等。

3.3.1　热轧温度

热轧温度的控制会对铝箔产生两方面的影响，一是决定着原始取向，二是决定杂质最终的存在状态。

热轧温度范围取决于很多因素，如合金化学成分、板坯的体积、加热温度、压下量和轧制速度、轧制油的品种用量，以及轧件的宽度和厚度等等。热轧应在最高允许温度下开始；终轧温度要保证产品所要求的性能和晶粒度，温度过高使晶粒粗大，温度过低会引起加工硬化，从而使能耗增加，同时还会导致晶粒大小不均匀及性能不符合要求。在热轧过程中存在着十分复杂的热交换，加热到一定温度的板带由于塑性变形和摩擦而获得补充的热量，同时又将部分热量传递给轧辊、轧制油和周围空气，板带所获得的热量和传送的热量之差决定了热轧后板带的温度。在热轧中同时发生着两个相反的过程：金属因变形而强化的过程和因再结晶而软化的过程，这两个过程的速度关系决定了热轧板材的组织和性能。

3.3.2　压下量

压下量是轧制过程的一个重要指标，它与温度和速度紧密相关，它决定着产品的质量和轧机的生产率。铝箔用合金允许施加大的压下量。采用大的压下量可以减少变形的不均匀性，得到组织均匀和性能稳定的热轧板带，减少铸锭开裂可能性，保证高的生产率。在一般情况下，压下量受到极限咬入角、金属对轧辊的压力和轧制力矩的限制。采用少的轧制道次有助于保持轧制板带的温度，而且有可能在后几道次中采用大的压下量。

参 考 文 献

[1] 张华，唐伟，梁延彬. 热终轧温度对纯铝板组织与性能的影响 [J]. 轻合金加工技术，1997，25（10）：21～22.

[2] 张辉，钟华萍. 工业纯铝多道次热轧工艺的实验模拟 [J]. 轻合金加工技术，1999，27（10）：20～22.

[3] 张华，唐伟，梁延彬. 热终轧温度对纯铝板组织与性能的影响 [J]. 轻合金加工技术，1997，25（10）：21～22.

4　铝　箔　冷　轧

4.1　铝坯冷变形的特性

4.1.1　变形量

冷轧是要产生加工硬化的,与热轧相比,变形非常困难,能耗也比热轧大得多。所以从这个方面说,冷轧要与热轧相配合,在达到铝箔毛料所要求的尺寸精度、表面质量、板形平整度、组织性能均匀性及力学性能、加工性能和组织的同时,尽量地减少总加工率,以降低能耗,节约加工成本。

增加冷轧变形率可以促进第二相的析出,适当增加析出退火前的冷轧变形量,有利于化合物的析出和显微组织的改善。

4.1.2　变形速度

详见本章4.3.3节的《冷轧速度》

4.2　冷轧铝坯的制备

目前,我国生产铝箔的生产方法主要有以下两种:一种是热轧(hot-rolling)坯料法,即采用铁模、水冷模或半连续铸造法所生产的铸锭,经轧制获得的一定厚度的带材;另一种是连铸连轧(twin-roll casting)坯料法。传统的热轧法是将铝熔体铸造成几百毫米厚的锭坯,经过均匀化、精整、加热、热粗轧、热精轧等工序,轧到几毫米厚,然后进入冷轧,箔轧等工序;而连铸连轧是用铸轧机(一般是双辊铸轧机)直接将铝熔体加工成厚度为几毫米的铸轧卷材。铝箔生产工艺总流程图如图4-1所示。

4.2.1　热轧坯料法工艺

热轧坯料法经过国内外多年的研究与发展,工艺技术日臻完善,热轧坯料法的工艺流程图如图4-2所示。

4.2.1.1　熔炼与铸造

A　概述

熔炼与铸造生产是铝箔生产的首要组成部分,铸造质量在很大程度上影响后

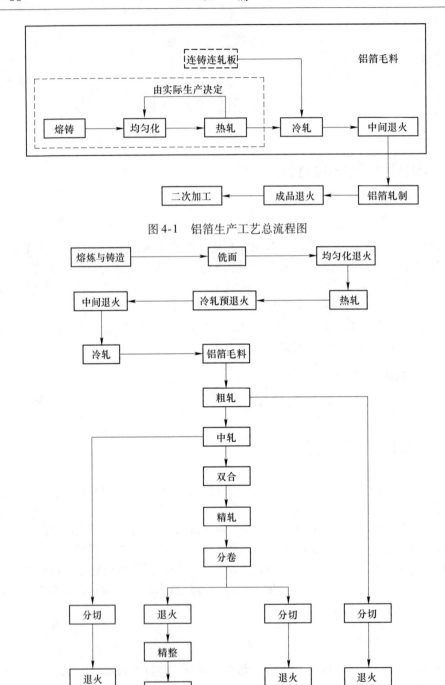

图 4-1　铝箔生产工艺总流程图

图 4-2　热轧坯料法的工艺流程图

续变形加工过程和铝箔的质量。熔炼和铸造的主要目的是：配制合金，通过适当的工艺措施提高金属纯净度，铸造成型。

铝合金在熔炼过程中，熔体中存在气体、各种夹杂物及其他金属杂质等，影响纯净度，使铸锭产生气泡、气孔、夹杂、疏松等缺陷，对铸锭的加工性能和制品的强度、塑性、抗蚀性以及外观品质等都有显著影响。所以在熔炼过程中需要进行熔体净化处理。熔体净化就是利用物理化学原理和相应的工艺措施，除掉液态金属中的气体、杂质和有害元素，以便获得纯净的金属熔体。熔体中的气体主要是氢，夹杂物则主要是熔融状态的铝与氧、氮等元素化合而生成的氧化物、氮化物、碳化物、硫化物等非金属夹杂物及氧化膜，其中以氧化夹杂物 Al_2O_3 对金属的污染最大。净化处理分为炉内净化与炉外净化两类。炉内净化如氮气净化、氯气净化、氮氯混合气体净化，N_2-Cl_2-CO 混合气体净化、熔剂净化等；炉外净化有玻璃丝布过滤、陶瓷滤器过滤、泡沫陶瓷板过滤等。现代铝工业目前普遍采用炉外在线净化处理新技术，如 SNIF 法、Alpur 法、MINT 法、DDF 法（双级除气和过滤系统），使熔体质量有了进一步提高。

对铝箔用工业纯铝，熔炼过程中除应保持其纯度外，还应注意铁、硅比，以防止裂纹的产生。熔炼温度一般不应超过 745℃，液态停留时间不超过 2h。熔炼中多采用在线加入 Al-Ti-B 丝状晶粒细化剂，以得到细小晶粒的铸锭组织。

B　凝固过程中的高温相变

在非平衡状态凝固条件下，铸锭中可能出现多种非平衡亚稳相，虽然这些合金相的体积分数很小，但是却对产品的机械性能、加工性能以及化学性能等产生非常重要的影响。对 1×××系合金、亚稳相往往是铸锭中主要存在相，此时运用平衡相图和热力学已经无法预测铸锭中的组成以实现对铸锭组织的控制。合金化学成分的不同以及铸造条件的改变等都将直接影响铸锭中相的类型和存在状态。因此，实际铸造条件下铸锭组织的控制和合理预测就显得非常必要而有意义。

（1）竞争形核。假设 A 相与 B 相在给定凝固条件下均能生长，而 A 相的形核温度（$T_{n,A}$）低于 B 相的形核温度（$T_{n,B}$），即：

$$T_{n,A} < T_{n,B}$$

则从动力学的角度，A 相将被 B 相取代。Backerud 最早采用竞争形核理论解释在高的冷却速率下 Al-$FeAl_3$ 共晶相将被共晶取代的实验现象。他认为 Al-$FeAl_3$ 共晶相需要在较高的过冷度下才能形核，Al-$FeAl_3$ 几乎不能在铝基体上形核，而只能依附于液相中的杂质相粒子形核；相反，Al-$FeAl_6$ 则可以依附于铝基体形核，因而几乎不需过冷即可形核。但是，对这一说法目前还存在着较大的分歧。

（2）竞争生长。假设 A 相与 B 相在给定凝固条件下可以形核，而 A 相的生长温度（$T_{g,A}$）受某种因素的影响低于 B 相的生长温度（$T_{g,B}$），即：

$$T_{\mathrm{g,A}} < T_{\mathrm{g,B}}$$

则从动力学的角度，A 相将被 B 相取代。

将这种取代发生的生长速度或冷却速度称为临界生长速度（U_{crit}）或临界冷却速率（$\mathrm{d}T/\mathrm{d}t$）$_{\mathrm{crit}}$。

在给定固-液界面温度梯度 G 下，冷却速率 $\mathrm{d}T/\mathrm{d}t$ 和生长速度 U 满足一定稳定态生长条件，即：

$$\frac{\mathrm{d}T}{\mathrm{d}t} = \frac{\mathrm{d}T}{\mathrm{d}x} \cdot \frac{\mathrm{d}x}{\mathrm{d}t} = G \cdot U$$

则 A 相被 B 相取代的临界冷却速率和凝固速度之间具有以下关系：

$$\frac{\mathrm{d}T}{\mathrm{d}t_{\mathrm{crit}}} = G \cdot U_{\mathrm{crit}}$$

利用竞争生长理论，可以在一定程度上预测在给定凝固条件下铸锭中的组成相。研究者们在建立二元 Al-Fe 合金相相互转变的临界冷却速率或临界凝固速度方面做了大量实验研究工作。图 4-3 是 Backerud 对含 $w(\mathrm{Fe}) = 0.5\% \sim 4.0\%$ 的 Al 合金的实验结果。随凝固冷却速率的增加，Al-FeAl$_3$ 共晶生长温度（$T_{\mathrm{g,E_{u1}}}$）和 Al-FeAl$_6$（$T_{\mathrm{g,E_{u2}}}$）共晶生长温度均下降，但其下降的幅度不同。在临界冷速以下，$T_{\mathrm{g,E_{u1}}} > T_{\mathrm{g,E_{u2}}}$，在临界冷速以上，$T_{\mathrm{g,E_{u1}}} <$

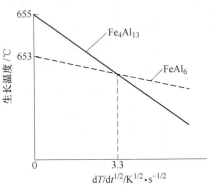

图 4-3　FeAl$_3$ 和 FeAl$_6$ 共晶生长温度
随冷却速率平方根的变化曲线

$T_{\mathrm{g,E_{u2}}}$。Backerud 得到的该临界冷速为 3.3K/s。但他并没有给出对应的临界生长速度值。

图 4-4 是 Liang 等人的实验数据，它给出了实验中生长温度随凝固速度的变化。Liang 得到的临界生长速度为 0.11mm/s。这些结果与 Adam（2.5K/s、0.10mm/s）、Hughes（2K/s、0.10mm/s）等人的实验结果都吻合得较好。Young 等人采用非定向凝固研究了凝固速度和冷却速率对亚共晶 Al-Fe 合金中合金相的影响，给出了各相存在的冷却速率对亚共晶 Al-Fe 合金中合金相的影响，给出了各相存在的冷却速率范围，其结果如图 4-4 所示，对 FeAl$_3$：< 0.9K/s；FeAl$_x$：1.5 ~ 6K/s；FeAl$_6$：> 3K/s；FeAl$_m$：> 10K/s。

在三元 Al-Fe-Si 合金中，当凝固速度或冷却速率增加时，三元 Al-Fe-Si 相将有可能取代二元 Al-Fe 相。在非定向凝固含 $w(\mathrm{Fe}) = 0.29\%$、$w(\mathrm{Si}) = 0.17\%$ 的 Al 合金中，Brobak 等人发现当凝固速度为 1 ~ 2mm/s、对应冷却速率为 5.2 ~ 5.4 K/s 时，α-AlFeSi 相将取代 FeAl$_3$ 相，并且预测在高的凝固速度下，β-AlFeSi 相在生长过程中也将有可能被 α-AlFeSi 相将取代（图 4-5）。

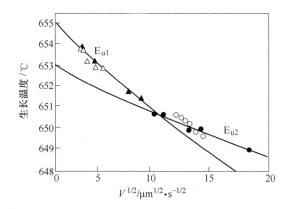

图 4-4 Al-FeAl₃共晶（E_{u1}）和 Al-FeAl₆（E_{u2}）共晶生长温度
随凝固速度的变化曲线

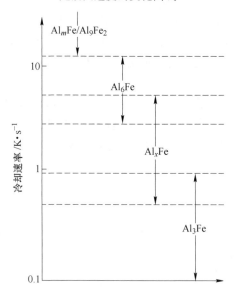

图 4-5 冷却速率对亚晶 Al-Fe 合金中 Al-Fe
共晶相形成的影响

4.2.1.2 均匀化退火

详见 6.1 节。

4.2.1.3 热轧

现代铝热轧生产线普遍配置了板凸度控制系统，板厚自动控制系统等；同时能够精确控制精轧机出口处及精轧机卷取温度，从而可以实现对热轧板内在组织、结构的控制。

在热轧工艺中，还必须考虑在其温度范围和变形程度下合金中发生相变的情况。国外在工业纯铝毛料热轧生产中，通常在 350～400℃、板厚为 20～25mm 时停留数分钟，据分析这与该温度范围工业纯铝中发生的相变有关。

详见本书第 3 章。

4.2.1.4 冷轧预退火

详见 6.2 节。

4.2.1.5 冷轧

热轧后的板材（4～7mm）经冷轧和中间退火得到厚度为 0.4～1.0mm 的铝箔毛料。与热轧相比，冷轧可以获得厚度较薄的板带材，而且产品尺寸精度高、表面质量优良，板形好，组织性能均匀，同时能配合热处理确保产品符合所要求的力学性能、加工性能和组织。由于冷轧产生加工硬化，变形能耗增加，所以冷轧需要中间退火，并应与热轧配合，尽量减少冷轧的压下量，以获得必需尺寸、表面质量优良、组织性能合乎要求的铝箔毛料。工业纯铝箔毛料一般是半硬化状态，通常由再结晶退火的铝材通过控制冷轧加工率的加工硬化而得到，其供应状态有 H14、H18 等，如用于电力、包装等的工业纯铝箔毛料；而空调箔则通常通过控制应变硬化后的部分退火得到所需的强度、塑性等力学性能，其供应状态有 H22、H24、H26 等。

冷轧工艺参量主要有总加工率、道次压下量、冷轧速度、张力等。大压下量冷轧和高速轧制是当前世界铝加工的发展趋势。现代冷轧机采用全油润滑、液压板厚自动控制系统（AGC）和板形自动控制系统（AFC），可以得到表面质量优良、厚度公差小、板形好的铝箔毛料。

4.2.1.6 中间退火

详见 6.3 节。

4.2.1.7 箔轧

具体详见第 5 章。

4.2.1.8 成品退火

具体详见 6.4 节。

4.2.1.9 分切

铝箔的分切也是铝箔加工的一个重要环节，通过分切，把铝箔切成用户所要求的宽度和长度，最后卷到用户所要求的卷芯上。与此同时，对铝箔的厚度和表面品质进行最终检查。

用户总是希望得到最适合自己使用的宽度和长度（在成卷使用时则是卷径）。现代化分切机都装有定尺自动控制装置，控制精度一般可以达到剪切长度的 3‰。

而加工厂常希望用一台分切机来满足各种用户，分切不同规格的铝箔。但实践证明，分切机的实用性与通用性是有很大矛盾的，对于分切宽度和厚度的选择首先要考虑产品的品质和效率。

A　双合轧制铝箔的分切

双合轧制铝箔可在分卷机上分切。当箔材宽度在 1200mm 时可分切成 4 条，当铝箔宽度为 1800mm 时可分切为 6 条。分切条数过多则会影响成品率和操作效率。

B　多条分切

多条分切时要选用单独的分切机。分切条数不仅和分切机的性能有关，和箔材平整度的关系更为密切。平整度越差，分切条数越多，越容易断带，分切品质和效率越低。为确保剪切品质和效率，建议按下列经验数据确定分切条数。

C　分切机和分切厚度

用一台分切机来分切 0.006 ~ 0.2mm 厚度的铝箔是不可能的，因为张力调节范围有限。在 0.006 ~ 0.2mm 最好分为 3 挡：薄剪 0.006 ~ 0.03mm；中厚剪 0.03 ~ 0.05mm，厚剪 0.05 ~ 0.2mm。中厚剪既可用来分切中等厚度的铝箔，也可用来分切香烟衬纸箔。在分切条数较少时，可选用两个挡次：0.006 ~ 0.02mm 和 0.02 ~ 0.03mm。

表 4-1　分切条数和厚度以及平整度的关系

平整度	分切比	K 值	备　注
$I = \pm 10$	$(B/b) \leqslant K40$	$t \leqslant 0.025$，$K = 0.8$	B：分切前宽度/mm
$I = \pm 20$	$(B/b) \leqslant K30$	$t = 0.025 - 0.05$，$K = 1.2$	b：分切后宽度/mm
$I = \pm 40$	$(B/b) \leqslant K20$	$t = 0.05 - 0.2$，$K = 1.5$	t：铝箔厚度/mm

4.2.1.10　铝箔精合卷

详见 5.2 节。

4.2.2　连铸连轧坯料法工艺

与热轧坯料比，连铸连轧坯料有投资少、效率高、成本低、投资回收快的优点。从它开始用于工业生产，就不断地得到推广、改进和完善。连铸连轧坯料法工艺流程为：

（1）配料。根据生产的合金成分要求，按规定配料计算，为转炉准备炉料。不同的合金其化学成分不同，最终产品的力学性能也不同。对于同一种合金来说，为了保证最终产品使用的稳定性，化学成分的控制范围不能太大，尤其在生产铝箔坯料时，不仅要控制 Fe、Si 的含量，还要控制 $w(\text{Fe})/w(\text{Si})$ 的比值。

（2）装炉。将准备好的炉料依次装入熔化炉内，加料顺序是先碎料后大块料，先废料后注入电解铝液。

（3）熔化。炉料装完后升温熔化，熔炼温度按不同合金一般为 700 ~ 750℃。

金属添加剂也是在一定的温度下加入,温度过低,金属添加剂在铝液中不能充分均匀;温度过高,金属添加剂损失增大。

(4)搅料、扒渣。炉料全部熔化后,对铝液进行充分搅拌,已促进成分和温度均匀,然后扒去表面炉渣。

(5)取样分析。经搅拌均匀后,取样分析其化学成分,当成分不合格时,需补充中间合金或加铝锭以达到规定的要求。根据生产经验,合金化学成分的取样必须在一定的温度下进行,取样温度一般控制在 700～750℃。

(6)转炉。当铝液经分析化学成分合格后,转注到电阻保温炉内保温,转炉温度为 710～750℃。

(7)静置。铝液到保温炉后再扒去表面炉渣,然后静置不少于30min。

(8)精炼过滤。铸造时将铝液由保温炉放流口放出,经过在线精炼过滤装置进行连续精炼过滤,以除去铝液中的氢气和杂质。在精炼过滤出口处取样,测氢含量。

(9)铝熔液经精炼过滤以后直接进连铸连轧,成品铸轧卷作为冷轧坯料。

上述铸轧前对熔体采取的生产工艺控制,为顺利铸轧优质铝箔坯料奠定了坚实的基础,但在铸轧时,供流嘴的材质、结构以及工艺参数、轧辊参数控制都是保证铸轧板内部质量、表面质量、板形质量的重要因素。

1)选用韧性好、加热后不易变形的铸嘴材料,便于调整稳定的嘴辊间隙,减少铸轧板面条纹产生。

2)采用合理的铸嘴内腔结构,使嘴腔内液体流动无阻、分布均匀,液态区的横向温度差减小,减少嘴腔内局部硬块的出现,使铸轧顺利进行。

3)合理控制铸轧带生产的前箱熔体温度、铸轧速度、铸轧区冷却强度、前箱液面高度等工艺参数,保证铸轧带坯的质量。

4)合理的控制铸轧辊的磨削参数,保证铸轧板的板形合格。

4.2.3　两种方法在组织结构及性能特点方面的比较

从组织结构上来看,用热轧法铸造出来的铸锭冷却速率一般在 2～3℃/s,其铸锭一般有三个组织区,即外激冷区、中间柱状晶区、中心等轴晶区。正是因为这种组织结构,给后续处理带来了不少的麻烦。而连铸连轧的冷却速度大约为300℃/s,连铸连轧生产出来的坯料的结晶具有快速凝固、定向结晶的特点,生产的带材组织一般只有柱状晶和等轴晶两个组织区,通常在连铸连轧带材的厚度的中心部分形成等轴晶区,而在表面区域形成柱状晶。双辊连铸连轧的高冷却速率使连铸连轧带材的内部组织大大细化,促进了亚稳定相的形成,并引起 Mn、Fe、Cr 和 Zr 等合金元素的过饱和,其金属间化合物粒子尺寸更小,大约仅为热轧坯料中的1/5。通常情况下,连铸连轧带材从表面到中心的枝晶网间距为 4～

$6\mu m$ 超薄快速连铸连轧时，更小的枝晶网间距（$1.5\mu m$）和更高的冷却速率（$10^4 \sim 10^5 K/s$）也有相应的报道。

初始热轧坯料一般为变形组织，而连铸连轧带材则为有 10%~25% 冷变形量的铸造组织。从这方面来看，连铸连轧坯料法生产的带材坯料更容易进行冷轧，从工艺上来看，连铸连轧坯料法为我们提供了一种从液态金属直接生产出适用于冷轧的薄板坯的捷径，它使板带箔产品的生产工艺大大的简化，成本显著降低，从而使其产品更具有竞争力。美国 Hunter 工程公司对连铸连轧坯料法进行的能耗分析表明，Hunter 连铸连轧坯料法比热轧坯料法可以节能48.6%，其初始投资仅为热轧坯料法的 40%~60%。鉴于连铸连轧坯料法的特点、工业技术水平和资源的配置情况，双辊连铸连轧工艺首先得到了发展中国家的重视，其巨大的市场需求又必将进一步刺激了发达国家对设备研发和技术进步的兴趣。

据 2002 年王祝堂发表在《首届中国国际轻金属冶炼加工与装备会议文集》的《中国铝带坯连铸机工业 40 年》的文章表明：我国现有双辊铸轧机 110 台以上，它们生产铝坯料的能力超过 935kt/a，是世界保有铸轧机最多的国家，连铸连轧供铝坯料能力已占冷轧用铝坯料能力的 33.31%。据专家预测，铝坯料连铸连轧技术的快速进步、我国的经济发展特点及历史的原因，连铸连轧铝坯料的比例无疑应比发达国家的大，达到50%，与热轧铝坯料平分秋色比较适宜。因此，连铸连轧坯料法在我国铝加工行业有广阔的市场，并面临着技术进步的机遇和挑战。

4.3 冷轧工艺的制定

在冷轧过程中，主要控制铝箔毛料的板形、厚度和表面质量。铝箔毛料厚度控制精度对箔轧张力和速度调节有重要影响。如果铝箔毛料厚度波动范围太大，超过极限，箔材轧制时轧制参数变化就大，箔材单位截面上张力会不稳定，轧制压力会时大时小。这样不仅影响箔材的板形，而且严重时会造成断带。所以一般要控制箔材毛料的厚度公差为 ±0.01mm。

冷轧工艺的制定中主要要考虑以下的参数：总加工率、道次压下量、冷轧速度、前后张力等。

4.3.1 总加工率

冷轧是要产生加工硬化的，与热轧相比，变形非常困难，能耗也比热轧大得多。所以从这个方面上来说，冷轧要与热轧相配合，在达到铝箔毛料所要求的尺寸精度、表面质量、板形平整度、组织性能均匀性及力学性能、加工性能和组织的同时，尽量地减少总加工率，以降低能耗，节约加工成本。

但是，冷轧变形量还对析出退火后析出物和显微组织有影响。在潘复生、张静等著的《轻金属丛书·铝箔材料》中指出，将 1.0mm 和 0.6mm 两种厚度的铝箔毛料经 380℃ ×6h 中间退火后，分别冷轧至 0.3mm 和 0.35mm 厚，然后进行同样的析出退火处理。两种样品对应的冷轧变形率为 70% 和 42%。研究结果表明，经过了较大冷轧变形率的 0.3mm 铝箔毛料，以同样的 210℃ ×9h 析出退火后，样品中析出物增多；在 0.35mm 铝箔毛料中，210℃ 保温 9h 后仍有大量细粒状化合物存在。而在 0.3mm 铝箔毛料中，经同样的工艺后，这种细粒状化合物已发生较充分的聚集长大而成为球状，这说明增加冷轧变形率可以促进第二相的析出。从以上的实验结果看，适当增加析出退火前的冷轧变形量，有利于化合物的析出和显微组织的改善。

一般总加工量从热轧板材的 4 ~ 7mm 达到 0.3 ~ 1.0mm 的铝箔毛料厚度，而连铸连轧法是从其产品大约的厚度达到 0.3 ~ 1.0mm 的铝箔毛料厚度。

4.3.2　道次压下量

由于冷轧产生加工硬化，变形能耗增加，所以在冷轧过程中除了要进行中间退火处理以外，还应与热轧配合，尽量每道次减少压下量，以获得所需的尺寸、表面质量和组织性能符合要求的铝箔毛料。一般要进行 6 ~ 8 道次的冷轧。

4.3.3　冷轧速度

轧制速度是冷轧的一个重要参数，它是衡量轧制技术水平高低的重要指标。它的大小直接决定轧机的生产率，为了提高生产率与确保设备安全，一般采用低速咬入及抛出、高速稳定轧制制度。

为保证板形，在成品精轧的最后道次，一般采用较低的轧制速度有利于平整；当轧温过高、裂边严重时，应适当降低轧制速度；轧制极薄带材，尤其铝箔精轧，轧制速度不宜太高，以免发生断带。总之，生产中要根据具体条件和工艺要求，合理选定与调整轧制速度。

当轧机压下量确定后，该轧机传动比和轧机速度也随之确定，下式表明了压下量、轧制速度和主电机功率之间的合理配置关系：

$$i \geqslant e \cdot \Delta h$$

式中　i——主电机轴至工作辊的传动比；

　　Δh——铝带压下量；

　　e——与轧制条件有关的参数，可用下式表示：

$$e = 103d \cdot n_H / (\eta \cdot n_H - n_m)$$

式中　n_H——主电机额定功率；

n_m——主电机轴上与轧机结构参数有关的空转功率和附加摩擦功率之和;

η ——轧机传动效率。

$$d = a \cdot C$$

$$C = 2p \cdot B \cdot \psi \cdot R$$

式中 a——轧制力矩引起附加力矩的轧制力矩系数,$a > 1$;

p——平均单位轧制力,kN;

B——轧件宽度,mm;

ψ ——合力作用点位置系数,冷轧时 $\psi = 0.33 \sim 0.42$;

R——工作辊半径,mm;

n——主电机转速,r/min,非调速电机 $n = n_H$(n_H 为主电机额定转速):

$$n = (60i \cdot v \times 100)/(\pi \cdot D_K)$$

v ——轧件线速度,m/s;

D_K——轧辊工作辊径,mm。

4.3.4 张力的设定

在轧制过程中,张力的给定值大小十分关键,张力太小,显不出张力的作用,板形得不到保证并会出现铝带跑偏现象。大张力对减小轧制压力、控制铝带跑偏及卷紧铝带有利,但过大张力会使卷取机构及电机容量增大,增加了设备投资,还可能使所轧制的铝带宽度变窄,甚至使铝带超过塑性变形限度而有拉断的危险。因此,必须根据实际情况,正确给定张力值。所给定的张力值,一般要求以不使铝带因裂口等而被拉断为原则。也可根据某道次出口侧铝带的横断面及单位力来决定。即:

$$T = q \cdot b \cdot h$$

式中 T——张力,N;

b——带材宽度,mm;

h——铝带厚度,mm;

q——单位张应力,N/mm²。

实践中张力的选择主要是选择单位张应力 q,一般理论值中的单位张应力不超过 $0.5\sigma_s$,通常为 $(0.3 \sim 0.5)$ σ_s 范围内。即:

$$q = T/F = (0.3 \sim 0.5)\ \sigma_s$$

实际使用时张应力可能超过这个范围,这主要由于轧制工况不同。轧机、轧制道次、品种规格甚至原料条件不同时,单位张应力也相应的不同。一般对于较厚的铝带或边缘状况较差的铝带其单位张应力 q 应取小值;对于铝箔变形较均匀且原料比较理想和工人操作水平较高时,单位张应力 q 可取较大值。成品轧机与卷取机之间的单位张应力约为通常张应力的1/3,即:

$$q = (0.10 \sim 0.15)\sigma_s$$

卷取张力（前张力）的作用在于拉平带材，使卷材能展平、卷齐。确定张应力的大小应考虑合金品种、轧制条件、产品尺寸与质量要求。一般随合金变形抗力及轧制厚度与宽度增加，张力相应增大。卷取张力应尽可能小，过大不仅容易断带，而且使真正的板形被掩盖起来，不利于下一步加工。卷取张力的最小值是小到带材用眼睛能看到明显的波浪。再小，由于板带不平就缠不齐，而且容易造成串层；最大张应力不应超过合金的屈服极限，以免发生断带。开卷张力（后张力）可减少轧制区的变形抗力和增加油膜厚度，从而直接影响带材的出口厚度。开卷张力过小，会在入口侧带材上出现波浪，多数是在边部导致压折。开卷张力过大在入口侧带材上会出现"檩条"，进一步增大开卷张力也会造成断带。

由分析研究得出，张应力大小一般为被轧铝材屈服点的 25%~55%。为了防止铝箔轧制过程中断带以及张应力过大掩盖箔材板形的缺陷，同时也使得有足够的张应力以确保铝箔的平坦度，在张应力确定中应该取下限为好。故在生产实践中得出轧制铝箔时取张应力为其屈服点的 25%~35% 为最佳，即最大卷取张应力为 2.5~5kg/mm² 为最佳。

根据经验，合适的张力与出口侧的板厚、道次变形率、总变形率有关。道次加工率累计与张力成明显的正比关系，随着道次的增加，张力增大，板厚与张力成反比。产品轧制越薄张力越大，而变形率与张力也存在着正比关系。张力的经验公式如下：

$$\sigma = 8.34 + 10\sum_{i=1}^{n}\varepsilon_i + 3.2\delta^{1/3}$$

式中　σ——第 n 道次的前张力，MPa；

　　　n——中间不退火的轧制道次数；

　　　ε_i——第 i 道次的道次变形率；

　　　δ——第 i 道次的总变形率。

后张力根据前张力及后滑和单位压力的实际情况，可在小于前张力 4~12MPa 之间适当调节。

4.4　冷轧板形控制的工艺方法及减少有害变形

对于冷轧板形控制的工艺方法及减少有害变形，其内容如下：

（1）轧辊原始凸度。轧辊的原始凸度决定了开轧前的辊缝形状，影响轧制初期的板形和弯辊的给定量。凸度太大容易产生中间波浪，凸度太小或负凸度容易产生边部波浪，甚至压靠，不能正常轧制。因而应合理选择轧辊的原始凸度，原始凸度的选择应结合不同的合金、不同的加工道次以及轧机板形控制的手段。

轧制力大的合金和道次，原始凸度应选择大一些。一般情况下轧辊原始凸度应为 $0 \sim +0.060\,\mu m$。

（2）目标板形曲线的选择。目标板形曲线是轧机在线控制的目标，在轧制过程中运用各种手段使实际板形曲线与目标板形曲线趋于一致。因此，目标板形曲线的选择应充分考虑影响在线板形曲线与离线板形曲线间的差异的因素，并进行补偿与修正。

（3）道次变形量的分配。道次变形量大，轧制时轧辊产生的变形大，热膨胀大，板形调节相对困难。因此在轧制成品及前面一、二个道次应适当降低变形量，以便于板形的控制。

（4）来料截面形状。来料截面形状的好坏，不仅影响轧机的板形控制，而且影响精整矫直后最终板形的好坏，有时即使通过矫平工艺将来料板形矫平了，但是卷取后又产生了波浪。

来料截面形状有平直、中凸、中凹、楔形、二肋位置双凸和双凹等形状。

根据塑性失稳条件可知，轧件边部比中部更容易失稳和产生波浪，因而一般控制轧件中部比边部稍厚，即保持正凸度。凸度的大小根据产品的最终形态（是板材还是带材，是大卷还是小卷，是厚料还是薄料）和精整工艺而定。板材、小卷、厚料允许凸度稍大一些。带材、大卷、薄料允许凸度稍小一些。不允许中凸、中凹、楔形、二肋位置双凸和双凹等形状。一般情况下建议中凸度为0%~1%，能控制在0.5%~0.8%更好。

（5）轧件宽度的选择。在实际运行中由于板材偏移和宽度的原因，板形测量辊最外侧的两个测量环可能没有完全被板材压住，出现测量误差，造成控制失效。此时显示的板形曲线呈倾斜状，板形控制系统不能自动进行调节，采用手动调整后，又自动恢复到倾斜状态。要避免这种现象除了保证自动对中控制系统的精度以外，还要合理选择被加工板材的宽度，使带材宽度尽可能为板形辊测量环宽度的偶数整数倍。

4.5 铝箔毛料的组织控制及质量评价体系

铝箔毛料是指轧制铝箔的中间坯料。我国的铝箔毛料大部分是用连续铸轧坯料生产的。用连续铸轧法生产的铝箔毛料不仅成本较低，而且毛料质量也可完全满足铝箔生产的要求。随着铝箔深加工企业对铝箔质量要求的提高，铝箔生产企业对铝箔毛料质量的要求也越来越高。要保证铝箔毛料的质量，主要要求铸轧坯料要有高的金属纯洁度、好的表面质量和精确的尺寸公差，而且板形要好，特别是铸轧板的同板差、纵向差及横向凸度率不得大于板厚的1%。只有这样，才能从根本上保证铝箔毛料的质量。

4.5.1　铝箔毛料的重要性

铝箔毛料质量是确保铝箔质量的前提，只有用高质量的铝箔毛料才能生产出高质量的铝箔。下面从四个方面讲述铝箔毛料质量的重要性。

4.5.1.1　毛料的冶金质量

铝箔毛料的冶金质量主要指它的熔铸质量，用于生产铝箔坯料的熔体要有高的金属纯洁度。熔体含渣、含气量要低，熔体精炼后氢含量必须控制在 0.12 mL/（100 g 铝）以下，熔体必须经陶瓷过滤片过滤，过滤精度达到微米级。生产的铸轧坯料不产生气道、夹渣等内部质量缺陷，晶粒度达到一级。如果铝箔毛料的冶金质量达不到上述要求。一方面很难保证铝箔产品的质量要求，另一方面成品率也很难保证。现在的铝箔用户对铝箔的质量要求越来越高，对针孔数、针孔度和接头次数要求都非常苛刻。如 0.006 ~ 0.0065mm 的双零箔，每平方米上直径小于或等于 0.03mm 的针孔数不能超过 50 个，大于此尺寸的针孔数为 0 个。单卷接头数最多允许有 2 个，有的客户甚至要求没有接头。

如果毛料内部有气道、夹渣等缺陷，势必在生产铝箔的过程中会造成断带等现象，产生大量废品，影响成品率的提高，降低经济效益。

4.5.1.2　毛料的表面质量

毛料表面质量直接影响到铝箔的表面质量。现在的铝箔用户对铝箔的表面质量要求也越来越高，特别是药品包装用铝箔，表面要洁净、平整，不允许有任何条纹、斑点和机械损伤。铝箔表面要达到这种要求，必须对毛料的表面质量加以严格控制，表面要洁净、平整、无腐蚀，表面不允许有油斑、孔洞、金属和非金属压入物、暗纹、擦划伤等缺陷。

4.5.1.3　毛料的板形质量

板形是指带卷横向各部位是否产生波浪和瓢曲。铝箔毛料的板形质量直接影响到铝箔的板形质量，对铝箔毛料的板形要求控制在 20I 以内。如果生产铝箔毛料的冷轧机没有装备板形仪，其板形质量则主要靠铸轧坯料的板形质量和冷轧操作手的操作技术来保证。铝箔毛料的板形要平整，不允许有两边松或两边紧、两肋松或两肋紧、中间松等不良板形。板形的理想状态应为抛物线状，中凸度要求控制在厚度的 1% 以内。板形较差的铝箔毛料在后续的铝箔轧制生产中不仅会给操作人员的操作控制带来困难，而且容易产生断带，影响生产效率的提高；其次影响成品箔质量的提高。实践证明：如果铝箔毛料的板形较差，经过数道次轧制到成品箔后，整个板面不可能变得完全平整。原来较松弛的地方不可能通过辊型调节被完全矫正过来，因此生产出来的铝箔板形质量仍然较差。板形较差的铝箔在分切时分切质量难以保证，容易产生串层、起皱等废品；退火时容易起泡，产生退火油斑等；用户使用时产生起皱、断带等现象。所以提高铝箔毛料的板形质量非常重要，良好的铝箔毛料板形质量是生产出高质量铝箔的必要条件。

4.5.1.4　铝箔毛料的公差要求

公差要求是指毛料的宽度公差和厚度公差要求。宽度公差要求控制在±2.0mm以内，这比较容易做到。铝箔毛料的厚度公差要严格控制在厚度的±3%以内，这就要求生产铝箔毛料的轧机控厚系统的精度要高。如果铝箔毛料的厚度偏差大，在轧制过程中轧制速度和张力就很难保持稳定。如果轧制速度较高，很容易产生断带和其他的轧制废品。

4.5.2　铝箔毛料的组织控制

铝箔是一种极限产品，必须进行负辊缝轧制，在这种轧制条件下，调节轧制压力对改变轧出产品的厚度已经失去作用，所能利用的控制因素是轧制速度和后张力，但它们也只能在有限的范围内进行调节。此时作为冷轧产品的铝箔毛料本身的质量就显得尤其重要。铝箔越趋于薄型，组织因素的影响越显著。因此要获得高品质、高成品率的薄箔产品，必须严格控制铝箔毛料的质量，包括减少含气量、提高熔铸质量、调整化学成分、完善热处理工艺、改善显微组织和相分布等，以尽可能降低材料的加工硬化率和变形抗力，提高材料的轧制性能。

我们在前面已经提到 Fe、Si 是工业纯铝的主要合金元素/杂质元素。它们或者固溶在铝基体中形成 α 固溶体，或者与铝形成金属间化合物从熔体或铝固溶体中析出。Fe、Si 固溶于铝中不仅增加材料的硬度，而且大大增加材料的加工硬化率，尤其是 Si，它对铝的加工硬化有明显的促进作用，从而使铝的变形抗力增加，不利于轧制铝箔产品。而且铝箔越趋于薄型，则固溶于铝中的 Fe、Si 对轧制硬化的影响就越明显。Fe、Si 元素尽可能的析出有利于铝箔毛料轧制性能的改善。

而在另一方面，由于铝箔的厚度很薄，在轧制过程中，当毛料的厚度小于或接近于其中化合物的尺寸时，便易在大化合物处产生针孔，甚至会导致断带。长/短轴比较大的化合物相，如针状、棒状以及有尖锐棱角的化合物相，如不规则块状相等，其尖端易引起应力集中，不利于基体的塑性变形。由此可见，化合物形状以等轴、对称、界面圆滑为好，如粒状、球状等。它们对基体的割裂作用比较小，有利于基体的均匀塑性变形。粗大第二相对针孔率的影响还与加工硬化程度密切相关。在铝箔加工过程中，如果轧制硬化程度较高，则变形抗力增大，塑性变差，粗大第二相很容易成为裂纹源，通过扩展而形成针孔。从这个角度而言，固溶的 Fe、Si 元素含量越高，则粗大第二相越容易引起针孔形成。控制组织中粗大化合物颗粒的尺寸和数量，是降低针孔率、提高塑性加工性能和铝箔产品质量的重要因素之一。

因此，合金相的控制应包含两个方面的内容：一方面应尽可能使 Fe、Si 元素从基体中析出,以第二相化合物的形式存在于铝基体中;另一方面还应通过适当的合金设计和工艺优化,控制第二相的种类、形状、大小、分布和数量。

4.5.2.1　合金种类

虽然在 Al-Fe-Si 系 Al 的平衡相图上,只有 α(AlFeSi)、β(AlFeSi) 和 Al$_3$Fe 相三种平衡相,但是在实际铸造条件下,可能出现的金属间化合物多达 10 余种。这些非平衡的亚稳相具有不同的热力学稳定性、不同的化学组成范围和形貌,在一定的工艺条件下,将发生亚稳相向平衡相的转变。

4.5.2.2　合金形成方式

铝箔毛料中的化合物可以分为初生结晶相颗粒和沉淀析出相粒子。析出相的尺寸通常较小,不会对塑性产生较大的危害。因此,铝箔毛料中合金相的控制重点是对粗大初生化合物相的控制。

4.5.2.3　合金的尺寸和数量

目前,为尽可能减小铸锭组织中粗大结晶相颗粒的尺寸和数量,通常采用快速凝固法,或采用常规的均匀化处理设法使这些粗大结晶相颗粒重新溶解在铝基体中。采用快速凝固法可以使化合物的尺寸大大的减小。目前已经应用于工业生产的如薄带连铸连轧法。但是由于这种薄带连铸连轧法存在表面质量差等原因,生产高品质的铝箔产品一般仍采用传统的热轧坯料法。而常规的均匀化处理对粗大结晶相的细化效果并不理想。因此,如何细化传统热轧坯料中化合物相的尺寸成为提高铝箔产品质量的关键因素之一。

4.5.2.4　热处理工艺与合金的化学成分

热处理工艺与合金的化学成分和合金相控制密切相关。热处理工艺设计应服务于尽可能降低 Fe、Si 元素固溶度,同时使第二相均匀合理分布这一组织原则。铝箔生产涉及熔铸、均匀化、热轧、冷轧、中间退火、箔轧、成品退火等多个热处理工艺和轧制工艺环节。前一环节的组织特征必将遗传和影响到下一环节,各工艺之间是相互影响和制约的,孤立研究和设计各工艺参数或只考虑其中一两个"主要"环节都是片面的、不充分和不正确的。要优化设计热处理工艺,必须综合考虑铝箔生产的热处理及加工变形全过程的组织变化和规律,制定合理且经济的最优化工艺制度。

4.5.3　铝箔毛料的质量评价体系

作为冷轧产品的铝箔毛料,其质量评价体系应包括组织参数、冶金品质、力学性能、厚度偏差和板形、外观品质等 5 个方面。

(1) 影响铝箔毛料内在质量的组织参数有 Si、Fe 固溶度,第二相的类型、尺寸、数量和分布,晶粒度和晶粒形状因子以及织构等。

Si、Fe 固溶在铝中不仅增加材料的硬度,而且增加加工硬化率,尤其是固溶

Si，它强烈地增加了加工硬化率，使铝箔轧制过程中变形抗力明显的增大，因此，铝箔毛料的 Si、Fe 固溶度应尽可能地低。一般常用的工艺除了控制原料中的 Si、Fe 含量外，还应进行合理的热处理，以促进 Si、Fe 化合物的析出。

对生产 $6 \sim 7\mu m$ 左右的铝箔来说，第二相化合物尺寸应控制在 $1 \sim 5\mu m$，过大将使针孔率增加，过小将使加工硬化率提高。而从第二相的类型而言，$\alpha(AlFeSi)$ 相是比较理想的化合物。铸态 $\alpha(AlFeSi)$ 相以骨骼状为主，容易在变形过程中被破碎；从基体中析出的 $\alpha(AlFeSi)$ 相则呈细小球状，对基体变形的危害最小。为控制粗大第二相的数量和尺寸，首先要通过控制 Fe/Si 比和铸造工艺形成以 $\alpha(AlFeSi)$ 相为主的铸态化合物；其次是要选择合适的均匀化制度、中间退火制度等热处理工艺及这些工艺间的协调配合，使粗大铸态化合物尽可能被破碎，或重新溶解到铝基体中，或通过相变转变成小尺寸的化合物相等方式来细化铝锭中的初生相。

晶粒度和晶粒形状因子是衡量铝箔毛料质量的又一个重要组织参量。再结晶退火后铝箔毛料的晶粒平均直径不得大于 0.1mm。晶粒粗大增加铝箔轧制时的断带次数，并影响表面品质。晶粒尺寸也不是越小越好，晶粒细化虽可以增加塑性，但也同时增加变形抗力，导致轧制中硬化程度增加，不容易轧制更薄的铝箔产品。晶粒形状因子较大，有可能反映再结晶退火不够充分，在组织上则表现为材料中位错密度较高和 Si、Fe 析出不够充分。

织构类型和相对比例在一定程度上反映了铝箔毛料内在组织特征。实验证明，工业纯铝的织构受 Fe/Si 比和铁、硅固溶度或以化合物形式出现的铁、硅量强烈影响。Fe/Si 比小，硅含量大，铁与硅溶于固溶体中，中温退火及低温轧制，变形量不大等，都不利于形成 {100} 立方织构。对若干具有优良轧制性能的铝箔毛料织构分析的统计结果表明，{100} 立方织构比例在 50% 左右较好。

（2）冶金品质是指在半连续铸造或连铸连轧过程中所形成的内在品质，与熔铸设备、溶体净化处理设备和技术等密切相关，主要指标有含氢量、非金属夹杂量等，前者每 100g 不应超过 0.12mL，后者不超过 1×10^{-4}mL。

（3）力学性能必须满足相关标准的要求。

（4）严格控制铝箔毛料的厚度偏差，才能确保铝箔厚度偏差尽可能小而且均匀分布，对连铸连轧板除控制厚度波动外，还必须控制厚度波动的斜度不大于 0.04mm/100mm。

连铸连轧板和热轧板的凸面率以及横向板厚差不大于厚度的 1.0%，冷轧后板带厚度的纵向偏差不大于板厚的 ±2%。厚度波动的频率要小于厚度控制的响应频率；冷轧后带卷横断面应具有 0% ~ 1.0% 的凸型；对于装有板形仪的冷轧机，铝箔毛料的在线板形全长不大于 15l（加减速段不大于 30l）。

（5）铝箔毛料切过应光亮平整，边缘可以有轻微毛刺，但不得有穿透厚度的裂口。表面和边缘不得有退火油斑、乳液痕、腐蚀、碰伤和外来夹杂物。卷径应大小均匀，卷径差应不大于±5%。

在以上铝箔毛料质量评价体系 5 个方面的内容中，除组织参数和力学性能外，其他 3 个方面的内容均取决于铝箔的工艺装备水平；而力学性能则是由材料的微观和宏观组织决定的，并不是一个独立的参量。在化学成分和铝箔生产装备确定的情况下，只有组织参数是可以通过变形和热处理工艺的调整而进行控制与优化的。

4.5.4　铝箔毛料的技术标准要求

铝箔毛料的技术标准应涵盖以下 12 个方面的内容：合金与状态；卷材尺寸与公差；化学成分；性能与组织；表面粗糙度；平直度；凸面率；内、外部质量；端面质量；包装要求；质量证明书和其他要求等。作为技术标准，每项内容具体的技术要求如下：

（1）合金与状态。目前。我国生产一般用途铝箔所使用的铝箔毛料合金品种主要有 1145、1235、8011、1100、1200、3003 等，还有一些特殊要求的合金品种。其状态有 3 种：半硬状态（H14），硬状态（H18），退火状态（O）。外购铝箔毛料一般不定购软状态的，因为不便于运输。

（2）卷材尺寸与公差。铝箔毛料的厚度公差一般要求控制在厚度的±5%以内，要求严格的甚至控制在厚度的±3%以内。宽度公差一般要求控制在±2mm以内，要求严格的应为±1.0mm。

（3）化学成分。化学成分应符合国家标准（GB/T 3190—2008）规定，有特殊要求时应在合同中注明。

（4）力学性能。铝箔毛料的力学性能应符合下列要求：

H18 状态，$\sigma_b \geqslant 150$MPa，$\delta \geqslant 2\%$；

H14 状态，$\sigma_b \geqslant 110$MPa，$\delta \geqslant 3\%$。

（5）凸面率和表面粗糙度。凸面率主要是指带板的中凸度，要求凸面率为 0%~1%。

从前很多用户对表面粗糙度没有要求，而现在几乎所有用户对此项内容都有要求，不同的铝箔生产要求也不相同，大致范围在 $R_a 0.2 \sim 0.6 \mu m$ 之间。

（6）平直度。平直度就是板形，应严格控制，最大一般不超过20I 单位。

（7）组织。铝箔毛料中间退火后晶粒度要均匀一致，晶粒平均尺寸小于 70nm。这就要求铸轧板的晶粒度必须较均匀，才能满足毛料中间退火后的晶粒度要求。

（8）内、外部质量。内、外部质量一般要求不允许有任何影响使用的有害缺陷，如擦划伤、裂纹、孔洞、金属和非金属压入物、腐蚀、夹渣、气道、暗纹和油斑等。

（9）端面质量。卷材端面质量要求：

1）边部不允许有毛刺；

2）塔形最大不超过10mm；

3）串层、套筒根部最大5mm，其他最大3mm；

4）端部表面不允许有磕碰伤等。

（10）包装。各厂家都有不同的包装要求，但必须保证铝箔毛料在运输过程中不被损坏。

（11）质量证书。质量证书包括以下内容：

1）合金状态；

2）尺寸；

3）卷号与重量（单卷重量）；

4）化学成分；

5）力学性能；

6）外观质量检验；

7）包装日期；

8）质量检验部门标识；

9）生产厂名称。

（12）其他要求。需方还可以根据自身生产特点提出不同要求，如毛料不允许有断头，或包括需供方提供的有关数据等。

参 考 文 献

［1］ Ben QLi. Producing Thin strips by Twin-roll Casting-Part1：Aspect and Quality Issues ［J］. Jom，1995（3）：29～33.

［2］ 原冶金工业部情报所. 铝连铸连轧法是节能和解决民用铝材的好方法 ［R］. 1983，6：4～7.

［3］ 黄金法，张学平. 铝箔毛料质量的重要性和技术标准要求 ［J］. 轻合金加工技术，2003，31（9）：17.

［4］ 王祝堂. 铝加工，1995，18（1）.

［5］ 李迅. 铝加工，1995，18（2）.

［6］ 黄金法，张学平. 铝箔毛料质量的重要性和技术标准要求 ［J］. 轻金属加工技术，2003，31（9）：17～18.

5　箔　轧

铝箔生产是铝材加工产品中加工工序最多，加工技术难度最大的加工产品。铝箔在工业和人们的日常生活中得到了广泛的应用，是国民经济中不可缺少的产品，因而铝箔加工业已成为各国非常重视的加工业。

铝箔是铝深加工产品，它的附加值中包含前道热轧和冷轧的附加值，因此铝箔的成品率是反映生产厂技术装备水平和质量控制水平的重要指标。铝箔坯料在轧制铝箔过程中一旦成为废品，只能作为废铝重回熔炼炉，其价格与采购的铝箔坯料差异很大，铝箔废品将给生产厂造成巨大的损失，因此高精度铝箔是高风险、高收益的产品。

近年来，我国非常重视铝箔加工业的发展。随着市场对铝箔的需求不断增加，各地相继建立了一些新的铝箔生产企业，装备了许多新的、水平比较高的铝箔轧机。老的铝箔生产企业也都进行了较大规模的技术改造。因而我国的铝箔加工在装机水平、品种、质量以及生产能力上都有了飞速发展，有了长足的进步。应当说，我国的铝箔工业已进入了一个蓬勃发展的阶段。但是，这种发展的取得是建立在大量引进国外先进设备的基础上（到目前为止已引进国外先进铝箔轧机29台套），而我国轧机制造业提供的现代化铝箔轧机屈指可数（一重制造3台1350mm铝箔轧机，涿神制造1台1600m铝箔轧机）。如何提高我国轧机制造的水平，为铝箔加工业提供装机水平高、质量好、适合我国国情的现代化铝箔轧机是我们应该重视的问题。

目前，我国生产铝箔的生产方法主要有以下两种：一种是热轧（hot-rolling）坯料法；另一种是连铸连轧（twin-roll casting）坯料法。而这两种方法最大的不同就体现在铝箔毛料的生产上。用这两种方法生产出来的铝箔毛料经粗轧、中轧和精轧等工艺流程，可以获得不同厚度的铝箔，其工艺流程如图5-1。粗轧后经不同的工序可生产出厚箔（0.025mm ~ 0.4mm）、单零箔（0.014mm ~ 0.025mm）、薄箔（即双零铝）和精制箔。常用的坯料厚度为0.4 ~ 0.7mm。上限还是下限，取决于粗轧机的能力，从毛料厚度轧至7μm通常需要6道次。

5.1　铝箔轧制

在双合轧制的生产中，铝箔的轧制可分为粗轧、中轧、精轧三个过程。从工

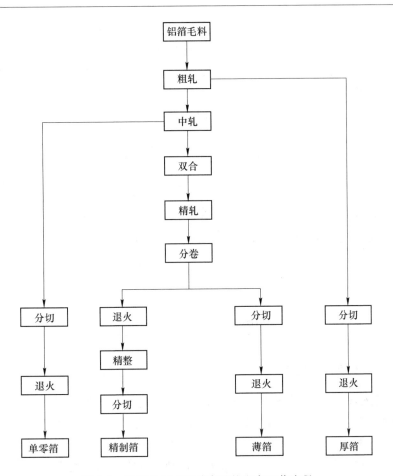

图 5-1 铝箔毛料至铝箔产品的生产工艺流程

艺的角度看,可大体从轧制出口厚度上进行划分。一般的分法是出口厚度大于或等于 0.05mm 为粗轧,出口厚度在 0.013~0.05mm 之间为中轧,出口厚度小于 0.013mm 的单张成品或双合轧制的成品为精轧。

粗轧与铝板带的轧制的特点相似,厚度的控制主要依靠轧制力和后张力,粗轧加工率可达 50%~65%,而中精轧,由于其出口厚度很小,其轧制具有不同于板带材轧制的特殊性。

5.1.1 道次轧制率编制原则

道次轧制率的编制应根据轧制理论、按轧制的允许负荷和轧辊的变形量来计算。但是,目前轧机结构上的特点,使粗、中、精轧轧辊的尺寸都做成一样的。另外,由于铝箔轧制大部分是在负辊缝条件下进行,很多因素很难准确定量,所以在实践中是根据经验来编制道次轧制率的。每道次的压下率在 50% 左右,并随着其他工艺参数的变化而又存在微小差异。

表 5-1 是典型的道次轧制率，其中 I 轧制率分配原则是利用中轧的高速度取得较大的压下量，粗轧压下量较小可以得到好的平整板形，最后一道用不同的速度以轧得不同的成品厚度；而 II 轧制率分配原则是各道次的基本一致。这两种方案中，以第 II 更容易掌握。

表 5-1　典型的道次轧制率

道次	I				II			
	入口厚度 /mm	出口厚度 /mm	绝对压下量 /mm	轧制率 /%	入口厚度 /mm	出口厚度 /mm	绝对压下量 /mm	轧制率 /%
1	0.75	0.40	0.35	46.7	0.4	0.2	0.2	50
2	0.40	0.19	0.21	52.2	0.2	0.10	0.10	50
3	0.19	0.08	0.11	58.9	0.10	0.05	0.05	50
4	0.08	0.033	0.047	58.8	0.05	0.028	0.022	44
5	0.033	0.015	0.018	54.5	0.028	0.014	0.014	50
6	2 × 0.015	2 × 0.009	0.012	40	2 × 0.014	2 × 0.007	0.007	50
7	2 × 0.015	2 × 0.0075	0.0075	50				

5.1.2　箔材轧制力的计算

铝箔轧制在大多数情况下是在无辊缝条件下进行的，要确切地测得材料变形阻力和摩擦系数非常困难。计算冷轧常用的轧制力计算方法，如福里尔-布拉诺尔（froel and blano）、特林克斯（Trinks）图表和斯通（stone）公式的计算结果与箔材轧制时的实际压力分布相差很大，而缺乏理论依据的埃克伦德（Ekelund）经验公式与实际情况更为接近。下式就是埃克伦德轧制力增大系数计算式：

$$f = \frac{\overline{P}}{S - \sigma_0} = 1 + \frac{1.6\mu L' - 1.2\Delta h}{h_1 + h_2}$$

式中　$\overline{P}$ ——平均轧制力，kN；

　　　S ——真实变形阻力，kN；

　　　σ_0 ——前后张力的平均值，kN；

　　　h_1 ——入口厚度，mm；

　　　h_2 ——出口厚度，mm；

　　　L' ——考虑压扁的接触弧长度，$L' = \sqrt{R'\Delta h}$，mm；

　　　Δh ——（$h_1 - h_2$），mm；

　　　μ ——摩擦系数。

其中，R' 按希契科克（Hitchcock）公式计算。希契科克（Hitchcock）公式如下：

$$R' = R\left(1 + 2C\frac{P}{\Delta h}\right)$$

式中　R'——考虑轧辊压扁增大后的半径，mm；

　　　R——轧辊辊身半径，mm；

　　　C——对钢轧辊为 1.055×10^{-5}，N/mm；

　　　P——单位宽度的轧制力，N/mm。

　　其中，最困难的在于 $\bar{P}$ 和 P 都是未知数，仍无法求解。所以，作为参考可按表 5-2 选取 P 值。

表 5-2　带材单位宽度的轧制力　　　　　　　　（N/mm²）

道　次		1	2	3	4	5	6
工作辊直径/mm	230	882	980	1078	1274	1372	1374
	240	980	1078	1176	1372	1470	1470
	250 ~ 260	980	1176	1274	1372	1568	1568
	280	980	1470	1666	1960	2352	2352

注：表中可用于道次轧制率为 50%、毛料厚为 0.4mm 的 99.4% ~ 99.7% 的纯铝。连铸连轧毛料的值要
　　比热轧毛料的高 10%。

　　摩擦系数也是轧制力计算中难于确定的参数。影响摩擦系数的因素如图 5-2 所示。

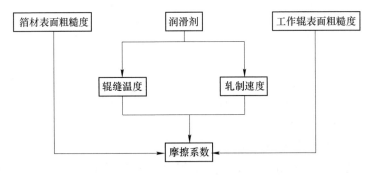

图 5-2　影响辊缝处摩擦系数的因素

　　为计算上的简化，当采用窄馏分煤油为基础油的润滑时，粗轧轧辊的摩擦系数取 0.06 ~ 0.05，中轧轧辊取 0.05 ~ 0.04，精轧轧辊可取 0.03。

5.1.3　轧制速度的选定

　　提高轧制速度，可显著增加变形区油膜厚度，减少摩擦系数，且高速轧制的热效应产生的动态回复使用箔材发生显著的加工软化，故提高轧制速度是加大道次加工率和提高生产率的一个有效途径。但是，速度过高不利于板型的控制，且

箔材表面光亮度变差。所以轧制速度要控制在一定的范围内，一般认为铝箔合理的单张轧制速度应达到轧机轧制设计速度的80%。目前我国单张扎制速度一般为设计速度的60%~70%。

轧制速度高低直接影响箔材的生产能力。轧制速度越高，生产能力越大，但轧制速度的高低又受到其他工艺条件的制约。主要有以下几个方面：

5.1.3.1　轧制速度和卷的质量的关系

采用高速轧制必须有相应的大直径料卷。因为铝箔轧制的加减速时间会影响板带头尾厚度超差，假如加减速时间各为30s，而加减速造成的厚度超差的部分不超过卷重的5%，那么速度和卷的质量存在下列关系：

$$v < \frac{G}{3.24bh}$$

式中　G——卷的质量，kg；

　　　b——带卷宽，mm；

　　　h——出口侧带材宽度，mm；

　　　v——轧制速度，m/s。

按上述公式可以计算出不同宽度、厚度的粗轧第一道次的最高轧制速度如表5-3所示。

表5-3　不同宽度、厚度的粗轧第一道次最高轧制速度

卷的质量/kg	料宽/mm	出口厚度/mm	最高轧制速度/m·min^{-1}
6000	1200	0.2	462
10000	1600	0.3	382
20000	2000	0.3	617

要提高轧制速度，就要缩短加减速时间或改善加减速时的厚度自动调节功能，否则超差废品就会增加。

5.1.3.2　轧制速度和平整度的关系

轧制速度越高，轧制区产生的热量越大，辊型变化越快，板形控制就越困难。一个熟练的操纵手所能控制的速度范围大约是600~900m/min。轧制速度超过1000m/min时，为了控制板形，就要采用板形自动控制系统。

5.1.3.3　速度与表面光亮度的关系

在其他工艺条件相同时，轧制速度越高，箔材的表面光亮度就越差。当铝箔表面光亮度要求高时，双合轧制速度不应超过600m/min。

5.1.3.4　轧制速度和厚度的关系

当前后张力和轧制力保持不变时，随着轧制速度的提高，铝箔会变薄。反之亦然。这就是人们所熟知的速度效应。

5.1.3.5 影响铝箔轧制速度的因素

(1) 箔材轧机的性能。

(2) 坯料的质量。如果坯料厚度波动较大，板形或端面不良，为最大限度地改善轧制后铝箔质量，应采用低速轧制。

(3) 轧制油。在其他条件相同的情况下，轧制速度随轧制油中添加剂含量的增加和轧制油黏度的增大而降低，随着轧制油温度的升高而提高。

(4) 轧辊粗糙度。在其他条件相同的情况下，轧制速度随工作辊粗糙度的增加而增加，随着工作辊粗糙度的减小而降低。

(5) 铝箔板形。一名最优秀的操作手，对板形的手动控制时，轧制速度最高也不会超过 700~800m/min，高于这个速度，为了获得良好的板形质量，就必须采用板形自动控制系统。由于板形自动控制系统采用了自动喷淋、自动弯辊、自动倾斜，更为先进的轧机还采用了 VC、DRS 等板形控制技术，使铝箔的轧制速度和板形控制水平大幅度的提高，铝箔在线板形可以控制在 ±9~20I 以下的水平。

(6) 表面质量。在其他工艺条件相同的情况下，轧制速度低，轧辊间油膜薄，铝箔表面更接近轧辊表面，轧出的铝箔光亮度好。轧制速度高，轧辊间的油膜厚，轧出铝箔的光亮度差。因此，在非成品道次，为提高生产效率应尽量采用高速轧制，但在生产成品道次，要求铝箔表面的光亮度好，应降低轧制速度，适当增加后张力。

5.1.4 张后张力的选择与调节

5.1.4.1 前张力

前张力的作用在于拉平箔材，使卷材能展平、卷齐。一个熟练的操纵手所使用的单位前张力总是尽可能的小。前张力过大时会使真实板形被掩盖，使真实板形变坏，不利于下一步加工，而且来料有缺陷时容易拉断。

前张力也不能过小，过小时易使卷取时串层、松卷、起皱，特别是断带后继续缠绕易生产箭头缺陷导致分卷困难。

前张力的最小值是小至出口带材用眼睛能看出明显的波浪，再小，由于板带不平就缠不齐，而且容易造成串层；最大值是出现"檩子"，再大就会断带。对于纯铝，单位前张力的值为 20~50MPa，逐道加大，0.006~0.007mm 道次的前张力范围以 25~40MPa 为宜。

5.1.4.2 后张力

后张力可减少轧制区的变形抗力和增加油膜厚度，从而直接影响带材的出口厚度。

后张力过小时会在入口侧带材上出现波浪，多数是在边部导致压折。后张力过大在入口侧板带上会出现"檩条",进一步增大会造成断带。

后张力与入口板形:入口带材板形如有中间或两肋波浪,应适当减小后张力,入口带板材如有两边波浪,应适当增大后张力,以增加入口带材的平整度,减小入口打折现象,同时后张力的设定范围不宜过大。

后张力与入口带材性质:后张力的设定与入口带材的性质有关,带材因合金、状态的不同,其屈服强度也不同,屈服强度越高,后张力越大,在生产中选取的后张力值应为所轧带材屈服强度值的 25%~35% 为宜。如果后张力过大,会增加铝箔断带次数,如果后张力过小,会造成入口带材拉不平,入口出现打折现象。

后张力与轧制速度:后张力对轧制速度的影响随着铝箔厚度的减薄而呈现增加的趋势,如果要通过调节轧制速度来提高轧机的生产能力,应适当降低后张力。

5.1.4.3　前后张力的调节

前后张力对箔材轧制具有特殊意义,其主要作用有:(1)调整和控制轧出箔材的厚度;其他条件不变时,增加张力厚度减小,减小张力厚度增加。(2)降低金属对轧辊的总轧制压力;(3)使轧出的箔材表面平整;(4)使箔材在卷筒上卷齐卷紧。

在老式轧机上前后张力是手动调节的。为保持前后张力在轧制过程中尽可能不变,随着卷材直径的不断增大要逐步拧紧前卷取机的摩擦离合器。而开卷机的直径在不断减小,为保持轧制厚度的一致,要不断地减小摩擦离合器上的压力放松抱闸。而调节的精度取决于操纵手的经验和技巧,张力(或转矩)波动大约是给定值的 ±20%。

采用机械杠杆跟随卷径半自动调节,其调节精度在 ±10% 左右。

在现代化的铝箔轧机上,前后张力全部实现自动调节,其调节精度不大于给定值的 ±5%。

5.1.4.4　卷取机的控制

卷取机控制是铝箔轧机的重要环节。卷取张力的控制直接影响到成品箔材质量。卷取机间接张力控制通常有两种方式:第一种是电流电势方式,其控制原则是在稳速轧制时电枢电流保持恒定,励磁磁通与铝卷直径成正比,随卷径增大而增大;第二种方式是最大力矩方式,其控制原则是电动机的励磁磁通与铝卷直径变化无关,仅仅取决于电机转速。在基速以下,电动机是满磁状态,电流与卷径成正比,可以输出最大力矩;在基速以上,电动机按弱磁升速,即电枢电流恒定,随卷径增加而加大励磁电流。第一种控制方式在最大卷径以下均处于弱磁状态,这就带来了电机力矩利用不充分、功率因数差等缺点,现在已很少采用;第二种控制方式电机在基速以下可以输出最大力矩,基速以上又可以输出最大功率，使电机得到充分利用，完全满足铝箔轧机低速大张力，高速小张力的工艺要求。因此采用最大力矩方式控制卷取电机。

5.1.5　铝箔轧制时的厚度测量与控制

5.1.5.1　铝箔轧制时的厚度测量

（1）涡流测厚。结构简单，价格便宜，维修方便。适用于厚度偏差要求不严（±8%以上），轧制速度低（500m/min以下）的铝箔轧机。

（2）同位素射线测厚。测量精度高，价格适中。厚度的测量范围取决于同位素种类，同位素需要定期更换，保管不方便，可以用于高速铝箔轧机。这种方法应用比较少。

（3）X射线测厚。测量精度高，反应速度快，不受电场、磁场的影响，在使用和保管上较同位素射线方便，价格较贵，广泛应用于高速铝箔轧机。

5.1.5.2　铝箔轧制时的厚度控制

轧制工艺参数的改变对出口带材厚度的影响是不同的。图5-3表示的是轧制力、轧制速度和开卷张力对出口带材厚度影响的相对关系。出口带材厚度大时，冷轧（粗轧）轧制力的影响大，随着厚度的减薄，轧制力的影响减弱，开卷张力、轧制速度的影响逐渐增加。现代高速铝箔轧机厚度AGC的控制方法主要有：压力、开卷张力、压力/张力、张力/压力、张力/速度、速度/张力以及速度最佳化、自动减速控制等，这方面内容可参考肖

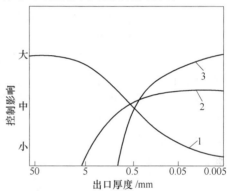

图5-3　轧制力、轧制速度、开卷张力对
出口带材厚度影响的相对关系
1—轧制力（位置）；2—开卷张力；
3—速度

亚庆主编的《铝加工技术实用手册》（北京：冶金工业出版社，2005：1.）。

5.1.6　轧制油

5.1.6.1　概述

铝材轧制润滑油是由添加剂和基础油调配而成，其中基础油为非极性的矿物油，其油膜的承载能力较低，主要起冷却和清洗作用，添加剂为长链极性化合物，吸附在轧辊和工件表面，起着减摩抗磨作用。

箔材轧制时选择的润滑剂必须满足一定范围的功能，它必须带走一部分进入辊缝的变形热。它必须像屏障一样阻止轧辊与箔材之间的接触，这样就尽可能使摩擦系数保持最小。它不可危害轧机操作人员以及箔材最终用户的身体健康，因

为箔材的最终用途主要是食品包装领域。最后，润滑剂还必须容易除去，通常在轧制作业后再退火，因此一些最后工序，如涂层、上漆、衬层等也不应产生润滑剂的黏附。

对给定的轧辊力来说，摩擦系数低就允许有大的压下量。而摩擦系数又与黏度成反比，因此黏度越高，允许的压下量也越大。然而，箔材表面质量又随黏度的增大而下降，因此在非常注重箔材表面质量的精轧机上就使用低黏度的油。还有压力增大和温度变化对黏度所产生的影响。在大气压力下的低黏度油，在高压下黏度就明显增大，这就是辊缝中的压力情况。这种油也表现出了对温度的相关性很弱。这样，在箔材轧制时，低黏度油就有明显的优点。

目前为箔材最后轧制时选择的是沸腾范围较窄、最终沸腾温度为260℃的矿物油。一种油的润滑性能并非完全取决于它的黏度。添加少量添加剂，借助于在辊缝中的化学反应就可提高润滑效果。多年来为此目的就已使用并仍在使用天然的植物油。然而近几年正不断增长使用合成添加剂，通常是脂肪酸和乙醇。这类化工产品能更多地除去轧制后留在箔材表面的残留物。

增加轧制油流量，在其他条件不变时，可进一步提高变形区油膜厚度，使流体动力润滑比例增加，降低摩擦系数，提高压下率。轧制油温度越低，黏度越高，使变形区油膜厚度增加，摩擦系数降低，从而降低变形区的变形抗力。但由于双零铝箔轧制本身的特点，铝箔在各道次都应保证具有良好板形，这是轧制能否顺利进行的关键。板形稍差就可能引起开缝或起皱。因此，作为板形精调的油温、油压必须认真配合、设定。轧制工艺参数见表5-4。

表5-4　轧制工艺参数

道　次	1	2	3	4	5
轧制速度 m/min	400~600	500~650	650~850	800	400
轧制压力/kN	1100~1300	1500~1700	1900~2100	1700~1900	>1800
前张力/N·mm^{-2}	24	28	35	40	35
后张力/N·mm^{-2}	10~20	20~30	40~50	50~55	50~55
油温/℃	30~40			40	50~55
油压/Pa	2.5~8.0			2.7~3.0	2.3~2.6

在铝箔轧制过程中，如果润滑条件不能确定，则轧制力、道次加工率、辊形、轧制速度、张力、辊面粗糙度和油温等参数也难以确定，可见润滑条件的确定对于轧制过程是何等重要。润滑和冷却效果良好的轧制工艺油是铝箔轧制顺利进行的重要保证。

所谓润滑条件指润滑油的工艺性能，即是根据现代铝箔轧制特点，对工艺润滑油的总体要求是：黏度低、闪点高，馏程窄，润滑性能好，冷却能力强。

5.1.6.2 轧制油的选择与管理

轧制油的选择与管理的内容，主要有轧制油性能要求；轧制油的选择；添加剂的选择。具体内容如下：

（1）轧制油性能要求。轧制油的性能必须满足铝箔轧制的特殊性，其要求如下：

1）润滑性能好。轧制油在轧辊和轧件之间形成一层油膜，使轧制可在摩擦系数小，轧制力小，功率消耗低的条件下进行，同时油膜必须具有足够的承载能力，能达到目的一定的压下量和轧制速度，保证铝箔变形均匀，表面质量好。

2）冷却性能好。铝箔轧制时，会产生大量的变形热、摩擦热，这些热量会使辊型发生变化，轧制油应具有良好的导热冷却性能，通过喷淋可以吸收并带走轧制时产生的热量，有利于调整控制好板形。

3）退火性能好。轧制油要有适当的馏程和黏度，铝箔成品退火时轧制油容易挥发，不易产生残油或油斑。

4）流动性能好。轧制时会产生大量的铝粉，轧制油应能将轧辊表面的铝粉冲走，保持轧辊的清洁，改善铝箔表面光洁度。

5）具有适当的闪点和黏度。闪点与黏度高的轧制油，容易造成铝箔成品退火除油不净，油斑或油黏连接废品，但闪点与黏度太低，轧制油挥发性大，油雾大，着火的危险性大。

6）稳定性好。不易氧化变质，有良好的抗氧化稳定性，有较长的使用寿命。

7）无难闻气味，对人体健康无害，对设备和铝箔无腐蚀作用。

8）价格合理，货源充足。

（2）轧制油的选择。对于轧制速度在 200m/min 以下的老式二辊铝箔轧机，基础油多采用高速机油。对于高速铝箔轧机，基础油多采用的是窄馏分煤油，其流动、润滑性能好，冷却能力强，能均匀分布在轧辊和铝箔表面上。其主要成分为一定范围内不同碳数的烷烃和少量芳烃组成，其碳链的长短和黏度、馏程有关，馏程越高，烃类的碳链越长，黏度越大。根据基础油的组成不同，其又可分为石蜡系和环烷系两种。

高速铝箔轧制基础油的选用有如下 3 种方式：

1）粗轧和中精轧选用不同的基础油，即粗轧选用黏度较高为 $2.2mm^2/s$ 左右的基础油。这种方式考虑的是粗轧对所轧材料的表面光亮度要求不严，所要求的是大压下量和轧制速度，这就需要油膜强度高，承载能力大，所以粗轧选用黏度较高的基础油。中精轧要求表面光亮度，同时考虑退火后的除油效果，所以选择黏度较低的基础油。

2）粗、中精轧都选用低黏度基础油，这主要考虑管理上的方便，为满足粗、中精轧不同生产工艺的要求，通常采用调整添加剂的种类和含量的方法。

3）根据基础油中硫含量和芳烃含量的多少，又将基础油分为高档油和普通油，即将 $w(S)$ 小于 $0.5 \times 10^{-4}\%$，芳烃质量分数小于 1% 的基础油称为高档基础油，其他属普通油。

硫和芳烃的含量高，其气味和毒性大。芳烃对人的中枢神经系统有较强的毒害作用，而含硫化合物又以多环毒性最大，它对人体的免疫功能有害。同时普通油的退火性能和氧化安定性（油易变黄）较差，西方发达国家已不采用普通基础油，所用的基础油都为低硫、低芳烃，而且必须通过美国食品与药物管理局 FDA-21CFR178.3620 的检验，此检验已为国际社会所接受。

高档油与普通油相比，气味小，轧制润滑、退火性能好，但价格贵、成本较高，目前国内多数高速铝箔轧机已采用高档基础油。

（3）添加剂的选择。添加剂由极性分子组成，它能吸附在金属表面上形成边界润滑膜，防止金属表面的直接接触，保持摩擦界面的良好润滑状态。添加剂极性越大，在金属表面的吸附能力越强，其润滑性能越好，但吸附能力越强，越容易形成退火油斑，因此添加剂的选择必须考虑润滑性能和退火性能两者之间的关系。同时还要考虑添加剂必须与基础油具有良好的互溶性。低速铝箔轧制用添加剂一般为：豆油、花生油、煤油。高速铝箔轧制用添加剂主要有两种，即单体添加剂和复合添加剂。

1）单体添加剂。单体添加剂主要包括酯、醇和脂肪酸三类。粗中精轧机根据轧制工艺要求的不同，分别加入两种（中精轧）或三种（粗轧）添加剂，各种单体添加剂的特性比较如表 5-5 所示，各种单体添加剂的种类如表 5-6 所示。

表 5-5　各种单体添加剂的特性比较

项目	油膜厚度	油膜强度	光泽	退火脱脂性	润湿性	磨粉分散性	热稳定性	寿命
脂肪酸	薄	强	良	差	良	大	差	差
酯	厚	强	差	一般	差	中	良	良
醇	薄	弱	优	优	优	小	一般	优

表 5-6　常用单体添加剂种类和性能

名　称	别　名	结构式	性　能		
			酸值 mgKOH/g	熔点/℃	纯度/%
脂肪酸					
月桂酸	十二酸	$CH_3(CH_2)_{12}COOH$	277～283	40～44	C12,95 以上
蔻酸	十四酸	$CH_3(CH_2)_{14}COOH$	240～250	50～55	C14,93 以上
棕榈酸	十六酸	$CH_3(CH_2)_{16}COOH$	215～221	59～64	C16,93 以上
硬脂酸	十八酸	$CH_3(CH_2)_{18}COOH$	194～200	67～70	8,90 以上
油酸	顺式-9-十八烯酸	$CH_3(CH_2)_7CH=$ $CH(CH_2)_7COOH$	200～206	10～18	

名　称	别　名	结构式	性　能		
			酸值 mgKOH/g	熔点/℃	纯度/%
醇			羟值 mgkOH/g	熔点/℃	纯度/%
月桂醇	十二醇	$CH_3(CH_2)_{12}CH_2OH$	295~305	23~27	C12,95 以上
蔻酸醇	十四醇	$CH_3(CH_2)_{14}CH_2OH$	240~260	37~43	C14,95 以上
鲸蜡醇	十六醇	$CH_3(CH_2)_{16}CH_2OH$	210~230	48~54	C16,80 以上
硬脂酸醇	十八醇	$CH_3(CH_2)_{18}CH_2OH$	200~210	58~63	C18,95 以上
酯			羟值 mgkOH/g	熔点/℃	纯度/%
月桂酸甲酯	十二酸甲酯	$CH_3(CH_2)_{12}COOCH_3$	256~260	-3	C12,48 以上
建酸甲酯	十四酸甲酯	$CH_3(CH_2)_{14}COOCH_3$	235~240		C14,90 以上
棕榈酸甲酯	十六酸甲酯	$CH_3(CH_2)_{16}COOCH_3$	220~226	14	C16,90 以上
硬脂酸丁酯	十八酸丁酯	$CH_3(CH_2)_{18}COO(CH_2)_3CH_3$	165~173	16~20	C18,55 以上
油酸甲酯		$CH_3(CH_2)_7=CH(CH_2)_7COOCH_3$	185~196		C18,66 以上

2）复合添加剂。复合添加剂是由添加剂生产厂家配制的添加剂浓缩液，与单体添加剂相比，它具有添加方便、添加量容易控制、退火污染性小等特点，目前在高速铝箔轧机上已广泛使用。复合添加剂主要分两类，一类为醇类，适用于高压下量的粗轧；另一类为酯类，适用于要求铝箔有光亮度的中精轧，其理化性能指标见表 5-7。

表 5-7　典型复合添加剂的理化性能

项　目	ESSO		石巨轮	
	WYROL10	WYROL12	STE-10	STEE-12
类　型	酯系	醇系	酯系	醇系
色度（ASTM）	0.5	0.5	0.5	0.5
灰分/%	0.005	0.005	0.005	0.005
密度/kg·m^{-3}	845	835	830~849	830~844
倾点/℃	6	18	5	15
酸值 mgKOH/g	0.5	0.1	0.05	0.02
皂化值 mgKOH/g	97	22	≥100	≥25
闪点/℃	80	105	80	105
馏程/℃	200~350	230~330	208~270	230~275
黏度/mm^2·s^{-1}	2.5	8.6	2.6	8.6

5.1.6.3　轧制油的构成

工艺润滑油由基础油和添加剂组成，常用基础油为 C_{12}~C_{16} 窄馏分火油，其选用指标：馏程 200 ~ 260℃；沸点间距小于 40℃；闪点（闭口）大于 80℃；黏度（40℃）1.5 ~ 2.0mm/s^2；苯胺点小于 76℃；酸值小于 0.03mgKOH/g；硫含量小于 0.02%；芳烃含量小于 11%（高档油小于 1%）。

　　基础油起载体、洗涤和冷却作用，由于火油分子中，质点电荷的分布过于对称而不显极性，形成的油膜与金属表面只产生物理吸附，吸附力小，润滑性差，所以单一基础油在铝箔轧制中不能作为润滑剂使用。为了提高油膜边界润滑能力，基础油中必须加入一定量的添加剂，添加剂种类繁多，其中以油性添加剂最为重要，而且是必不可少的。铝箔轧制常用添加剂均为 C12 ~ C18 的醇、酯、酸类带有极性基团的表面活性物质，其名称及分子结构式列于表 5-8。

表 5-8　常用油性添加剂

类　别	名　称	别　名	分子结构式
醇类	月桂醇	十二醇	$CH_3(CH_2)_{10}CH_2OH$
	蔻酸醇	十四醇	$CH_3(CH_2)_{12}CH_2OH$
	脂蜡醇	十六醇	$CH_3(CH_2)_{14}CH_2OH$
	硬脂酸醇	十八醇	$CH_3(CH_2)_{26}CH_2OH$
酯类	月桂酸甲酯	十二酸甲酯	$CH_3(CH_2)_{10}COOCH_3$
	蔻酸甲酯	十四酸甲酯	$CH_3(CH_2)_{13}COOCH_3$
	棕榈酸甲酯	十六酸甲酯	$CH_2(CH_2)_{34}COOCH_3$
	硬脂酸丁酯	十八酸甲酯	$CH_3(CH_2)_{16}COOCH_3$
	油酸甲酯		$CH_3(CH_3)_7 = CH(CH_2)_7COOCH_3$
脂肪酸类	月桂酸	十二酸	$CH_3(CH_2)_{33}COOH$
	蔻酸	十四酸	$CH_3(CH_2)_{12}COOH$
	棕榈酸	十六酸	$CH_3(CH_2)_{14}COOH$
	硬脂酸	十八酸	$CH_3(CH_2)_{16}COOH$
	油酸		$CH_3(CH_2)_7 = CH(CH_2)_7COOH$

5.1.6.4　润滑原理

铝箔轧制润滑属于弹性流体动压润滑和边界润滑共存的混合型润滑。

　　铝箔轧制时，润滑油连续不停地冲刷轧辊和轧件表面，在变形区楔形入口处形成楔形油楔。工艺润滑油是一种带有一定黏度的黏性流体，吸附在摩擦副表面，油膜分子受到金属表面原子引力场作用，随着轧辊、轧件作速度较高的同步运动，使进入楔形入口处的油楔，随着楔形入口形状断面的收敛而不断增压，越接近楔形口顶端，压力越大，油楔效应越强烈。由于轧辊和轧件表面存在一定粗糙度，使具备了流体动压润滑条件的润滑油沿咬入弧被带入变形区，实现动压润滑和边界润滑，形成的油膜把轧辊和轧件隔开。

铝箔轧制预压应力大，轧辊弹性压扁严重，进入变形区的油膜极薄，厚度为0.1~0.02μm。由于基础油中含有浓度适宜而富有活性的油性添加剂，不仅降低了金属变形抗力，而且使油品分子间聚合力增大，油膜坚韧能够经受住强大的轧制压力而不破裂。

油性剂是一类带有较强极性基团的表面活性物质，由表5-5可知，极性基团分别是—OH、—COOR、—COOH，具有永久偶极。当与摩擦面接触时，极性基团的价电子与金属表面原子核相吸引，而排斥其核外电子，使金属表面形成诱导偶极。永久偶极与诱导偶极互相吸引，使极性基团与金属表面产生化学吸附力，油性剂分子极性端紧密吸附在金属表面，非极性端分子朝相反方向与上层分子的非极性端分子吸引，形成定向排列的双分子层，如图5-4所示。

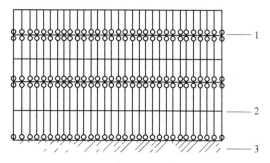

图5-4 极性分子在金属表面形成吸附示意图
1—极性端界面；2—分子间滑动面；3—金属

由于极性分子间的互吸和非极性分子间的互吸，进一步形成了多分子层。分子的这样排列，在油膜的垂直方向上可以承受住巨大的轧制压力。由于非极性端分子仅靠结构相似而互吸，结合力较弱，在剪应力作用下，是油膜容易发生剪切变形的薄弱环节。这样就把本应发生在轧辊与轧件之间的干摩擦转变为油膜分子间的内摩擦，摩擦因数大幅度下降，达到润滑目的。

5.1.6.5 油膜特性的调配

油膜在一定条件下存在着失向、散乱、解吸，溶解、破裂和摩擦因数变化等问题，其程度轻重与基础油中所含添加剂种类有关，加入不同种类的添加剂，形成的油膜的特性也各不相同，如表5-9所示。

表5-9 各类添加剂油膜特性

添加剂	油膜厚度	油膜强度	润湿性	热稳定性	箔面光亮性
醇	薄	弱	优	差	优
酯	厚	强	差	一般	差
脂肪酸	薄	强	差	差	优

由表5-9可知，脂肪酸的热稳定性较好，形成的油膜厚，强度高，适用于铝箔粗轧绝对压下量大，金属产生变形热多的道次。精轧道次预压应力大，绝对压下量小，要求油膜薄而坚韧，可选用脂肪酸类添加剂，辅以醇类添加剂增加油品润湿性。

实际调配时，常常加入两种或两种以上添加剂配合使用，效果比单一添加剂更佳，一般做法是：粗轧以添加酯类为主，精轧以添加酸、醇类为主。

5.1.6.6　添加剂浓度的调配

各类油性添加剂应根据加工道次的不同要求确定合理的配比，在油性剂加入量的正常范围内，油膜强度与极性分子吸附速度、添加剂浓度成正比。因此，添加剂一般总是以达到其最小饱和浓度为其合理的加入量。因为只有油膜在摩擦之间的吸附量达到饱和时，才能保证油膜足够的强度和稳定性。

考虑到箔材连续变形新生表面不断产生，会对油膜的减摩能力有所影响。考虑到润滑油循环过滤时添加剂含量的过滤损失，所以实际调配时，添加剂的实际加入量应比其最小饱和浓度略大一些为好。例如，油酸最小饱和浓度为 0.61%，而实际上按 1% 加入，十八醇最小饱和浓度为 1.9%，实际上按 2% 加入。

工艺润滑油中添加剂总加入量为 2%~8%。超过 8% 时，浓度过饱和，油性剂作用不再增加。

5.1.6.7　注意油斑污染

能够造成退火油斑的因素较多，但也与工艺油调配有关。

（1）基础油。基础油碳链越长、馏程越高，黏度越大，芳烃和硫含量越高，产生遇火油斑倾向越大。

（2）添加剂。添加剂极性按—OH、—COOR，—COOH 次序依次增强，吸附速度和牢固度也按此次序依次增强。在同类添加剂中，极性随碳链增长而增强。因此，酸、酯类添加剂的加入量越大，产生退火油斑的倾向就越大，润滑油中强极性添加剂含量越高，产生油斑的倾向也越大。

对于表 5-5 中分子结构式含有双键的油酸和油酸甲酯，还应考虑到双键的不稳定性。也就是说不饱和酸、酯比饱和酸、酯的化学性活泼一些，退火时双键一旦断开，容易引发聚合反应，生成褐色油斑污染箔面。油酸碳链 18 个碳原子，结构式中含有一个双键，且在同类或异类添加剂中极性最强，产生油斑的倾向最大，调配时要注意，油酸加入量一般不大于 2%。

5.1.6.8　抗氧化剂

为了防止氧化，延长润滑油使用寿命，调配时须加入 0.05%~0.1% 抗氧化剂，常用的抗氧化剂为 2.6 二叔丁基－4－甲基苯酚（抗氧化剂 2.6.4）。2.6.4 的作用是"吞吃"油品中的自由基，即把自由基转移到酚基上，"屏蔽"、中断氧化反应，对已被氧化的油品不起作用，所以 2.6.4 的加入应在油品被氧化之前。

5.1.6.9　油膜厚度调配

油性添加剂在达到饱和浓度之前，油膜厚度随油性剂浓度增加而增厚，因此增减油性剂含量可以调节油膜厚度。

根据表5-6，利用各类添加剂形成油膜特性的不同，适当调节醇与酸、酯类添加剂的比例，也可以调节油膜厚度。但应符合工艺要求，认为合理的油膜厚度应以形成边界润滑时的油膜厚度或比轧辊粗糙度稍大些为合适。实际使用时当不同道次对油膜厚度要求稍有不同时，操作者可通过油温、轧速张力进行调节，也可考虑改变辊面粗糙度，但不如前者便捷，而且后者有可能影响轧制速度或箔面光亮性。

油膜厚薄有调节压下量的作用，但油膜过厚会产生"隔蔽"效应，降低轧后箔面光亮度，调配时要注意。

5.1.6.10 润滑油黏度调配

润滑油黏度与基础油黏度及添加剂含量有关，而且当温度一定时，可以认为油膜厚度随黏度增大而增厚。现代铝箔轧制强调用低黏度轧制油，原因之一是黏度高的润滑油，其润湿性差，高速轧制时容易引起断带。但是黏度太低，油太稀也不可取，因为形成的油膜太薄，润滑性变差，造成轧制力增加使辊面严重黏铝。结果在箔面产生许多小黑点，影响产品质量，轧制油黏度一般以调节为 $1.7 \sim 2.0 \, mm^2/s$ 较适。

对于单机架万能型轧机，只能选用一个综合性黏度值，就其效果而言总不如多机架轧制。对于万能轧机如何满足粗、中、精轧对黏度的不同要求，可以考虑在润滑油中加入适量的聚异丁烯。因为聚异丁烯在润滑油中溶解时，其溶解度随温度升高而变大，随温度降低而变小。当温度升高时，像线团一样的聚合物分子就逐渐舒展开来，在油品中形成密布四处的线网，大大增加了油品分子移动时的阻力。此时温度虽然升高，油品黏度下降，但由于聚合物舒展分子所增加的阻力补偿了一些黏度下降，所以高温时油品仍能维持较高黏度。当温度下降时，聚合物分子蜷成紧密的线团，对油品分子移动并不产生很大阻力，由于基础油黏度较小，所以低温时对轧制油黏度影响并不大，起到黏度自动调节作用。

聚异丁烯热稳定性好，与添加剂不起反应，也不影响添加剂的功能，轧后箔面光亮，只是溶解速度慢，须在润滑油中浸泡数天。

铝箔轧制三大要素之一的工艺润滑油，在轧制中起着至关重要的作用。因此调配时必须综合考虑轧制工艺的需要，在加深对润滑原理的理解和实践经验积累的基础上，使工艺润滑油的调配尽量满足工艺要求。

除工艺润滑油调配以外，对工艺润滑油性能检测和使用管理也相当重要。

5.1.6.11 轧制油的循环利用

铝冷轧机及铝箔轧机在生产过程中，需要用轧制油冷却和润滑轧辊、轧料，乳制油的质量和纯度，直接影响轧制工艺参数和轧制材表面质量，铝带箔加工过程中，轧制油受到两方面污染：（1）铝粒、氧化铝和尘土颗粒的污染；（2）重油的污染，如润滑油、液压油。对于固体杂质，可在工艺中设置板式过滤器；对于可溶性重油污染，截至目前我国还没有针对轧制油重油污染处理的工艺技术设备。一般当轧制油中重油含量达到一定数值时进行报废处理。这样随着轧制油使用时间的增加，重油含量增加，使带材退火后的表面质量降低，特别是在临近轧制油报废时，将一定程度地影响带材的表面质量，增加废品量。废轧制油一般低价销售或当做燃料燃烧，与我国能源短缺现状、可持续发展以及循环经济发展的方向相违背。近年来，我国铝带箔加工业进入了一个高速发展时期，一批高技术水平、装备先进的带箔厂正在建设中。原有的带箔厂也积极进行技术改造，扩大产量，提高产品质量和成品率，以求生产高质量、高附加值的高档带箔。在提高轧机装备水平的同时，对轧制油的使用也提出了更高的要求。引进国外先进的铝带箔轧机轧制油处理装置，是提高我国铝带箔产品的有效途径，但需要花费大量的外汇，增加设备的投资成本。国外此类设备的投资一般是国内设备投资额的 3 倍或更高。

为此，洛阳有色金属加工设计研究院金通设备有限公司开展了铝带箔轧机轧制油再生装置的研发。通过减压蒸馏原理，将轧制油从混合油中提纯出来，使用中针对铝箔轧制油高温下容易碳化、裂解的特点，采用高真空度运行的方法，降低轧制油的沸点，使再生过程维持在一个物理处理过程，因而不会破坏轧制油的组织结构，保证了轧制油的理化性能。采用了具有国际先进水平的真空精馏技术再生铝轧制油。装置运行介质属火灾危险源，为防止装置在非正常条件下运行及消除安全隐患，设计中采用多级多点连锁报警保护及自动和紧急停车功能。其计算机控制、人机界面和完善的报警保护功能，以及便于安装、维修的壳装设计均达到国际先进水平。投资费用仅为国外同等装置费用的 1/3。装置研制成功后，市场反应积极，经济效益显著。以一台中等规格的中轧机为例，按轧机每年更换三次轧制油、每次更换 40000 L 计，每年可节约新油使用量约 100 t，扣除运行费用，节约直接成本约 40 余万元。极大地减少了废轧制油的报废量，避免了因导油、运输、处置产生的跑、冒、滴、漏现象，减少了轧制油对周围环境的污染；同时，提高了带箔加工厂清洁生产与循环经济水平。目前全国约有 300 余台现代化铝箔轧机，该产品有着广阔的市场前景。近日通过了中国有色金属工业协会的科技成果鉴定，填补了国内铝带箔轧机轧制油再生领域的空白。

2005 年 4 月，我国第 1 台机组在美铝（上海）铝业有限公司投入运行。检测结果表明，再生后的轧制油理化性能完全满足美国铝业轧机用油标准。投入生产一个月，再生轧制油 40t。轧制油污染产生的次品率降低 50%，并降低生产成本约 10 万元。

5.1.7　铝箔轧制的板形控制

5.1.7.1　弯辊控制

现代化的铝箔轧机都配备有液压弯辊系统。当轧制产品出现对称板形缺陷时，采用弯辊系统来控制会收到良好的效果。当材料的出口板形与目标板形相比，呈现中间紧、两边松时，采用负弯辊控制来调整；当材料的出口板形与目标相比，呈现中间松、两边紧时，采用正弯辊控制来进行调整。当误差较大时，可适当加大弯辊力。

由于铝箔轧制所希望的板形是中间紧、两边松，因此，在实际生产过程中，经常采用负弯辊控制。一般的控制范围为 −50% ~ −80%。装有板形仪的轧机，还可以实现弯辊自动控制。

5.1.7.2 喷淋控制

喷淋控制是铝箔生产中最为常用的一种板形控制方法。其控制原理，就是通过对局部冷却液流量的调整，来改变轧辊局部的热凸度，从而起到控制板形的作用。例如，如果轧机操作人员在生产过程中发现产品局部偏松时，就可以相应加大偏松部位所对应轧制油喷嘴的流量。由于轧制油的温度远低于变形区内轧辊的温度，加大轧制油流量后，其相应部位轧辊的热凸度就会减小，这样就可以相应地减小偏松部分的变形量，从而达到改善板形的目的。

由于喷淋控制的调整比较灵活，适用的范围广，调整的效果也较好，所以，在铝箔轧制过程中，喷淋控制是控制板形最常用的一种手段。从理论上讲，喷淋调节可以对任何板形缺陷进行控制，但它受到两个条件的限制：一是当采用 AFC后，其响应速度较慢，一般为 8 ~ 12s，而倾斜、弯辊控制的响应时间仅为 1s 以内；二是轧制油的流量及油温受工艺润滑及冷却的限制，流量不能过大也不能过小，油温不能过高也不能过低。

5.1.7.3 调整轧制工艺参数

（1）压下量。改变道次压下量，可以改变轧制过程中由于变形而产生的变形热量，从而使轧辊的热凸度发生变化。道次压下量增加，变形热增加，轧辊热凸度增大；反之亦然。因此，当轧制成品出现边部波浪时，可以考虑适当增加压下量，加大轧辊热凸度，使边部波浪得到修正。但压下率的改变，必须在保证产品质量的前提下才能进行。一般来讲，铝箔轧制的道次压下率的范围是 40% ~ 60%。过高或过低，都会影响产品质量。

（2）张力。调整轧制过程中的张力，可以改变材料在变形区内的受力情况，尤其是后张力的作用更为明显。后张力增加，会促使轧制材料的变形率增大，从而会使轧辊的热凸度增加。因此，当出现边部波浪时，可以适当增加张力，通过增加轧辊热凸度来调整边部波浪。当出现中部波浪时，可以适当减小张力。

采用张力调整时还应注意，箔材在张力的作用下，尤其是张力较大的情况下，看到的板形也许是良好的，但当将张力撤掉或减小时，箔材就会出现板形缺陷，这就是我们常说的"假板形"。因此，在实际生产过程中，在保证产品质量的前提下，应该尽量采用小张力轧制，因为只有这样，才能在轧制过程中最大程度地反映产品的真实板形，从而可以采取相应的调整措施，提高板形控制水平。

　　（3）轧制速度。在铝箔轧制过程中，轧制速度的增加，会使轧制变形区的温度变化加快，从而轧辊辊型发生变化，轧制出的铝箔板形也会随着辊型的变化而发生改变。

　　根据热力学原理，轧制速度增加，轧制过程中产生的变形热变增加，轧辊的热凸度变大，这时生产中的产品会产生中间波浪。因此，在产生中间波浪时不能提高轧制速度。在实际生产过程中，我们可以尝试有意识地让产品产生轻微的边部波浪，然后提高轧制速度，通过提高轧制速度来提高轧辊的热凸度，以引来实现调整轧制条件下的板形控制。这种方法尤其对于精轧，是十分有效的。但在实际运用中，一定要根据现场设备、工艺的具体情况，灵活掌握。

　　在轧制速度不超过 800m/min 时，可以用手动控制板形。但当轧制速度超过 800m/min 时，为了获得良好的板形质量，就必须采用板形自动控制系统。

5.2　铝箔精合卷

5.2.1　概述

　　在铝箔轧制的最后几道次，轧辊已经相互压靠，工作辊身在铝箔宽度及外部分也相互接触。这样，当进一步增大轧制力时，只能引起轧辊和机架的变形而不能使铝箔就薄。这时的铝箔厚度称为铝箔的极限轧制厚度。极限轧制厚度可按下式计算：

$$h_{\min} = 3.58D\mu k / E$$

式中　　$h_{\min}$——铝箔的极限轧制厚度，mm；

　　　　D——工作辊辊径，mm；

　　　　μ——带材和轧辊之间的摩擦系数；

　　　　k——金属平面变形抗力，MPa；

　　　　E——机械弹性模量，MPa。

　　由于铝箔轧制的真实变形阻力和摩擦系数尚没有准确的实际数据，所以按上式计算出的极限轧制厚度和实际情况会有一定的出入。实际上，当轧辊直径为230～300mm 时，都可以轧至 0.012mm。辊径大，工艺条件的相互配合也就更严格。

　　实际轧制工艺还表明，最小轧制厚度还与轧制宽度有关。例如，即便采用最好的轧机，由最有经验的操纵手来操作，当箔材宽度大于 1m 时，要轧出0.01mm 以下的铝箔是很难的。这一点公式是反映不出来的。

　　铝箔的轧制是有一定的极限厚度的，为了获得厚度小于 0.01mm 的铝箔，必须在最后一个轧制道次之前进行双合。双合轧制可以获得小于轧制极限厚度的成品铝箔厚度；双合轧制比单张轧制能承受更大的张力，可以减小断带次数；还可以提高生产效率；并能获得一面光、一面暗的铝箔。

当单张成品要求厚度大于 0.025mm 时，通常都不采用双合轧制。双合时要在两张铝箔间喷基础油，否则分卷困难。双合的同时一定要切边。

5.2.2 铝箔合卷的方式

双合可在轧机上和轧制同时进行，也可以单独设合卷机。从操作效率和投资来看，精轧机超过 3 台时，单独设合卷机是适宜的。

5.2.3 铝箔合卷质量要求

具体要求如下：

（1）两张合卷的铝箔厚度应均匀、厚度偏差不大于 ±3%。

（2）合卷前双合面均匀地喷上双合油，合卷后每侧切边 10~15mm。如双合油喷不均，轧制后暗面将产生色差。合卷切边是为了切去边部裂口，同时保证两张双合轧制的铝箔宽度一致。

（3）合卷时不能有起皱、打折现象，对单独合卷的铝箔，两张铝箔的张力尽量一致，张力一般为 10~20MPa，避免一张松，一张紧，这些缺陷的存在，容易引起轧制断带。

（4）切边应无裂口、毛刺、夹边。

（5）对单独合卷的铝箔要求端面整齐、无窜层，卷取张力控制要合理，避免出现松卷或"起棱"。

5.3 铝箔分卷

在铝箔精轧后要进行分卷分切、成品退火、检查等后续工序。分卷是双合的逆工序，分卷工序要完成下列作业：

把铝箔卷到适合下工序或用户要求的卷芯上；

根据用户要求把铝箔的光面或暗面卷到外边；

对轧制产品的品质进行检查，如厚度偏差、砂眼数量、表面品质等；

切成用户要求的宽度或分切成 4~6 条，纵向分切条数再多会影响分切效率和成品率；

卷成用户所要求的长度或卷径；

对分卷后要退火的产品要控制卷取密度，缠绕过紧会影响轧制油挥发，过松会造成松卷或起棱。松紧程度可用空隙率来表示，空隙率的计算公式如下所示：

$$空隙率 = \frac{理论质量 - 实际质量}{理论质量} \times 100\%$$

$$理论质量 = (\pi/4) \times (D - d) \times L \times 2.71$$

式中　　D——卷材外径，mm；

　　　　d——卷材内径，mm；

　　　　L——箔材宽度，m。

经常生产的箔材分卷后的空隙率见表 5-10。

表 5-10　箔材分卷的空隙率

宽度/mm	厚度/m	空隙率/%	宽度/mm	厚度/m	空隙率/%
0.07	1.0 ~ 1.2	12 ~ 13	0.009	1.0 ~ 1.2	10 ~ 11
0.007	0.26 ~ 0.30	8.5 ~ 9.5	0.012	1.0 ~ 1.2	7.0 ~ 8.0
0.008	1.0 ~ 1.2	10 ~ 11	0.014	1.0 ~ 1.2	7.0 ~ 8.0

5.4　铝箔的分切

5.4.1　概述

铝箔分切是普通素箔加工工艺中的最后一道工序，通过分切把铝箔切成用户所需要的宽度和长度，卷到用户所需要的卷芯上。与此同时，对铝箔的厚度和表面品质进行最终检查。

用户总是希望得到最适合自己使用的宽度和长度（在成卷使用时是卷径）。现代化分切机都装有定尺自动控制装置，控制精度一般为剪切长度的 ±3%。

而加工厂常希望用一台分切机来满足各种用户，分切不同规格的铝箔。但实践证明，分切机的实用性与通用性是有很大矛盾的，对于分切宽度和厚度的选择首先要考虑产品的品质和效率。

5.4.2　双合轧制铝箔的分切

双合轧制铝箔可在分卷机上分切。当箔材宽度在 1200mm 时可分切成 4 条，当铝箔宽度为 1800mm 时可分切为 6 条。分切条数过多则会影响成品率和操作效率。

5.4.3　多条分切

多条分切时要选用单独的分切机。分切条数不仅和分切机的性能有关，和箔材平整度的关系更为密切。平整度越差，分切条数越多，越容易断带，分切品质和效率越低。为确保剪切品质和效率，建议按下列经验数据确定分切条数。

5.4.4 分切机和分切厚度

用一台分切机来分切 0.006 ~ 0.2mm 厚度的铝箔是不可能的，因为张力调节范围有限。在 0.006 ~ 0.2mm 最好分为三挡：薄剪 0.006 ~ 0.03mm；中厚剪 0.03 ~ 0.05mm，厚剪 0.05 ~ 0.2mm。中厚剪既可用来分切中等厚度的铝箔，也可用来分切香烟衬纸箔。在分切条数较少时，可选用两个挡次：0.006 ~ 0.02mm 和 0.02 ~ 0.03mm。

5.4.5 分切过程的质量控制

分切过程要防止箔材表面擦划伤及金属压入，同时也要防止切边废屑卷入。切边要整齐，不得有毛刺，纵剪必须检查清理各辊系的脏物、黏铝和非金属杂物。辊面粗糙度要保证为 1.6μm，对不合格的料头、料尾一定要切掉，对铝箔表面的轧制油要用清辊器清理，使轧制油油膜均匀，纵剪的周围环境要达到用户所要求的质量要求。

5.5 铝箔的清洗

高速铝箔轧机工艺润滑油采用的是低黏度、窄馏分的基础油，轧制时都不采用清洗工艺。低速铝箔轧机采用的是高黏度工艺润滑油，在成品道次前需要清洗（双张铝箔有的不清洗），采用一边轧制，一边清洗工艺。清洗的目的是去除铝箔表面的高黏度轧制油和脏物，防止成品退火出现油斑、粘连、降低铝箔针孔数量。常用清洗剂为汽油和煤油的混合液。

5.6 铝箔的二次加工

铝箔的二次加工是铝箔的深加工，主要包括以下内容。

5.6.1 重卷

重卷是把铝箔重新缠绕到所要求的芯轴上，卷成规定的长度，其典型的用途是家庭用箔。通常厚度为 0.015mm，宽度有 250mm、300mm 两种，卷芯直径为 25 ~ 45mm。现代化大生产机列可以实现从重卷到包装的全过程自动化生产。

5.6.2 压花

5.6.2.1 铝箔压花技术概述

压花是使铝箔通过带有花纹的辊子，在表面形成各种图案的花纹。大多数用于表面装饰，以提高装饰效果。花纹刻在钢辊上，对应的另一个辊子是纸组合辊或石棉辊、橡胶辊。在压花前，要先在纸辊上滴少量的水进行跑合。最常用的花纹是香烟的方格花纹。花纹可以压在光面上，也可以压在暗面上。

压花铝箔的厚度一般为 $0.025 \sim 0.50mm$，宽度不大于 $1320mm$；裱纸铝箔的厚度为 $0.007 \sim 0.02mm$，纸厚为 $20 \sim 150g/mm^2$，材料宽度不大于 $1320mm$。铝箔压花关键技术在于花辊的设计与制造及花纹的模压。

5.6.2.2　压花生产工艺操作要点

具体要点如下：

（1）铝箔未压花前花辊应分离，以免损伤纸辊；

（2）开车后，压花辊在运转中达到规定的温度方可加压；

（3）压花过程中，铝箔张力要控制适当，过大会使花纹模糊，而过小则容易起皱、窜层等；

（4）如压花辊黏上铝箔或纸屑应迅速停车，用铜刷刷掉。如果纸辊黏上铝箔或纸屑应用钢针顺着花纹将黏结物去掉；

（5）设备运转过程中，来料如有夹杂和接头时，应分离压花辊，防止损伤纸辊面；

（6）钢辊由于工作时间长，发热发出响声，铝箔向上黏起或出现波浪，此时应停止压花，并用水磨冷却辊；

（7）压花生产 150h 后，如要再度模压，模压时要喷清水，不得含碱或用热水，这样会降低纸辊寿命。

5.6.3　切块

大多数铝箔是在自动机列上呈卷状使用，但也有个别场合是呈块状应用的。块状铝箔的尺寸主要取决于用户的要求。

5.6.4　复合

复合是把铝箔卷和另外一种成卷的带材在开卷中用黏结剂黏合在一起，再重新卷取的过程。根据使用黏结剂的种类不同，复合可能性分为湿式、干式、热融式、聚氯乙烯挤出式。通过复合可提高强度，改善透湿度和加工的适应性。

5.6.5　涂层

5.6.5.1　概述

涂层就是在铝箔表面均匀地涂上一层有特殊要求的，具有一定功能的胶、漆、蜡、颜料等，经干燥或凝固后它们能与铝箔牢固地结合在一起。所有的铝箔，无论是素铝还是复合箔，不管是硬状态还是软状态，不论是一面光还是两面光，都可以进行涂层加工。根据涂布物质的不同，可以得到种类繁多、性质各异的多种类型的铝箔。

根据涂料的种类和产品使用要求不同，铝箔涂层加工的工艺有多种。

着色铝箔一般为：厚度不大于 0.2mm，宽度不大于 1320mm，退火状态。

5.6.5.2 着色铝箔的一般工艺参数

着色铝箔的一般工艺参数为：生产速度不大于 150m/min；烘干温度为 60~120℃；涂层厚度为 1~2g/m^2；着色剂调制温度不高于 50℃。

5.6.5.3 着色铝箔产品质量指标及其影响因素

（1）质量指标。铝箔着色主要要求表面颜色均匀、牢固、耐晒，不得有明显的变色、褪色、发霉、麻点、白点等缺陷。

（2）主要影响因素有：颜料粉的质量直接影响着表面的色调和耐晒度；清漆的选择影响着色膜的坚韧、耐磨、透明性和附着力等；涂敷速度过高会使颜色变深及造成涂膜固化不彻底而发黏；烘干温度要与生产速度相匹配，过高易造成着色层老化，颜色变更；铝箔过厚容易生产表面"空白"缺陷，铝箔表面有油污也会造成着色膜牢度不够，色泽不均等。

5.6.6 多色印刷

多色印刷可以看作涂层加工的一个特例，它是几个断续而又有规律的涂层的结合。

5.6.7 多种精加工的组合

根据使用要求不同，可把几种不同的精加工工序组合起来，制成多层组合铝箔。目前，市场上应用比较普遍的 PTP 药用铝箔就是树脂涂层和印刷、着色的复合箔。

5.7 铝箔产品质量评价和影响因素

评价铝箔质量水平的指标主要是铝箔轧制的最小厚度、铝箔的成品率和针孔等三个方面的内容。而铝箔可以轧制的最小厚度是铝箔的生产水平、质量水平的重要标志。铝箔越趋于薄型，生产技术难度越大。

铝箔轧制是一门特殊的压延技术，由于产品的厚度小，铝箔轧制具有与板带轧制明显不同的特点，同时技术难度也是比较大的。图 5-5 是轧件的一组典型的塑性曲线。由图可以看出，随着轧件厚度 h 的减小，轧制压力 P 对压下量 Δh 的影响也减小。当轧件厚度达到最小极限厚度 h_0 时，无论再施加多大的压力也不能进一步获得任何压下量。同时，随着轧件厚度的减小，辊隙传递系数 f 也减小，如图 5-6 所示。

$$f = \frac{\Delta h}{\Delta s} < 1$$

式中　Δh——轧件厚度的变化量；

　　　Δs——辊缝间隙的变化量。

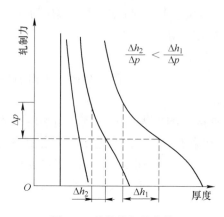

图 5-5　轧件的塑性曲线

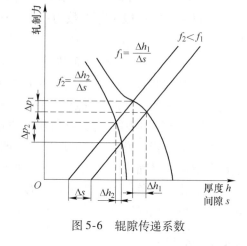

图 5-6　辊隙传递系数

当轧件厚度减小到一定限值时，必须使轧辊间隙成为负值，才能获得所需要的压下量（见图 5-7）。此时，上、下轧辊不仅互相接触，而且紧密压靠，使轧辊表面产生压扁变形，轧辊间隙 s 为负值，这种轧制称为极限轧制或负辊缝轧制。铝箔必须进行负辊缝轧制。在负辊缝轧制条件下（见图 5-7），增加轧制压力已经对压下量不起作用。此时，调节压下装置只能改变产品的平整度，而不能改变其厚度。实际使用的轧

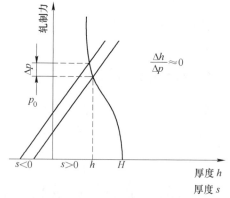

图 5-7　负辊缝轧制示意图

制压力则是由预加压力和轧辊弧度所决定的，而不是像板带材轧制那样，轧制压力是由材料的变形抗力所决定的一个确定的数值。在铝箔轧制中，轧制速度和后张力成为调节压下量的两个主要的控制因素。

当轧制速度增加时，油膜厚度增加，使摩擦系数减小，压下量增加；同时轧制速度的增加使变形区的铝箔温度上升，从而使金属的变形抗力减小，压下量增加。但当轧制速度在给定的冷却条件下超过一定限值时，轧区温度的上升将使润滑条件变坏，从而影响铝箔的表面质量。

增加后张力易使轧辊压力减小，或者当压力不变时使压下量增加。但后张力

过大或过小，可能造成铝箔断裂，或出现斜角、起泡、褶皱等缺陷。因此，轧制速度和后张力必须在有限范围内进行严格控制和调节。

由于铝箔的厚度很小，隐藏在坯料内部的各种缺陷，如夹杂、气泡、外来杂质，以及粗大第二相粒子、不均匀的毛料组织等，都将随着产品厚度的减小而逐步暴露出来，对铝箔轧制和产品质量产生不良影响，如形成穿孔或裂缝，严重时将使铝箔断裂或轧辊损坏。铝箔中的针孔数随着夹杂、化合物尺寸的增加而增加，并且随铝箔厚度的减薄而呈指数函数增加。存在于坯料表面的各种缺陷，如擦伤、起皮、水斑、灰污等，也将以拉长的形式继续存在于铝箔表面，当压下量达到一定程度时，也会使铝箔穿孔或断裂。材质的性能愈不均匀，硬化率越大，则越容易产生针孔。因此，用于轧制薄箔的铝箔毛料必须具有优良的内在质量和表面质量。

可见，生产高质量的薄箔产品，必须严格控制轧制工艺参数和使用质量优良的铝箔毛料。因此，铝箔可轧制的最小厚度反映了一个国家的铝箔生产工艺和质量水平的合理性及先进性。目前，大规模工业化生产的铝箔最小厚度可以达到 0.0045 ~ 0.0055mm。

铝箔针孔也是衡量铝箔质量的一个重要的指标。对双张铝箔来说，没有针孔是不可能的，但针孔的数量和大小不能超过临界值。我国在这方面也有相关的国标规定。实验证明，针孔的透气性是临界的。如果铝箔的针孔超过临界值（针孔直径 5μm，数量 1000 个/m^2），就会影响铝箔的防潮、保鲜、遮光和耐蚀性等，从而对包装质量和其他使用性能（如复合）产生不良的影响。目前可以使 6.5 ~ 6μm 厚铝箔的针孔数控制在 100 个/m^2 以下，优质箔的针孔数少于 50 个/m^2，通过严格控制 Si、Fe 杂质含量和生产工艺，已可生产出无针孔的 7μm 及以上厚度的铝箔。

针孔产生的原因很多（见图 5-8），其中最根本的原因是材质内部缺陷或轧制介质，第二相颗粒等，破坏了该厚度下成品的连续性，也即塑性变形不能使材

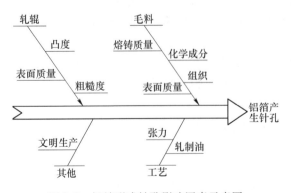

图 5-8 铝箔形成针孔影响因素示意图

质连续，从而产生针孔，严重时会造成断带。当铝箔厚度减薄时，针孔数随材质中的含气量、杂质量和化合物尺寸的增加而增加；材质的性能越不均匀，硬化率越大，而越易产生针孔。铝箔毛料显微组织粗大第二相对针孔率的影响和加工硬化程度密切相关。在铝箔加工过程中，如果轧制硬化程度较高，则变形抗力增大，塑性变差，粗大第二相很容易成为裂纹源，通过裂纹扩展而形成针孔。从针孔产生的原因看，为减小针孔，除改进轧制工艺、改善轧辊表面质量、减少环境和油品污染等以外，必须严格控制铝箔毛料的质量，改善显微组织和相分布等。

　　成品率是影响生产效率和经济效益的重要因素。铝箔越薄，成品率越高，则技术难度越大，经济效益也越可观。目前，厚度 0.007mm 的成品率在 85% 以上，0.006～0.0065mm 厚铝箔的成品率可达 80% 以上。

5.8　铝箔生产可能出现的各种缺陷名称和产生原因

5.8.1　开缝

与轧制方向平行的纵向裂缝，其长度可达数米至数十米，产生原因是：
（1）来料铝箔不平整，两边紧、中间松，或一边紧、一边松；
（2）卷取轴上熨平辊的压力不平衡；
（3）出料侧接触铝箔的小木棒位置不正；
（4）压在轧辊表面的毡条厚薄不匀，两边厚、中间薄。

5.8.2　褶皱

卷取铝箔有褶皱，产生原因是：
（1）开卷张力过紧或过松；
（2）压下装置不平衡，轧出铝箔横向松紧不一致；
（3）轧辊磨削质量不好，辊身各部位的光洁度不一致；
（4）轧制油分布不均匀；
（5）轴承油和冷却水使用不当，轧辊两端温度有差别；
（6）卷取张力太小，或开始卷取时铝箔卷绕不平；
（7）熨平辊的压力不平衡；
（8）卷取轴与轧辊轴线不平行。

5.8.3　起泡

局部压下量过大所产生的松弛现象，产生原因是：
（1）开卷张力太小；

（2）毡条上黏附污屑，使毡条各部位与轧辊表面压靠的松紧程度不一致；

（3）轧辊局部温度过高；

（4）新磨削的轧辊表面光洁度不均匀；

（5）清洗时轧辊局部缺油发热；

（6）轧箔机局部供油量不足。

5.8.4 夹杂

金属碎屑或非金属夹杂物，产生原因是：

（1）熔炼时灰渣未除清，或在浇铸过程中由于铝液冲击产生氧化杂质进入铸锭内部；

（2）铸锭表面有氧化杂质、裂纹、冷隔等缺陷；

（3）坯料卷带轧制时，立导辊与铝带边缘摩擦所产生的铝屑被压入卷带；

（4）轧箔机的毡条或木棒上沾有铝屑被压入铝箔；

（5）双合切边时，边部碎屑被卷入铝箔；

（6）车间环境不清洁，灰尘落在铝箔上；

（7）将铝箔放在有灰污的地面上。

5.8.5 水斑和霉斑

灰白色的斑渍，产生原因是：

（1）将产品堆放在潮湿地点；

（2）将茶杯或汤碗放在铝卷上；

（3）水滴落在出料侧的热铝箔表面；

（4）环境温度变化使空气中的水分凝结在铝卷内。

5.8.6 油斑

退火时产品表面的轧制油未完全挥发而形成的黄色或棕色斑渍，产生原因是：

（1）退火温度过低或时间过短；

（2）铝箔未清洗干净；

（3）轧制油黏度过大或植物油添加量过多；

（4）轴承油渗入铝箔边部。

5.8.7 飞边

双合切边时切下的边条进入铝箔卷内，产生原因是：

（1）吸边管道堵塞；

（2）铝箔边缘不齐，切边操作时未及时调整铝箔卷位置；

（3）铝箔轧制过程中用刀片割取边条测定厚度时割边过宽。

5.8.8　端面不齐

铝箔边缘参差不齐，产生原因是：

（1）来料铝卷端面不齐；

（2）三道轧箔机进料侧的纠偏装置失灵；

（3）进料侧导辊与轧辊轴线不平行；

（4）卷取轴套筒的同心度不好。

5.8.9　碰伤

箔卷外层和端面被碰伤，产生原因是：

（1）搬运时不小心；

（2）堆放架上有杂物。

5.8.10　针孔

铝箔背面照光时凭肉眼可见的微孔，产生原因是：

（1）铝液内氧化杂质未清除干净；

（2）坯料卷带受潮腐蚀；

（3）轧制油供应不足、压下量过大或轧辊温度过高，轧出产品表面有肋骨形热压条纹（俗称"麻皮"）；

（4）轧辊表面有凹坑；

（5）张力过大；

（6）轧辊、导辊或铝箔表面粘有铝屑或灰污；

（7）双张叠轧时未将清洗过的外表面翻成内表面；

（8）导辊表面有伤痕。

5.8.11　裂边

铝箔边缘有裂口，产生原因是：

（1）轧辊轴承的润滑油或冷却水流量过大，使轧辊两边温度过低；

（2）轧制压力太小；

（3）退火温度偏低或时间太短，坯料卷带性质偏硬；

（4）来料边缘不整齐；

（5）来料切边不光滑，边缘有毛刺；

（6）轧过宽度小的产品后，紧接着轧制宽度大的产品；

(7) 开卷张力过大。

5.8.12 缺油

轧制油供应不足，造成断带，产生原因是：
(1) 供油阀关闭或流量过小；
(2) 毡条不清洁。

5.8.13 搭边

铝箔成品退火后边部黏，开卷时造成断带，产生原因是：
(1) 退火时铝箔表面油膜未全部挥发，并有残余物滞留在铝箔边缘；
(2) 退火炉烟囱堵塞，油烟滞留在炉膛内并重新从端面渗入铝箔；
(3) 轧制油黏度过大或植物油添加量过多，退火时形成黏性残余物；
(4) 铝箔表面的轧制油过多，退火时油烟来不及从箔卷两端排出；
(5) 黏度较大的轴承油从辊身两端渗入铝箔边部。

5.8.14 厚薄不均匀

整卷铝箔偏厚、偏薄或忽厚忽薄，产生原因是：
(1) 坯料卷带厚度不符合公差要求；
(2) 坯料卷带退火不均匀；
(3) 轧辊温度不稳定（例如，用冷轧辊开始轧制时）；
(4) 轧制油成分变化（如操作人任意在油箱内加煤油或植物油）；
(5) 铝箔来料或在轧制过程中断头多，经常停机；
(6) 开卷机摩擦制动器的垫片损伤，使张力波动；
(7) 双张叠轧时，两张铝箔厚度相差过大。

5.8.15 麻皮

铝箔表面肋骨状或斑马纹，又称热压印。产生原因是：
(1) 轧辊温度过高；
(2) 压下量超过轧制油的承压能力；
(3) 进料铝卷温度过高。

5.8.16 表面亮斑

双张叠轧时，在铝箔接触面（无光面）出现弥散性的大面积亮斑，产生原因是：
(1) 铝箔叠轧前未经清洗或清洗不干净；

（2）双张叠轧时未将清洗过的外表面翻成内表面；

（3）四道轧箔机所用轧制油的黏度过大；

（4）末道轧箔机的毡条被污物堵塞，轧制油不能顺利渗透。

5.8.17　斜角

轧出铝箔两边拉伸不均匀形成的倾斜褶皱，产生原因是：

（1）开卷张力太小；

（2）两边压下装置不平衡；

（3）来料铝箔两边松紧不匀；

（4）两边轴承温度差别较大；

（5）毡条两边对轧辊压靠松紧不一致。

5.8.18　翘边

铝箔两边或单边松弛，呈波浪形翘曲，产生原因是：

（1）压下装置施加的压力过大；

（2）轴承温度过高；

（3）来料边缘参差不齐，松紧不匀；

（4）来料边缘有油斑。

5.9　铝箔轧制过程中油泥形成分析

在铝箔轧制过程中生成黑色油泥是铝箔生产企业的一个普遍性问题。由于油泥黏着在轧辊、辊道表面，难以清除，并通过轧辊和辊道转移到轧件表面，形成退火油斑和造成其他质量问题。为了减少油泥的影响，各厂家采取停产清洗轧辊、更换油品及其他工艺措施，可取得暂时的效果，但未从根本上解决问题，时隔不久又有油泥大量生成。中南大学机电工程学院的周亚军、毛大恒等人通过对在铝箔轧制过程中采集到的油泥样品进行分析，解析了油泥的物质组成，并结合铝箔轧制工艺、润滑油的性能，探讨油泥的形成机理，以寻找减少或抑制油泥形成的对策，为解决轧制过程中油泥污染提供了一个新的途径。并于2006年在《中国有色金属学报》上发表了他们的研究成果《铝箔轧制过程中油泥形成机理》。其研究主要得出以下结论。

5.9.1　油泥物质的组成及来源

分析油泥的物质组成是了解其来源和解释其成因的重要手段。采用石油醚浸取和烘干称重法，测得油泥中油约为60%，其中易溶解于石油醚的物质约为

49%，其余部分难溶于石油醚。但在 (250±10)℃温度下可挥发或裂解的物质约为11%，固体物约为40%。油泥中渗附油品的化学成分与轧制润滑油基本一致，是由基础油、脂肪醇和酯等物质组成的混合物。油泥经石油醚浸取后，在相当于铝箔轧制工艺退火温度250℃下烘干，大约有11%的物质被挥发或裂解。其中，一部分可能是化学吸附的铝箔轧制添加剂。其吸附能较大，在常温下难以被石油醚解吸。硬脂酸在金属表面为化学吸附，其吸附层可达近数十个分子层厚，铝材轧制添加剂以多分子层吸附于摩擦副表面，形成薄膜润滑。另一部分可能是轧制润滑油氧化生成的酸、胶质和不溶性沉淀物。

油泥中的固体物主要为黑色粉末和银白色铝箔。对固体黑色粉末进行 X 射线衍射分析，可以确认样品为金属纯铝。这表明油泥的固体粉末物质是轧辊表面与铝箔之间相互摩擦所产生的磨屑。由于在钢铝摩擦副中，铝材的硬度仅是钢的硬度的 1/5~1/6，故磨损作用多发生在硬度低的铝材一侧。而铝材表面氧化膜的剪切强度高于基体金属的剪切强度，以及压力加工过程中铝材表面加工硬化等因素的综合作用，摩擦剪切作用多发生在金属基体中，而不是在氧化膜处，所以油泥中的固体粉末为金属铝粉。

由以上分析表明，油泥是由铝屑、片状铝箔、基础油、添加剂及其氧化物组成的黏稠状混合物。由于该物质黏附于轧辊和轧件表面，难以清洗，所以在铝箔退火后，表面出现黑色斑痕，产生黏卷，严重影响产品质量。

5.9.2 磨屑的表面物质结构

在铝箔轧制过程中，轧辊的粗糙度一般为 0.2~0.04μm。因而，轧辊与轧件摩擦而产生的磨屑粒径小，具有很高的比表面积。对磨屑进行比表面测试，其比表面积高达 84.25m²/g。据此比表面积可计算出磨屑的平均粒径为 0.0025μm。

对铝屑表面的红外光谱分析可知，在波数 897cm⁻¹处有一明显的吸收峰。该吸收峰为 Al_2O_3 的特征吸收峰。并在波数 1610cm⁻¹和 1440cm⁻¹处有弱的吸收峰，出现了脂肪酸盐的特征吸收峰。这表明磨屑表面可能有氧化铝及脂肪酸铝盐的存在。

进一步对铝屑表面进行的 XPS 分析结果表明，铝屑表面化学元素为 C、O、Al，其中 $w(C)=35.59\%$，$w(O)=33.83\%$，$w(Al)=30.58\%$。Al_{2p} 的电子结合能为 74.8eV，对应的化合物是 Al_2O_3。而 X 射线衍射分析结果已表明铝屑中晶相物质只有金属铝而无氧化铝，故铝屑表面应是无定形结构的 Al_2O_3。O_{1s} 的电子结合能为 531.20eV，对应的是 Ag、Ca、Mg、Mo、Al 等多种金属的氧化物；Cl_s 的电子结合能为 284.700eV，对应有苯、苯环、甲基、聚酯等有机化合物或基团。这些分析表明铝屑表面膜主要由无定形的氧化膜、脂肪酸铅盐及其吸附或黏附的润滑油及其氧化产物组成。

5.9.3　轧制工艺与油泥形成的关系

油泥的物质组成和结构表明，油泥是铝箔轧制过程中摩擦及摩擦化学的产物，与轧制工艺有着密切的关系。铝箔轧制过程具有轧制速度快、轧制压力大、摩擦接触界面温度高的特点，其塑性变形区通常处于以边界润滑为主的混合润滑状态。当出现润滑油油膜薄、油膜强度偏低、变形区接触压力过大等不利因素时，边界润滑膜遭到破坏，使微凸体接触点大大增加，摩擦磨损加剧，产生大量的微小铝屑。在静电引力、化学吸附力及物理吸附力等多因素的综合作用下，这些铝屑互相碰撞，相互聚集，形成更大颗粒。

在铝箔轧制工艺条件下，大部分轧制能转换为摩擦热和金属塑性变形热，使轧件表面温度上升到 80～100℃，轧辊表面温度达 60～70℃，而塑性变形区温度更高。高温加速了润滑油的氧化。在摩擦条件下，润滑油很易氧化成过氧化物、醇和酮，然后进一步氧化变成羟基脂肪酸、脂肪酸、醛、含氧酸等。过氧化物和有机酸与铝、氧化铝反应，形成脂肪酸铅盐。在受热和氧的作用下，羟基脂肪酸、脂肪酸、醇失水缩合生成内酯、交酯和半交酯，进一步形成胶质及其他不溶性化合物，使油品颜色加深，并产生不同形态的沉淀物。

此外，摩擦化学反应所生成的铝皂，在铝屑聚集成油泥的过程中起着重要的作用。虽然磨屑表面的铝皂数量不多，但铝皂长碳链的烃基为烷烃和添加剂分子通过烃链间缔合作用为物理吸附提供了条件。当硬脂酸定向排列时，互相平行的烃链间的吸附能高达 80kJ/mol。烃链间缔合自由能大大增加了铝屑与铝屑之间、铝屑与油品之间的作用力，加快了铝屑之间的聚集；而铝屑之间的毛细孔隙，进而又增加铝屑对轧制油的吸附，形成大颗粒的油泥。同时，铝屑表面的非极性基团与轧件和轧辊表面润滑膜的非极性基团相互作用，增加了油泥在轧件和轧辊表面的黏着力，因而油泥难以被润滑油完全清洗，黏附于轧辊和轧件表面。

5.9.4　轧制油性能与油泥形成的关系

5.9.4.1　轧制油的润滑性能对生成油泥的影响

铝箔轧制油是在轧制基础油中添加适当的油性化合物，以满足润滑性能和光亮退火的要求。当油品的润滑性能不足时，铝材表面磨损加剧，生成大量磨屑，为油泥的生成提供了凝结核的物质基础。

5.9.4.2　轧制油的酸值对油泥生成的影响

轧制油中的有机酸能与铝屑表面的 Al_2O_3 发生化学反应，生成脂肪酸铝盐（即铝皂），铝皂增加了铝屑与铝屑之间、铝屑与油品之间的作用力，加快了铝屑之间的粘连，增加铝屑对轧制油的吸附，促使油泥的形成。因此，轧制油中的有机酸越多,酸值越高,则越易生成油泥。

5.9.4.3 轧制油的碘值对油泥生成的影响

碘值是衡量轧制润滑油中不饱和碳链多少的量,关系到轧制油的抗氧化稳定性,它与轧制基础油精制工艺有密切关系。高碘值的油品含不饱和碳链多,这些不饱和碳链更容易断开,与氧和水发生化学反应,生成有机过氧化物,再分解成醇和酮,然后进一步氧化变成脂肪酸、醛、含氧酸等,使得油品中酸值升高,进而促使铝皂的生成。还有一部分断开的碳链,在 Fe_2O_3 及 Al_2O_3 的催化作用下,可再次聚合,生成胶质、漆膜等大分子量的化合物,与尘埃、磨屑黏合在一起形成油泥。

5.9.5 预防油泥形成的措施

油泥是在轧制生产过程中诸多因素的综合作用下生成的。预防油泥形成除了调整轧制工艺和强化油品过滤这些工艺措施外,更应加强油品管理,采用优质的轧制基础油和高性能的添加剂,提高轧制油的润滑性能和稳定性。此外,在生产过程中,对轧制油中添加剂含量实施动态监测,以保证添加剂始终在合理的范围内,减少轧辊与轧件的摩擦磨损,以达到减少直至消除油泥的生成。对于已生成油泥的轧制油,可采取如下方法来减少油泥的生成趋势。

5.9.5.1 添加极性物质

在润滑油的润滑性能不足的情况下,添加少量适宜的极性化合物,以提高轧制油的油膜强度,降低摩擦磨损,减少铝屑的产生,降低铝屑之间碰撞形成大颗粒的几率,从而达到减少或消除油泥的生成。在满足退火清洁性的前提下,添加少量 C14~18 的长链脂肪醇、酯类极性物,及其双元醇、双元酯和具有多个非极性基团的化合物,均可显著提高摩擦界面的油膜承载能力。

5.9.5.2 适当添加抗氧剂

在金属压力加工过程中,由于表面金属氧化物的催化作用,润滑油很容易形成自由基而氧化,易产生酸、胶质和不溶性沉淀。抗氧剂通过表面吸附作用降低表面的催化活性,或分解有机过氧化物而起作用,如酚类抗氧剂 T501。有些抗氧剂同时也具有一定的抗磨性能,如亚磷酸正三丁酯。

5.9.5.3 增加油品的清洗和分散性能

在产生油泥非常严重的情况下,加入含有适量环烷烃和异构烷烃的基础油,以降低油品的黏度,增加轧制油的润湿性和清洗性能,把磨屑从轧件和轧辊表面清洗下来。加入少量的无灰清净分散剂,可以将铝屑或生成的胶质及其他不溶性氧化物加以吸附并分散在油中。在油品循环过滤时,这些物质可被活性白土吸附,从轧制油中分离出来,不再进一步凝聚而形成油泥。

参 考 文 献

[1] 李献国. 有色金属加工[J]. 2003，5（10）：60 ~ 64.

[2] 姚若浩. 金属压力加工中的摩擦与润滑［M］. 北京：冶金工业出版社，1990：102 ~ 123.

[3] 耿英杰. 石油产品添加剂基本知识［M］. 北京：烃加工出版社，1986：15，82 ~ 88.

[4] 樊庆玉. 高速铝箔轧制的润滑［J］. 轻合金加工技术，1994（2）：21 ~ 24.

[5] 刘静安，谢水生. 铝合金材料的应用与技术开发［M］. 北京：冶金工业出版社，2004.

[6] 郑璇. 民用铝板、带、箔材生产［M］. 北京：冶金工业出版社，1992.

[7] 周亚军，毛大恒. 铝箔轧制过程中油泥形成机理［J］. 中国有色金属学报，2006，10（3）：459 ~ 463.

6　铝箔热处理

6.1　均匀化退火

6.1.1　概述

由于铸造过程的非平衡结晶，变形铝合金锭（包括生产铝箔材料用的铝合金锭）都要经过均匀化热处理。均匀化热处理是将铸锭加热到接近固相线或共晶温度，长时间保温后冷却到室温，使可溶解的相组织完全或接近完全溶解，形成过饱和固溶体以及少量弥散析出的细小质点。

6.1.2　均匀化退火的目的

均匀化退火的目的是使铸锭中的不平衡共晶组织在基体中分布趋于均匀，过饱和固溶元素从固溶体中析出，以达到消除铸造应力，提高铸锭塑性，减小变形抗力，改善加工产品的组织和性能。

6.1.3　均匀化热处理基本原理

铝合金铸锭在铸造过程中通常会产生晶内偏析、区域偏析和形成粗大金属间化合物，铝基体中固溶的主要合金元素也处于过饱和状态，铸锭有很强的内应力。均匀化热处理就是为了消除这些非平衡结晶，使偏析和富集在晶界和枝晶网络上的可溶解金属间化合物发生溶解，使固溶体浓度沿晶粒或整个枝晶均匀一致，消除内应力。均匀化工艺是基于原子的扩散运动。温度升高，扩散运动加速进行，因此，为了提高反应速度，通常采用较高的均匀化温度。

均匀化热处理可使铝合金中偏析的粗大第二相充分溶解或转变，在冷却过程中均匀析出，挤压时再次溶入基体，淬火时效后，均匀析出，充分强化。

6.1.4　均匀化工艺参数的确定

确定均匀化热处理工艺参数的关键就是保温温度、保温时间、冷却速度的选择。优选均匀化制度时，先找出过烧温度，然后确定保温温度，通过不同保温时间样品的对比，得出最佳保温时间，最后找出合适的降温方式和降温速度。通常采用的保温温度为（0.9~0.95℃）T_m。T_m 为铸锭实际开始融化温度。并低于平衡固相线或共晶温度 5~40℃。当温度超过合金的最低共晶温度，将发生共晶反应，显微组织中将出现复熔共晶球和晶间复熔物，导致晶界粗化，出现过烧现象。过烧的合金强度虽不下降，但抗疲劳性能严重降低，产品必须报废。

保温时间取决于非平衡相溶解及消除晶内偏析所需要的时间。温度较高时原子扩散快，保温时间就短。所以，保温温度和保温时间必须综合考虑。

均匀化后的冷却速度对析出物的大小、数量与分布有重大影响。均匀化后慢冷时，析出物成粗大针状，铸锭变形抗力小，有利于挤压成形，但淬火时不易完全溶解，降低时效强化效果，明显降低制品屈服强度，并严重影响制品的表面质量。均匀化后快冷时，析出物成细小弥散质点，有利于提高制品屈服强度和表面质量。

6.1.5　均匀化热处理研究状况

通常研究均匀化热处理时，主要通过改变其内部组织和改变热处理制度两种方式，使其第二相形态、数量和分布发生变化，从而达到最佳的均匀化效果。

在铝箔均匀化处理中，出现了一些比较先进的均匀化工艺。代表的有二级均匀化及强化均匀化。二级均匀化法是较早就出现的一种均匀化方法，特别适合于第二相变化比较复杂的高合金化合金，通常采用两个不同的均匀化温度。强化均匀化法是通过略高于传统均匀化温度，大幅度延长均匀化时间的热处理制度。

6.1.6　均匀化处理中的相变

由于非平衡结晶，铸锭组织中普遍存在枝晶偏析以及一些非平衡相，使铸锭塑性大大下降。铸锭均匀化可以消除枝晶偏析，使非平衡相溶解或发生转变（如聚集、球化或相变），溶质浓度逐渐均匀化，从而获得更均一的组织，同时均匀化还可以消除铸锭因激冷而产生的内应力，因而明显提高铸锭的塑性，使其冷、热加工性能得到改善，降低铸锭热轧开裂的危险，改善板材表面质量，提高耐蚀性。由于铸锭组织具有遗传性，因此作为铝箔生产的第一道热处理工艺，均匀化制度对后续铝箔毛料的变形加工性能和最终铝箔产品的性能起着非常重要的作用。

传统的均匀化工艺主要考虑非平衡相溶解及晶内偏析消除，由于温度升高使扩散过程大大加速，所以为加速均匀化过程，需要尽可能提高均匀化退火温度，而均匀化退火时间则依据相应温度下非平衡相溶解及晶内偏析消除所需的时间来确定，通常情况下按非平衡相完全溶解的时间来估计均匀化完成时间。对工业纯铝来说，在均匀化过程中，由于硅的扩散比铁快得多，硅能通过扩散达到平衡，而铁的分布变化很小甚至不发生变化。

由于铸锭组织的遗传性以及各个变形加工及热处理工艺之间的相关性，均匀化制度的确定不仅要考虑均匀化过程中的组织变化，还应综合考虑整个加工和热处理工艺之间的匹配。这一原则同样适用于铝箔生产的其他工艺制定。

6.1.7　高温均匀化热处理中的相变

铸造中出现的多种亚稳中间相在均匀化过程中将向更稳定的相转变。

6.1.7.1　FeAl₆→FeAl₃的相变

研究表明，在均匀化过程中，$FeAl_6$逐渐球化并溶解，而与$FeAl_3$以针状从基体中析出并逐渐长大球化。在$FeAl_3$析出的初始阶段，$FeAl_3$与基体间共格并以其[020]轴平等于铝基体的[100]方向；随着时间的延长二者之间失去共格关系。$FeAl_3$依附于$FeAl_6$形核。因此多数学者认为，$FeAl_6 \rightarrow FeAl_3$的相变为溶解–析出机制，Fe与Al基体中向$FeAl_3$析出物的扩散是该相变的主要决定步骤。这一观点目前已被普遍接受。

Kosuge对只含Al和$FeAl_6$的$w(Fe)$ = 0.6%的Al二元合金在300～640℃范围内进行均匀化处理。图6-1示意地给出了在不同温度等温加热1h后，样品中$FeAl_6$和$FeAl_3$ X射线归一化峰强的变化曲线。随着均匀化温度的升高，从500℃开始，$FeAl_6$的比例逐渐下降，640℃完全转变成$FeAl_3$。在所有的温度下均未发现除$FeAl_6$和$FeAl_3$以外的其他相，说明在$FeAl_6 \rightarrow FeAl_3$的相变过程中，不存在其他Al-Fe中间相。

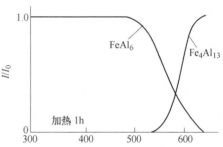

图6-1　含$w(Fe)$ = 0.6%的Al合金$FeAl_6$和$FeAl_3$ X射线归一化峰强随均匀化温度的变化曲线

Kosuge假设$FeAl_6$峰强随时间的降低满足Arrhenius关系式，即：

$$I = I_0 \exp(-kt)$$

式中　I——$FeAl_6$在t时刻的X射线峰高；

I_0——$FeAl_6$在0时刻的X射线峰高；

k——速度常量。假设k同样满足Arrhenius关系式，即：

$$k = k_0 \exp[-Q_{net}/(RT)]$$

k_0——常数；

Q_{net}——净相变激活能；

T——温度；

R——气体常数。

图6-2是不同均匀化温度和时间下$FeAl_6$和$FeAl_3$ X射线归一化峰强的变化曲线。通过绘制I/I_0 = 0.5时的时间对温度的倒数（$1/T$）曲线，Kosuge及其合作

者得到了该相变的净激活能 Q_{net} 约为 290 ±40kJ/mol。这一数据与 Hood 测得的 520～660℃ 范围内 Fe 在 Al 中的扩散激活能（Q_{net}）260kJ/mol 吻合得较好。

Shillington 将采用 Bridgman 法制备（生长速度 1mm/s）的样品在 550～625℃ 退火 1～128h，利用 SEM 观察萃取的 $FeAl_6$ 颗粒。他发现 $FeAl_6$ 在铝晶界上以片层状析出。将实验数据代入 Ar-rhenius 关系式，Shillington 得到该相变的净激活能 Q_{net} 为 280 ± 30kJ/mol，与 Kosuge 得到的 290 ±40kJ/mol 的数据很接近。

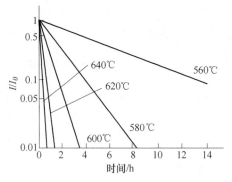

图 6-2　含 $w(Fe)=0.6\%$ 的 Al 合金中不同均匀化温度和时间下 $FeAl_6$ 和 $FeAl_3$ X 射线归一化峰强的变化曲线

Shillington 进一步研究计算了 550～600℃ 范围内 Fe 依附于 $FeAl_3$ 粒子析出的情况。结果表明，在有形核核心存在时，$FeAl_3$ 析出的激活能为 207 ± 20kJ/mol，比 $FeAl_6 \rightarrow FeAl_3$ 的相变激活能低约 70kJ/mol。Shillington 认为，该析出过程的控制因素是 Fe 与 Al 基体中的扩散，因此 Fe 在 Al 基体中的扩散激活能应为 207kJ/mol，而不是 Hood 所得到的 260kJ/mol。

实验证明，$FeAl_6 \rightarrow FeAl_3$ 的相变速度受很多因素的影响，如显微组织、冷变形、形核核心数目等。已经证实，显微组织的细化、相变前的冷变形以及形核核心的存在都将加速相变过程，并使相变过程复杂化。所以实际情况下的相变机制、相变控制因素以及速度常量 k 等取决于多种因素，如凝固速度、显微组织、Fe 固溶度、样品热过程、形核核心等。

Si 的存在加速 $FeAl_6 \rightarrow FeAl_3$ 的相变。研究表明，对含 $w(Fe)=0.5\%$、$w(Si)=0.08\%$ 的 Al 成分的合金，$FeAl_6 \rightarrow FeAl_3$ 的相变在 600℃ 反应完全，在 630℃ 以上几分钟即转变完全。Kosuge 认为相变加速是因为速度常量 k 发生了变化，而不是激活能发生了变化。Ping 等人对 DC 铸造的含 $w(Fe)=0.51\%$、$w(Si)=0.13\%$ 的 Al 成分样品的均匀化处理的结果表明，该相变在 600℃ 10min 内完成。Maar-Kishonthy 等人对均匀化温度（530～600℃）对含 $w(Fe)=0.41\%$、$w(Si-Al)=0.15\%$ 的合金相的影响做了研究，结果表明，当均匀化温度为 600℃ 时（2h），$FeAl_6$ 将转变为 $FeAl_3$，低于 570℃ 时（2h）此相变不发生。Griger 等人研究了 DC 铸造的含 $w(Fe)=0.5\%$、$w(Si)=0.02\%～0.9\%$ 的 Al 成分的合金，经 605℃、14h 均匀化处理的样品中出现了约 1μm 长的针状 $FeAl_3$ 析出物；继续延长退火时间这些 $FeAl_3$ 析出物长大粗化，长轴可达 10μm，短轴为 1～2μm。潘复生、张静等人对 AA1235 合金 DC 铸锭在 480～610℃ 进行了 6～45h 均匀化处理。结果表明，在均匀化过程中，$FeAl_6$ 和 $FeAl_m$ 相逐渐溶解消失，而 $FeAl_3$ 相形核并长大，同时铸锭中原有的 $FeAl_3$ 相也不断长大。经 610℃、13h 均匀化后，$FeAl_3$ 的长轴超过 7μm，短轴则可达 1～2μm。目前普遍认为，Si 加速 $FeAl_6 \to FeAl_3$ 相变的原因可能有以下几点：

（1）Si 的加入降低了 $FeAl_6$ 晶格的热力学稳定性；

（2）Si 在 $FeAl_6$ 中的溶解度相当低；

（3）铸造态合金中已存在 $FeAl_3$ 粒子可以作为 $FeAl_3$ 析出相的形核核心。另外，运用 Shillington 的溶质原子浓度梯度对相变速度影响的说法，也可以解释 Si 的存在加速 $FeAl_6 \to FeAl_3$ 相变这一现象，即 Si 在不同合金相，如 $FeAl_3$ 和 $FeAl_6$ 中的溶解度差异将增加 $FeAl_3$ 与 $FeAl_6$ 之间的溶质原子浓度，从而也使溶质原子流量增加，因此加速了 $FeAl_6 \to FeAl_3$ 的相变。

6.1.7.2 $FeAl_m \to FeAl_3$ 的相变

Kosuge 及其合作者对只含 Al 和 $FeAl_m$ 的含 $w(Fe) = 0.8\%$ 的 Al 二元合金在 300～640℃ 范围进行均匀化处理。图 6-3 是在不同温度等温加热 1h 后样品中 $FeAl_m$ 和 $FeAl_3$ X 射线归一化处理后峰强的变化曲线示意图。随着均匀化温度的升高，X 射线测出的样品中 $FeAl_m$ 的比例从 500℃ 开始下降，在 640℃ $FeAl_m$ 基本上全部转变成 $FeAl_3$。在 500～560℃ 没有可探测到的 $FeAl_3$ 生成。不同均匀化温度和时间下 $FeAl_m$ 和 $FeAl_3$ X 射线归一化处理后峰强的变化曲线，如图 6-4 所示。分析表明，$FeAl_m \to FeAl_3$ 的相变同样受 Fe 在 Al 基体中扩散所控制。因此 Kosuge 认为，$FeAl_m \to FeAl_3$ 的相变机制与 $FeAl_6 \to FeAl_3$ 相同，即 $FeAl_m$ 先溶解，然后 Fe 从溶解的 $FeAl_m$ 处向远处 $FeAl_3$ 析出物颗粒扩散并析出 $FeAl_3$。实验中没有发现 $FeAl_3$ 在 $FeAl_m$ 上形核。

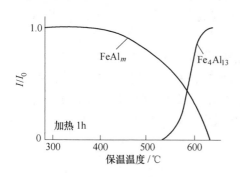

图 6-3 含 $w(Fe) = 0.8\%$ 的 Al 合金中 $FeAl_m$ 和 $FeAl_3$ X 射线归一化峰强随均匀化温度的变化曲线

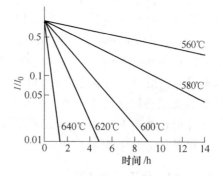

图 6-4 含 $w(Fe) = 0.8\%$ 的 Al 合金中不同均匀化温度和时间下 $FeAl_m$ 和 $FeAl_3$ X 射线归一化峰强的变化曲线

Griger 等人利用 X 射线对 DC 铸造 1×× 系合金 480～620℃、0.7～24h 均

匀化过程中 $FeAl_m \rightarrow FeAl_3$ 的相变进行了研究，同样证实了该相变为溶解-析出机制，其转变速度比 $FeAl_6 \rightarrow FeAl_3$ 的相变稍快。$FeAl_m \rightarrow FeAl_3$ 的相变在 $400 \sim 450℃$ 仅 2h 后即开始，$500℃$、$2 \sim 3h$ 转变完全。

Kosuge 的实验表明，对含 $w(Fe) = 0.5\%$、$w(Si) = 0.08\%$ 的 Al 成分的合金，$FeAl_m \rightarrow FeAl_3$ 的相变在 $600℃$、5h 转变完全，均匀化温度升高至 $630℃$ 时，该相变在几分钟内即完成。

6.1.7.3　α-FeAlSi $\rightarrow$ FeAl$_3$ 的相变

均匀化过程中立方 α-FeAlSi 可能发生向 $FeAl_3$ 的转变，该反应速度受温度的强烈影响。在 $w(Fe) = 0.53\%$、$w(Si) = 0.21\%$ 的合金中，$450 \sim 575℃$ 加热 16h 该相变也不发生，$605℃$ 加热 24h 仍可检测到少量立方 α 相。$575℃$ 下需要加热一周，上述转变才完全；温度升高，转变加快，$630℃$ 保温 10min 相变就可以开始。在转变过程中，立方 α-FeAlSi 首先粗化然后溶解，而 $FeAl_3$ 先以针状从固溶体中析出，随后粗化并改变形状。其转变机制与亚稳 Al-Fe 相向 $FeAl_3$ 的转变非常相似。

6.1.7.4　其他三元 FeAlSi 相的相变

Griger 和 Turmezey 等人在 DC 铸造含 $w(Fe) = 0.5\%$、$w(Si) = 1.0\%$ 的 Al 合金过程中发现，初生 β 相不发生转变，有些颗粒溶解，有些粗化，而二次 β 相在 $620℃$ 6min 均匀化后从固溶体中析出，其长度为 $2 \sim 5\mu m$。Griger 认为 β 相不发生转变是因为对该成分合金而言，β 相是一种平衡相。另外，Grige 和 Turmezey 注意到，随着均匀化程度的提高，β 的 (001) 衍射斑强度增加，而其他衍射减弱。这表明可能发生了 (001) 面上的某种有序化反应。

潘复生、张静等人对 AA1235 合金 DC 铸锭均匀化工艺进行了系统的实验研究和分析，所得的结论是：当均匀化温度较高时，样品中的亚稳 β' 相（$a = 0.89nm$，$b = 0.49nm$，$c = 4.16nm$，$\beta = 92°$）将转变为平衡 β 相（$a = b = 0.612nm$，$c = 4.15nm$，$\beta = 91°$）。X 射线衍射分析表明，这一相变在 $610℃$、21h 基本完成；当均匀化温度低于 $560℃$ 时，未发现该相变发生。在转变过程中，亚稳 β' 相逐渐溶解，尺寸减小，而平衡 β 相析出并长大。$610℃$、13h 均匀化，平衡 β 相的长轴达 $4 \sim 5\mu m$。未发现平衡 β 相依附于原亚稳 β' 相形核析出。他们认为该相变发属于溶解-析出机制。

6.1.8　均匀化工艺的选择

由前面所述的组织遗传性的分析可以看出，铸锭组织具有遗传性，不良的均匀化组织无法在后续工艺中消除。因此，均匀化工艺的选择非常重要。均匀化过程中，非平衡 β_p(AlFeSi) 相和 Al_6Fe、Al_mFe 相将逐渐溶解并分别向平衡 β_b(AlFeSi) 相和 Al_3Fe 相转变，与此同时，原有 Al_3Fe 相和 β_b(AlFeSi) 相不断长大。

均匀化温度越高，上述过程进行得越快、越充分。610℃、13h 均匀化后，Al_3Fe 相长轴尺寸可超过 7μm，短轴可达 1~2μm，β_b(AlFeSi) 相长轴尺寸也可达 4~5μm。为减小 Al_3Fe 相和 β_b(AlFeSi) 相的尺寸，降低其有害影响，同时抑制 β_p(AlFeSi) 相在高温下向平衡 β_b(AlFeSi) 相的转变，使之保留下来并在较低温度（中间退火温度）发生 β_p(AlFeSi)→α_c(AlFeSi) 的有利相变，不宜采用过高的均匀化退火温度。α_c(AlFeSi) 相在快冷条件下容易生成，而且能被 Mn、Ni 等稳定性元素所稳定。在快冷铸锭的均匀化退火过程中，α_c(AlFeSi) 相将会转变为 Al_3Fe 相，但这一转变过程很慢。Griger 等人在对相似成分快冷纯铝铸锭均匀化工艺的研究中得出，α_c(AlFeSi)→Al_3Fe 的转变在 575℃ 下需 1 周才能进行完全；但温度升高，转变加快，630℃ 下 10min 相变即开始。因此，从这一角度而言，也不宜采用过高的均匀化温度。另一方面，考虑到均匀化过程消除不平衡偏析、内应力及部分非平衡共晶化合物的溶解，宜选用中温（560℃）均匀化处理。均匀化后，高温区的炉冷过程中平衡 Al_3Fe 及 β_b(AlFeSi) 相将继续长大。从物相分析结果来看，空冷和炉冷的冷却方式下物相种类并不发生变化，因此宜选用冷却速度较快的空冷方式，同时这也是工业生产上容易实现和节省工时的一种方式。在分级均匀化（400℃ 以上）和均匀化后冷却过程中析出的少量化合物是 Al_3Fe 相，尺寸在 0.5μm 以下，这些细小的析出物在热轧过程中（开轧温度大于 480℃）又将重新溶于铝基体中。而且工业实验表明，单级均匀化和分级均匀化对热轧工艺没有明显影响，因此不必采用为降低 Al 基体中杂质元素固溶度的分级均匀化工艺。

6.2 冷轧预退火

预备退火是指热轧板坯在进行冷轧前进行的退火工艺过程，有时候也称为第一次中间退火。预备退火影响立方织构的机制，主要也是为了提高热轧板坯中立方取向的强度。文献总结的结果表明：无论热轧温度如何，高纯铝热轧板坯退火都能保证铝箔中的立方织构占优势，但热轧板坯的退火温度对铝箔的织构影响不大。预备退火制度一般可采用 400~440℃、2~6h。考虑到预备退火能耗较大，工业上若能采用高温热轧，在热终轧温度较高时，存在取消预备退火工艺的可能。预备退火也可促进 Fe 的析出，但一般情况下前续工艺已控制了杂质的存在形态，因此在控制杂质形态方面作用不大。

6.3 中间退火

在铝箔生产的老工艺中，凡成品厚度在 0.025mm 及以下的铝箔，经过三道次箔轧机的轧制以后，需要进行一次中间退火，然后在四道或末道箔轧机上继续轧制。

低温中间退火是指对经过冷轧大变形后的板坯进行的部分再结晶退火工艺，随后会配合以附加轧制。日本学者小管张弓等研究发现，高纯铝热轧板经大变形后进行部分再结晶退火，并轻度轧制后再退火，立方织构显著发展。其机理是，大变形后经部分退火，产生少量立方取向晶粒，再经过轻度轧制后，立方晶粒与基体再次变形。但立方晶粒取向不易发生取向转换，立方晶粒中的位错密度也相对较低；再退火时，立方晶粒可作为一次再结晶晶核，其变形晶界以晶粒间的变形能差为驱动力进行优先移动，并且该晶界为重合晶界，立方取向与S—取向有绕［111］轴旋转40°关系，具有最快的迁移速度，因此逐渐吞并了R—取向晶粒，成长为发达的立方织构。经过试验，可知再结晶率为5%~40%的轧样，附加轧制变形率在30%时，再结晶立方织构最发达；过低的变形率达不到临界变形，过高的变形率使立方取向的晶粒取向偏转变大，亚晶组织受破坏。

热轧法生产的铝箔毛料在冷轧变形之后要经过一次高于再结晶温度的中间退火，以消除加工硬化和内应力，使材料塑性得以恢复。因此，传统热轧法中的中间退火通常又称再结晶退火。

再结晶过程除与合金成分、纯度、变形量、退火时间、退火加热速度等有关外，还受铝箔生产其他工艺参量的影响，如铸造工艺和铸锭均匀化工艺、热轧温度、成卷轧制还是成张轧制、达到所需厚度的轧制道次等。业已证实，采用高温均匀化和提高热轧温度能细化工业纯铝板材的再结晶晶粒；冷轧板材退火时的加热速度越高，铝的晶粒越细。这同样表明，铝箔生产工艺的制定不应孤立考虑某一制度，而应综合考察整个变形加工和热处理过程，注意其间的协调匹配，从而制定最优化的工艺制度。再结晶过程不仅与杂质的含量有关，还与杂质种类有关，同一纯度的试样再结晶温度可有很大的差别，很可能由于它们所含的杂质不同。工业纯铝的再结晶在很大程度上与铁、硅所处的状态有关，当它们处于固溶体中，特别是当Fe/Si比值小且大部分硅处于固溶状态时，则再结晶速度慢，开始再结晶温度高，再结晶过程中的析出物分布在晶界上，阻碍晶粒长大而得到细小晶粒。

在再结晶温度范围（铝合金热处理的中温温度范围）内除发生再结晶以外，还可能存在相变反应。该相变反应无疑将影响铝箔毛料的内在组织和性能，在工业纯铝中，该温度范围的相变反应甚至对其显微组织、加工性能和力学性能产生非常关键的影响。因此，中间退火工艺的制定不仅要考虑再结晶过程，还必须考虑该温度范围的相变，从而根据成品规格和毛料的性能要求制定合理的工艺制度。

中间退火工艺是影响铝箔毛料轧制性能和力学性能的关键因素之一。在这方面有学者也做了不少的研究。冯云祥、张静、潘复生、汤爱涛、陈建等人，采用

4 种不同的中间退火工艺，通过显微组织观察、定量金相、X-ray 衍射分析，力学性能测试等实验手段，研究了中间退火工艺对 AA1235 合金铝箔轧制性能和力学性能的影响。结果表明，中间退火工艺对铝箔力学性能和轧制性能有显著影响，当采用 380℃×6h+2℃×9h 的分级退火工艺时，各压下量下材料的抗拉强度均小于 160N/mm²，其变形抗力较小，塑性较好，有利于薄箔的轧制，铝箔产品的成品率可达到 80% 以上。显微组织观察表明，采用该工艺时，铝箔毛料有较好的显微组织，Si 和 Fe 析出充分，化合物尺寸峰值在 2~3μm 之间。作者还对工艺参数和杂质元素的影响机理进行了分析和讨论。

他们所提出的结论主要有以下几点：

（1）中间退火工艺对 AA1235 铝箔的轧制性能和力学性能有显著影响。经 380℃×6h+210℃×9h 分级退火后的铝箔有最好的轧制性能，铝箔成品率可高达 80% 以上。

（2）在铝箔轧制过程中，铝箔的强度低于 160N/mm² 时容易获得较高的成品率。

（3）采用 380℃×6h+210℃×9h 分级退火后，铝箔毛料有较好的显微组织，Si 和 Fe 析出充分，化合物尺寸分布峰值在 2~3μm 之间。

6.4 成品退火

6.4.1 概述

铝箔轧制到成品厚度后所进行的最后一次退火称为成品退火。成品退火的目的是为了得到具有符合标准和满足用户要求的软制品及各种状态制品的内部组织和机械性能。成品退火时，必须严格控制退火工艺参数（加热速度、加热温度、保温时间、冷却速度等），以保证箔材的机械性能及表面除油效果。目前，铝箔行业对铝箔表面除油效果的检测主要是通过刷水试验（YS/T 455.4—2003）来测定，即用棉球蘸取蒸馏水沿铝箔的宽度方向刷试表面，然后将铝箔倾斜 30°~50°（与垂直方向）观察铝箔表面试液的流线形状，如试液呈流线状且润湿面积基本不收缩时，则表明被检铝箔的表面除油效果良好，即"A"级；如试液明显收缩或继续呈小球状时表明被检铝箔的表面除油效果不好，即"B"级。

铝箔在退火过程中常出现黏结、棱鼓、表面油渍、退火油斑等一些质量缺陷。这些质量问题均与轧制油的物热性能及其与之匹配的退火工艺有关。中南大学机电工程学院的周亚军、李丽及广西大化铝材厂的周易敏等人，采用 TG-DTA 热分析法对铝箔轧制润滑油的物热性能进行了分析研究，结果表明：轧制油在温度 60℃ 时就开始挥发，80℃ 以上时挥发速度急剧增加。154℃ 时挥发量已达 97.5%，少量油品在高温时发生热解。在 175℃ 以下，轧制油的挥发是以液体蒸发为主的物理变化，而在 175℃ 以上则是以氧化反应为主的热解反应。并得出"提高加热速度，可以有效细化晶粒，但普通箱式炉很难做到。但可通过合理控制合金成分改善铸轧板组织、增加冷变形程度高温短时退火等途径来改善其组织性能"的结论。

铝箔的成品退火的目的是为了使铝箔完全再结晶，而且要完全除掉铝箔表面残油，使铝箔表面光亮平整并能自由展开。通常，轧制完的卷材应尽快分卷和退火，尽可能减少存放时间。

6.4.2　铝箔成品退火的种类

6.4.2.1　低温除油退火

铝箔轧制后，铝箔表面会残留部分轧制油，为了减少表面残油，又能保证其硬状态的力学性能，可采用低温除油退火工艺。退火温度为 150~200℃，退火时间为 10~20h，表面除油效果良好，铝箔的抗拉强度微降 5%~15%。

6.4.2.2　不完全再结晶退火

部分软化退火，退火后的组织除存在加工变形组织外，还可能存在着一定量的再结晶组织，不完全再结晶退火主要是为了获得满足不同性能要求的 H22、H24、H26 状态的铝箔成品。

6.4.2.3　完全再结晶退火

退火温度在再结晶温度以上，保温时间充分长，退火后的铝箔为软状态。软状态退火不仅是为了使铝箔再结晶，而且要完全除掉铝箔表面的残油，使铝箔表面光亮平整并能自由伸展开。

6.4.3　影响铝箔退火品质的因素

具体因素如下：

（1）轧制油和双合油。为保证退火品质，对轧制油和双合油的下列性能要进行控制和管理：黏度、水分、残油、酸值、透光度。

（2）加热温度和冷却速度。应有控制地慢速加热；在保证充分再结晶的条件下，处理温度尽可能低；尽可能吹进干净的空气；控制冷却条件。

（3）升温、保温、降温时间。确定升温、保温、降温时间，应考虑箔材宽度、卷材直径、空隙率、表面粗糙度和装炉量等因素。

采用低黏度轧制油轧制时，对于宽幅、卷径较大的卷材，退火时间可以长达 70h 以上，如图 6-5 所示。

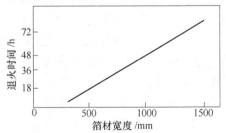

图 6-5　不同宽度铝箔的退火时间

（4）退火气氛：

1）在普通空气炉内退火。实践证明，双合轧制的铝箔，只要退火规范选择合适，在普通空气炉内退火完全可以消除铝箔表面的残油，得到性能符合要求、表面清洁的铝箔。

2）在保护性气体中退火。为防止油污和氧化，对使用高黏度轧制油轧制的单张铝箔，为防止油斑，可采用保护性气体退火。

3）在真空炉内退火。在真空炉内退火要求时间长，能耗大，只对必须高温退火并严格要求防止氧化的铝箔才采用，如电解电容器铝箔，炉内负压大约为 0.133Pa。

6.4.4　成品退火工艺参数的选择

6.4.4.1　加热速度

加热速度是指单位时间所升高的温度。确定铝箔加热速度应考虑下列因素：

（1）箔卷的宽度与直径。直径越大，箔卷的热均匀性越差，若加热速度太快，容易造成箔卷表面与心部温度差别太大，由于热胀冷缩的原因，箔卷表面和心部体积变化会有较大差别，从而产生很大的热应力，而使箔卷表面起鼓、起棱。对 0.02mm 以上的铝箔加热速度的影响不大，而对 0.02mm 以下的薄箔，加热速度应适当降低，低速加热有利于防止铝箔的粘连。

（2）快速加热易于得到细小均匀的组织，改善其性能。如 3A21 合金铝箔，为防止退火过程中极易出现的局部晶粒粗大，晶粒不均匀现象，通常采用快速加热的方法。

（3）在实际生产中，在保证质量的前提下，应尽量提高加热速度。

（4）有轴流式循环风机的退火炉，由于气流循环快、温度均匀，可适当提高加热速度。

6.4.4.2　加热温度

加热温度是指成品退火的保温温度。加热温度对退火质量的影响很大，若选择合理，不仅可以获得良好的产品质量，而且可以提高生产率，降低能耗。选择加热温度应考虑下列因素：

（1）对软状态铝箔，要求铝表面光亮，无残油和油斑。从去除铝箔表面残油的角度来看，加热温度越高，去油性能越好。但加热温度太高，会使铝箔内部晶粒组织粗大，力学性能下降。对软状态铝箔，薄箔的加热温度可选择 200～300℃。连铸连轧生产铝箔较热轧坯料生产的铝箔加热温度高 10～30℃。对软状态厚箔，加热温度可选择 300～400℃。

（2）加热温度越高，铝箔的自由伸展性越差。

（3）加热温度的高低对铝箔的组织和性能影响最大，尤其对中间状态铝箔，正确选择加热温度是保证中间状态铝箔组织和力学性能的关键。为保证铝箔的组织力学性能，一般先采用试验室试验，根据试验结果制定退火工艺，然后再在工业生产中进行生产试验。值得注意的是，按试验结果选定的最佳退火工艺，在工业生产中往往并不理想，考虑工业生产保温时间要长，通常将试验室选定的温度修正为 10~30℃，用于工业生产较为理想。

6.4.4.3　冷却速度

冷却速度的选择要考虑下列因素：

(1) 铝箔卷厚度、宽度和直径。铝箔厚度越薄，宽度和直径越大，冷却速度应越慢，冷却速度太快，会引起铝箔卷表面和内部温差增大，产生较大的热变形，使铝箔卷表面起鼓、起棱。冷却速度对 0.02mm 以上较厚的铝箔卷影响较小，但对 0.02mm 以下较薄的铝箔卷应控制其冷却速度和出炉温度，冷却速度应小于15℃/h，出炉温度应小于60℃。

(2) 组织和性能。对热处理不可强化合金箔材，冷却速度对组织性能的影响很小，但对热处理可强化的合金箔材，如果冷却速度太快，第二相质点得不到充分长大，就有可能形成细小的弥散质点，造成部分淬火效应，使强度升高，塑性降低，所以对此类合金箔材的冷却速度应加以控制。

(3) 生产效率。在保证质量的前提下，可适当加快冷却速度，缩短退火周期。

参 考 文 献

[1] 王祝堂. 我国铝加工业冶金炉能耗现状与展望(1)[J]. 轻合金加工技术，1999，27 (5)：1~5.

[2] Runly G R, Kirkaldy J S. Homogenization by diffusion [J]. Metall Trans，1971 (2)：371~378.

[3] Cole G S. Inhomogeneities and their control via solidification [J]. Metall Trans，1971 (2)：357 ~370.

[4] Porter D A, Easterling K E. Phase transformations in metals and alloys [M]. New York：Van Nostrand Reinhold Co，1981：62~69.

[5] 崔忠圻. 金属学与热处理 [M]. 哈尔滨：哈尔滨工业大学出版社，1989：226~234.

[6] 变形铝合金金相图谱编写组. 变形铝合金金相图谱 [M]. 北京：冶金工业出版社，1975.

[7] 张士林，任颂赞. 简明铝合金手册 [M]. 上海：上海科学技术文献出版社，2001.

[8] 变形铝合金金相图谱编写组. 变形铝合金金相图谱 [M]. 北京：冶金工业出版社，1975.

[9] Gupta A K, Lloyd D J, Court S A. Precipitation hardening in Al-Mg-Si alloys with and without excess Si [J]. Mate-rials Science and Engineer，2000，A316：11~17.

[10] 苏学常，吴锡坤. 论铝合金建筑型材的内部质量控制 [C]：2001 年铝型材技术论坛会文集. 广州：广东省有色金属加工学术委员会，2001：9~12.

[11] 王瑞梓. 赋能腐蚀铝箔 [J]. 轻合金加工技术，1991，22 (8)：2~9.

[12] 王轶农，蒋奇武，赵壤，等. 冷轧高纯铝板再结晶织构的演变特征 [J]. 东北大学学报

（自然科学版），2000，21（1）：84~87.

[13] 郑璇. 民用铝板、带、箔材生产. 1992，12：131.

[14] 小管张弓，孙明仁. 高纯铝（1）[J]. 轻金属，1989（10）：55~58.

[15] 冯云祥，张静，潘复生，等. 中间退火工艺对铝箔力学性能和成品率的影响 [J]. 重庆大学学报（自然科学版），2005，23（5）：32~34.

[16] 卢德强. 双零铝箔发黏缺陷清除 [J]. 轻合金加工技术，1999，27（7）：44~46.

[17] 黄建芳，李志宏. 铝板带材表面油污的控制 [J]. 轻合金加工技术，1999，27（5）：10~11.

[18] 周亚军，李丽，周易敏. TG-DTA 热分析在铝箔退火工艺上的应用 [J]. 轻合金加工技术，2001，29（9）：18~19，23.

7　铝箔生产设备

7.1　铝箔生产设备概述

7.1.1　熔炼设备

铝箔生产所用的熔炼设备有熔炉（又称熔炼炉）、静置炉（又称保温炉），以及其他所需的辅助设备及操作工具。

7.1.1.1　熔炼炉的作用

熔炼炉的种类有很多，其作用都一样：一是熔化炉料和添加剂，炉料主要是铝锭及中间元素（如果需要）；二是在炉内一定的温度下使熔融物之间发生一系列的化学和物理反应，使其中的杂质形成浮渣或气体除掉；三是调整成分，使其合金中的各种元素含量达到相关标准要求；四是对合金熔融物进行变质等处理，细化晶粒，使合金能够符合相关的物理性能。因此熔炼炉的形式和结构，对铝合金（包括铝箔）的生产能力、成本、产品质量以及环境保护有着重要的作用。

7.1.1.2　主要熔炼设备

常用铝合金的熔点都不高，熔炼炉的形式基本有坩埚式和熔池式两种。

A　坩埚炉

坩埚炉是熔炼再生铝合金的常用设备，其优点是投资少、操作方便，金属回收率高，但缺点是生产能力小，寿命短和成分不稳定，很难与大型反射炉相比。坩埚炉的形式有多样，常用的有铸铁坩埚和石墨坩埚。

坩埚炉在使用时，炉体固定在用耐火材料砌筑的锅台上，坩埚炉的下部和四周是燃烧室。在使用较大的坩埚炉时，因为考虑到坩埚炉的自重问题，炉体的底部不能架空，应该落在稳定的耐火材料上，尤其是大型的铸铁坩埚炉，在高温下会使炉体变形而影响其寿命。

坩埚炉的燃料适应性强，煤炭、焦炭、燃气等对燃料的选择空间较大。在用燃油或煤气为燃料时，坩埚下面有喷嘴，喷入燃料和空气燃烧加热，此即是燃油坩埚炉或煤气炉。在用电加热时，将电阻加热元件（电阻丝或碳化硅棒）布置在坩埚周围，即电阻坩埚炉。用燃料的坩埚炉，一般加热升温迅速，但其温度控制不能很严格。电阻坩埚炉的加热升温速度较慢，电热丝时可达900W，碳化硅棒可达1200W，比燃料炉的温度低些，同时其设备费用贵、耗电大和熔炼成本高。但是它的生产环境和劳动条件较好，且熔化温度能够精确控制，适用于铝和镁合金的熔炼。

外部热源首先加热坩埚，坩埚被加热后，再传热给坩埚内部的金属炉料或熔液。根据这种传热特点，坩埚炉是外热式熔化炉，为提高热效率。坩埚均制成直径较高度的尺寸为小的形式，以增加金属与坩埚壁的接触面积。这样，熔化后的液体金属与外界气氛的接触面积相对较小，可减轻金属的氧化和吸气，对金属有利。

在熔炼铝合金时，多采用的坩埚有两种：一种是强度和耐火度均较高的石墨坩埚；另一种是铸铁坩埚。

a 石墨坩埚

石墨坩埚由专业耐火材料厂生产供应，坩埚尺寸和容量的规格很多，坩埚的号数即熔化铜合金的公斤数，如 50 号坩埚能熔化 50kg 铜，若熔化铝时，其容量应除以 0.4 的系数。石墨坩埚可以多次使用，但总体讲寿命较短，且随着使用时间的加长，坩埚的导热性能下降，影响了热效率和生产效率。

b 铸铁坩埚炉

因铝合金熔化温度较低，多在 700~800℃，因此大量采用金属坩埚，常用的是铸铁坩埚炉。普通铸铁坩埚价格低、强度高和导热性好，为生产广泛采用，但寿命短，生产中会频繁更换坩埚。为提高铸铁坩埚的寿命，也可采用含有镍、铬或铝的耐热铸铁或耐热钢的坩埚，以增长其使用寿命。熔化铝合金用的铸铁坩埚容量多是 30~250kg，一般不超过 300kg，大容量的可达 500kg 以上。

为防止熔化过程中坩埚中的铁渗入铝液，也为保护坩埚，坩埚在使用之前必须在坩埚内壁上喷刷防护涂料后再使用，坩埚炉的涂料情况在相关材料中可以查到。大型坩埚炉多是固定式的，熔炼过程完成后，可用浇勺由坩埚中舀取熔液浇注，对大铸件也可以将坩埚吊出来浇注。许多中、小型电阻坩埚炉带有倾动机构，可以倾出坩埚中的溶液。

目前坩埚炉正在向大型化和控制系统机械化方向发展，可倾动式的大型坩埚炉，倾转炉身即可浇出熔液。

B 反射炉

熔池式炉膛的熔炼设备称为反射炉。原始的反射炉是燃煤的，有燃烧室，火焰通过拱型的炉顶反射到熔炼室。随着再生铝技术的发展，大量现代化的反射炉已经不采用煤为燃料，更多的采用燃油和燃气。因此，反射炉的概念已经淡化，目前一般都称之为火焰式熔炼炉。燃料加热的反射炉主要由炉底、炉墙和炉顶构成熔炼室。形成深度浅而面积广的熔池，以盛放金属炉料及熔化的液体金属。炉墙正面有加料和操作用的炉门。正规的熔炼炉是配备烟囱的，这样可以有效的改变操作环境，节约能源和便于治理烟气的污染。但目前实际中许多企业的炉子没有烟囱，一些是敞开的，一些在炉门设有集烟罩。燃煤的炉子在熔炼过程中，从燃烧室来的高温炉气从侧面窗孔冲入熔炼室，而燃油、燃气的炉子的火焰直接喷入炉内，加热了炉顶和炉墙，同时也加热了炉料。金属炉料就是靠高温炉气和被加热到高温的炉顶和炉墙的辐射来加热和熔化的，反射炉因用燃料不同，其构造有较大的差异。

　　由于反射炉炉膛容积大，其容量可达几十吨，目前熔炼铝合金的炉子大的可达50t以上。故可以熔炼各种的炉料，很适用于生产量较大的再生铝企业。目前反射炉是熔炼铝合金的主要设备。

　　反射炉有矩形的和圆形的，而大多数采用矩形的，该种炉型筑造比较容易，造价较低。圆形反射炉成本高，维修不方便，但热能利用率较高，因为相同的周长圆的表面积最大。因此，相同周长的炉子，圆炉的表面积最大，受热的面积大，热效率高。

　　反射炉在生产中因金属被直接加热，故热效率高，炉料和熔液浅，故升温快和生产率高。同时，反射炉在清除炉内杂质时也比较容易。但由于金属与燃烧气相接触，故金属的氧化和吸收气体严重，故杂质较多，影响熔液质量。另外，由于火焰与炉料直接接触，铝的烧损较大，回收率相对于坩埚炉要低。

　　反射炉也可采用电阻加热方式，即电阻反射炉，电阻丝（带）或碳化硅棒悬挂在炉顶上，靠高温的电热元件和炉顶辐射传热，加热炉底上的金属。它适用熔化熔点较低的铝合金，电阻反射炉的劳动条件较好，熔炼铝合金质量好，但是耗电量很大是严重缺点。

　　反射炉在再生铝行业大量应用，并派生出许多炉型。

　　a　双室反射炉

　　双室反射炉是一种熔炼再生铝合金的专用设备，因其有能耗低、烧损率低、金属回收率高的优点，故被欧美一些再生铝企业广泛采用。但由于各国之间的技术壁垒，双室反射炉在我国很少采用。

　　双室反射炉，顾名思义就是由两个熔炼室组成的熔炼炉，其炉型有多种形式，但一般都是两个熔室，即内熔室和外熔室，两室之间有专门设计的通道，供铝液循环之用。双室反射炉的外熔室主要起熔化废铝的作用，内熔室则进行熔炼。在实际操作中，废杂铝直接加入到外熔室的铝熔液中，并迅速被过热的铝熔液淹没，由于废铝避免了与火焰直接接触，因此废铝的烧损很低，可以大幅度提高铝的回收率。内熔室的容积大于外熔室，其主要作用是加热铝熔液，同时熔炼铝合金。可以看出，双室反射炉集中了坩埚熔炼炉和反射炉的优点（前者废铝不接触火焰，烧损低；后者容积大，热效率高）。常用的双室反射炉内熔室配有燃烧系统，而外熔室没有燃烧系统。废铝由外熔室加入，直接浸泡在过热的铝液中，随之被融化，铝溶液的温度随之下降，经过循环泵进入内熔室，熔融的铝液在内熔室被加热，然后在循环泵的作用下又进入外熔室，继续熔化废铝，如此往复循环进行。熔炼过程中大量的铝灰在外熔室产生，因外熔室的容积小，表面积小，因此与其他熔炼炉相比可以明显减少添加剂（主要为覆盖剂）的加入量，同时便于铝灰的清除，减轻了工人的操作强度。循环泵一般采用陶瓷循环泵或石墨循环泵。

根据资料介绍，双室反射炉添加剂的消耗量仅为其他反射炉的1/3到1/2，回收率可以提高2到5个百分点，能耗也可以降低20%～30%。双室反射炉在处理散碎的废铝和铝屑时，以上优势更为突出。

双室反射炉的缺点也是明显的，这就是当废铝熔化到一定数量时，达到了熔炼炉的设计容积，此时要停止加料，进行成分调整和精炼、除气等，再经过静置之后铸锭。如果炉中的铝溶液全部铸锭，那么在进行下一炉熔炼时，开始加入的一部分废铝仍要与火焰接触，仍存在烧损的问题。为回避这一问题，一些企业在铸锭后期，在炉中预留一部分铝溶液，以便进行下一炉的熔炼。但是，预留的这一部分铝溶液已经进行了精炼，使其重新与废杂铝混合，还需要重新进行精炼。这样不仅浪费了工时、增加了能耗和添加剂的消耗量，而且降低了生产的效率，在经济上是很不合适的。

为解决以上的问题，有的企业另建一个静置炉，双室反射炉只起到熔炼和调整成分的作用，而大部分精炼等过程在静置炉中进行。

b 带加料井式的熔铝炉

该种熔炼炉也是一种双室反射炉，由加料井熔炼炉和磁力泵组成，三者形成一个循环系统。生产中，铝废料持续加到加料井中，被过热的铝液熔化，然后在磁力泵的作用下进入反射炉，这样往复进行，达到熔炼的目的。优点是烧损小，金属回收率高，适应处理碎的废铝料，更适应处理铝屑。熔炼炉的形式可以是方型的。

c 带电磁搅拌系统的反射炉

反射炉熔炼再生铝合金过程中，为了促进热的交换，加快铝的熔化速度，增加反应速度，保证铝溶液的成分均匀，要进行搅拌。每次搅拌都会破坏液面的氧化铝保护层，加大了铝的烧损。为此，许多单位都在研究搅拌技术，尽管出现了机械耙等，但都不十分理想。

电磁搅拌系统是英国企业研究的技术，适用于各种反射炉和静置炉。电磁搅拌的原理是将感应线圈安装在炉子底下或侧面，通电之后产生一个行波磁场。熔池内铝合金溶液的搅拌（流动）是依靠电磁场和导电金属液之间相互作用进行的。这与电动机的原理类似，电动机的定子相当于搅拌器，转子相当于熔池。

电磁搅拌可以大幅度降低烧损，减轻操作强度，净化了环境，降低炉渣产生量，并可得到成分均匀的铝合金溶液。电磁搅拌系统的造价很高，需要有较高投资能力的企业才能建设。

　　d　落差式反射炉

落差式反射炉又称为子母炉，是一种比较适用的反射炉组，尤其是处理含铁高的废铝料效果甚佳。子母炉由熔化炉和熔炼炉组成，两者之间相通联，有一定的位差。熔化炉只起到熔化作用，炉料进入熔化炉之后，快速熔化，然后铝溶液流到熔炼炉中，而铁等杂质留在炉中，人工扒出，因此减少了铁与熔融的铝溶液接触的时间，减少了铁熔入铝液中。进入熔炼炉的铝液进一步熔炼，由于熔炼炉中不存在铁等杂质，因此，在整个熔炼过程中避免了铁对铝熔液的污染，保证了铝合金的质量。

子母炉是一种非常值得推广的炉型，大小均可，且投资低廉，适用性强，目前北方地区有许多企业采用此种炉体。在使用子母炉时，当炉料熔化之后，要尽快放出溶液，减少铝溶液在炉内的停留时间，以减少铁及其他杂质溶入铝液。

　　e　旋转式反射炉

旋转式熔炉有多种形式，特点是在生产过程中炉体可以旋转360°，这样可以提高热效率，传热速度快，可以基本上免去搅拌操作。由于耐火材料均匀地接触熔融的铝液，因此对炉壁的腐蚀均匀（一般熔炉腐蚀最严重的部位在液面线上），炉龄也较长。旋转式熔铝炉必须使用液体或气体燃料。

　　C　感应炉

这是利用电磁感应作用加热金属的一种熔化炉。感应电炉根据供电频率的不同，可分为工频炉（50～60Hz）、中频炉（1～10kHz）和高频炉（200～300kHz）。感应炉从构造上看有铁芯感应炉和无铁芯感应炉两种。

工频有铁芯感应熔炉就相当于一个变压器，向铁芯外的初级绕组送入工频熔化炉。感应炉根据供电频率之不同频率的交流电，在相次级绕组的与熔池连通的熔沟中的金属内即产生很大的感应电流，从而使金属加热。无铁芯感应熔炉是坩埚型熔化炉，在坩埚外安置初级绕组，即感应器，它是由空心铜管制成，管中通水冷却。感应器供电后，坩埚内金属即产生感应电流而生热。工频感应炉的坩埚外还布置磁轭，以提高炉子的电磁效率。工频感应炉在熔化小块金属料时效率很低，甚至难以熔化，只适于大块金属料的熔化。所以，工频感应熔炉的量都比较大，可达几吨或更大。由于电磁作用可以使炉中的液体金属自身发生搅拌，能使其成分和温度均匀，工频炉可用来熔化铜合金、铝合金和其他熔点较低的合金。

工频有芯感应炉启动时，应该在熔沟中充满金属，以形成闭合回路；每炉熔化后浇出的金属应有一定的剩余量，以保证能充满熔沟使熔炉能继续工作。在下部熔沟中，有时会被熔渣和污物堵塞，影响正常熔炼工作，故在炉下侧设有塞孔，以便及时清理熔沟。在熔化铝合金时，熔沟容易被铝的氧化物堵塞。目前，有芯感应炉多用来熔化铜合金。工频无芯感应炉没有熔沟，麻烦少，炉体构造简单，比有芯炉优越。但每炉浇注后也应在坩埚中留剩余量，以便于顺利继续工作。有的无芯感应炉中间装的是铸铁坩埚，可以提高电磁效率，特别适合熔炼铝合金用。

高频率的交流电在金属中通过时，发生"集肤效应"，即在金属炉料中因感应而产生的电流并非均匀分布，而是金属表面的电流密度最大，越向内部电流密度越小，到一定深度后，则几乎没有电流，通常把电流集中的表层深度称为"穿透深度"，可用下式计算：

$$\delta = \rho \mu f$$

式中　δ——电流穿透深度，cm；

　　　ρ——金属的电阻系数，$\Omega \cdot cm$；

　　　μ——金属的导磁系数；

　　　f——电流频率，Hz。

由上式可知，穿透深度与金属料的电阻系数的平方根成正比，与导磁系数和电流频率的平方根成反比。即是对一定金属而言，电流频率越高，穿透深度越小。这样，在金属很薄的表层厚度上通过大量电流，其产生的热量就集中，这有利于金属炉料的加热熔化。所以中频感应炉比工频炉的电效率高得多，而且允许使用比较小块的金属料。中频适用于无芯感应炉，而不必安装工频所必备的磁轭，同时每次熔化后可以浇出全部金属液，而不必保留剩余量。可用来熔炼钢和铝，效率和质量很高，而且劳动条件好。但中频感应炉需要专用的变频设备来供电，使其熔炼产品的成本增高。

铝合金的熔炼过程包括金属料熔化和金属液态处理两阶段。熔化阶段耗能大而费时长，应采取措施尽快熔化而减少金属的损耗。液态处理阶段则根据各熔炼合金的特点不同和炉料成分和品质的不同，一般有熔炼除杂、合金化、精炼脱气和变质等步骤。

在生产规模大时，反射炉多数为双联法，即先在容量大和效率高的反射炉中快速熔化金属，再将溶液注入对温度控制严格的电阻炉或反射炉中进行液态金属处理及保温，然后再浇注。这样两炉联用，各发挥其所长，能达到较好的经济和技术指标。具体采用何种炉型，选用哪种熔炼工艺方法，应从熔炼合金的质量和产量要求来确定。

7.1.1.3　熔炼炉的发展

熔炼炉技术的发展是伴随其他工业技术特别是电子技术和新材料技术的发展而发展的。从炉型方面看，以上介绍的双室反射炉、带加料井熔炼炉、电磁搅拌反射炉、旋转式反射炉以及可倾式耐热坩埚炉等都是发展的方向。从加热方式上看，无非是用到一些高能束加热源，如激光、电子束、离子束等。熔体保护采用一些特殊结构的密闭容器，以便实现真空或者是气体的保护，避免熔体受到环境气氛的污染；从节约能源角度看，在炉体的保温设计上采用以新型保温材料以充分提高能源的利用率；从环保角度看，增添了炉气、炉渣的净化处理系统。坩埚材料从石墨材料向耐高温合金坩埚方向发展，以提高坩埚炉的使用寿命；从搅拌方式看，机械搅拌和电磁搅拌都在快速的发展，尤其是电磁搅拌将很快被采用。

7.1.1.4　反射炉体筑造简介

反射炉，顾名思义是通过反射的热对炉料进行加热，使炉料熔化并熔炼。传统的反射炉是燃煤的，在炉子的一端建有燃烧室，火焰在上升过程中遇到拱型炉顶，被炉顶反射到熔炼室，从而达到熔炼的目的。反射炉不仅用于再生铝企业，在有色金属行业被广泛应用，如铜冶金、铅冶金等。

随着冶金技术的发展，反射炉发展很快，尤其是燃料的改进，大量采用燃油、燃气等，反射炉得到了很大的改善，依靠反射的意义正在减小，目前炉体的设计已经不单纯考虑对火焰的反射，而重点考虑提高炉子热利用率和减少烧损。

7.1.1.5　反射炉热工

A　反射炉的热传递

传热是一个复杂的物理现象，一般分为传导、对流和辐射三种传热方式。反射炉炉体主要由炉顶、炉墙和炉底组成，三者对反射炉的传热有重要的意义。

三种传热方式在反射炉中同时存在，一般称之为综合传热。在实际生产中，火焰辐射废铝料和炉子的四壁，四壁再把热传导（或辐射、反射）给铝料。与此同时，一部分热通过四壁散失到体系之外，这是热损失的主要因素。因此，在筑炉时要重视炉墙的保温。热的对流是在存在温差的情况下才能发生，如果炉内的温度一致，那么就不存在对流。但实际上炉内存在很大的温差，在炉料熔化之前，炉料周围的空气远低于火焰的温度。因此，火焰与炉料周围的空气产生对流传热，炉料熔化之后，熔融液体的不同部位存在较大的温差，因此熔融铝液中主要依靠对流来传热。

在反射炉中，炉墙对热的传递起着重要的作用，它的作用是：把一部分热吸收，同时又把一部分热辐射给炉料；直接把火焰的热反射到炉料；把热通过墙体传导给炉料。因此，在反射炉的设计和筑造过程中，要尽量考虑到3种传热的关系，充分考虑炉墙的结构和选用的材料。

B　反射炉的燃料和消耗

反射炉的燃料主要有煤炭、煤气、柴油、重油和天然气。无论以何种燃料，其热传递的形式基本一致，所不同的是热效率有所不同，熔化速率有所差异，燃料成本有较大的差异。

一般反射炉每吨铝耗燃料的情况如下，燃煤反射炉耗标准煤在 200 ~ 300kg；燃重油反射炉油耗大约为 60 ~ 80kg；燃柴油反射炉大约耗油 50kg，最先进的已经达到 30kg；半煤气反射炉煤耗为 260 ~ 300kg。燃料的消耗与反射炉的生产能力有关系，一般炉子越大，单位燃料消耗越低。

C 反射炉的热效率

反射炉的热效率一般都不太高，尤其是火焰式的反射炉，一般情况下，几种炉子的热效率情况如下。

反射炉热效率低，也就是说大量的热被浪费了，根据反射炉熔炼的特点，反射炉热的分配主要是：

（1）直接用于熔炼的热为25%~30%，这部分热主要为熔化和熔炼铝消耗；

（2）通过反射炉墙外表和炉门散失的热，一般占15%~25%，有时可达30%以上；

（3）烟气和炉渣带走的热为40%~50%，在熔炼铝合金过程中炉渣的产生量较少，而且不是熔融状态的，因此，炉渣带走的热很少，主要是烟气带走的热。

为了提高反射炉的热效率，要通过各种办法减少热的损失，如加厚炉墙和炉顶，添加隔热层；尽少开启炉门的次数；在设计炉子的时候，要尽量减小炉子的表面积，提高炉子的容积。

D 反射炉的余热利用

为了提高热的利用率，要考虑到余热利用的问题，尤其是烟气带走的热的利用。对烟气余热的利用，目前主要的办法是利用烟气预热燃料（气体）和空气，达到较好的效果。建设余热锅炉也是一种比较好的办法。

7.1.1.6 筑炉的环境和地质条件

A 对地质情况的了解

建设炉子，为了达到长久、安全的目的，在建设之前一定要对筑炉周围的环境、地质情况、风向等进行深入的了解研究，如附近是否有河流、湖泊，是否有塌陷区等。同时，对建设地点的地质情况有所了解，必要时，要参考地质部门的资料，详细了解地质情况，还要了解季风的风向等。

B 地基

为了保证炉体的安全可靠和长久使用，熔炼炉必须有稳定的基础，因此地基的建造非常重要。地基一定选在好的土层上，一般要考虑以下几条原则：（1）地基切忌打在土质疏松、流沙层上，如果不可回避，一定要采取措施；（2）在建造基础时还要特别注意，地基一定要建在扰动层之下，打在老土上；（3）在北方地基一定要打在冻层之下。

C 熔炼车间和炉体的布置

炉子的位置要考虑的问题：周围空间和操作平面：便于操作、留出加料和维修的空间，运输方便、暂时不具备条件的，要预留出铸锭机的位置，有长远的考虑，使之布局合理。熔炼车间要建在风向之下（企业应该建在某个区域的风向之下或居民区之下，减少不必要的麻烦）。

7.1.1.7 炉体的形式和构造

A 炉体的形状

目前采用的主要有圆形和矩形反射炉两种。圆形炉反射炉的成本高，维修不方便，但热能利用率较高，因为相同的周长圆的表面积最大。因此，在相同周长的炉子，圆炉比方形炉的表面积大，因此受热的面积大，热效率高，炉体表面散热少。矩形油反射炉，成本低，维修方便，热效率较圆形炉稍差。其炉门有对应两侧炉门或一侧两炉门，油喷嘴有单侧 2~3 个喷嘴或者斜对角 2 个油喷嘴。国内再生铝较大型企业还有顺式油反射高低炉。

B 炉型的选择

根据厂家需求，按照场地环境、热能材料、工艺条件进行炉体选形。

熔炼铝合金的炉子种类繁多，反射炉的种类多，常用的熔池式的反射炉有重油式反射炉、柴油反射炉、电阻反射炉、煤气反射炉、半煤气反射炉、燃煤反射炉等。根据企业自己的情况和当地的优势，如燃料资源、运输等，决定自己的炉型。但要注意，以重油为燃料的反射炉正在走"下坡路"，因为重油的黏度大，凝固点低，运输不便，在燃烧之前还需要预热，提高其流动性和雾化性，在进入喷嘴之前还需要进一步预热（110~120℃），增加了设备的投资。重油在燃烧时如果雾化不好，产生大量的黑烟，污染环境，同时热的利用率低。

从目前看，大型企业建议建设带煤气发生炉的反射炉，虽然一次性投资大一些，但长远效益高，无污染、热利用率高、操作简单。小型企业建议建设半煤气反射炉。

C 熔池的表面积和深度

熔池的表面积和深度是反射炉的重要参数，因为熔炉的热主要通过液面、四壁传导的，从理论上讲，表面积和四壁的面积大，热的传导效率就高。但是，表面积越大，在表面氧化也就越严重，同时也会使熔池无限制的增大，增大能耗和投资，但熔池过深，影响热的传导。因此，要综合考虑各方面的因素，如节能、节约投资、方便维修等因素，确定熔池的长宽高。一般 15t 以下的炉子熔池的深度在 500mm 左右。

D 炉体的结构

反射炉结构尺寸与炉子的生产规模有很大的关系，因此很难得到统一的公式，现以 10t 的反射炉为例。燃烧空间的计算，是根据熔化铝所需的热、单位时间内燃烧的气体的体积来计算的，为了保证燃料的充分燃烧，一般在计算时要考虑空气过剩系数。空间大，则影响热能发热，降低热效率，过小会导致向外喷火，烟气在炉内停留时间短，造成能源的浪费，因此除理论计算之外，还要通过实践来摸索。

7.1.2　铸造设备

7.1.2.1　铁模铸造设备

铁模铸造是用两块铸铁模板合拢形成的模腔进行铸造。铸锭质量 15 ~ 100kg，厚度 20 ~ 80mm。铁模铸造设备包括 2 铁模、浇包、吊模机、倾注机、补头勺、运锭小车等。

铁模又称书本模，它的主要部件是两块平面模板和一块装有吊环的底板。模板纵向铰接，可像垂直的书本那样开启和闭合。铁模也可称倾斜模，因为在注入铝液时，铁模用底板吊环吊起呈倾斜位置，然后逐渐下降到垂直位置，其目的是减小铝液注入模腔时的落差，防止发生冲击和骚动。

图 7-1 为铁模结构示意图。铁模用铸铁加工制成，在加工以前应将铸件在露天存放数月，或在退火炉内低温烘烤数十小时，以防止在使用过程中变形。铸铁的化学成分如表 7-1 所示。

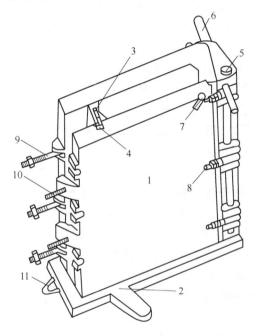

图 7-1　铁模结构示意图

1—模板；2—底板；3—活动挡板；4—补头勺支架；5—销棒；6—铁模倾斜枢轴；
7—浇包耳支架；8—后拉紧螺栓；9—前拉紧螺栓；10—挡板调节螺丝；11—吊环

铁模模腔的厚度和高度是固定的，宽度可用螺丝移动挡板进行调节。调节挡板位置时，上、下两根螺丝必须用扳手同步转动，防止铸成上部与下部宽度不同的斜边铸锭。大型铁模的内壁应铣纵向细密沟槽，以利于气体逸出。模腔应保持

表7-1　铁模材料的化学成分

元　素	含量/%
C	3.59
Si	1.86
Mn	0.67
P	≤0.33
S	≤0.05
Fe	余量

整洁干燥，发现残留铝屑应及时清除，并定期用钢丝刷刷去锈斑，然后用排笔自下而上地涂抹一层薄而均匀的白料。

在浇铸过程中，铝液凝固时所放出的热量先被铁模吸收，然后向周围空气散发。小型铁模因铸造周期短，一般在模板上附有冷却水套，以加快热量的散发。大型铁模的模板较厚，安装直接冷却模板的水套会因模板内外温差过大而产生裂缝，缩短铁模的使用寿命，所以采用吹风冷却，以减小模板所承受的热应力。

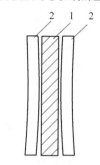

图 7-2　铁模受热变形示意图
1—铸锭；2—铁模

铝液注入模腔后，铁模内壁的温度迅速上升，模板内层受热膨胀，而外层温度较低，发生弹性变形，使模板四边向外翘曲，中心向内凸出（见图7-2），翘曲部位形成绝热的空气间隙，金属的冷却速度减慢，而中心部位与铸件紧密接触，金属冷却较快。冷却速度的不同在铸件内部产生热应力，当热应力超过金属的高温抗拉强度时，就会在铸件表面产生裂缝。因此，铁模铸件在热轧时，特别是在热轧开始的压下道次中，表面裂缝清晰可见，在继续轧制过程中裂缝虽被压平，但并未焊合。所以，铁模铸件的热轧厚板不能用于制造化学容器，如浓硝酸储槽，因为硝酸会沿凭肉眼看不出来的裂缝渗漏。由于铁模温度在铸造过程中反复升棒，经过使用一段时间以后，模板将发生翘曲和裂缝。为了防止裂缝深入和保证铸件质量，应定期用龙门刨床将模板刨平。

浇包是将铝液从熔炉或静置炉转移到铁模旁边的工具，它是用市场采购的适当大小的石墨坩埚，装入垫硅酸铝板的用扁铁焊成的外壳制成。坩埚口上用人工挖出一个浇嘴，使铝液能顺着浇嘴流入模腔。浇包两侧各装一根抬包手柄（见图7-3）。重量较轻的小浇包可用人工抬送，大浇包可用低矮小车推运到铁模旁边，然后用电动葫芦钩住两侧手柄提升到浇注位置。浇嘴两边的铁壳上焊有带叉口的耳板，浇注时将耳板搁在铁模的耳架上，以稳定浇嘴位置。浇包底部设有吊环可用吊钩钩住，然后摇动浇注机（俗称"摇揭机"）的链轮使吊钩上升，浇包以耳

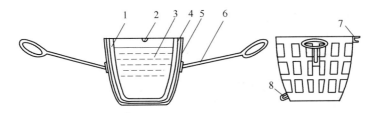

图 7-3 浇包

1—石墨坩埚；2—浇嘴；3—铝液；4—硅酸铝板；
5—铁制外壳；6—抬包手柄；7—耳板；8—吊环

架为枢轴向上倾斜，将铝液注入模腔，铁模则从倾斜位置逐渐下降到垂直位置，如图 7-4 所示。

坩埚的容积应足够存放质量最大的铸锭所需要的铝液加上补头所需要的铝液，浇包使用前必须预先加热，以免铝液凝结在埚底；每班浇铸结束后应立即清除埚内渣，涂刷白料，然后用煤气保温。吊模机挂在可以沿铁模上方轨道移动的小车上，用钢丝绳末端的吊钩钩住铁模底板上的吊环，将铁模提升到与水平线成 15°~25°的倾斜位置。吊模机钢丝绳的卷筒直径应从小到大地变化，使铁模的下降速度从慢到快地变化。这是因为在铁模从倾斜位置下降到垂直位置的过程中，模腔的水平截面面积从大到小地变化，浇包的液面面积却从小到大地变化，调节铁模下降速度可以使浇注工均匀地摇动浇注机的链轮。铁模吊起的高度不应太低，下降速度也不应太快，更不应在铁模上升尚未停止以前就放松制动器使铁模下降，以免铝液注

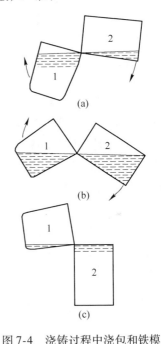

图 7-4 浇铸过程中浇包和铁模
的相对位置

（a）浇注开始；（b）浇注中途；
（c）浇注完毕
1—浇包；2—铁模

入模腔时发生冲击，造成夹灰、气泡等产品质量问题。

浇注机同吊模机一样挂在可以沿铁模上方轨道移动的四轮小车上，它的主要部件是直径不变的钢丝绳卷筒和装有摇手柄的链轮传动机构。用钢丝绳末端的吊钩钩住浇包底部的吊环，当浇包耳板稳固地插入铁模两侧的耳架时，即可开始摇动手柄逐渐倾斜浇包，将铝液注入模腔。坩埚口上的浇嘴必须紧靠铁模边角，防止铝液从浇嘴两旁溢漏。铝液浇注速度应与铁模下降速度相配合，使坩埚中的液面与模腔中的液面基本保持在同一水平面上。铝液浇注是铁模铸造中最重要的一

道工序。如果浇注不当，会因铝液冲击和紊流，在铸锭表面出现"花斑"（即夹灰），或因浇注中途停顿使铸锭在注入部位产生"斜角"（即冷隔），或因模内液面过低使补头困难产生缩孔。

图7-5　补头勺

补头又称浇头，其作用是填补铸锭头部因铝液凝固收缩所产生的缩孔。补头勺是一只带长柄的半球形铁皮容器（见图7-5）。补头勺中的铝液在补头过程中受空气冷却逐渐凝固，凝固速度与铝液温度、环境温度和补头勺的保温性能有关。因此，补头勺内铝液仅有一部分可用于填补缩孔，其余部分（约占1/3）只能作为固态残料重新回炉。

运锭小车是把铸件从铁模取出后送到热轧机旁的手推车，如图7-6所示。为了减轻运送铸件的劳动强度，可在铁模附近安装带钩的链条提升机构把铸件送到有斜度的高架辊道上，然后铸锭利用自重沿辊道下滑到热轧机进料侧；也可采用地下辊道输送铸锭。

除上述生产设备外，在铁模铸造中还需一些辅助操作工具，如刮刀、尖头锤、夹钳等，如图7-7所示。

图7-6　运锭小车

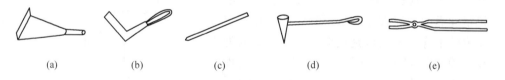

(a)　　　　　　(b)　　　　　　(c)　　　　　　(d)　　　　　　(e)

图7-7　铁模铸造操作工具

（a）撇渣刮刀；（b）挡渣刮刀；（c）补头刮刀；（d）取锭尖头锤；（e）小型铸锭和热轧板坯夹钳

7.1.2.2　半连续铸造设备

半连续铸造又称 DC（direct chill，直接激冷）铸造，是当前铝加工厂应用最广泛的铸件方法。这种方法的优点是：（1）可以铸造各种成分的纯铝和铝合金；（2）可以铸造重量达 20000kg 以上的铸锭；（3）铸镜头部没有缩孔，免除了补头操作以及由此而引起的夹灰、气泡等缺陷；（4）铸锭可以铣面，清除表面氧化皮、结疤和偏析瘤；（5）可以对铝液进行在线净化和晶粒细化处理，提高铸锭质量；（6）铸件在热轧以前可以进行均匀化热处理，改善铝合金的组织和性能；（7）生产率高，劳动强度低；（8）铸造和热轧分别进行，有利于生产安排。缺点是：（1）土建和设备投资大；（2）增加了铸锭锯切、铣面和加热工序，切削废料和能源消耗多；（3）铸锭凝固速度快，结晶组织具有明显的方向性，所加工的板、带材在深冲时容易出现制耳。

半连续铸造设备包括：流槽、结晶器、冷却水循环系统、浇铸坑、升降台及传动机构、吊锭钳、锯切机、镜面机等。

流槽是从静置炉到结晶器之间的铝液通道。铝液从静置炉的出铝口通过流槽流到按结晶器数量和位置设计的分配槽（见图7-8），再通过分流器进入结晶器（见图7-9），用于轧制板、带、箔材的铝扁锭，每次可浇铸2~8根。

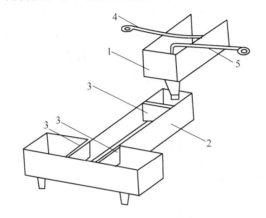

图 7-8　流槽和分配槽

1—流槽；2—分配槽；3—挡渣板；4—静置炉塞杆；5—流槽塞杆

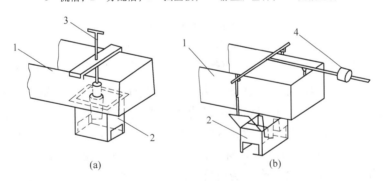

(a)　　　　　　　　　　　　(b)

图 7-9　分流器

（a）固定式分流器；（b）浮筒式分流器

1—分配槽；2—分流器；3—丝杆塞头；4—平衡锤

在浇铸过程中，一旦铝液与空气接触就将发生一层氧化膜，若铝液流动时发生骚动，与空气的接触面增加，产生的氧化膜增多，而氧化膜与铝液是不能自然分离的，进入铸锭后将成为夹杂物。当铝液与潮湿空气接触时，除生成氧化物外，还生成氢被铝液吸收。因此，浇铸工序对铝板、带、箔材的质量，特别对产品的内在质量有着极其重要的影响。

为了减少铝液与空气的接触机会，应使铝液在液面以下流动。因此，流槽内

　　的液面应高于静置炉的出铝口，结晶器内的液面应高于分配槽的流出口。流槽和分配槽是由铁皮外壳内衬硅酸铝板制成，衬板起保温和防止铁壳被铝液侵蚀的作用。流槽和分配槽在使用前应涂白料，并充分干燥和预热。铝液流量可用丝杆塞头人工控制，也可用浮筒式分流器和平衡锤自动控制（见图7-9）。自动控制有利于稳定液面高度，防止因操作失误而发生铝液流量过小或过大所造成的事故。

　　结晶器是由铜、铝合金制成的矩形无底模。模孔尺寸应考虑铝液凝固收缩量和铸件镜面切削量。冷却水可从多孔管道或水箱缝隙喷射（见图7-10），必须经常检查喷水的小孔或狭缝是否通畅，防止铸件因局部冷却不够造成铝液渗漏。结晶器内壁应保持洁净光滑，并于每次浇铸前涂油脂润滑。结晶器装在台板上，以便于整体移开和就位。

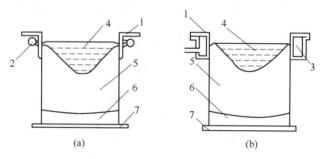

图7-10　结晶器和引锭
（a）水管喷水冷却；（b）水箱喷水冷却
1—结晶器；2—喷水管；3—喷水箱；4—液穴；5—铸锭；6—引锭；7—升降台

　　浇铸坑是钢筋混凝土结构的地下坑。坑的截面尺寸根据结晶器的尺寸和数量、冷却水管道的排列、升降台传动机构的安装，以及下坑检修所需要的空间而确定。当铸锭达到浇铸坑深度所允许的最大长度时，必须中断浇铸，把铸锭从坑内吊出，然后再重新开始浇铸，所以称为半连续铸造。浇铸坑四角装有导向立柱，使升降台平稳地垂直升降。浇铸坑一侧设有深度相同的副坑，用于安装抽水泵。也可以不设副坑而把抽水泵安装在接近地面的位置，但应备有充水管，以便当止阀漏水时向漏空的抽水管灌水，防止抽水泵空转。

　　升降台的作用是：（1）安装引键；（2）控制浇铸速度；（3）承载铸件质量；（4）把铸锭快速提升出浇铸坑。

　　升降台的四角各装有一组滑轮靠在浇铸坑的立柱上，用卷扬机或液压缸上下移动。升降台的引键位置与结晶器的位置吻合，引键截面尺寸略小于结晶器的截面尺寸，以便伸入结晶器下部。浇铸开始前用石棉绳堵塞引线与结晶器之间的缝隙，以防止铝液渗漏，然后从静置炉放出铝液。当结晶器内铝液面达到一定高度时使升降台下降。铸锭底部脱出结晶器时应观察铸锭是否平稳地坐落在引键上，倘若发现局部脱空现象，必须用铝片垫实，以免发生铸锭弯曲现象。升降台下降速度调节范围为 0.5~1.0m/min，应严格按照工艺规定的浇铸速度调节升降台的下降速度。操纵台上设有长度指示器随时表明铸件长度，当铸锭即将达到预定长度时，就应提前堵塞出铝口，以免流槽及分配槽内剩余铝液流入结晶器使铸锭超长。待铸锭顶部凝固后，关闭冷却水阀，挪去分配槽，移开结晶器台板，使升降台快速上升，然后用吊锭钳或钢丝绳将铸锭吊出浇铸坑。在吊运铸锭的同时，应趁热清除流槽和分配器内的铝渣，修补损坏的耐火衬垫，然后涂抹白料，并用煤气喷管进行烘干和保温。随后，检查喷水孔或喷水孔是否畅通，然后清结晶器内壁并涂润滑脂，将结晶器和分配槽重新就位，开始下一轮浇铸操作。

铣面机有单面铣和双面铣、立式和卧式等不同形式，镜面深度可以根据铸件表面状况调节，一般为5mm左右。铣刀安装在圆形刀盘上，根据刀盘直径和铣面光洁度确定铣刀数量，小型铸锭只需要安装2把铣刀，大型铸锭可安装30把铣刀。铣刀线速度可达1000m/min，铸锭移动速度为1.5~2.5m/min。为了减小刀盘的直径、重量和驱动电机的功率，可用两个位置错开而铣刀轨迹重叠并列安装的小刀盘，代替覆盖整个铸件宽度的大刀盘。

7.1.2.3 连续铸轧设备

详见7.1.5节。

7.1.3 熔炼设备的发展动态

7.1.3.1 电解铝液直接铸造装置

在国外电解铝液经处理直接铸造成大板锭和圆锭非常普遍，在我国则刚开始应用，因此针对使用电解铝液的熔炼炉要进一步开发和研究。

7.1.3.2 提高熔铸设备机械化、自动化和连续化水平

把炉料预处理装置（包括磁选除铁装置、干燥装置等）、熔炼炉、保温炉和铸造机等通过PLC系统连接起来，形成从炉料重熔处理到铸造成铸锭的连续机组，甚至与铸锭锯切、铣面、检查、称重等后步工序连接起来，可以提高炉料表面清洁度，减少炉料吸气和表面氧化，大大缩短从炉料变为铸锭的生产周期，提高了产品质量和生产效率。

7.1.3.3 改进冶金炉结构、材料以及提高使用性能和降低能耗

A 熔炼炉

熔炼炉容量朝大型化发展。加大炉容量相应要求高的熔化能力，目前普遍采用火焰反射式炉。由于圆形顶加料熔炼炉具有加料时间短的优点，目前获得了广泛应用。矩形侧加料炉的炉门为了方便加料，加大尺寸，有的甚至达到一侧炉墙面积。目前节能效果最好的蓄热式燃烧系统逐步推广使用，使熔化能耗降低到小于50kg（油）/t（铝），大大降低了生产成本。接触熔体的熔池炉衬采用优质高

铝砖，避免了熔体从炉衬渣中吸收杂质元素。炉墙和炉顶均由耐火砖及耐高温抗侵蚀耐火注料、抗渗铝耐火灌注料、保温砖等组成，具有足够的使用寿命和良好的隔热性能。

B　保温炉

保温炉容量朝大型化发展。炉型趋向采用倾动式炉，炉温和炉子放出铝液量可进行精确地自动控制，并与铸造工艺参数同时输入 PLC，进行自动控制。火焰反射式保温炉采用火焰出口速度高、调节比大、自动控制、自动点火的燃烧器，可保证铝液温度控制精度达 ±3℃，倾动式保温炉可控制出口流槽液位精度为 ±2mm。接触熔体的熔池炉衬采用优质高铝砖，避免了熔体的熔池炉衬中吸收杂质元素。炉墙和炉顶均由耐火砖及耐高温抗侵蚀耐火灌注料、抗渗铝耐火灌注料、保温砖组成，具有足够的使用寿命和良好的隔热性能。通过设置于炉底的透气砖向熔体中吹入精炼气体，可取得较好的除气精炼效果。如果解决了透气砖材料问题，这种精炼方式具有良好的推广前景。电磁感应搅拌装置国外已经广泛应用，我国已生产出电磁感应搅拌装置，但使用厂家不多。这种对于提高熔体质量有明显效果的装置今后会在我国逐步获得推广。为了满足某些特殊合金的除气要求，保温炉膛应能处于真空状态，使熔体中有害气体扩散逸出，如果与电磁感应搅拌装置相结合，可以加速熔体中有害气体逸出，提高除气效果。

C　均热炉

均热炉组采用批次的处理方法。为了使铸锭升温曲线与设定工艺曲线一致（即铸锭升温曲线可调），除了自动调节加热器功率之外，采用交流变频调速风机、自动调节风机速度进行热气体循环加热，达到整个加热室内均热温度在 ±3℃ 以内，保证了均匀热铸锭的高质量。受能源价格波动影响，电阻加热式和燃油/气加热式均热炉组成都得到了发展，可以为用户提供最经济的选择方案。

7.1.4　热轧设备

7.1.4.1　热轧设备简介

以铸锭为坯料的生产工艺都必须配备热轧机，将铸锭轧成厚度为 6～8mm 的板条或卷带。半连续铸锭必须经过加热以后才能进行热轧。

中小型铝板、带、箔材厂多数仍采用二辊不可逆式热轧机。热轧设备包括主电动机、皮带轮、减速齿轮箱、分动齿轮箱座、连接轴、机架（俗称“牌坊”）、轧辊、辊颈轴承、上轧辊平衡机构、压下装置、辊道或升降台（俗称“跳台”）、乳液喷射和循环系统等。热轧机轧制速度约为 1m/s，压下速度 3～4mm/s。

主电动机为三相交流电动机，功率 300～500kW。皮带轮除作为一级传动机构外，惯性矩较大的低速皮带轮还有飞轮的作用。也可不用皮带轮，将电动机与减速齿轮箱直接连接，在齿轮轴上安装飞轮。

连接轴采用万向接轴或梅花接轴。万向接轴最大倾斜角可达 $8° \sim 10°$，而梅花接轴的允许倾斜角为 $1° \sim 2°$。鉴于热轧机压下装置的调节幅度大，采用万向接轴较为合理，但万向接轴结构复杂，加工精度和材质要求高，换辊时自拆卸和装接比较困难，所以许多中小型铝加工厂的热轧机仍采用梅花接轴。为了解决分倾斜角偏小的问题，在不增加接轴长度的情况下，只能加大接轴轴头与梅花套筒的间隙，从而造成套筒下坠、轴头磨损、运转噪声大等不良现象。

中小型铝材厂的热轧机尺寸不同，有的采用 $\phi550mm \times 1300mm$ 轧辊，有的采用 $\phi380mm \times 800mm$ 轧辊，轧辊材料为耐热合金锻钢，如 60CrMnMo、60SiMnMo 等，辊面硬度为 HS50 ~ 70。铝的性质软、强度低，而产品的表面质量又要求高，因此轧辊表面必须光洁，否则裂纹和疵点等缺陷都会压印在铝板表面。生产实践证明，热轧机轧辊的表面裂纹在板坯表面所产生的印痕虽然可在冷轧过程被压平，以致难以用肉眼察觉，但仍将影响最终产品的力学性能，使伸长率减小。一般热轧用的轧辊经过 10 多天使用以后就会出现表面龟裂，需要重新磨削。有些厂在直径偏小的轧辊表面堆焊一层约10mm 厚的 $3Cr_{13}$耐热合金，可使轧辊每次磨削以后的使用时间延长到半年以上。虽然经过堆焊的轧辊表面硬度较低，约只有 HS46，但用于热轧纯铝产品还是合适的。国外用于制造热轧机轧辊的材料的铬钼钒合金锻钢，辊身硬度为 HS60 ~ 70，典型成分：$w(C) = 0.42\% \sim 0.47\%$，$w(Si) \leqslant 0.3\%$，$w(Mn) = 0.5\% \sim 0.7\%$，$w(P) \leqslant 0.035\%$，$w(S) \leqslant 0.035\%$，$w(Mo) = 0.7\% \sim 0.8\%$，$w(V) = 0.10\% \sim 0.16\%$。

热轧机的轧辊轴承采用酚醛树脂夹布压制的开式滑动轴承（俗称"胶苯轴承"）。胶苯轴承必须用按照辊颈尺寸设计的专模压制而成，轴承与辊颈接触面上应有油槽。如果为了节省模具费用，而将尺寸类似的胶苯轴承切削成型，则会因胶苯的纤维被切断而影响轴瓦的强度和使用寿命。此外，切削加工的轴承表面也达不到压制成型的表面光洁度。使辊颈与轴瓦之间的摩擦系数增大。胶苯轴承的优点是：（1）抗压强度高；（2）摩擦系数小；（3）可采用乳液作为轴承润滑剂，不仅节约生产费用，而且不存在轴承油与轧制油互相污染的问题；（4）压制成型后不需要再加工，制造成本低；（5）能承受冲击负荷；（6）当金属碎屑或杂质颗粒落入轴承时，会被压入轴瓦，不致损伤轧辊辊颈。胶苯轴承的缺点是：（1）刚性差，弹性模量为 7000 ~ 10000MPa，受力后弹性变形量较大，影响热轧产品的精度；（2）工作温度不允许超过 80 ~ 85℃，因此在轧机启动以前必须先开启乳液阀对轴承进行冷却和润滑，在轧制间歇时间也不能停止向轴承喷射乳液，以防轴瓦过热损坏。

热轧机采用铸钢机架。上轧辊采用重锤或液压缸平衡。中小型热轧机的压下装置多数采用交流电动机通过齿轮箱和蜗轮箱减速驱动，压下电动机功率为5kW，只能在无负载的条件下进行调节。左右压下装置之间装有齿形离合器，当轧出铝板两边厚薄不匀时，可脱开离合器对左右压下装置进行单独调节。对于规格相同的大批量热轧产品，由于压下道次和压下量相同，可采用程序控制机构按压下规程自动调节压下装置，既可省却人工按钮操作，缩短压下装置调节时间，又可防止因操作失误所造成的轧机超负荷事故。

厚度80mm铝铸锭的热轧道次为3~7道，道次压下率为14%~47%。轧出的锭块或板条沿着升降台辊道利用自身和借助上轧辊的转动滑向操作侧，由热轧操作人员用铁棒或铁钳钳住轧件末端推入辊缝进行下一道次轧制。轧完最后道次后，由拉头操作人员用铁钳钳住板条头部从升降台拉下。热轧机上喷射的乳液，除一小部分用于胶苯轴承的润滑和冷却外（胶苯轴承也可用水作为润滑冷却剂），主要用于轧辊的润滑与冷却，并在轧辊与轧件表面之间形成一层耐压油膜，防止铝板黏在辊面上。乳液除润滑和冷却外，还应具有清除黏附于轧辊表面的洗涤功能。

乳液在使用过程中，被轧件与轧辊摩擦所产生的铝粉所污染，并逐渐发黑，有时还有机械润滑油混入，使轧件咬入困难，必须定期更换。在乳液循环系统中设置平床过滤器可以延长乳液的使用周期。废乳液中所含乳化油可以用硫酸破乳回收。在热轧机制进料和出料口均应安装压缩空气吹管，把板条上的乳液吹向辊缝，避免乳液积聚在热轧板条上产生油斑。机架侧面也应安装挡板防止乳液飞溅。

用交流电动机驱动的二辊不可逆式热轧机所能轧制的铸锭重量小（不超过100kg），操作人员劳动强度大，压下装置的定位精度低，在现代铝加工厂中早已被直流电动机前后左右的可逆式热轧机所代替。可逆式热轧机的压下装置和轧机前后左右的辊道也都采用无级变速的直流电动机驱动，压下装置可以根据压下量的大小调节压下速度，并于轧完最终道次后快速回升。由于前滑和后滑的存在，辊道速度很难完全与热轧板条的进料和出料速度同步，因此在轧件与辊道之间会产生相对滑动和摩擦。为避免处于高温状态的铝板表面被擦毛，辊道可采用双锥形辊，使板条通过辊道时只有边缘部位与辊面接触。

输送辊可由直流电动机单独驱动，或者通过伞形齿轮分组传动。前后辊道的长度应分别大于热轧板条的出料和进料最大长度。大型热轧机还配备推锭机以便于铸锭咬入，推锭机的推力为40~80kN。进料立辊用于滚轧铸锭侧面，防止裂边。在输送辊道前十字形换向台，可将铸锭抬高约200mm后转动90°，进行横向轧制，也可采用由两组辊道组成的回转辊道使铸锭转向。

轧机前后装有间距可以按轧件宽度调节的导尺，其作用是使轧件保持在正中位置，导尺侧面装有一排小立辊以减轻轧件边缘与导尺之间的摩擦。鉴于轧件纵向各部位的宽度会有差别，也会有不同程度的S形或镰刀弯曲现象出现，所以在调节导尺间距时应先用导尺拨正轧件位置，然后略向后退，不可紧靠轧件边缘，以免导尺受力过大。

半连续铸锭热轧板条的长度达30～100m。板条可在轧制完毕以后卷取。同步卷取可以缩短辊道长度，增加铸锭重量。图7-11为热卷取机示意图。在卷取过程中，如果卷取速度与轧出速度不同步，产品表面容易擦毛。由于热轧板条温度高，需要采用耐高温的钢丝网带进行助卷，待板条头部卷牢后再将助卷网带松开，但被网带压过的部位将留有较深的印痕。若能在输送辊道上用喷洒乳液、

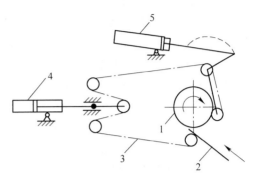

图7-11　热卷取机

1—热轧板卷；2—热轧板条；3—助卷器；
4—张力液压缸；5—抱臂液压缸

吹风冷却、穿过水箱等方法使热轧板条冷却到250℃以下，则可在卷带轧机上进行在线中温轧制，而不需要在热轧机上使用热卷取机，从而避免了助卷机压伤、卷取擦热轧板卷装卸和堆放等产品质量和生产场地的问题。但中温轧制也具有一些难以克服的缺点：（1）热轧板条经过短时间的强化冷却以后，温度不均匀，所以中温轧制产品的厚薄均匀度较差；（2）由于轧件温度较高，为了控制辊型，只能采用较低的轧制速度；（3）需要采用煤油和乳液进行交替润滑和冷却，不能采用全油润滑，影响产品的表面光洁度和道次压下量；（4）产品表面没有油膜，并且留有碱性乳液的痕迹，很容易发生腐蚀。因此，在现代铝板、带、箔材生产中已不再采用中温轧制工艺。

7.1.4.2　热轧机的发展趋势

A　现代热轧机组的特点

a　热轧机组的大型化

热轧机组的发展趋势是大型化，轧辊辊面宽，直径大，辊道长，机列总长可达几百米。铣面后铸锭重量可达30t。轧机开口度大于700mm，便于生产特厚的热轧板。

b　最大程度上减少黏铝

采取辊道辊全部是锥形辊，辊道辊有喷乳液装置，安装辊道清洁器、工作辊清刷辊，偏导辊带清刷辊，切头剪喷乳液等装置，这样可以最大程度地减少黏铝。

c　厚度自动控制系统

热粗轧机厚度自动控制系统包括：手动设置、位置控制、轧制力控制、辊缝校正（轧机调零）、弹性曲线的测量、存储和补偿、辊缝设定等。

热精轧机厚度自动控制系统包括：出口侧同位素厚度和凸度测量仪反馈控制、出口侧X射线测厚仪反馈控制、位置传感器反馈控制、压力传感器反馈控制。

现代化的厚度自动控制系统还包括：轧辊偏心补偿（先对轧辊进行偏心测试，数据输入计算机，靠调整压下给予补偿）、弯辊影响补偿、辊缝校正（轧机调零）、弹性曲线的测量、存储和补偿、辊缝设定装置及轧制速度效应（轧制速度高，改变轴承润滑）调节系统等。

d　断面凸度控制系统

断面凸度控制系统如下：

（1）轧辊凸度可调节装置。近年来轧辊凸度可变技术已经广泛应用于铝的热轧机上，主要是用在热精轧和热连轧上，也可用于热粗轧的支撑辊上。

（2）出口测厚度和凸度测量仪。厚度测量仪和凸度测量仪可以是单独的，也可合并在一起只用一台测量仪。一般只设在热精轧或热连轧机上，很少用于热粗轧机组。

（3）断面凸度控制手段。研磨好合适的原始辊型，合理地安排轧制程序表。

把位置传感器、凸度反馈信号输入计算机进行计算，自动地调整轧辊的正负弯辊和乳液喷射。不过，在线纠偏不是凸度控制的主要手段，根据检测的凸度值，对预设定重新调整是最主要的。

有的厂家提出断面凸度控制主要在于热精轧，热粗轧可以不设置正负弯辊。

e　温度检测及温度自动控制系统

在热粗轧机上可以安装多个接触式测温仪和非接触式测温仪。精轧机上也可以安装多个接触式测温仪和非接触式测温仪。

温度控制的手段：精轧时闭环控制轧制速度的升高或降低，闭环控制调节热精轧机的入口侧和出口侧板带冷却喷射装置。在线对温度纠正不是主要的，通过自学习功能对预设重新调整是最主要的。

f　自学习功能模块

所有的模型都具有自学习功能，包括道次与道次自学习、卷与卷自学习、批与批自学习系统。

g　系统诊断和远程诊断装置

系统诊断和远程诊断装置包括基础自动化的监视、记录和诊断；大功率传动装置的监视、记录和诊断；用调制解调器通过电话线实现全厂的计算机相连，设计人员在办公室就可进行远程诊断。

h　立辊

生产裂边较严重的硬合金必须有立辊轧机，而对于生产 1×××、3×××合金来说，是否设置立辊则有不同的看法。一般情况下，热轧厚度在 100～150mm 以上时才使用立辊。立辊有靠近轧机式的和远离轧机式的两种。

i　切边机和碎边机

切边机是必备的，但切边机又是设计、制造非常困难的设备，要在热状态下剪切有黏性的铝材，保证切齐和碎边不是很容易的事。

整体式切边机和碎边机适合于速度高的精轧机，有利于增加穿带速度。要调整好刀盘间隙和重叠量，碎边机要有足够的刚度和较大的乳液冷却量，碎边效果才能好。

B　国外热轧机采用的新技术和新装置

a　集成化的测量系统

一套现代化的测量系统要使用多个高精度、连续检测、高速和低噪声的 X 射线源，对沿整个带材宽度上的每一个测量点都要用两对射线源的入射角互不相同。从而可以同时测量中央厚度、横向厚度分布、显示板形和轧件宽度。这种测量系统参与闭环控制系统，完成厚度自动控制、横向厚度分布自动控制和板形自动控制。

集成化的测量系统主要包括板形测量系统和温度自动控制系统两大部分。

b　表面质量检查

表面质量非常重要，但表面质量的检查研究工作基本上还处于初级阶段，目前带有缺陷分析软件的高性能"视觉"检查系统已经取得了一定的成果，即将进入实用阶段。

c　液压轧边机

液压轧边机不同于立辊轧机，是一种全液压重型轧边机，或称为"液压自动宽度控制系统"。它的主要优点在于：可利用单一铸造宽度的坯料生产各种不同宽度的产品；精确控制宽度；消除头尾状缺陷；减少边部裂纹；降低切边量，提高成品率。

d　热连轧的液压活套

最新的热连轧液压活套挑用在很多钢铁热连轧机上，活套辊上带有十分灵敏的测力装置，能对活套挑中的作用力进行精确控制。通过对活套压力的有效控制，消除机架间的张力变化，显著地改善尺寸控制能力，减小带材宽度上与纵向上的厚度变化。

e　可调式带材冷却系统

目前的带材冷却有层流喷嘴、水帘和 U 形管等，而 Bertin 公司的 ADCO（可调式带材冷却系统）使用空气和水组成的一种混合式冷却介质，可以在很大程度上改变冷却速度。迄今为止，这种冷却系统仅用于钢铁行业，但其在铝轧制加工中的应用潜力很大。

f　集成控制系统

利用现代化的手段将各种子系统相互连接起来，将热轧生产线的整个工艺过程综合性地加以考虑，对工艺参数之间复杂的交互作用、中间目标值、最终热轧成品的目标值作出统筹安排。

（1）在线控制模型的综合应用。已有的各种物理模型和数学模型可以对负载、功率、测试、横向厚度分布和板形作出计算和预测，提供轧机参数的设定和控制环的增益。采用自适应、专家系统和更先进的解决方案可以做到在线控制模型的综合应用。

（2）冶金模型的应用。随着显微组织模型化技术的不断发展以及运算功能更强大的系统出现，有可能对显微组织演化过程进行直接控制。实际上在钢铁行业已经有简单的显微组织模型，并且得到了成功的运用，但就铝合金而言还必须进行开发和研究。

（3）集成化的横向厚度分布和板形控制系统。为能在热轧生产线上有效地控制带材横向厚度分布和板型，需要一个集成化的解决方案通盘考虑板形和横向厚度分布的演变。将各种模型包容在一个动态模拟离线系统中可以开发出一系列的轧制程序表。在线系统的自适应设定功能提供良好的带材头尾性能和闭环控制效果。离线和在线系统相配合将会使系统达到一个更高的水平。

7.1.5　连铸连轧设备

双辊式连续铸轧是生产纯铝和低合金铝板带箔材的一种比较先进的生产工艺。连续铸轧设备的投资少，投产时间短，劳动定员少，占地面积小，在我国已有多家铝加工厂采用，并能自行设计制造成套连续铸轧设备。连续铸轧工艺省却了铸锭的锯切铣面加热和热轧工序，与半连续铸造工艺相比，可节约能源 35%。在双辊式连续铸轧机中，铝液通过一对内部通水冷却的铸轧辊以后，直接形成厚度 6~8nm 的铸轧卷带，其宽度和卷重只受配套卷取机承载能力的限制。连续铸轧产品的规格品种不宜变化过多，否则将影响铸轧机的生产能力和经济效益。

连续铸轧设备包括：前箱铸嘴铸轧机、导向辊、牵引辊、剪切机、张紧辊、卷取机、卸卷小车等。如图 7-12 所示为倾斜式连续铸轧机组。

前箱的作用是控制铝液温度和流量。铝液进入铸嘴的流量取决于前箱内的铝液温度和液面高度。其中，铝液温度影响铝液的黏度和流动阻力；液面高度影响铝液的静压差。铝液温度主要在静置炉内进行控制，控制精度应达到 ±3℃；前箱内液面高度的控制精度应达到 ±1mm。

前箱通过铸嘴向铸轧机供应铝液。前箱侧面设有溢流口，在铸轧开始前，铝液从溢流口流入地面收集箱以预热前箱。前箱底部设有清理口，用于铸轧结束时放出箱内剩余铝液。前箱由铁壳和耐火衬垫制成，装有热电偶和液位自动控制浮标。

铸嘴是连续而均匀地向铸轧机供应铝液的关键部件，它不但需要有正确的内部结构（见图 7-13），而且所用材料应具有绝热（在 500℃时热导率大于 0.44kJ/(m·h·℃)）、耐高温、热膨胀系数小、表面光洁、易切削加工、在 800℃时断

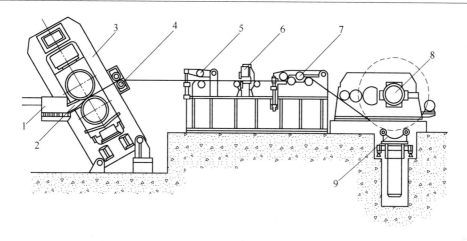

图 7-12 倾斜式连续铸轧机组

1—前箱；2—铸嘴；3—铸轧机；4—导向辊；5—牵引辊；6—剪切机；

7—张紧辊；8—卷取机；9—卸卷小车

裂强度大于 8MPa、耐冲击、不被铝液润湿和侵蚀、对人体无害（例如不含石棉）等优良性能。铸嘴通常是以硅酸铝纤维、硅藻土和黏结剂加热焙烧制成的轻质耐火板为坯料，经切削后按产品宽度要求拼接而成。铸嘴腔内设置挡流块，内硅酸铝或衬玻璃丝布，外有铁制夹持器，装在钢制台架上，其位置可以上下、前后和左右移动，以便调整铸嘴与辊缝的相对位置。铸嘴的弧形表面与铸轧辊辊面之间应保持约 0.5mm。

　　为了补偿重力对液流方向的影响，水平式和倾斜式连续铸轧机上的铸嘴与上铸轧辊的间隙应略大于与下铸轧辊的间隙，铸嘴的下唇应比上唇长 3~5mm（见图 7-14）。铸嘴和夹持器在使用以前在专用电阻加热炉内预先加热。

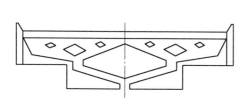

图 7-13　铸嘴内部结构

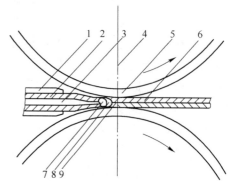

图 7-14　铸嘴位置和铝液凝固过程示意图

1—铸嘴夹持器；2—铸嘴；3—铸嘴腔；4—铸轧辊
中心线；5—辊套；6—铸轧带；7—液态金属；

8—液、固共存的糊状金属；9—固态金属

铸轧机的主要组成部件有：机架、铸轧辊及轧辊轴承、负荷液压缸、驱动铸轧辊的直流电动机或液压电动机、冷却水循环系统、辊面润滑剂喷射装置、清辊器等。

铸轧机的机架采用铸钢板焊接结构。倾斜式铸轧机在机架底座出料侧装有用于倾斜机架的液压缸和锁紧装置，铸轧机工作时将机架倾斜，换辊时将机架摆正。

铸轧辊由辊芯和辊套组成。辊芯表面有通冷却水的沟槽，辊套用热套方法紧固在辊芯上。辊套材料为耐热高强度合金钢，厚度为 30 ~ 50mm。在热应力和轧制压力的共同作用下，辊套使用一段时间后表面将出现龟裂，需要定期磨削，以防裂纹深入。辊套的典型使用寿命为 3000h，每隔 500 ~ 700h 需要重磨一次。为了补偿铸轧辊在轧制压力作用下所产生的挠度，铸轧辊磨削时应给予适当的凸度。随着铸轧辊直径的减小和挠度的增大，磨削凸度也应适当增大。辊颈轴承采用双列圆锥滚动轴承。

轧制负荷由液压缸施加于铸轧辊两端的轴承座上，轴承座与液压缸之间有用于调节辊缝的楔块。每米铸轧带宽度上需要施加的最大压力约 6MN，最大扭矩约 300kN·m。

上、下铸轧辊采用一台直流电动机通过分动齿轮座联合驱动，也可采用两台直流电动机或两台液压马达分别驱动。上、下铸轧辊分别驱动的优点在于可根据铸轧辊磨削以后的不同直径调节转速，使上、下铸轧辊能以相同的圆周速度运转，避免由于铸轧辊速度不同所造成的附加力矩。由于铸轧辊的磨削量根据表面裂纹的深浅有较大差别，采用可分别调节转速的驱动形式，就不需要把裂纹较浅的辊轧辊磨削到与裂纹较深的铸轧辊相同的直径，从而减少了铸轧辊磨削，以后发现其直径明显地小于第 1 根铸轧辊的磨削直径时，也不需要把第 1 根铸轧辊再装在磨床上继续磨削，从而免除了重新装卸和磨削的工时。

铝液在铸轧过程中所散发的热量首先被铸轧辊的辊套吸收，然后由于通过辊芯沟槽的冷却水带走。进入铸轧辊的冷却水压力为 $(3 ~ 5) \times 10^5 Pa$，温度应低于 30℃。通过铸轧辊以后，冷却水的温升为 1 ~ 3℃，经过降温和过滤处理循环使用。为了防止辊芯沟槽内沉积水垢，铸轧机所用冷却水应经过软化处理。

为了防止铸轧带黏辊，在出料侧向辊面喷射润滑剂。润滑剂采用石墨或氢氧化镁粉的悬浮液，喷射装置是一根装有喷嘴、沿铸轧辊轴向来回移动的管道，也可用手持喷雾器向辊面间歇地喷射润滑剂。

导向辊设在出料侧的铸轧机机架上，将倾斜的铸轧带沿水平方向导出。导向辊由一对空心辊和耐热轴承组成，其中下辊与高温铸轧带接触面较大，可以通水冷却。

牵引辊由固定的下辊和可以升降的上辊组成。下辊为无级调整的驱动辊，上辊为从动辊。牵引辊把铸轧带经过剪切机和张紧辊送到卷取机的轴芯上，铸轧带绕上卷取轴以后，牵引辊立即松开，在需要剪切时再夹紧。

剪切机的用途是：（1）剪平铸轧带头部以便于卷取机咬入；（2）剪除铸轧过程中出现的废次品；（3）当铸轧带卷达到规定重量时切断铝带。剪切机工作时应与铸轧带同步移动。剪切机下刀片有斜度，上刀片无斜度，由液压缸操纵，刀片前后有导辊，以防铝带通过时被刀口擦伤。

张紧辊由4个辊子组成，用于调节铸轧带的卷取张力。下面两根辊子是固定的，上面两根辊子可绕枢轴用液压缸推拉。在正常工作条件下，也可放松张紧辊，在铸轧机与卷取机之间直接建立张力。

卷取机的卷取轴由扇形块组成，其外径可用拉杆和斜楔胀缩。头部切平的铸轧带插入扇形块的缝隙内，卷取轴胀大时将铸轧带夹紧进行卷取。卷取机由直流电动机或液压马达驱动，卷取张力为6~12MPa。

7.1.6　冷轧设备

7.1.6.1　中小型板、带材冷轧机

中小型冷轧机有板片式轧机和卷带式轧机两种。板片轧机是用人工喂料和递送的二辊轧机；卷带轧机是用人工装料和卸料的二辊或四辊轧机。板片轧机可以用一台电动机驱动一台轧机，也可以用一台电动机驱动2~4台并列安装的轧机。由于卷带轧机需要配备能控制张力的开卷机和卷取机，所要求的铸锭重量较大，轧机制造费用较高，许多小型铝加工厂仍采用板片轧制方式生产铝板材。

中小型卷带冷轧机多数是二辊不可逆式轧机，采用巴氏合金作轴瓦的开式辊颈轴承；也有少数是四辊不可逆式或可逆式轧机，轧辊轴承采用滚动轴承。小型板片式轧机的宽度为600~1000mm，卷带式轧机的宽度为400~800mm。板片式轧机的优点是能够用尺寸较小的热轧坯料生产出尺寸较大的冷轧板材。

板、带材冷轧机的轧辊采用合金锻钢制造，材质有9Cr2、9Cr2Mo、9Cr2MoV等。板片轧机的轧辊也可用离心浇、表面激冷的高合金铸铁制造，辊芯和外壳用不同成分的材料进行复合浇铸，以获得硬度高的外层和韧性好的内层，并可节约合金元素，降低制造成本。用于冷轧铝板、带材的轧辊化学成分见表7-2。

表7-2　冷轧机轧辊的化学成分

材　质		化学成分/%							
		C	Si	Mn	Cr	Ni	Mo	P	S
合金锻钢	9Cr2	0.85~0.95	0.25~0.45	0.20~0.35	1.70~2.10	≤0.30		≤0.03	≤0.03
	9Cr2Mo	0.85~0.95	0.25~0.45	0.20~0.35	1.70~2.10	≤0.30	0.20~0.30	≤0.03	≤0.03

材　质		化学成分/%							
		C	Si	Mn	Cr	Ni	Mo	P	S
合金铸铁	外壳	3.00 ~ 3.50	0.58 ~ 1.50	0.40 ~ 0.80	1.20 ~ 2.50	2.50 ~ 4.80	0.20 ~ 0.60		
	辊芯	2.80 ~ 3.30	1.00 ~ 1.80	0.30 ~ 0.80	≤0.80	≤1.50		<0.10	<0.10

合金锻钢工作辊的辊面硬度为 HS 98 ~ 102，支撑辊的辊面硬度为 HS 70 ~ 75，轧辊的辊颈硬度为 HS 40 ~ 45。冷硬合金铸铁的辊面硬度可以达到 HS 70 ~ 80。轧辊表面的硬度厚度一般为 10 ~ 20mm，随着磨削次数的增加和轧辊直径的减小，辊面硬度逐渐降低。由于辊身和辊颈的硬度要求和热处理工艺不同，靠近辊颈的表面粗糙度应达到 $R_a \leqslant 0.32\mu m$，用于精轧的应达到 $R_a \leqslant 0.16\mu m$。轧辊磨削时应给予适当的凸度以补偿轧辊在轧制压力作用下所产生的挠度，轧出表面平直的产品。锻钢轧辊的挠度可以粗略地按下列公式计算：

$$f = 3.2 \times 10^{-4} \frac{PL}{d^4}$$

式中　f——轧辊挠度，mm；

　　　P——轧制压力，kN；

　　　L——压下螺丝或液压缸之间的距离，mm；

　　　d——轧辊直径，mm。

可以看出，轧辊挠度与压下螺丝间距的三次方成正比，与轧辊直径的四次方成反比。因此，当轧辊经过多次磨削使直径明显减小时，由于轧辊挠度增加，必须相应增加其磨削凸度使轧出产品中间厚两边薄（见图 7-15），出现两边波浪。

板、带材冷轧机的驱动系统中一般不设飞轮，理由是：板片式轧机由于每道轧制和间歇时间都很短，飞轮不起作用；卷带轧机由于每道次

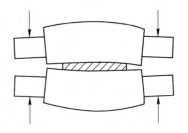

图 7-15　轧辊凸度过小时所形成的辊缝

轧制时间较长而间歇时间都很短，倘若由电动机直接驱动，飞轮不但不能有效地储存能量，反而会增加重复启动时为克服飞轮惯性所消耗的能量。当然，若能在驱动系统中设置离合器，则设置飞轮不仅可以起到储存能量的作用，而且还能避免电动机受到启动电流的频繁冲击。因为在小型尖子带轧制过程中，穿头、卷取、卸卷等操作都必须将轧机反复启动。设置离合器的缺点是摩擦垫片经常损坏，需要停产检修。

在以带条形式进入辊缝的卷带粗轧机和中轧机上，必须在进料侧靠近辊缝部

位设置一对结构牢固的立导辊，以保持带条的居中位置。由于来料弯曲和宽度不均匀等原因，使带条边缘在上述部位通过立导辊时承受很大压力，同时，带条边缘与立导辊摩擦所产生的碎屑有被压入轧件造成产品起皮缺陷的可能。为此，立导辊的间距应略大于带条的名义宽度，当发现带条的实际宽度较大或略有弯曲现象时，应及时移动立导辊，防止将带条推压过紧，过分弯曲的带条只能报废。

在卷带精轧机上装有切边用的圆盘剪。圆盘剪的刀片固定在两头螺纹方向相反的螺杆上，用摇手柄调节间距，调节精度要求产品宽度公差小于±1mm。圆盘剪切下的边条插入两侧飞剪内，斩成碎片后落入废料收集箱。

卷取机是由主传动系统通过链条和圆锥形离合器驱动。卷取机的速度应超过轧制速度10%~20%，以补偿轧件在轧制过程中的前滑，并为施加卷取张力创造必要条件。卷取轴的一侧撑开和弹回（见图7-16）。

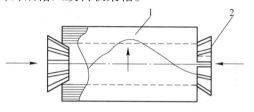

图7-16　锥形夹头顶卷示意图
1—铝卷带；2—夹头

在卷带冷轧机上需要有能连续显示产品厚度的测厚仪，以便根据厚度变化调节压下装置或开卷张力。只有在速度很低的轧机上才能用平头千分尺测定行进中的卷带厚度，操作很不安全。用带有球面测头的手握式千分表测定行进中的卷带厚度时，虽然测头不需要随卷带移动，但测头轴必须与带材表面垂直，当卷带不平直时，千分表的指针将发生抖动，难以判断准确数据。此外，测头压力过小时测定值偏大，测头压力过大又会使卷带表面产生擦痕。因此，在卷带轧机上采用非接触式的测厚仪较为适宜。

非接触式测厚仪有涡流测厚仪、X射线测厚仪和同位素测厚仪等不同类型。非接触式测厚仪的上下测头之间有固定间距，带材穿越测头间隙时的位置和方向须保持不变，否则会影响测定数据的准确性。由于测头间隙较小，一般不超过50mm，在穿带过程中和卷带尾部即将脱出辊缝时必须将测头移开，以免碰坏。因此，在轧制卷重小和长度短的小型卷带时需要频繁地将测头拉进拉出，并且不能测到卷带头尾部位的厚度。

涡流测厚仪的结构简单，造价较低，并可由使用单位自行检修，但在使用过程中，仪表所显示的是厚度偏差而不是厚度的绝对值。涡流测厚仪的显示值受电源电压波动、轧机振动、环境温度、带材的化学成分测厚仪元件在使用过程中的温度和特性变化等因素的干扰和影响，必须经常进行标定，以免将错误的测定值作为控制产品厚度的依据。

X射线测厚仪的结构复杂，价格昂贵，但测定精度高，误差为实际厚度的±0.25%。X射线测厚仪的测定值也受材料成分的影响，并须备有温度补偿回路。用于测定铝卷带厚度的X射线测厚仪的辐射能源为25~60kV。

同位素测厚仪的工作原理与 X 射线的相同，都是利用射线穿透带材后所发生的强度变化来测定带材的厚度。同位素测厚仪的优点是辐射能源的体积很小，而测定精度却与 X 射线测厚仪一样。缺点是无论在轧机工作或停机期间一直向周围放出射线，虽然活度不大，但对长期在其附近工作的人可能会产生有害影响。

卷带轧机的首次压下量比板片轧机大，轧制时间比板片轧机长，轧辊温度也比板片轧机高。在采用滴油润滑的小型卷带轧机上，轧制油对轧辊只有润滑作用而没有冷却作用，需要在轧机上安装空管，用离心鼓风机对轧辊进行风冷。因空气的比热和传热系数小，风冷的效果不佳，因此也有采用轧机前后两端分别喷射矿物油（作为润滑剂）和乳液（作为冷却剂）的方法。但这种方法的缺点是：压下量小，表面光洁度差，润滑油与乳液互相污染，产品容易发生腐蚀。在现代卷带轧机已普遍采用向轧辊喷射大量含添加剂的优质矿物油进行润滑和冷却，这种轧机的最高轧制速度可达 40m/s 以上，并可利用分段控制润滑油流量的方法调节轧辊的弧度，保证产品的平直度。

7.1.6.2　大型卷带冷轧机

大型铝卷带冷轧机是指轧机宽度在 1200mm 以上、铝卷重量在 2t 以上的卷带材冷轧机，它们绝大多数是四辊不可逆式卷带轧机（见图 7-17）。这种冷轧机的工作辊采用滚锥轴承，支撑辊采用圆柱轴承或油膜轴承；辊缝调节用液压压上或压下油缸；工作辊与支撑辊轴承座之间装有弯辊液压缸；轧制油采用以精制煤油为基体的润滑冷却剂；工作辊辊面硬度应达到 HS98～102，硬层深度不小于 10mm，辊颈硬度 HS45；支撑辊辊面硬度应达到 HS70～75，硬度深度不小于 25mm，

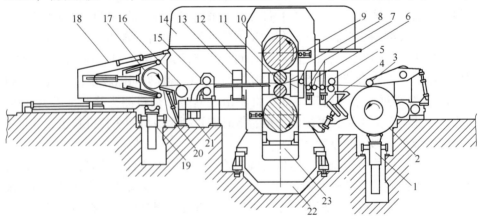

图 7-17　四辊不可逆式卷带冷轧机

1—装卷小车；2—进料卷带；3—压头辊；4—剥头刀；5—送料辊；6—固定张力辊；7—活动张力辊；8—光泽调节辊；9—清辊器；10—支撑辊；11—工作辊；12—导板台；13—测厚仪；14—排烟罩；15—切边圆盘剪；16—导辊；17—卷取机；18—助卷器；19—卸卷小车；20—托头板；21—碎边运输机；22—集油坑；23—压上液压缸

辊颈硬度 HS40；支承辊辊身长度与工作辊辊身长度相同或比工作辊辊身短约 50mm。表7-3 和表7-4 分别列出一台大型铝卷带冷轧机和开卷机、卷取机的技术数据。

冷轧机机架一般为铸钢结构，也可采用整块热轧厚钢板加工制成。机架立柱所需要的截面面积可按最大负荷 10MPa 计算，轧机模量应不小于 4MN/mm。为了适应轧件尺寸变化范围较大的要求，主机采用二台直流电动机通过双减速比齿轮箱驱动。卷取机也采用二台直流电动机串联驱动，以适应较大的张力调节范围。铝卷带冷轧时所施加的张应力在 10~30MPa 之间。开卷和卷取电动机所需要的功率可按下列公式计算：

$$N = \frac{av\sigma hb}{10^2}$$

式中　N——电动机额定功率，kN；

　　　v——轧辊圆周速度，m/s；

　　　a——最大前滑率（可取 1.20）或最大后滑率（可取 0.70）；

　　　σ——开卷或卷取张应力，MPa；

　　　h——卷带最大进料或出料厚度，mm；

　　　b——卷带最大宽度，mm。

表7-3　大型铝卷带冷轧机的技术数据

项　目		技 术 数 据
轧机规格/mm		$\phi420 \times 1850/\phi1120 \times 1800$
卷带宽度/mm		800~1600
卷带进料最大厚度/mm		4~10
卷带出料最小厚度/mm		0.10~0.15
主传动参数	电动机功率/kW	2×600
	电动机转速/r·min⁻¹	0/350/1050
	传动比	6.93:1（低速挡）或 2.31:1（高速挡）
	轧辊速度/m·s⁻¹	0/1.11/3.33（低速挡）或 0/3.33/10.0（高速挡）
	最大输出扭矩/kN·m⁻¹	16.4（一台电动机）或 32.8（两台电动机）

表7-4　开卷机和卷取机的技术数据

设备名称	开 卷 机		卷 取 机	
	技术数据	可调倍数	技术数据	可调倍数
电动机功率/kW	1×250	10	2×250	20
电动机转速/r·min⁻¹（额定/最高）	450/1575	3.5	450/1575	3.5

续表 7-4

设备名称		开 卷 机		卷 取 机	
		技术数据	可调倍数	技术数据	可调倍数
卷带直径 /mm (最大/最小)	不带套筒	1800/508	3.5	1800/508	
	带套筒	1820/560	3.3	1820/560	3.3
减速比 (低速/高速)		15.7/5.3	3	11.42/3.81	3
最高速度/m·s^{-1} (低速/高速)		2.67/8.0	3	3.67/11.0	3
张力范围 /kN (最大/最小)	低速	95.5/9.55	10	139/6.95	20
	高速	31.9/3.19	10	46.4/2.32	20
卷带厚度/mm (最大/最小)		8.0/0.25	32	4.0/0.12	33

　　轧机进料侧设有固定辊和活动辊组成的张力辊，活动辊由液压缸操作。张力辊又称展平辊，其作用是：均衡卷带宽度上的张应力；矫直进料卷带的板形；当卷带脱出开卷机时对卷带尾部施加后张力。在靠近轧辊处还设有 1 根可以上下移动的导辊，称为光泽调节辊，又称调色辊。由于轧出产品上下表面的相对光泽受带材进入辊缝角度的影响，调节该辊的高度可使轧出产品的上下表面具有相同的光泽。

　　轧机的润滑冷却系统对卷带的轧制速度、压下量、产品的表面光洁度和平直度、退火油斑等有重要影响。在大型四辊卷带冷轧机上装许多轧制油喷嘴，其中，每根支撑辊装有一排喷嘴；每根工作辊装有三排喷嘴；喷嘴间距75mm 左右，靠近轧辊两端的喷嘴间距较小，以提高轧制油喷射量对控制卷带边缘部位松紧程度的效果。支撑辊上的喷嘴是常开的，不起调节辊型的作用。工作辊上的喷嘴流量可分 1、2、4 三挡进行调节，上下对应的喷嘴用同一只按钮控制。每组喷嘴可安装在不同挡次调节喷射量。轧制油流量可按每毫米辊面宽度上的最大喷射量为 1.4L/min 计算，储油箱容量可按每分钟最大喷射量的 20 倍计算。每组喷嘴由耐油薄膜气动阀分别控制流量。

　　轧制线可采用液压马达驱动的楔块调节，使轧制线在轧辊直径变化时保持恒定的高度；也可在机架上方设置由小功率电动机驱动的压下螺丝，专门用于轧机空载运转时调节轧制线高度。上下支撑辊均设有气动橡胶清辊器，用于阻挡轧制油从进料侧流向出料侧，并清除黏在支撑辊上的铝屑。在出料侧的轧制线上方和下方装有压缩空气扁喷嘴，用以吹去附着在卷带边缘和表面的轧制油。轧机机架上方装有排烟罩将油烟吸出，所用吸风机的排风量应达到轧制油喷射量的 600 倍。排烟通道内装有不锈钢丝和玻璃纤维制成的油雾回收装置，回收的轧制油可以重新使用，并且避免油烟对环境的污染。

对于厚度在 2mm 以上的铝卷带需要使用助卷器将带材卷紧，防止在下一道次轧制中开卷时层间错动和拉毛。轧机出料侧还设有切边用的圆盘剪和斩边刀。进料侧和出料侧都有液压传动的小车用于装卷和卸卷，并备有卷带储存架。空卷筒在轧机旁的地面上或在机架下面的沟槽内从进料侧运送到出料侧。

大型高速卷带冷轧机都有自动厚度控制系统，一般采用测量精度高而性能稳定的同位素测厚仪或 X 射线测厚仪。由于粗轧、中轧和精轧都在同一台轧机上进行，带材的厚度变化较大，最厚达 6.0mm，最薄仅为 0.10mm（有的冷轧机最薄可达 0.05mm），为了保证测量精度，同位素测厚仪采用双射线源。其中，主射线源为镅（Am）241，以锡为靶，活度 111GBq，半衰期 430 年，适用于测定较厚的带材（1.0~6.0mm），测量精度 ±2.0μm；次射线源为锔（Cm）244，以钼为靶，活度为 18.5GBq，半衰期 18 年，适用于测定较薄的带材（0~1.0mm），测量精度 ±0.5μm。X 射线测厚仪的射线源是 50kV 直流激发的 X 射线管，测量范围 0.10~8.0mm，精度不低于实际厚度的 ±0.3%。两种测厚仪均可测定厚度的绝对值，但测定值受化学成分、带材通过测头间隙时的倾斜度、环境温度等因素的影响，故应具有按合金成分调整测定值，自动标定零位，空气温度补偿等功能。

据《轻金属加工技术》2006 年第 34 卷第 4 期报道，意大利科米塔尔铝业公司（Comital）位于沃尔皮诺市（Volpiano），扩建的一台由奥钢联提供的四辊冷轧机，为工厂的铝箔轧机提供毛料。这台冷轧机集中了铝带冷轧的各种先进技术，实质上是一台万能冷轧机，产品范围广。体现了新的设计理念，其特点是：高轧制线布局；带卷运输与准备全部自动化；有带卷进机准备站；进料侧有切边剪与切断剪；轧机的进料辊道及出料辊道有清洗刷；三辊穿带装备；正负弯工作辊；轧机轴承有温度监测器；支撑辊轴承有冷却系统；支撑辊、工作辊轴承以油、空气润滑；双动轧制力施加缸；轧制线高度自动调节；工作辊侧向滑动更换；带材有吹干系统；恒力压平辊自动液压调节；带卷自动捆扎、称量与标志；套筒自动装卸；进出操作室方便；烟气中的油自动回收，环保性强。

轧机的参数如下：

规格/mm	$\phi420/1120 \times 1950/1900$
设计年生产能力/kt	61
最大轧制速度/m·min^{-1}	1000
主电机功率/kW	2800
最大轧制力/kN	14000

来料最大厚度/mm	6.00
产品最薄厚度/mm	0.12
可轧材料	1×××、3003、3103、3005 合金
带材宽度/mm	850~1800
带卷最大直径/mm	1950
带卷最大质量/t	12.6
带卷密度/kg·mm^{-1}	7（max）

轧机在发运之前都经过预组装、试验、模块化装配。对液压管道也进行了预安装与试验，从而可以缩短工地的安装与调试时间。

7.1.6.3　冷轧机组现代化技术的应用及发展趋势

A　现代化冷轧机的组成

现代化冷轧机的主要设备组成有：上卷小车，开卷机，开卷直头装置，轧机入口侧装置，轧机主机座，轧机出口侧装置，板厚检测装置，板形检测装置，液压剪，卷取机，卸卷小车，上、卸套筒装置及套筒返回装置，轧辊润滑、冷却系统，轧制油过滤系统，快速换辊系统，轧机排烟系统，油雾过滤净化系统，CO_2自动灭火系统，卷材储运系统，稀油润滑系统，高压液压系统，中压液压系统，低压（辅助）液压系统，直流或交流变频传动及其控制系统，板厚自动控制系统（AGC），板形自动控制系统（AFC），生产管理系统以及卷材预处理站等。有些现代化冷轧机旁还建有高架仓库，从而形成一个完善的生产体系。

B　减少辅助时间的措施

为了减少轧制时的辅助时间，现代化铝带冷轧机一般都设置了卷材准备站，在进入开卷机前就进行了打散钢带、切头和直头工作。开卷机卸套筒和卷取机上的套筒有专门的机构或机械手。

在辅助时间中，开卷所占的时间较多，为此有的冷轧机设置了双开卷机或双头回转式开卷机。Alcoa 公司田纳西州工厂的三连轧机有两台开卷机，有焊接机和高大的储料塔，上、下卷可以不用辅助时间。

C　主传动电机和大功率卷取机采用变频电机

与直流传动相比，同步电机具有结构紧凑、占用空间少、维护量小、电机损耗低、过载能力高、动态控制特性优良等优点，当输出功率大于 3000kW 时，这种传动系统比直流传动系统价格便宜。

同步电机的冷却机组（或中央通风回路）装在顶部，不像直流电机需要设置循环空气过滤系统，同步电机电流加在定子上，不像直流电机加在转子上，所以同步电机有高的过载能力，可以进行有效的冷却。同步电机不需要换向器，减少了维护工作量。

同步电机用于无齿传动，具有极佳的动态控制特性，对于大功率的卷取机，它纠正由于卷取机突然移动和来料厚度变化所引起的带材张力波动非常有效。

D 电气控制现代化

不管是自动控制部分还是传动部分，现代化冷轧机一般都采用四级控制系统。它装配了多个 CPU 单元，系统开放性很强，用户可以自己开发和自己修改。它的集散性强，可以与其他系统联网，便于工厂的管理，运行中软件修改方便，维修也方便。它可增加产量，提高质量，操作经济，节约能源。

E 厚度自动控制系统

（1）辊缝控制。来料厚度偏差或材料性能变化引起轧制力变化时，将使轧机发生弹跳，通过计算可对辊缝进行补偿。对轧制力发现偏差可能立即补偿，但辊子偏心引起的轧制力的变化不能校正。

（2）前馈控制。入口厚度偏差所引起的出口厚度偏差可利用前馈控制进行补偿。

（3）反馈控制。反馈控制是对长期的厚差进行补偿的手段。有些轧机在出口侧既有 X 射线测厚仪，又有 β 射线测厚仪。X 射线测厚仪动态性能好，又有 β 射线测厚仪静态性能好。

（4）质量流控制。在轧机的进出口处各用一台激光测速仪测量带材的进出口速度，根据入口侧测厚仪检测的来料厚度可以计算出带材的轧出厚度，将其与设定的轧出速度比较，并根据差值调节轧机的辊缝消除厚度偏差。计算出的带材轧出厚度不存在滞后，因此动态响应速度大大高于传统的厚度控制方法。

（5）弯辊力补偿。弯辊力的变化将引起轧机弹跳的变化，弯辊力补偿就是给位置控制一个设定值，以抵消这一影响。

（6）轧辊偏心补偿。对支撑辊进行偏心补偿。

F 板形自动控制系统

板形自动控制系统具体内容如下：

（1）板形辊使用已经很普遍，板形控制又增加了 CVC、DSR 和 TP 辊等各种手段，控制性能更好了。

（2）基准曲线、目标板形有几十条板形曲线。

（3）板形偏差的补偿，有温度补偿（对带材横断面上的温度分布进行补偿）、楔形补偿（对因机械原因引起的检测误差进行补偿）、卷取凸度补偿（卷取后卷径增加，引起抛物线凸度，对其补偿）、对边部区域补偿（对边部区域测量值进行补偿）。

（4）检测值分析系统：板形辊检测的带材张力分布与板形曲线比较后，将所得的残余应力进行数学分析，偏差进行归类。

（5）动态凸度控制：轧制边波动时，将对工作辊弯辊和中间辊弯辊有影响。动态凸度控制力变化的函数。动态凸度控制只在辊缝控制使用时才起作用。

7.1.7　箔轧设备

7.1.7.1　中小型铝箔轧机和辅助设备

中小型铝箔轧机是以厚度为 0.5～0.7mm、宽度为 300～500mm 的软性铝卷带为坯料，经过 2～6 个道次轧制，生产出厚度为 0.006～0.150mm 的铝箔。

老式铝箔生产工艺采用多机台、单道次的铝箔轧机，轧制速度 1.2～1.6m/s。除在头道轧机上轧制两个道次外，在其余各道轧机上都只轧一个道次，轧机的机械结构和传动系统也是按不同道次的要求进行设计的。轧机由交流电机驱动，通过皮带轮、离合器、减速齿轮箱和分动人字齿轮座与轧辊连接。原用直径悬殊的直齿轮减速器因噪声大、磨损严重，已被淘汰。由于铝箔容易断带，需要频繁停机和重复启动，而且启动过程不宜过快，以方便卷取操作，减少穿头废品，故在主传动系统中设置摩擦离合器，轧机操作者可用手柄通连杆缓闭合和迅速脱开离合器。图 7-18 为小型二辊铝箔轧机操作侧的立面图。

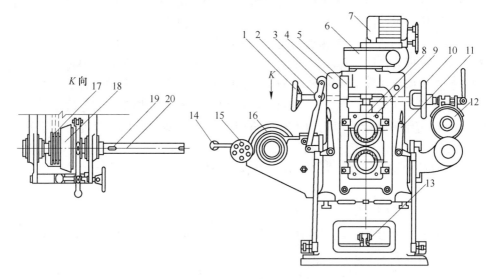

图 7-18　小型二辊铝箔轧机

1—后张力联动调节手轮；2—熨平辊；3—熨平辊压力均衡锤；4—机架；5—轴承油罐；

6—压下装置蜗轮箱；7—压下电动机；8—安全白；9—轴承座；10—后张力调节手轮；

11—主传动离合器操作手柄；12—摩擦制动器；13—主传动离合器操作连杆；

14—卷取轴离合器操作手柄；15—前张力调节手轮；16—卷取机；

17—链轮传动机构；18—圆锥形摩擦离合器；

19—套筒固定键；20—卷取轴

轧箔机轧辊采用滴油润滑，辊颈轴承采用马氏合金开式滑动轴承。轴承座内埋设蛇形冷却水管，调节冷却水流量，在一定程度上可以控制轧辊的温差弧度。

轧辊中心钻孔在轧辊制造时有利于进行整体淬火热处理，在轧机运转过程中空心轧辊的冷却效果也比实心轧辊好。轧辊的中心孔内可以通水冷却，但因冷却水是从轧辊的同一端进出，会造成轧辊两端温度不同，形成不对称的温差弧度，使轧出铝箔两边松紧不一致。除头道轧机和清洗机外，其余各道轧机都不需要对轧辊采取辊内冷却措施。

$\phi230mm \times 600mm$ 二辊铝箔轧机的轧辊磨削弧度为 0.12~0.13mm，表面硬度应不低于 HS95，表面粗糙度应达到 $R_a \leqslant 0.04\mu m$。通常先用粒度 220mm 的砂轮进行粗磨，再用粒度 500mm 的砂轮进行精磨。轧辊的磨削弧度和表面光洁度对铝箔的轧制过程和产品质量极其重要。不符合使用要求的轧辊就轧不出质量好的铝箔，甚至根本不能进行正常轧制。

由于铝箔坯料在头道轧机上连续进行两个道次压下量较大的轧制，使轧辊中部温度迅速上升，产生较大的温差凸度，如果不加强冷却，轧出产品将出现中部波浪和热压印。采用鼓风机吹风的冷却效果是不够的，需要采用喷油冷却。从轧机流下的轧制油中含有颗粒直径在 $1\mu m$ 以下的铝粉，需要采用以硅藻土为介质的多层板式过滤器清除油中杂质，使轧制油能循环使用。若不使用板式过滤器，则轧制油经几个班次使用以后就会呈灰黑色，油分子逐渐皂化聚合，黏度增加，最后呈黏稠胶状。未经过滤的轧制油的使用寿命不超过 20 天。除铝粉外，轴承油以及轴承冷却水也会混入轧制油内，安装油水分离器可使轧制油的使用寿命略有延长。在喷油润滑的轧机上配备能有效地清除微细杂质和水分的精密过滤装置是必不可少的。

随着轧制道次的增加和轧件厚度的减少，各道轧机的主电动机功率也逐渐减少。头道轧机为 100kW。轧机的压下速度在 0.021~0.027mm/s 之间。老式铝箔轧机的原有压下螺丝是用扳手人工操作的，现已改成电动压下以减轻劳动强度，但却带来了压力轻重难以察觉的问题，以致时常发生轧辊一端压靠过紧使辊身边沿的淬硬层崩裂剥落的设备事故。

头道和二道轧机的开卷机装在独立的底座上，卷取机装在轧机机架上。其余各道轧机的开卷机和卷取机都安装在轧机机架上。由圆环形摩擦制动器控制开卷张力，圆锥形摩擦离合器控制卷取张力。一道、二道、三道轧机的开卷张力较大，摩擦垫片容易发热损坏，故在制动器外圈注水冷却。卷取机离合器的合拢和分离用圆头手柄操作，用手轮调节摩擦垫片的压紧程度来控制卷取张力。各道轧机的最大进料厚度和最小出料厚度见表7-5。

空心的铝卷带坯料在头道轧机上轧过一道以后就卷绕在铝合金套筒上。套筒两端开有键槽与开卷和卷取轴上的键配合，以固定套筒一端的位置，另一端用胀缩螺丝固定，防止套筒轴向位移和径向摆动。

表 7-5　各道铝箔轧机的进料和出料厚度

轧机类别	轧机名称	最大进料厚度/mm	最小出料厚度/mm
粗轧机	头道轧机①	0.70	0.10
中轧机	二道轧机	0.30	0.05
	三道轧机	0.080	0.025
精轧机	四道轧机	0.040	0.012
	末道轧机	2 × 0.030	2 × 0.006
	厚箔轧机	0.20	0.050

①在头道轧机上要轧制两个道次。

　　用不能变速的交流电动机驱动轧辊是老式铝箔轧机的一个最大缺点。当轧机厚度小于约 0.05mm 时，调节轧制速度可以迅速而有效地控制压下量。调节开卷张力虽然对控制压下量的效果也很显著，但有导致铝箔断带或折皱的可能。另外，由于摩擦垫片的表面粗糙、厚薄不匀，在运转过程中所产生的制动力矩有波动。为了弥补这个缺陷，常在摩擦垫片上加垫表面光滑的纸板以防止张力发生波动。这种方法当然只适用于张力较小的铝箔轧机。

　　合并切边机由上、下两根开卷轴、一根卷取轴、一对圆盘剪和两根吸边风管组成（图 7-19）。开卷轴可以分别进行轴向调节，使两卷铝箔的位置对齐。卷取张力由开卷轴上的摩擦制动器控制。圆盘剪的距离按照铝箔宽度事先调整，两边总切边量约 13mm，切下的边条由吸风管送往废箔打包间。合并切边机由

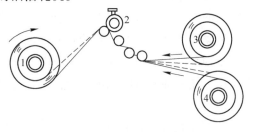

图 7-19　合并切边机示意图
1—卷取轴；2—圆盘剪；3—上开卷轴；
4—下开卷轴

一台 5.5kW 交流电动机通过减速机构和摩擦离合器驱动，剪切速度 2～4m/s。

　　铝箔清洗机的结构与铝箔轧机的结构基本相同，采用汽油或汽油与煤油各半的混合油作为清洗剂。铝箔清洗时没有也不应该有压下量，施加于轧辊的压力很小，轧辊在清洗过程中不发热，ϕ230mm × 600mm 轧辊的磨削凸度只需要 0.03～0.04mm，对轧辊表面硬度要求也不高。凡在铝箔轧机上因磨削次数过多，表面硬度偏低的轧辊，仍可在清洗机上继续使用。铝箔清洗机由功率为 22kW 的交流电动机驱动，清洗速度为 1.0～1.5m/s。

　　分卷机的作用是将一卷双张叠轧的铝箔分成两卷单张铝箔，并将套筒上的铝箔复卷在直径较小的钢管上。单张轧制的铝箔也要在分卷机上进行复卷，以增加退火炉的装炉量，并适应铝箔精整和深加工设备对来料卷芯的规格要求。为了防止铝箔折皱和断带，在分卷机上采用没有中心轴的卷取方式，称为无中心卷取

（centerless rewinding）。铝箔压靠在圆筒形的驱动辊表面，卷芯与辊面的距离随着铝箔卷走向的增大而增大（见图7-20）。铝箔卷与辊筒之间的压力可以调节。钢管内径为80mm，箔卷外径按裁切机染色机裱纸机等精整和深加工设备上的开卷机所允许的最大装料直径控制，在小型设备上一般为190～210mm。分卷速度3～8m/s。从图7-20中可以看出，双张叠轧的铝箔分卷以后，有一卷是光亮面朝外，另一卷是无光面朝外。由于分卷机上控制张力的摩擦离合器所能适应的张力范围有一定限度，用于分离薄铝箔的分卷机不应作复卷厚铝箔之用，否则将影响张力的控制精度。

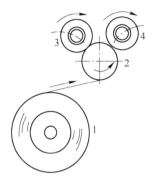

图7-20　分卷机示意图
1—双张铝箔；2—驱动辊；
3，4—单张铝箔

7.1.7.2　大型铝箔轧机和辅助设备

现代铝箔生产采用少机台多道次的轧制工艺，在工艺流程中没有中间退火、合并切边和清洗工序。大型四辊铝箔精轧机示意图如图7-21所示。

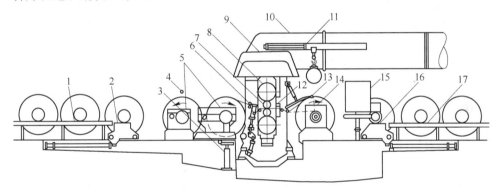

图7-21　大型四辊铝箔精轧机
1—进料侧存料架；2—装料小车；3—装料液压缸；4—轧制油喷管；5—双开卷机；6—切边刀；
7—工作辊；8—支撑辊；9—排烟罩；10—排烟管道；11—悬臂吊车；12—测厚仪；
13—熨平辊；14—卷取机；15—操作屏；16—卸料小车；17—出料侧存料架

四辊铝箔轧机的轧制压力大，轧辊挠度小，张力控制精度高，一般不需要进行中间退火就能轧制6个道次，轧出厚度0.006～0.007mm的铝箔。四辊轧机所用的轧制油黏度小〔在40℃时运动黏度为（1～3）×10m/s〕，馏出温度低（200～250℃），馏程窄（30～50℃），成品退火时一般不产生油斑，所以不需要进行清洗。

轧机的工作辊以及开卷机和卷取机都采用无级变速的可控直流电动机驱动。工作辊采用四列滚轴承，支撑辊采用四列滚柱轴或油膜轴承。由于支撑辊要承受向推力，故在两端还装有滚珠或滚锥止推轴承。滚动轴承采用油喷雾润滑。四辊铝箔轧机所用工作辊和支撑辊的典型化学成分和表面硬度如表 7-6 所示。辊面硬度随着轧辊磨削量的增加而减少。当工作辊的辊面硬度下降到约 HS95 以下时，轧辊就不能再继续使用。

表 7-6　四辊铝箔轧机轧辊的化学成分和表面硬度

项　目		工　作　辊	支　撑　辊
成分 /%	C	0.70 ~ 0.90	0.80 ~ 1.00
	Si	0.15 ~ 0.55	0.15 ~ 0.55
	Mn	0.20 ~ 0.60	0.20 ~ 0.60
	P	≤0.025	≤0.025
	S	≤0.025	≤0.025
	Cr	1.50 ~ 2.50	2.50 ~ 3.50
	Mo	0.20 ~ 0.50	0.20 ~ 0.50
	V	0.05 ~ 0.10	0.05 ~ 0.10
辊面硬度（HS）		98 ~ 102	70 ~ 75
硬层有效深度/mm		约 10	约 25

　　现代四辊轧机已全部采用液压压下（或压上）装置以代替传统的电动压下装置。液压压下具有移动速度快、惯性小、定位精确、机械效率高等特点，并且在与计算机控制相结合后，还要具有轧机模量可调、零位标定方便、给定辊缝穿带、事故过载快速放油等功能。这些优良特性都是电动压下装置所必须具备的。表 7-7 列有电动压下与液压压下的典型特性比较。

表 7-7　电动压下与液压压下的特性比较

性　　能	电动压下	液压压下	提高倍数
满载移动速度/mm · s^{-1}	0.1	2.5	25
定位精度（即最小可控行程）/mm	0.01	0.0025	4
对 0.1mm 阶跃信号的响应时间/s	2.5	0.05	50

　　图 7-22 所示为四辊铝箔轧机的液压压上系统图。φ440mm 压上油缸的高压油由二台轴向柱塞泵供应，其中一台工作，一台备用，输出压力 15MPa，流量 8L/min。液压油的工作压力和流量分别由溢流和节流阀通过电液伺服阀进行控制。充填齿轮泵是用于快速充填液压油管道和压上油缸的大流量低压齿轮泵，输出压力 3MPa，流量 100L/min。电动泵是用于压上油缸微调的小流量高压泵，输出压力 15MPa，流量 0.6L/min。图中虚线表示换辊或事故过载时的快速放油管路。

　　开卷机上装有轴向位移机构，使铝箔进入辊缝时处于轧辊中间位置。轧机进

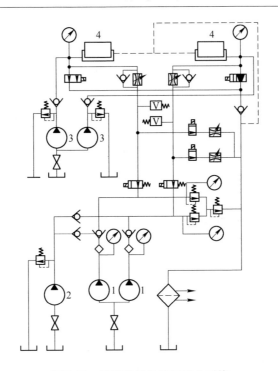

图 7-22 铝箔轧机的液压压上系统
1—轴向柱塞泵；2—充填齿轮泵；3—高压点动泵；4—压上油缸

料侧设有断带保护装置，当轧出铝箔断裂，卷取张力消失时，自动把进料侧的铝箔切断，这对于高速运转的轧机是十分重要的。否则铝箔将继续以 15 ~ 25m/s 的速度通过辊缝，造成大量废品，同时因通过辊缝的断带铝箔缠绕在轧辊表面被辗成铝粉，此时必须停机清理，以免产量受到损失。在卷取机上铝箔进入卷绕状态的切线位置设有压力可调的熨平辊，用于驱除铝箔夹层之间的空气，保证产品的平整度和卷绕紧密度。

铝箔轧机上所用轧制油的黏度和馏出温度略低于卷带冷轧机所用的轧制油，故铝箔能在较低的温度进行长时间退火，既不产生油斑，又不因高温氧化而影响铝箔表面光泽。以精制煤油为基体的轧制油中含 1%~3% 添加剂，常用添加剂有油酸（$C_{17}H_{33}COOH$）、月桂酸（$C_{11}H_{23}COOH$）、硬脂酸丁酯（$C_{17}H_{35}COOC_4H_9$）等。铝箔中轧机每毫米辊面宽度上的轧制油最大喷射量为 1.2L/min，精轧机为1.0L/min，最高喷射压力 6Pa。较大的喷射压力有利于冲散附着于轧辊表面的绝热油膜，提高冷却效果。

轧制油的清洁度对铝箔制作尤其重要，因为铝箔厚度小，轧制油中所含杂质容易使铝箔穿孔。由于轧制油的喷射量大，价格昂贵，必须进行在线净化后循环使用。轧制油净化装置有无纺布板式过滤器、丝网管式过滤器、凝聚离心净化器和静电分离净化器等。

（1）无纺布板式过滤器（注册名称 schneider）是应用最普通的轧制油过滤装置（见图 7-23）。过滤时先将硅藻土和活性白土按规定比例加入混和箱，用搅拌器与清洁的轧制油混合后用泵输入过滤箱，使硅藻土和白土沉积在无纺布表面作为助滤介质，然后将污油输入过滤箱进行过滤。污油中的杂质和水分吸附在过滤介质上，轧制油被净化。当助滤介质被杂质填满空隙，过滤箱进口和出口压力差上升到限值时，开动滤布牵引机构，将新的滤布拉入过滤箱，重新沉积助滤介质。板式过滤系统采用全流量净化，即从轧机流入集油箱的污油全部输入过滤箱进行过滤。用硅藻土和活性白土作为助滤介质可清除直径为 0.5μm 的杂质颗粒，经过过滤以后的轧制油洁净透明，含灰量不超过 0.005%。每台轧机需要各自设置一套板式过滤器，设备占地面积大，辅助材料消耗多，废布中含油量（45%～50%）不足以焚烧，弃之又会造成环境污染。

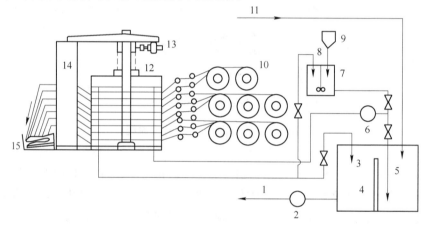

图 7-23　无纺布板式过滤系统

1—通往轧机喷油嘴；2—供油泵；3—净油箱；4—隔板；5—污油箱；6—过滤泵；7—混合箱；
8—搅拌器；9—硅藻土容器；10—无纺布卷；11—来自轧机集油箱；12—过滤箱；
13—压紧机构；14—滤布牵引机构；15—废布收集箱

（2）丝网管式过滤器（注册名称 flex-tube）是以管状金属丝网代替无纺布作为沉淀助滤介质的垫层，挠性网管垂直安装于压力容器内（见图 7-24）。网管外径 φ12.5mm，管内有弹簧保持张力，使它们在液体压力作用下不致塌陷。先将含硅藻土的轧制油输入过滤器，在网管外面沉积一层助滤介质（滤液内仍含有少量透过丝网的硅藻土，帮其将滤液输入污油箱）。约 10min 以后，当管壁上沉积的介质厚达到约 4mm 时，输入污油进行过滤。当压力升高、介质被堵塞时，停止过滤，将压缩空气通入窗口把淤泥脱落，备有由压缩空气操作的震荡器，震荡器由橡胶气囊和弹簧组成。为了能连续工作，需要设置两套过滤器轮换使用。管式过滤器没有板式过滤器使用方便，但不需要耗用大量无纺布以及由此带来的废布处理问题。

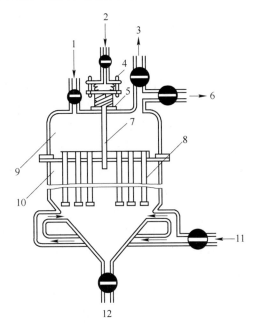

图 7-24　丝网管式过滤器

1，2—压缩空气入口；3—净油输出；4—橡胶气囊；5—弹簧；6—沉积介质后
的滤液出口；7—推拉杆；8—丝网管；9—净油室；10—污油室；
11—与硅藻土混合的轧制油和污油入口；12—淤泥排出口

（3）凝聚离心净化器（注册名称 escher-wyss）是将污油加热到90℃，加入相当于轧制油0.1％体积比的浓碳酸钠溶液剧烈搅拌，使铝粉凝聚成较大颗粒，再用离心机使污染杂质与油分离（见图7-25）。凝聚离心净化法的基本原理是两种互不溶解的液体剧烈搅拌紧密接触，使处于悬浮状态的带有电荷的金属微粒中和凝聚。凝聚离心法的优点是一套凝聚净化器可供数台轧制油成分不同的轧机轮流使用，设备占地面积小，投资费用仅为板式过滤器的1/3，并用淤泥体积小，

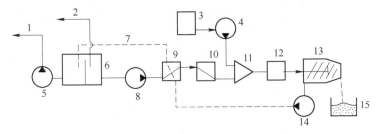

图 7-25　凝聚离心净化系统

1—通往轧机喷油嘴；2—来自轧机集油箱；3—凝聚剂容器；4—定量泵；5—供油泵；
6—油箱；7—净油管道；8—污油泵；9—热交换器；10—加热器；11—搅拌机；
12—凝聚箱；13—离心机；14—净油泵；15—淤泥箱

含油量高（70%~80%），可以燃烧，不污染环境。生产实践证明，5台凝聚净化器可供8台带材和箔格轧机共同使用。经过凝聚净化的轧制油含灰量在2%以下，适用生产优质铝箔。

（4）静电分离净化器是将污染的轧制油输入装有玻璃球的容器内，并通入30~50kV直流高压电，使污油中的铝粉带电吸附在玻璃珠表面并互相凝聚，然后切断电源，用反向流动的轧制油冲洗玻璃珠，再用离心机将油中杂质分离。静电分离器的优点是不需要使用无纺布、硅藻土、凝聚剂等辅助材料。缺点是不能连续工作，需要配备两套设备轮换使用；当油中含水量较多或轧制油流速较高时，清除杂质的效率低；高压电的使用带来了安全问题。

铝箔轧机的工作辊由一台或两台串联的直流电动机通过分动齿轮箱驱动。为了提高轧制速度，有时还设置升速齿轮箱。开卷机和卷取机也采用单台或两台串联的直流电动机通过减速齿轮箱驱动。由于开卷机和卷取机是在电动机的弱磁范围内工作，所用直流电动机的最高转速与额定转速之比，应不小于箔卷最大外径与卷芯套筒外径之比，方能在轧制过程中箔卷直径不断变化的情况下保持恒定的张力。表7-8和表7-9列有一台大型高速铝箔中轧机和一台配套精轧机的技术数据。

表 7-8　大型铝箔轧机主电机参数

项目内容	功率/kW	转速/r·min⁻¹	传动比	轧辊速度/m·s⁻¹	最大输出扭矩/kN·m
中轧机	2×600	0/350/1050	1:1.47	0/8.3/25.0	23.8
精轧机	2×500	0/513/1540	1:1	0/8.3/25.0	19.0

注：轧机规格为 $\phi310\times1780$mm/$\phi875\times1700$mm。

表 7-9　大型铝箔轧机主电机参数

设备名称	铝箔中轧机				铝箔精轧机			
	开卷机		卷取机		开卷机		卷取机	
项目内容	技术数据	可调倍数	技术数据	可调倍数	技术数据	可调倍数	技术数据	可调倍数
电动机功率/kW	2×100	20	2×100	20	2×60	20	2×60	20
电动机转速/r·min⁻¹（最高/额定）	1575/450	3.5	1575/450	3.5	1575/450	3.5	1575/450	3.5
箔卷直径/mm	1800/560	3.2	1800/560	3.2	1800/560	3.2	1800/560	3.2
减速比（低速/高速）	4.42/2.21	2	2.96/1.48	2	2.64	1	1.42	1
张力范围/kN　低速	19.6/0.98	20	13.0/0.65	20	7.0/0.35	20	3.8/0.02	20
张力范围/kN　高速	9.8/0.49	20	6.5/0.33	20				
铝箔厚度/mm（最大/最小）	0.6/0.026	23	0.3/0.013	23	0.18/0.012	15	0.09/2×0.006	75

注：铝箔精轧机的开卷机和卷取机的齿轮箱只有一个减速比。

　　铝箔精轧机一般都在进料侧设有两台开卷机（见图7-23），使铝箔经过合并切边后随即进行轧制，改变了过去先在专用的设备上合并切边以后再进行轧制的工艺。在把合并和轧制分成两道工序的生产工艺中，轮机操作人难以测量单张铝箔的厚度。用割取边条测量厚度的方法只能在降低速度的条件下进行，当发现两卷铝箔的厚度有显著差别等，也无法分别调节它们的压下量。此外，增加一道工序会增加加工废品，降低合格率。采用双开卷机可以分别调节两卷铝箔的后张力，从而获得厚度一致的产品。生产实践证明，在精轧机上进行合并切边，并不影响轧制速度。为了便于将薄的铝箔喂入辊缝，可在进料侧设置气垫送料装置。

　　铝箔轧机的工作辊直径决定所能轧出产品的最小厚度。例如，当工作辊直径在 $\phi350$mm 以上时，在任何情况下都不能轧出厚度在 0.008mm 以下的铝箔。这是因为铝箔精轧是在辊缝闭合的条件下进行的。在轧制过程中，上、下工作辊紧密压靠，轧辊在接触弧上发生弹性压扁变形。根据轧制压力的大小，工作辊的压扁半径可以达原有半径的 3~5 倍。在极限轧制条件下增大轧制压力只能增加轧辊的压扁变形而不增加压下量。

$$h_c = 1.7\mu d(k - \overline{\sigma}) \times 10^{-5}$$

式中　h_c——铝箔最小极限厚度，mm；

　　　μ——接触弧上的平均摩擦系数；

　　　d——工作辊直径，mm；

　　　$\overline{\sigma}$——作用于轧件的平均张应力，MPa。

　　设 $\mu = 0.030$，$k = 164$MPa，$\sigma = 60$MPa，代入式 $h_c = 1.7\mu d(k - \overline{\sigma}) \times 10^{-5}$，得

$$h_c = 5.3d \times 10^{-5}$$

　　采取双张叠轧时，

$$h_{min} = \frac{1}{2}h_c = 2.65d \times 10^{-5}$$

　　按上式计算所得的铝箔最小极限厚度 h（见表7-10）。在高速轧制条件下，由于摩擦系数 μ 的减小和流动应力 k 的降低，用直径相同的轧辊可以轧出比表7-10中所列最小极限厚度更薄的铝箔。现代铝箔轧机的宽度大（1500mm 以上），速度高（25m/s 以上），选用直径较大的工作辊有利于提高轧机刚度，加强轧制油的冷却效果。为了保证高速轧机在轧制过程中的稳定性，工作辊的表面光洁度不宜过高，以防止前滑率出现负值。

　　铝箔轧机上所用同位素测厚仪以铁（Fe）55 为射源，活度 3.7GBq，半衰期2.7 年，测量范围 0.010~0.60mm；X 射线测厚仪的射源为 15kV 直流激发的 X 射线管，对 0.051~0.60mm 厚度的测量精度为 ±0.1μm，对 0.051~0.60mm 厚度精度不低于实际厚度的 ±0.1%。新研制的测厚仪具有按合金成分调节，自动标定零位和环境温度补偿等功能。

表 7-10　双张叠轧铝箔的最小极限厚度

序　　号	轧辊直径/mm	最小极限厚度/mm
1	200	0.0053
2	230	0.0061
3	240	0.0064
4	280	0.0074
5	310	0.0082

现代四辊铝箔轧机都装有工作辊正弯和负弯液压缸，以校正轧出产品的不平直度。对于出现在轧件宽度约 1/4 部位的两肋波浪（quarter buckle，见图 7-26），以及不对称的波浪，只能用分段控制轧制油流量的方法，即增加波浪或松弛部位的轧制油流量的方法进行校正。

分卷机是铝箔轧制中采用双张叠轧时必不可少的辅助设备。为了便于退火炉装料，并适应精整和深加工设备对箔卷内径的要求，单张轧制的铝箔也需要用分卷机把铝箔从套筒复卷到直径较小的卷芯上。箔卷中的断头可在分卷机上用超声波焊接机焊接。此外，在分卷机上还可以按成品宽度进行分割和切边，但只能加工宽度较大的产品。先进的铝箔分卷机的工作速度可以达到 16.7m/s。

大型铝箔分卷机由开卷机、切割刀、中间驱动辊、焊接支座辊、卷取机、熨平辊和导辊组成（见图 7-27）。开卷轴、两根卷取轴和中间驱动辊各有一台直流电动机驱动。分卷速度由中间驱动辊控制。中间驱动辊还具有隔离开卷张力和卷取张力的作用，可以用较小的开卷张力获得卷绕紧密的铝箔。两卷铝箔的张力可以分别控制，并且可以随着卷径的增大而逐渐减小，防止产生内松外紧的情况，同卷铝箔的卷取张力的减小幅度可达 50%。切割刀采用圆刀片或剃须刀片。大

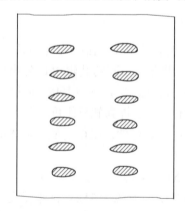

图 7-26　两肋波浪示意图

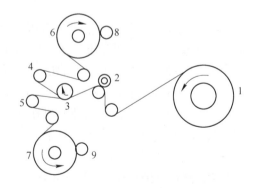

图 7-27　大型铝箔分卷机示意图

1—开卷机；2—切割刀；3—中间驱动辊；

4，5—焊接支座辊；6，7—卷取机；8，9—熨平辊

型铝箔分卷机还配有超声波焊接机,用于焊接断头部位。焊接机不用时可以移开,以免妨碍操作。

铝箔轧机一般都是二辊式或四辊式不可逆轧机。铝及铝合金塑性好,轧制过程中总加工率大,对纯铝箔轧制总加工率可达99%,故铝箔轧机一般只采用二辊或四辊式轧机,很少采用更多辊的轧机。铝箔轧制时,一般全采用不可逆式轧机,与可逆式轧机相比,辊型更稳定,且易于控制,因而产品尺寸更精确。

箔材轧制对辊型要求非常严格,轧制不同厚度的成品要采用不同的辊型,否则将产生各种缺陷,甚至拉断。对二辊轧机,每台轧机只轧一道,只在粗轧道次才在一台轧机上进行多道次轧制。

对现代化四辊轧机轧制道次的分配有以下几种情况:(1)从坯料至成品各道次全在一台轧机上进行;(2)粗轧道次在一台轧机上进行,精轧道次在另一台轧机上进行;(3)粗轧道次在一台轧机上进行,精轧各道次分别在几台轧机上进行。

轧制较薄箔材时,轧辊要进行预压紧,辊面弹性压扁贴合,消除辊缝,实施无辊缝轧制。箔材厚度变化与轧辊的压紧程度有关,预压紧力一般达到轧制压力的80%。

7.1.7.3 铝箔轧机结构特点

铝箔轧机结构特点如下:

(1)机架。机架刚度大,机架立柱平均抗应力一般不超过80kgf/cm^2。机架加工精度高,立柱侧面要进行机械加工。

(2)轧辊:

1)工作辊直径。采用较小直径工作辊有如下优点:减小接触张力,单位压力和总轧制压力小,传动力矩小;可以轧制变形抗力大的材料;箔材横向、纵向厚度偏差小;可轧制的最小厚度小。

2)轧辊加工精度。铝箔轧机轧辊尺寸公差、形位公差和表面粗糙度要求严格,主要配合部位尺寸公差等级:6级。主要零件的形位公差等级:2~3级。成对使用两工作辊辊身直径差不大于0.02mm。辊面粗糙度,对粗轧机为:R_a0.2~0.1,对精轧机为:R_a0.05~0.025。

3)轧辊原始辊型。轧辊辊型为抛物线型,以轧辊中心线为对称轴向两侧对称分布。工作辊全部采用凸辊型,凸度一般为0.01~0.1mm。支撑辊精轧道次采用凸辊型,凸度一般为0.00~0.14mm。

(3)轧辊轴承。铝箔轧机一般采用高精度(D级以上)滚子轴承或液体摩擦轴承。

(4)液压压下系统。现代铝箔轧机都采用液压压下系统,轧制力可以保持恒定,轧辊每侧的压力可以得到均衡的调节。电-液伺服阀控制的液压压下装置与机械压下装置相比，具有如表 7-11 所示的优越性。

表 7-11　电-液伺服阀控制的液压压下装置与机械压下装置比较

序号	比较项目	电-液伺服阀控制的液压压下装置	机械压下装置
1	传动效率/%	80	8
2	压下速度/mm·s^{-1}	2~5	0.545
3	压下加速度/mm·s^{-2}	30~125	1.75
4	厚度偏差/μm（对（1.6~1.7）×1030 板材）	5~10	20
5	超差长度/m（轧制速度 2500mm/min）	1.25	5
6	反应时间/s	1/100	15/100
7	设备投资/%	90	100

（5）轧制量调整装置。一般采用电动-机械调整装置或液压斜楔式调整装置。

（6）铝箔轧机辊型控制。综合考虑轧辊的弹性挠曲、弹性压扁、热膨胀和磨损对辊型的影响，正确选择出合理的原始辊型，才能保证轧制过程中得到平直的辊缝，从而轧出高精度的轧材。

在四辊轧机上原始辊型的配置有三种方案：1）一个工作辊是凸形，其他轧辊都是圆柱形，凸度集中在一个工作辊上。2）两个工作辊是凸形，两个支撑辊是圆柱形，凸度在两个工作辊上均分。3）两个工作辊、两个支撑辊全是凸形。

轧辊的原始辊型是以相对稳定的轧制力和辊温为依据确定的，只在特定的轧制条件下，才能补偿轧辊的挠曲和热膨胀。在实际轧制过程中会出现这样的情况：1）由于各种原因的影响，轧制力的大小及分布规律的变化，会使轧辊的挠度发生变化；2）金属的变形热如不能有效地消散，其中大部分传给工作辊，由于辊温的升高会使轧辊的热凸度变大。目前，影响铝箔轧机速度提高的原因之一是轧辊工作区域温度不易保持稳定。3）轧辊使用中，其磨损量随轧制时间的增长而增加。

考虑到上述情况，在实际轧制过程中必须人为地改变轧辊的辊型，即实行辊型控制。以补偿由于各种因素的变化对辊型的影响，始终保持辊缝平直消除轧材的波浪，获得良好的板型。

7.1.7.4　冷轧机组现代化技术的应用及发展趋势

A　现代化铝箔轧机的主要设备组成及发展趋势

现代化铝箔轧机的主要设备组成为：上卷小车、开卷机、入口装置（包括偏转辊、进给辊、断箔刀、切边机、张紧辊、气垫进给系统等）、轧机主机座、出口装置（包括板形辊、张紧辊、熨平辊和安装测厚仪的"C"形框架、卷取机、助卷机、助卷器、卸卷小车、套筒自动运输装置等）、高压液压系统、中压液压系统、低压液压系统、轧辊润滑、冷却系统、轧制油过滤净化系统、快速换辊系统、排烟系统、油雾过滤净化系统、CO_2自动灭火系统、稀油润滑系统、传动及控制系统、厚度自动控制系统（AGC）、板形自动控制系统（AFC）、轧机过程控制系统等。

铝箔生产技术总的发展趋势是大卷重、宽幅、特薄铝箔轧制，在轧制过程中实现高速化、精密化、自动化、轧制过程最优化。此外，在轧辊磨削、工艺润滑、冷却等方面也有很大的技术进步。

铝箔产品质量追求的目标主要是：铝箔厚度 $7\mu m \pm (2\% \sim 3\%)$，板形 9 ~ 10I，每大卷铝箔断带次数 0 ~ 1 次，铝箔针孔数 30 ~ 50 个/m^2。

随着轧制技术的进步和电气传动以及自动化控制水平的提高，铝箔生产向着更薄的方向发展。铝箔单张轧制厚度可达 0.01mm，双零铝箔厚度可达 0.005mm，采用不等厚的双合轧制可生产 0.004mm 的特薄铝箔。

B　厚度自动控制系统

厚度自动控制系统（AGC）目前发展的趋势是采用各种响应速度快、稳定性好的厚度检测装置，以及带有稳中有各种高精度数学模型的控制系统，并与板形自动控制系统协调工作，以解决在线调整厚度或板形时出现的相互干扰。铝箔轧机的厚度自动控制系统包括压力 AGC、张力 AGC/速度 AGC、铝箔粗轧机还装备有位置 AGC。

C　板形自动控制系统

现代化的铝箔轧机一般在铝箔粗中轧机上都装备有板形自动控制系统，有些铝箔中精轧机也装备了板形自动控制系统。板形自动控制系统的应用对提高铝箔产品的质量、轧制速度、生产效率、成品率都起到了重要作用。

板形自动控制是一个集在线信号检测多变量解析、各种板形控制执行机构同步进行调节的高精度、响应速度快的复杂系统，是由板形检测装置、控制系统和板形调节装置三部分组成的闭环系统。板形自动控制系统包括轧辊正负弯辊、轧辊倾斜、轧辊分段冷却控制。近年来国外不少先进的轧机还采用了 VC、VCV、DSR 辊等最新的板形调整控制技术，极大地提高了板形控制范围和板形调整速度。

目前，在线板形检测装置普遍采用空气轴承板形辊和压电式实芯板形辊。

D　轧制过程最优化控制

现代化的铝箔轧机均装有轧制过程最优化控制系统，包括张力/速度最优化、表面积/重量最优化以及目标自适应、带尾自动减速停车、生产数据统计、打印等功能。轧制过程最优化系统的应用对控制产品精度、提高轧制速度和生产效率都有着十分重要的作用。

E　轧机过程控制系统

轧机过程控制担负着操作人员和轧机间的通讯任务。现代化的铝箔轧机均配备有功能强大的过程控制系统，在过程控制中通过人机对话可以启动轧机所有的动力、控制和相关系统，能根据轧制计划采取合适的轧制程序，并对轧制中实测的各种工艺和设备参数进行从一元线性关系回归到多变量解析的复杂计算，可通过自学习功能进一步优化各种模型和工艺参数。轧机的人机通讯设施具备远程识别诊断功能，此外还可最大限度满足现代化管理和监控的要求。

F　采用 CNC 数控轧辊磨床

铝箔轧机轧辊的磨削质量直接影响铝箔的质量、成品率和生产效率。因此，精确磨削的轧辊是轧制高质量铝箔的必要条件。为保证磨削精度和生产效率，出现了先进的 CNC 数控磨床，它可磨削各种复杂的辊型曲线，并能自动计算和生成所需的辊型曲线。现代化的轧辊磨床多数配备了先进的在线检测装置，包括独立式的测量卡规、涡流擦伤仪和粗糙度仪等，可在线检测轧辊尺寸精度、辊型精度、表面粗糙度以及轧辊表面质量，并根据检测结果优化磨削程序，磨削精度可保证在 $\pm 1 \mu m$ 以内。

G　采用黏度低、闪点高、馏程窄、低芳烃的轧制油

在高速铝箔轧制过程中轧制油的稳定性直接影响轧制力、轧制速度、张力及道次加工率，轧制油的品质是保证高速轧制高精度铝箔的重要条件之一。对此，要求轧制油具有低硫分、低芳烃、低气味、低灰分、润滑性能好、冷却能力强等特点，同时对液压油和添加剂具有良好的溶解能力。由于铝箔轧制速度高，铝箔成品退火后表面不能有油斑，因此要求轧制油具有黏度低、稳定性、流动性和导热性好、馏程窄等特点。此外，为了减少轧制中火灾的发生，要求轧制油的闪点尽可能高。

H　采用高精度轧制油过滤系统

轧制薄规格铝箔，特别是轧制双零铝箔时，如果轧制油过滤效果不好，会使得轧制过程中轧辊和铝箔之间摩擦产生的铝粉粒子和其他一些固体小颗粒再次喷射到轧制区，容易造成铝箔针孔缺陷或划伤轧辊，严重影响铝箔质量、成品率和生产效率。为此，现代化的铝箔轧机要配备精密板式过滤器，全流量过滤，以提高过滤效率，减少铝粉附着，轧制油的过滤精度要达到 $0.5 \sim 1.0 \mu m$。

7.1.8　热处理设备

退火是铝箔生产的一个重要环节，其退火过程分为升温、保温阶段。影响铝箔退火质量的关键因素是炉温的均匀性，退火炉是铝箔生产中十分重要的关键设备之一。

7.1.8.1　退火炉简介

图 7-28 为空气循环箱式辐射管燃气炉，主要用于铝卷材、板材、铝箔的热处理。该炉在炉底采用导向片，导向片与炉内壁之间的角度如表 7-12 所示。采

用导向片后，在保证压力损失最小的情况下，热气流能均匀流向炉膛各个部位，充分保证炉气温度的均匀性及各部位物料换热的均匀性。另外，传统的保温结构都是采用岩石面保温或岩面与硅酸铝棉复合保温，成本低但保温效果差，尽管保温层有300mm 厚，但炉壳外表中上部温升达40℃以上，而且易老化变形，降低了保温效果。中南大学机电工程学院的郭陵松、毛大

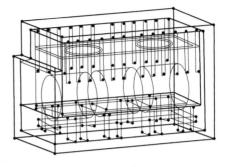

图 7-28　退火炉结构示意图

恒、唐军等人研究后建议采用全硅酸铝预压紧块，保温性能良好，可保证炉壳外表温升小于30℃，经久耐用，不但节约电能，而且有利于改善车间作业环境。

表 7-12　导向片与炉内壁之间的夹角

位　置	炉前左				炉前右				炉后左				炉后右			
编　号	1	2	3	4	5	6	7	8	9	10	11	12	13	14	15	16
夹角/(°)	77	85	85	77	77	85	85	77	77	85	85	77	77	85	85	77

7.1.8.2　退火炉发展趋势

不锈钢带连续退火炉的一些发展趋势及采用的新技术如下：

（1）采用交流调速变频电机传动，CAPL 机组工艺段最高速度 100 ~ 130m/min，TV 值 130m/min 左右；

（2）采用 carousels 炉底辊技术，实现在线换辊；

（3）采用换热器对助燃空气进行预热至 500℃以上，供低 NO_x 烧嘴使用。

7.1.9　铝箔精整和深加工设备

铝箔精整和深加工设备有分卷机、裱合机、染色机、套印机，以及压花、上蜡、涂清漆、涂润滑剂、涂塑、化学和电解浸蚀设备等。

7.1.9.1　铝箔分卷机

A　概述

铝箔分卷机是铝箔加工中的精整设备，将铝箔轧机进行叠轧轧制（双合轧制）后的一卷双张铝箔分为两卷单张并剪切有一定宽度、卷径长度的铝箔成品。铝箔分卷是铝箔生产的重要工序，分卷机的剪切质量对铝箔的质量和成品率有着重要影响。铝箔生产要求分卷机机列速度稳定、开卷及卷取张力恒定、张力梯度、控制精度高，同时必须要有高的生产效率来满足铝箔规模化生产的需要。

B　设备组成

铝箔分卷机由上料系统、分卷系统、卸料系统及电控系统组成。分卷系统由

开卷机、剪切刀轴、导辊及卷取机等设备组成，是分卷机的核心部分。上料系统由上料小车、开卷机组成。卸料系统由卸料小车、卷取轴夹紧装置和卷材小车组成。其中，开卷机、传动导辊、剪切刀轴及卷取机由电机驱动，如图7-29所示。

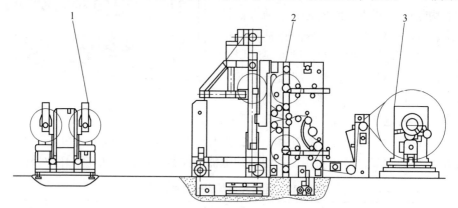

图7-29　铝箔分卷机
1—卸料系统；2—分卷系统；3—上料系统

C　工作流程

利用上料系统将双合铝箔料卷送到分卷机的开卷锥头座上。通过穿带装置将铝箔穿过分卷机各个导辊送至卷取机，同时根据铝箔成品宽度要求调整剪切宽度，铝箔经剪切刀轴剪切成不同宽度的成品铝箔，经上、下卷取轴卷取成成品铝箔料卷。利用卸料系统将成品铝箔料卷从分卷机上卸下，并送至卷材小车上，通过卷轴夹紧装置系统将卷取轴从成品铝箔料卷中拔出，从而完成铝箔分卷的全部操作。

D　技术参数

铝箔分卷机的主要技术参数如下：

来料宽度：700 ~ 1550mm；

来料厚度：$2 \times (0.006 ~ 0.03)$mm；

来料外径：1900mm(max)；

分切条数：6条(最多)；

成品外径：800mm(max)；

机列速度：1200m/min(max)；

速度控制精度：0.1%；

张力控制精度：<1%。

E　关键结构

a　剪切机构

根据分卷铝箔厚度不同，铝箔分卷机配有两套剪切刀轴，分别使用蝶形刀片和剃须刀片，每套剪切刀轴由上刀轴、下刀轴组成，上刀轴根据剪切的需要可安装碟形刀片或剃须刀片，下刀轴通过更换下刀片适应剪切刀片，满足不同厚度铝箔的剪切。剪切不同厚度的铝箔时通过操作机构可以快速更换剪切刀轴，剪切过程中刀片与刀槽的剪切位置极为关键，可通过刀轴摆动调节和刀架上的调整机构来调整刀片与刀槽的深度和位置。剪切铝箔厚度 0.006 ~ 0.015mm 时采用剃须刀片进行剪切，铝箔厚度大于 0.015mm 或更厚的箔材，采用碟形刀片进行剪切，如图 7-30 所示。

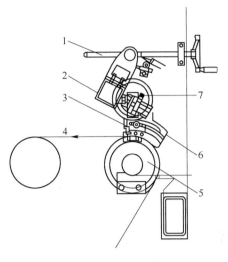

图 7-30 剪切机构
1—调节装置；2—上刀轴；3—剃须刀片；
4—铝箔；5—下刀轴；6—刀架；
7—二次调节装置

b 超声波焊接机构

铝箔在轧制、分卷过程中会发生断带现象，为保证铝箔成品卷的铝箔长度，分卷机配有超声波焊接机，将断带铝箔进行焊接并重新分卷剪切。超声波焊接是利用超声波（频率超过 20kHz）的机械振动能量进行的特殊焊接方法。当发生铝箔断带时，首先将铝箔平铺在导辊上，清除铝箔表面的轧制油，启动超声波焊接机，超声波发生器开始工作，焊接轮以一定的压力在铺有两层铝箔的导辊面上滚动。焊接机从导辊的一端行走至另一端时焊接便自动完成。

c 卷取机构

铝箔分卷机布置有上、下两套卷取机。两套卷取机的结构和控制方式相同，每台卷取机与驱动电机联接。根据用户对铝箔成品卷的要求不同，卷取轴分为 $\phi75mm$ 和 $\phi150mm$ 两种。卷取机同时满足两种卷取轴的使用。

卷取轴在生产中需要快速与卷取机相连，实现卷取、卸卷、上轴等步骤，卷取轴两端与传动连接部位为采用滚动轴承与弧齿连接的结构，保证每一次上轴位置与分卷机内的各导辊平行、传动可靠。

卷取机的驱动电机采用交流变频控制技术，驱动电机要保证卷取张力梯度的稳定。随着卷取卷径的增加，卷取张力是线性递减的，称为张力梯度。如在卷取过程中，张力恒定会使铝箔料卷内、外部软硬不一，控制张力梯度的目的就是使铝箔料卷的内、外软硬一样。因此，卷取机的张力控制精度是保证成品卷质量的关键。

卷取轴在工作时，铝箔料卷垂直表面上有 2 个压平辊紧紧压靠在铝箔料卷上，为了保证成品铝箔的产品质量，卷取过程中要通过合理地调整压平辊的面压值和卷取张力来控制分卷的平整度和铝箔卷取密度。

　　d　卸卷机构

　　完成铝箔成品卷的卸卷、抽卷取轴等工作，提高铝箔分卷机的工作效率。它由卸卷小车、卷取轴夹紧装置和卷材小车组成。当卷取的铝箔成品卷达到工艺要求后，分卷机停止工作，卸卷小车驶向分卷机，把上、下卷取轴及铝箔成品卷，同时驶向卷轴夹紧装置和卷材小车，将两带有卷取轴的铝箔成品卷放在卷材小车上，通过夹紧装置取轴，卸卷小车行走，完成抽取卷取轴等工作。

　　7.1.9.2　裱合机

　　裱合机是把铝箔与纸张或塑料薄膜黏合在一起的设备，而裱合方法有湿法和干法，黏结剂有溶剂和热熔开型。

　　溶剂型黏结剂多数以液体为溶剂，如泡花碱（水溶性硅酸钠）、白胶（聚醋酸乙烯）、淀粉、树脂粉、合成胶、化学浆糊等。在干裱合中所用的黏结剂是含有机溶剂的不干胶，在裱合过程中先将溶剂挥发，然后使铝箔与透气度很小的塑料薄膜压合。当铝箔与厚纸板黏合时，也应采用干法。热熔型黏结剂有石蜡，塑蜡（含有塑料的石蜡），聚乙烯等。图 7-31 ~ 图 7-35 为各种裱合机的结构示意图。

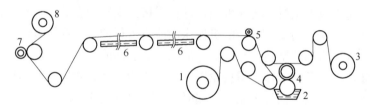

图 7-31　湿法裱合机

1—纸卷；2—胶水盘；3—铝箔卷；4—涂胶辊组；5—压合辊组；
6—电热烘炉；7—压平辊；8—裱纸铝箔

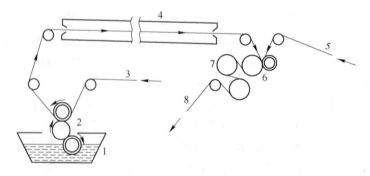

图 7-32　干法裱合机

1—黏结剂容器；2—涂布辊组；3—纸张或塑料薄膜；4—烘箱；5—铝箔；
6—压合辊组；7—冷却辊组；8—裱合产品

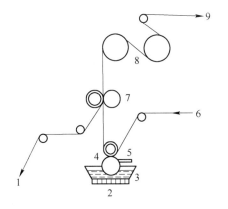

图 7-33　热熔法裱合机

1—纸张或塑料薄膜；2—加热器；3—黏结剂容器；
4—涂布辊组；5—刮刀；6—铝箔；7—压合辊组；
8—冷却辊组；9—裱合产品

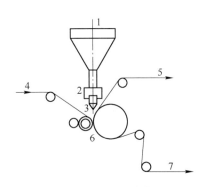

图 7-34　挤出法裱合机

1—黏结剂容器；2—加热器；3—挤出模；
4—塑料薄膜；5—铝箔；6—压合辊组；
7—裱合产品

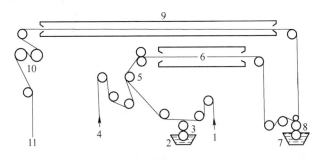

图 7-35　铝箔裱染机

1—本色净铝箔；2—胶水盘；3—涂胶辊组；4—纸张；5—压合辊组；6—第一烘箱；
7—色漆盘；8—染色辊组；9—第二烘箱；10—冷却辊组；11—裱纸染色铝箔

7.1.9.3 染色机

染色机是将溶有染料的清漆涂布在铝箔表面，加工各种颜色的铝箔。含染料的清举漆（色漆，俗称"色水"）被钢辊从盘中带出后，传递给橡胶辊，铝箔通过橡胶辊与压辊之间涂上一层清漆，经烘炉干燥以后进行卷取。在卷取过程中，铝箔压靠在两个并列的驱动辊上以消除折皱。烘干时间是由车速控制。如果炉温过低或车速过快，漆膜不能充分干燥，铝箔卷取后将发生层向黏结。倘若炉温过高或车速过慢，漆膜将被烤焦变色。漆膜厚度一般用钢辊与橡胶辊之间的压力调节。为了保证色漆的均匀度，可以安装清漆循环泵。

新型的裱染机采用封闭或烘炉，并把裱合和染色合并成一道工序，使能源和工时利用率提高，废品率降低。图 7-35 为铝箔裱染机示意图。涂有胶水的铝箔与纸张黏合后，进行初步烘干，涂布色漆以后再进行第二次烘干，然后冷作和卷取。先裱纸后染色是因为胶水烘干比清漆烘干所需要的温度高、时间长。

7.1.9.4　套印机

铝箔套印机分为凸版和凹版两种。图 7-36 为橡胶凸版套印机结构示意图。

金属凹版套印机结构示意图如图 7-37 所示。图中虚线框内的部件代表一个印刷颜色，套印位置的准确性可用频闪仪观测。

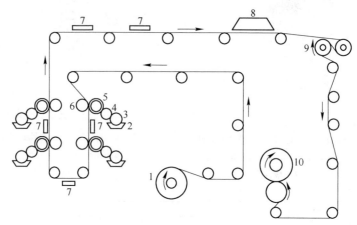

图 7-36　橡胶凸版四色套印机

1—本色铝箔；2—色漆盘；3—橡胶辊；4—网纹辊；5—凸版辊；6—压印辊；
7—热风烘箱；8—红外线烘箱；9—冷却辊组；10—套印铝箔

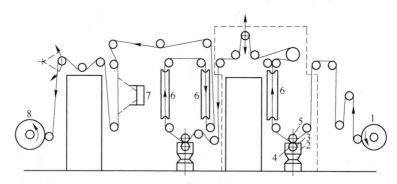

图 7-37　金属凹版套印机

1—开卷机；2—油墨盘；3—刮刀；4—凹版辊；5—橡胶压印辊；6—烘箱；
7—频闪观测器；8—卷取机

7.2　设备维护理念

对于任何企业来说，设备的资产价值无疑占有极大的比重。对于生产型企业来说，生产设备的稳定性直接影响着产成品的生产能力和产成品的质量。所以如何保障设备的正常运行，从而保障生产进度和产品发货时间就显得尤为重要。对于铝生产加工企业也是如此。

设备维护理念总的来说，可以用一句话来概括：重在平时，贵在坚持，全员参与，持续改进。

基本要求：使用有要求，设备有档案，维修有记录，维护有周期，检查有标准。

总体目标：努力使铝箔生产设备实现管理规范化，调度统一化，维护科学化，运行高效化。

7.3　设备维护模式

以下内容是典型的设备维护模式。

7.3.1　主要内容与适应范围

本标准适用于公司设备操作工以及设备管理、维修人员对设备的日常检修、保养和检查。

7.3.2　职责

（1）设备部是本标准的归口管理部门，负责本标准的执行和解释；

（2）操作工严格按照本标准的规定维护保养设备；

（3）车间设备副主任协助设备部监督实施。

7.3.3　管理内容与要求

7.3.3.1　设备维护保养

设备维护保养具体如下：

（1）生产车间对生产设备按《设备完好检查项目》每月中旬、下旬巡回检查各一次，将检查结果填写《设备检查/维修记录》（详见附录 A），发现问题及时通知有关部门解决，并且各车间与设备处共同验收。没问题的定为完好设备。各车间设备管理员负责组织设备的日常维护保养和设备的定期保养计划的实施以及关键工序的定期检查。设备部不定期对集团公司所属各车间的设备进行抽查，每月不低于两次。将查出的问题填写《设备检查/维修记录》，并及时通知有关部门限期整改，组织验收。

（2）对精密、大型和稀有的设备，设备部每月安排专项抽查不少于两次。

（3）为使生产设备在使用期内确保完好，满足生产过程的工艺要求，加强设备的日常维护和保养工作，操作者应在班前、班后认真擦拭，检查各部位，加注润滑油，使整机保持清洁、润滑、安全，并在班后填写《设备运转交接班记录》（详见附录 B）。每周末全车间安排一次 1.5 ~ 2h 的清擦、保养工作。此外，还要进行设备定期保养。根据我厂的实际情况和设备状况，制订保养计划，并由生产车间填写《设备定期保养计划》。通过定期保养的设备，必须达到内外清洁、呈现本色、油路畅通、操作灵活、运转正常。对维护保养设备较好的操作工，车间应给予适当的奖励；对日常维护保养不合格的操作工，车间应给予适当的经济惩罚。

（4）关键工序设备要按工艺处制定的《工序质量分析表》要求进行定期检查，并将检查结果填入《关键工序设备定期检查记录卡》。

（5）对检查发现的问题和缺陷，要认真记录，一般经简单调整可解决的问题，由操作工人自己解决。有难度的问题由维修工人及时解决，对及时处理有困难的应立即通知设备处，并记录到《设备运转交接班记录》中，由设备处安排适当的时间进行修理。

（6）设备部将对集团公司各单位的设备管理员和维修人员在设备管理、维修、保养、监督和维护等方面表现出色的随时申请总经理给予奖励；对因玩忽职守、纪律松散等造成严重隐患或损失的视情节随时给予通报批评、罚款以至清除出设备管理队伍等惩罚。

7.3.3.2　设备维修和维修记录

设备维修和维修记录具体如下：

（1）公司各设备处根据设备运转、维修记录的状态分析，编制《年设备大项修计划》（详见附录 C）报主管副总经理批准后，由设备处编写《设备修理技术任务书》（详见附录 D）组织实施。

（2）车间根据设备日常维护和定期检查发现的问题及时安排维修人员进行小修。

（3）设备大、项、小修内容：

1）设备大修。大修时，对全部或大部分设备解体清洗，修复基准件，更换和修复全部不合格的零件，修理调整设备的电气系统，从而达到全面消除修前存在的问题和缺陷，恢复设备规定的性能和精度。

2）设备项修。根据设备的实际状态，对状态劣化已达不到生产工艺要求的项目，按实际需要进行针对性的修理。项修时要进行部分拆卸和检查，更换和修复失效的零件，必要时对基准件进行局部修理和校正，从而恢复所修部分的性能和精度。

3）设备小修。小修的工作内容主要是针对设备故障及定期和日常检查发现的问题，拆卸有关零部件，进行检查、调整更换和修复失效的零件，以恢复设备的正常功能。并将维修情况填写《设备故障维修记录》（详见附录 E）。记录由车间设备管理人员负责管理。

4）对本公司不能修理的设备报主管副总经理批准后，外请人员修理或委外修理。

（4）相关记录。本标准应用到《设备完好检查项目》、《设备检查/维修记录》、《设备运转交接班记录》、《工序质量分析表》、《关键工序设备定期检查记录卡》、《年设备大项修计划》、《设备修理技术任务书》、《设备故障维修记录》。

7.3.4　附加部分

本标准由设备部负责解释。

附录 A：

附表 7-1　设备检查/维修记录

设备名称	型号规格	设备编号	使用部门
发现的问题：			
检查部门：　　　　　　　　　　　检查人员：　　　　　　　年　　　月　　　日			
处理方案：			
提报人：　　　　　　　　　　　　设备部：　　　　　　　　年　　　月　　　日			
维修记录：			
维修人员：　　　　　　　年　　　月　　　日			
验收情况：			
验收人员：　　　　　　　年　　　月　　　日			

说明：1. 每月巡检两次，月中和月末各一次，设备部/处不定期进行抽检，皆用此表；

　　　2. 检查无问题的设备不做记录。

附录 B:

附表 7-2　设备运转交接班记录

自　　　年　　　月　　　　日至　　　　年　　　　月　　　　日

设备编号	设备名称	型号规格	使用部门

说明：操作工在下班前完成日常维护作业后，将本班设备运转情况，故障维修情况填入"设备运转交接班记录"，设备运转正常时填写"正常"，接班人操作设备前应先查看"设备运转交接班记录"，看记录中设备有无故障，确认正常后再工作

关键设备		特殊设备	

附表 7-3　设备运转状态要求

1. 严格按设备操作维护规程操作保养设备，保持内外清洁
2. 精度性能满足工艺要求
3. 润滑系统正常良好
4. 操作机构灵敏定位
5. 电器装置安全可靠
6. 无零部件缺损情况
7. 无渗漏现象
8. 无超温、超压、超负荷，安全防护装置齐全

年　　　　月　　　　日

白班		故障停机台时	
		实际开动台时	
中班		故障停机台时	
		实际开动台时	
夜班		故障停机台时	
		实际开动台时	
白班操作工		中班操作工		夜班操作工	

附录 C：

附表 7-4　年设备大项修计划

序号	设备名称	规格型号	使用部门	设备编号	修理类别	计划资金	维修时间	备注

编制：　　　审核：　　　批准：　　　　　　　　　　　　　　年　　月　　日

附录 D:

附表 7-5　设备修理技术任务书

设备修理技术任务书

设备编号：　　　　　　　　设备名称：

设备型号：　　　　　　　　修理类别：

制　造　厂：　　　　　　　编　　制：

使用部门：　　　　　　　　编制日期：

设备部经理：

××××集团公司

附表 7-6 设备修复技术任务书明细

设备修理技术任务书明细
修前技术状况调查表
1. 修理（实施）方案
2. 更换零（部）件明细表
3. 修后试车检验记录和竣工验收单
修理技术任务书编制说明： 1. 主要生产设备在大（项）修前，必须编制本任务书，作为修理技术准备工作的依据和修理工作的指导性文件，以供下次修理时参考； 2. 修理完工后，承修班组、检查员应将本书交回设备部整理归档； 3. 主要生产设备在大（项）修前，必须编制本任务书，作为修理技术准备工作的依据和修理工作的指导性文件，以供下次修理时参考。 修理完工后，承修班组、检查员应将本书交回设备部整理归档。

填表人：   日期：　年　月　日

附表 7-7　设备修前调查分析表

设备修前调查分析表
设备修前存在的问题
修理（实施）方案

填表人：　　　　　　　　　　　　　　　　　　　日期：　年　月　日

附表 7-8　更换零部件明细表

\<td colspan=6 align=center\>更换零部件明细表					
序　号	名　称	图号或型号规格	数　量	单　位	备　注

填表人：　　　　　　　　　　　　　　　　　　　　　　日期：　　年　　月　　日

附表 7-9　修后试车检验记录和竣工验收单

修后试车检验记录和竣工验收单					
实施日期		预计完成日期		实际完成日期	
空运转试车运转情况 　　　　　　　　　　　　　检验者：　　　　　　　　　　日期：					
主要几何精度及主要检验项目 　　　　　　　　　　　　　检验者：　　　　　　　　　　日期：					
根据检验结果，对修理情况进行总结和确认 　　　　　　　　　　　　　设备部：　　　　　　　　　　日期：					
移交者签字	修理部门	使用部门	设备部		移交日期

附录 E：

附表 7-10 设备故障维修记录

设备编号		设备名称		修理工时	
型号规格		使用部门		停机时间	

主要问题：

修理内容：

修理结果：

更 换 零 件 明 细 表

名　称	规格型号	数　量	备　注

主修人：　　　　　　　　　　　　　　填表日期：　　年　　月　　日

7.4　铝箔生产中的防火措施

在铝箔轧制、生产过程中，所用的设备、附件、检修及其他辅助材料等构成了铝箔轧制生产工艺防火研究的主体内容。

7.4.1　铝箔生产过程中火险因素分析

通过对"人、机、料、法、环"五个环节进行分析，不难得出在铝箔轧制中可能存在的火险因素。

（1）由于轧制油为易燃液体，易挥发、闪点低，加上铝箔在发生塑性变形过程中产生大量的热，必然会在轧机设备周围产生大量的油雾，一旦遇到火源（静电、火花、温度过高等）即可发生燃烧，形成火灾；另外，金属铝在摩擦加工过程中极易失去电子而带上静电荷。

（2）轧机存在的火险因素：

1）轧机的刚性、精度、配合间隙等不符合要求；

2）铝箔生产工艺装置的设计、布置，管道尺寸及布置，材料储存设施等不符合有关安全防火要求；

3）防火装置的设计、构造不合理。

（3）生产工艺规程、操作规程和安全规程要合理，并得到严格执行，检修设备的用火、动火管理和设备检修应该正确，否则存在火险因素。

（4）工作人员和现场环境可能存在火险因素，例如人员的责任心不强，现场管理混乱等。

7.4.2　生产工艺设备与防火设计

生产中，生产工艺过程和生产装置由于受各种因素的影响，可能产生一系列的不稳定和不安全因素，从而导致生产停顿和装置失效，甚至发生火灾事故。所以人们在设计、制造工艺设备的同时，应把生产与安全防火设计结合起来，全面妥善地落实防火措施和保障有效的防火控制系统。

7.4.2.1　油雾回收机构

轧机在生产过程中产生大量的油烟，轧制速度越高，则产生的油烟越多，如不及时排走或回收效果不好，油烟就会笼罩整个轧机周围，当油烟达到一定浓度时遇到火源即可能造成燃烧、爆炸，酿成事故，所以要求有良好的排烟设施。这不仅取决于其覆盖面积，而且在很大程度上取决于吸入口与产生油烟部位之间的距离。设计时要求排烟罩安装在离地面2m以上的位置，进入排烟罩的平均流速达到 $0.4 \sim 0.7 \mathrm{m/s}$。下面简单介绍空气屏幕式排烟罩，它的排烟效果较好，如图

7-38 所示。

空气屏幕的作用是防止排烟罩下面的油烟向外扩散，并且不影响轧机工作人员的操作视线，气流速度应达到 0.5m/s，屏幕遮挡的区域应有足够的新鲜空气进入，以防止油烟浓度过大而起火或爆炸。

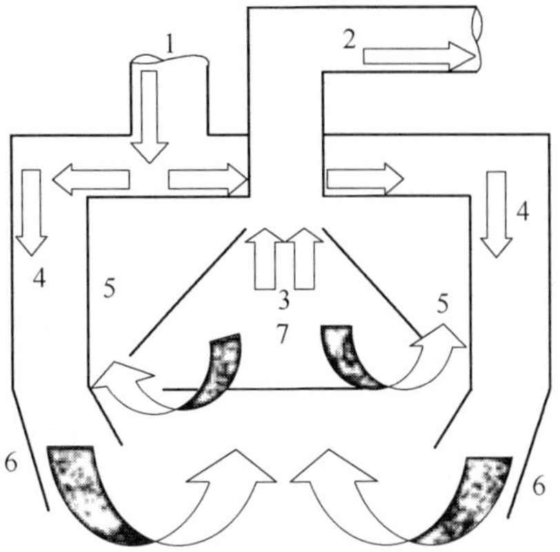

7.4.2.2 工艺油油箱的设计和使用

油箱中设有两道铜网，铜网 1 号的作用是缓冲油流速度，过滤碎箔屑；铜网 2 号紧密与油箱结合，减弱污油在油箱中的涡流幅度，并尽可能通过油箱对大地放电。

在使用中合理控制工艺油量，一般工艺油占油箱体积的 75%~80%，以减少油气所占据的空间，如图 7-39 所示。

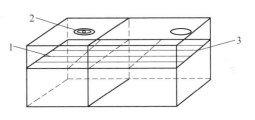

图 7-38 空气屏幕式排烟罩
1—进风口；2—排烟道；3—油烟罩；
4—空气通道；5—油烟吸入口；
6—空气屏幕；7—轧出产品

7.4.2.3 工艺管道敷设及安全通道的布置

（1）油管路的设计。选用合适的管径尺寸，合理布置，尽可能缩短油流时间；保持管道洁净、光滑，以减少摩擦力；接地良好；调整油流速度；输油管路和油标接头应注意密封，以控制空气侵入和漏油；通往轧机主体的管道尽可能在靠近集油盘底部走向；管道颜色对比度要大，易于辨认。

图 7-39 工艺油油箱
1—铜网 2 号；2—铜网 1 号；3—铜网 3 号

（2）电气管路敷设。严格按照电气安全规程规定要求，严防短路，电气设备要符合防火、防爆技术要求。接地电阻要符合规定。

（3）安全通道。合理可靠，便于人员疏散。

7.4.2.4 轧辊轴承游隙

轧机中的轧辊是承受轧制力的重要部件，除材质外，还要考虑到轧辊轴承的配合和轧辊的温差凸度的要求。由于轴承的内、外径尺寸受轧机座窗口和辊颈的限制，往往要求轧辊用轴承所承受的单位压力为普通轴承所承受单位压力的 2~5 倍。其工作特点是高负荷、高速度，可在高温条件下工作。

在轧制过程中，在轧机本身弹性变形的同时，使轧辊与轴承的间隙也发生相应变化。轴承游隙的控制相当重要，因为轧辊在高速运转时，游隙的大小对轴承的疲劳寿命、温升、噪声、振动等都有很大的影响。从温升方面考虑，当游隙过大时，会造成摩擦力不均匀、易产生热引发火情；当游隙过小时，易突然出现抱死和破裂，滑动摩擦严重，温度急剧上升引发火情。在实践中要根据实际轧机的特性来确定工作游隙范围。

7.4.2.5　轧制油温度及其他

随着轧制的连续进行，箔卷温度逐渐上升，轧辊温度也随着提高。轧辊温度对箔材轧制有重要影响，不但影响轧辊的中凸度和轧出产品的平直度，而且由于轧制油黏度随温度变化而影响铝箔道次压下量和表面粗糙度，所以对轧辊的温差凸度进行控制，轧制油油温一般控制在 40~60℃。

另外，在轧机设计中应考虑像测厚仪、板形仪等精密设备的防火安全。

7.4.3　生产中安全防火控制

7.4.3.1　轧制油的理化性能选择

铝箔轧制时，轧制区轧件塑性变形不均匀、压力大、摩擦力方向多变以及接触区温度高，这就要求高速轧制下具有良好的润滑性、稳定性。选用的冷却润滑液既要有一定的润滑冷却、清洗表面、调整辊型、提高光洁度的作用，还要有一定的吸附能力和承载能力。

表 7-13 为皖北铝业有限责任公司选用的轧制基础油的理化性能技术指标。

表 7-13　轧制基础油的理化性能

型　号	色度/号	初馏/℃	终馏/℃	闪点（闭口）/℃
MoA-80	≥30	≥230	≤248	≥82

运动黏度（40℃）/$m^2 \cdot s^{-1}$	芳烃/%	硫含量/10^{-4}	铜片腐蚀/级	水分、碱、杂质	密度（15℃）/$kg \cdot m^{-3}$
$(1.68~1.8) \times 10^{-6}$	≤0.8	≤2.0	≤1	无	≤0.8

轧制基础油应符合下列条件：

（1）具有良好的冷却能力，能冷却轧件与轧辊，控制和调整辊型；

（2）具有适当的润滑能力，以控制轧件与轧辊的摩擦，减少变形区的摩擦因数，从而使轧制压力和能量消耗随摩擦力的减小而降低，同时可以增大压下量，提高轧制速度，增加轧件的变形量；

（3）保持轧辊与轧件的表面清洁，降低粗糙度，不被腐蚀，便于去除；

（4）对人体无害，来源广，价格低；

（5）油膜强度大，高压时不被破坏，能均匀附着且附着力大。

在防火方面的要求：煤油易燃易挥发，易产生静电，而静电又是铝箔轧制过程中防火的关键。我们知道物质能否产生静电并积聚起来，主要取决于物质的电阻率和相对介电常数。电阻率为 $10^{11}~10^{16}\Omega \cdot cm$ 的物质容易带静电，危害较大。而煤油的电阻率恰为 $1.7 \times 10^{14} \Omega \cdot cm$，这就要求在铝箔轧制中尽可能减小和消除煤油产生的静电。其具体方法是：（1）控制工艺过程，抑制静电产生；（2）加速工艺过程中静电的泄漏或中和，限制静电积累，使它不超过限度；（3）避免静电积聚放电，产生电火花；（4）强制油温（40~60℃）；（5）油的闪点适当，如果闪点过高在铝箔退火时油不易挥发烧净，影响产品质量；过低时容易挥发出油烟，易着火和消耗高。

7.4.3.2 铝箔轧制过程与防火的关系

根据工艺要求，选用窄馏分的煤油（闪点82℃，易燃、易挥发、易产生静电，燃点86℃）作为工艺润滑冷却介质，其配比达到95%。轧制工艺油温通常要求在40~65℃的温度范围内。轧制速度高，再加上铝箔塑性变形产生的热量，使轧制区的温度急剧上升，必然会产生大量的油烟，弥漫在轧制区。实测数据表明，油烟中大部分是油蒸气，随着轧制速度的提高，油气所占比例就越大，当空气中的油蒸气浓度达到一定程度时，即煤油的爆炸浓度极限（上限7.5%，下限1.4%）和爆炸温度极限（上限86℃，下限40℃），一旦遇到火源（轧机的火源有静电、断带、轴承损坏引起局部过热、电器的短路弧光、轧机附近的明火、其他因素等），极易引起燃烧和爆炸现象发生。由此可见轧机着火的基本条件是：一是轧制油蒸气浓度高；二是必不可少的火源。两者缺一不可。对此，在轧制生产过程中，必须降低油雾浓度，关键是控制火源。

避免轧机着火可从以下几个方面着手采取措施：

（1）控制轧制区温度。随着铝箔高速轧制技术的发展和应用，轧制区的冷却与润滑问题变得十分突出。目前国内外普遍认可的油品是以窄馏分精制煤油加一定比例的添加剂，作为高速铝箔轧制的工艺润滑冷却液。铝箔轧制时喷射的轧制油通常加热到40~60℃，在这样的温度下必然产生大量的油蒸气，加上金属发生塑性变形时产生大量的热。为了使轧制区温度得到控制，可采取如下措施：

1）先降低轧制油的温度，调整其他工艺参数，保证轧制工艺的正常进行。轧制油的温度对铝箔轧制的影响十分微妙，因道次而异。油温上限受窄馏分煤油闪点的限制，要符合通常的安全规范要求，其最高温度要比闪点低20℃左右。

2）降低工艺油温度的基础上增大喷射压力和流量，以使轧制区的热量尽可能带走、散失，并使轧辊、轧件得到充分润滑。

轧制油的最大供给量可由以下公式得到：

$$Q = (2.0 \sim 2.7)N$$

式中　Q——轧制油最大供给流量，L/min；

　　　N——轧机主传动电机的总功率，kW。

3）提高粗轧道次的加工率，同时减小中、精轧道次的加工率，使金属变形温度尽可能降低。

（2）轧机断带保护。轧机断带保护的重要作用是避免高速轧制时断带着火，如图 7-40 所示。

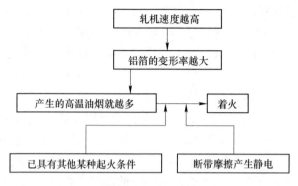

图 7-40 高速轧机着火分析图

断带保护装置可在断带时迅速打断铝箔，避免在速度一时难以降下来的工作辊附近塞料过多，造成摩擦起火，起到防火作用。另外，还避免了断带堆料造成金属浪费，提高了成品率和最大限度地保护辊系表面质量，间接保证了产品的表面质量，减少主传动的扭转力。

（3）轧机辊系轴承的润滑。前面提到过轴承游隙配合对防火的影响。即使轴承游隙控制得很好，如果润滑状态不好，也可能导致轴承产生热而发生火情。轴承润滑不充分或无润滑状态，轴承损坏，轴承存在安装质量问题等都可能引起着火。

（4）消除或减少静电的产生。两种在物理和化学性能上不同的物质作相互接触运动，便会产生静电，随着电荷的积聚形成电位差，当电位差达 300V 以上就会发生放电现象而成为火源。

轧制油在循环、转注、喷射、流动过程中与输油管道、滤网、铝箔、空气等接触冲刷、摩擦，铝箔、管壁、箱壁及漂浮在油面上的碎箔便失去电而带正电荷，而油流及油蒸气则带负电荷，因而金属与油流之间形成静电的电位差，实测表明，油箱液面的静电有时可达 75kV 以上。

轧机集油盘静电着火的机理：掉入底盘中的碎铝箔极不规则，呈尖角的碎箔在轧制油自上而下的冲刷和流动中带上静电，有时会露于底盘油面之上。当接地不好时或碎箔堆积过多，就会产生电荷大量积累，发生放电现象。当油蒸气浓度足够大时即引起燃烧和爆炸。火情经常发生在前几道次。厚度较大的铝箔碎片可借自身重量沉入集油盘底部。厚度较小或较轻的铝箔碎片则因刚性较低塌伏在液面以下，与空气隔绝，所以不容易起火燃烧。

针对集油盘中铝箔碎片容易起火的情况，新设计的铝箔轧机都备有履带式或平拉式废料清理装置（废料小车等），以防止集油盘碎片堆积。集油盘地坑采用深度浅、敞口面积大的结构，以降低该处的蒸气浓度；另外，在集油盘与污油箱之间加设一道铁网，阻止污油流向污油箱时将碎铝箔带入污油箱，减小油箱发生火情的危险程度。

控制静电产生的措施有以下方面：

1）设备、管道、油箱等严格保证接地良好，并定期校验；

2）限制油的流速，减少不必要的摩擦；加入适量的抗静电剂；降低电阻率，增加导电填料；

3）提高操作技术水平，减少断带次数；及时彻底清理集油盘内的碎箔，以防堆积过多增大尖端放电几率；

4）在轧辊出口侧增设风卫板；

5）间接控制易产生静电的其他因素，例如工作服、工作鞋等。

（5）其他控制环节：

1）不携带尖硬金属物、火种和打火器具、手机、BP 机进入地下室；避免电气的短路弧光、跑冒滴漏、二次可燃物；设立排烟系统、各种防火闸门；加强人员的安全防火意识、教育培训等。

2）要求轧机操作人员除注意控制产品质量和设备运转情况外，还应经常巡视转动部件的轴承温度、声音等情况是否正常。

7.4.3.3 设备检修中的防火

防火要求如下：

（1）现场管理。首先查看周围环境条件，制定安全可靠的检修措施。

（2）用火、动火管理。加强检修工作中的动火分级管理，要划分固定动火区和禁火区，严格用火、动火作业许可证的审批手续，明确职责、程序及安全防火注意事项。

（3）确保防火安全装置的可靠性。

7.4.4 安全防火装置

为了保证高速铝箔轧机的安全运行，配备灵敏度高、安全可靠的自动灭火系统装置成为轧机不可缺少的设备。

铝箔轧机采用 CO_2 灭火剂。CO_2 气体是一种较为理想的灭火剂，无臭、无毒、不助燃、不导电、不污染环境。当空气中氧含量由 21% 降低到 15% 以下时，或当 CO_2 在空气中的浓度为 30%~35% 时，即可抑制燃烧。同时又起到冷却作用，而且大量的 CO_2 笼罩在燃烧区周围还能起隔离作用。

在铝箔轧制生产过程中，还可以采用自动灭火系统。灭火系统的组成：灭火瓶组及释放阀；感温元件（JD-JW90）；喷嘴及管路系统；报警系统（信号灯、电铃、报警喇叭，见图 7-41）；控制系统。

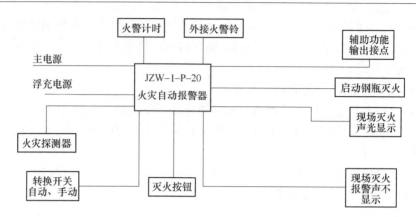

图 7-41　自动灭火报警控制系统

7.4.5　安全防火管理制度化、标准化

为了使铝箔轧制的安全防火工作标准化、制度化、规范化，更好地保证轧制生产的顺利进行，以各岗位、各职能部门的安全职责为核心，可制定一系列的管理制度并严格执行：

(1) 人员培训制度和现场管理制度；

(2) 动火审批制度；

(3) 建立消防队；

(4) 安全防火宣传教育制度；

(5) 隐患整改、检查、保运制度；

(6) 易燃易爆物品的储存、使用管理制度；

(7) 安全生产奖惩制度。

参 考 文 献

[1] http：//www. lvcai. com. cn/class/19/274. shtml. 2006-10-9.

[2] 郭陵松，毛大恒，唐军. 20t 铝箔退火炉温度场稳态研究 [J]. 工业炉，2006，28 (1)：15～17.

[3] 李铁. 铝箔分卷机的结构设计 [J]. 机械设计与制造，2005，12：120～122.

[4] 郑璇. 民用铝板、带、箔材生产 [M]. 北京：冶金工业出版社，1992：220～225.

[5] 钱宏涛. 在铝箔轧制中预防火灾的发生 [J]. 轻合金技术，2003，31 (5)：29～31.

下　篇

8 铝 液 熔 炼

8.1 铝合金熔炼时的物理化学特性

铝液的熔炼质量对后续铝箔的加工有深远的影响，为提高熔炼质量，了解铝合金熔炼过程的物理化学特性是十分必要的。

8.1.1 铝-氧反应

铝与氧的亲和力很大，极易氧化，$4Al + 3O_2 = 2Al_2O_3$。表面生成氧化铝膜，可阻止继续氧化。据计算，在1000℃下，即使氧分压低至$4.406 \times 10^{-40}MPa$也能生成Al_2O_3。在500~930℃范围内，表面膜是一层不溶于铝液的致密的$\gamma\text{-}Al_2O_3$膜，其致密度系数$a = 1.28$，故能阻止熔融铝的继续氧化。熔炼时当温度超过900℃而至1000℃时，将发生$\gamma\text{-}Al_2O_3 \rightarrow \alpha\text{-}Al_2O_3$转变，密度由$3.47g/cm^3$增至$3.97g/cm^3$，体积收缩14.3%，使氧化膜不连续，从而失去保护作用。

合金元素对铝的氧化有一定的影响，加入硅、铜、锌、锰、镍、铬等元素时，对铝合金氧化影响极小，因为它们与氧的亲和力较铝小，而且表面膜将变为由这些元素的氧化物在其中的固溶体（$\gamma\text{-}Al_2O_3 \cdot MeO$尖晶石型）所组成，表面膜仍是致密的。当加入镁、钠、钙等时，它们较铝更为活泼，因此将优先氧化。而且这些元素大都为表面活性物质，常富集在铝液表面，即使加入量不大时，在表面膜中这些元素氧化物的数量也会急剧增加。例如，当加入镁量$\geqslant 1.5 \times 10^{-2}$时，表面膜已主要为氧化镁所组成。这些元素的氧化物组成的表面膜是疏松的，不能阻止铝合金液的继续氧化。但在这类合金中加入少量的铍（$(0.03 \sim 0.07) \times 10^{-2}Be$）后，使氧化膜致密，故能提高其抗氧化性。

室温下生成的无定形氧化膜厚度为2~10nm，约500℃转变成$\gamma\text{-}Al_2O_3$，接近铝熔点时，厚度达200nm。电镜观察发现$\gamma\text{-}Al_2O_3$膜的外表面是疏松的（其内表面则是致密的），存在大量$\phi5 \sim 10nm$的微孔，很易吸收水气，在通常大气（湿度较大）中铝的熔炼温度下$\gamma\text{-}Al_2O_3$膜常会含1%~2% H_2O。温度升高能减少吸附量。但到转变成$\alpha\text{-}Al_2O_3$时，才能完全脱水。熔炼时若氧化皮被搅入铝液，即起$Al\text{-}H_2O$反应。

大多数铝合金均具有致密的表面膜，所以在熔炼时可直接在大气中进行，不需要采用专门的防护措施。而熔炼铝镁类合金时，却必须采用熔剂覆盖，最好还应加入少量铍以提高在液态时抗氧化能力。但膜的保护性能随温度上升而逐渐下降，这与膜变厚及其塑性的降低有关。当温度超过 900℃时，γ-Al_2O_3 开始转变为 α-Al_2O_3，当大部分转变时，即不能在铝液表面形成一层连续的致密膜。此时合金液由于氧化剧烈增加而变稠，使氧化夹杂物含量显著增加，这将使合金的机械性能（尤其是冲击韧性和疲劳极限）剧烈地下降。为此，大多数铝合金的熔炼温度应控制在 750℃以下。另外，对于表面膜疏松的铝镁类合金，即使在低于 900℃时，其氧化速度也将随温度升高而急剧增加，所以应严格控制其熔炼温度（一般≤700℃）。

8.1.2　铝-水气反应及铝-有机物反应

低于 250℃时，铝和空气中的水气（潮湿大气）接触，产生下列反应：

$$2Al + 6H_2O \longrightarrow 2Al(OH)_3 + 3H_2 \uparrow \qquad (8-1)$$

$Al(OH)_3$ 是一种白色粉末，没有防氧化作用。这种带 $Al(OH)_3$ 腐蚀层的铝在温度高于 400℃的条件下将进一步发生下列反应：

$$2Al(OH)_3 \longrightarrow Al_2O_3 + 3H_2O \qquad (8-2)$$

$$2Al + 3H_2O \longrightarrow Al_2O_3 + 6[H] \qquad (8-3)$$

在熔炼时，这种 Al_2O_3 即成氧化夹杂，氢则溶于铝液，增加铝液中的气体含量。尤其铝液遇 H_2O 反应极为剧烈，即使在大气中仅存在少量水气，也足以和铝液发生反应（化学反应同式（8-3））。反应产生的氢原子则溶于铝液。

在含硅、铜、锌等元素的铝合金液面具有致密的氧化膜，能较显著地阻碍铝-水蒸气反应，使反应进行缓慢。含镁、钠等元素较多的铝合金，由于其氧化膜是疏松的，它们较铝更活泼，因此常使铝-水气反应激烈进行。

升高温度时铝-水气反应速度大为加快，使铝液中的含氢量急剧增加。因为温度升高，铝液中氢的溶解度会增加（见图 8-1）。这说明了限制熔炼温度及浇注温度的必要性，这一点对铝箔坯料尤为重要。

水气来源于炉料、熔剂、精炼变质剂、炉气（大气）及熔炼浇注工具。尽管烘干能减少水分，但不会绝对干燥，即使水气的分压低至 $p_{H_2O} = 2.59 \times 10^{-13}$ MPa，仍会与铝反应。特别是锈蚀的铝料，甚至经过吹砂清理，仍会增加铝液的含氢量。搅拌工具上的

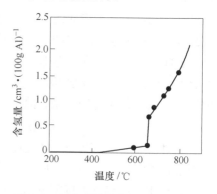

图 8-1　氢在不同温度下于纯铝中的溶解度曲线（$p_{H_2} = 0.1$MPa）

铁锈容易吸湿，且铁锈与铝液反应又产生铁及氧化铝夹杂。

铝-有机物反应熔炼中最可能的有机物是炉料工具被油脂沾污，油类的基本组成是 C 和 H 构成的烃类，与铝液会发生下列反应：

$$\frac{4}{3}m\text{Al} + \text{C}_m\text{H}_n \longrightarrow \frac{m}{3}\text{Al}_4\text{C}_3 + n[\text{H}] \tag{8-4}$$

8.1.3　铝合金中的气体及氧化物夹杂

溶解于铝合金的气体主要是氢（其余是少量的 CO 等），氢主要来自铝-水气反应，反应还生成 Al_2O_3。在熔炼中由于 $\text{Al-H}_2\text{O}$ 反应不可避免地将氢带入铝液，而铝液中氢的溶解度是不大的，很易为氢所饱和。但铝液凝固时氢的溶解度变化的相对值却很大，例如，纯铝在 658℃ 时，溶解度 $S_液/S_固 = 17.9$，这就使铝液凝固时因溶解度急剧变化而多出的氢易析出成微孔，使后续铝箔加工时出现针孔的数量增加。铝液中溶解的氢，虽在熔炼中经精炼除氢，仍会残留一部分，在铸件凝固过程中析出，呈针孔状。在生产实践中把针孔分成五级（见表8-1）。

表 8-1　针孔低倍检验标准

针孔等级	针孔数量/个·cm^{-2}	针孔直径/mm	各占百分数/%
1	< 5	< 0.1	90
		< 0.2	10
2	< 10	< 0.1	80
		< 0.2	20
3	< 15	< 0.3	80
		< 0.5	20
4	< 20	< 0.5	70
		< 1.0	30
5	< 25	< 0.5	60
		< 1.0	30
		> 1.0	10

在熔铸过程中，如将表面氧化膜或空气搅入铝液，或将吸附的 H_2O 带入铝液，均将在其中产生 $\gamma\text{-Al}_2\text{O}_3$ 夹杂物，悬浮在铝液中，它的熔点很高（2050℃）。因此仍保持原来的薄片状，比表面积很大，不易沉降。特别是在铝液内部的 $\gamma\text{-Al}_2\text{O}_3$ 上常附有小气泡，使其重度减小。因此，铝液中悬浮的 $\gamma\text{-Al}_2\text{O}_3$ 较难于自行从铝液中排出，而在浇注的铸件中形成氧化夹杂物。

如上所述，$\gamma\text{-Al}_2\text{O}_3$ 膜的吸附作用很强，在铝液中强烈吸附着氢。其机理可能是多孔结构产生的物理吸附，与 H 形成复合物 $m \cdot \gamma\text{-Al}_2\text{O}_3 \cdot n\text{H}$ 的化学吸附。当铝液中 $\gamma\text{-Al}_2\text{O}_3$ 含量大于 0.01% 时，将在整个熔体内对氢构成连续的吸附力场。由于上述吸附作用增大了氢的溶解度。实践表明，铝液中氧化夹杂越多，则含氢量也越高。并且氧化夹杂物提供了气泡成核的现成界面，促使铸件针孔的形成。所以，铝液中 Al_2O_3 和氢之间有着十分密切的关系。

铝中主要夹杂是氧化铝，此外还有氮化物和碳化物。据测定，精炼后铝液中含 $w(Al_2O_3) = (6 \sim 16) \times 10^{-6}$，尺寸直径为 $10 \sim 1000\mu m$，厚为 $0.1 \sim 5\mu m$；含 $w(Al_4C_3) = (2 \sim 12) \times 10^{-6}$，直径 $0.5 \sim 25\mu m$，厚小于 $1.0\mu m$，含 $w(Al_2N_3) = (3 \sim 13) \times 10^{-6}$，直径 $10 \sim 50\mu m$，厚 $0.1 \sim 3\mu m$。夹杂物会影响铝合金的性能，故应尽量去除。

8.2　铝液成分控制

8.2.1　炉料形态

炉料一般为电解铝液或铝锭、回炉料、二次合金锭、中间合金和金属化合物等。工厂常把废铸卷及大块浇冒口称为一级回炉料；把小块浇冒口及杂质较多的金属称为二级回炉料；切屑、溅渣、小毛边等需经重熔精炼后才能使用，称三级回炉料。废料以及废、旧铸件重熔后铸成之锭块称为二次合金锭。回炉料用量占炉料总量的比例 ≤85%，铸造重要零件则应在 60% 以下，三级回炉料不超过 15%。

8.2.2　合金元素和炉料的加入

8.2.2.1　合金元素和炉料加入内容

合金元素的加入形式。

合金元素分为三类：

(1) 熔点较低，不稀贵的纯金属，一般以纯金属加入。如铝中加镁、锌即以纯镁、纯锌加入。

(2) 熔点较高，不稀贵的纯金属，一般以混熔法制成中间合金加入。如铝中加铜、锰即是。

(3) 比较稀贵的纯金属，一般可利用其化合物与基本金属发生置换反应，如 ZL301，合金用锆进行孕育处理，锆用氟锆酸钾加入。

加入合金元素时，对易氧化（如稀土、镁、钙等）和易挥发（如钠、锌）等元素，加入温度应低些，最好在熔化末期加入，对较轻的元素（如镁），应用钟罩压入熔池深处，以减少烧损。对在金属液中难熔并且易重力偏析的元素（如铝液中锰、铜等），加入温度应高些，并应搅拌合金液，使成分均匀。

8.2.2.2　炉料的加入次序

炉料加入次序的原则是：尽量增大炉料与熔炉热源的接触面积，加速熔化过程，并尽可能减少耗损。为此，应先加入中小尺寸的回炉料及铝硅中间合金，它们熔点较低并且中等料块容易堆积密实，故能在熔炉底部很快形成熔池，有利于加速熔化并减少氧化。在其上加较大块回炉料及纯铝锭，它们渐渐浸入不断增大的熔池中能很快地随着熔化。当炉料主要部分熔化后，再加入数量较少、熔点较高的中间合金（例如铝锰、铝钛等）并适当升高温度，进行搅拌以加速熔化。最后再加入易氧化、挥发的合金元素。

8.2.3 成分调整

在熔炼过程中，由于各种影响因素，使熔体的实际成分可能与配料成分产生较大的偏差，甚至出现超标现象，因此需在炉料融化完毕后取样进行快速分析，以便根据分析结果决定是否进行成分调整。调整成分要求快速准确，保证成分符合控制要求。

应该指出，分析和确定所取试样的代表性及快速分析结果的正确性是至关重要的。当发现快速分析结果与实际情况相差较大时，则应分析产生偏差的原因，并当机立断，以便采取相应措施。产生偏差的可能原因之一是所取试样没有代表性。如炉温偏低、搅拌不充分，尚有部分炉料没有完全熔化导致成分不均匀。取样地点和操作方法不合理，都可能使试样成分不能代表金属熔池的平均成分。因此，取样前应控制好炉温，充分搅拌，使整个熔池成分均匀。反射炉熔池表面温度高，炉底温度低，炉内没有对流作用，取样前要多次搅拌均匀。有电磁搅拌作用的熔沟式低频感应电炉，在取样前也要搅拌。应该在熔池中间最深部位的 1/2 处取样。试样无代表性应重新取样分析。化学分析本身也存在误差，一般工厂的分析误差最大可达到 ±0.02% ~ 0.08%，光谱分析误差更大。显然，若合金成分控制在偏上限或偏下限，加上正的或负的最大分析误差，便有可能使成分超出规定。此外，还可能有分析人员的偶然失误等。

8.2.3.1 补料

当炉前分析发现个别元素的含量低于标准化学成分范围下限时，则应进行补料。一般先按照下式近似地计算出补料量，然后再进行核算：

$$x = [(a - b)Q + (c_1 + c_2 + \cdots)a]/(d - a) \tag{8-5}$$

式中　x——所需补加的炉料量，kg；

Q——熔体总质量，kg；

a——某元素的要求含量，%；

b——该成分的分析结果，%；

c_1，c_2——分别为其他合金或中间合金的加入量，kg；

d——补料用中间合金中该成分的含量，%。

为了使补料较为准确，应用上式时可按下列要点进行计算：（1）先计算量少者，后计算量多者；（2）先计算杂质元素，后计算合金元素；（3）先计算低成分中间合金，后计算高含量中间合金；（4）最后计算新金属料。

例如，炉料内有 5A06 熔体质量 1000kg，其试样成分、计算成分及中间合金成分列于表 8-2，求应补加的各种炉料量。

表 8-2　5A06 及中间合金成分和补料量

类别	化学成分（质量分数)/%						补料量/kg
	Mg	Mn	Ti	Fe	Si	Al	
计算成分	6.40	0.60	0.08	0.3	0.25	余量	Fe > Si
试样成分	2.40	0.60	0.06	0.25	0.25	余量	
Al-Mn	—	10.0	—	0.50	0.40	余量	3.0
Al-Fe	—	—	—	10.0	0.50	余量	5.2
Al-Ti	—	—	4	0.60	0.40	余量	5.9
Mg-1	100	—	—	—	—	—	43.7

由表 8-2 可知，主要成分镁、钛和杂质含量不足，需要补料。按上述要点应先计算铁，然后计算钛和镁。即：

$$\text{Al-Fe } 1000(0.30 - 0.25)/(10 - 0.30) = 5.2\text{kg}$$
$$\text{Al-Ti}\left[1000(0.08 - 0.06) + 5.2 \times 0.08\right]/(4 - 0.08) = 5.9\text{kg}$$

锰和硅本不需要补料，但因补加其他炉料后会失去平衡。锰为合金元素，需补加；硅属杂质，其他补料中也会带入一些，故不另加。为了不加锰，须先近似计算出镁的补料量：

$$\text{Mg } 1000(6.4\% - 2.4\%) = 40\text{kg}$$

所以　　　　　　　　$$\text{Al-Mn}(40 + 5.2 + 5.9)/10 = 3\text{kg}$$

$$\text{Mg-1}\left[(6.4 - 2.4) \times 1000 + (5.2 + 5.9 + 3) \times 6.4\right]/(100 - 6.4) = 43.7\text{kg}$$

核算镁：补料后熔体总质量为：

$$1000 + 5.2 + 5.9 + 3 + 43.7 = 1057.8\text{kg}$$

应含镁量为：$1057.8 \times 6.4\% = 67.7\text{kg}$。补料后实际含镁量为：$1000 \times 2.4\% + 43.7 = 67.7\text{kg}$。核算表明，计算正确，可照数补料。

补料一般都用中间合金。熔点较低的纯金属也可以使用，但不应使用熔点较高和难于溶解的新金属料，以免延长熔炼时间。补料的投料量应越少越好。

8.2.3.2　冲淡

当炉前分析发现某元素含量超过标准化学成分范围上限时，则应根据下式进行冲淡处理：

$$x = \frac{b - a}{a}Q \tag{8-6}$$

式中　x——冲淡应补加炉料质量，kg；

a——冲淡后元素含量，%；

b——冲淡前元素含量，%；

Q——炉内金属熔体质量，kg。

例如，已知炉内有 QA19-2 合金熔体 1000kg，炉前分析结果为 10.2% Al、2.1% Mn，其余为铜。设 QA19-2 的计算成分为 9.5% Cu、2.1% Al 的 Mn。可见铝应冲淡。

将熔体内铝含量从 10.2% 冲淡到 9.5% 需要冲淡料：

$$x = \frac{10.2 - 9.5}{9.5} \times 1000 = 73.7 \text{kg}$$

冲淡料包括铜和锰，其中：

$$x_{Mn} = 73.7 \times 2.1\% = 1.5 \text{kg}$$
$$x_{Cu} = 73.7 - 1.5 = 72.2 \text{kg}$$

如冲淡用锰为 Cu-30% Mn 中间合金，则需 1.5 ÷ 30% = 5kg。

需铜量为 72.2 - (5 × 0.7) = 68.7kg。

核算铝和锰（从略）均符合要求，计算无误，可以投料。

冲淡要用新金属材料。如用料较多，一方面要消耗大量纯金属，大幅度降低炉温，延长熔炼时间；另一方面会使其他成分相应降低，因而还要追加补料量。这不仅计算繁杂，而且还可能因冲淡和补料的投料量过多，使总投料量超过熔炉的最大容量，导致熔体溢出，所以冲淡在生产上是不希望的。

8.2.3.3 防止烧损

熔炼设备主要有两方面铝的烧损：设备的形式和熔池的高径比。一般反射炉的高温火焰直接喷向铝熔体，而坩埚炉是传热导体，所以反射炉的烧损率要比坩埚炉大，一般在 4% 左右。当炉子结构不合理熔速较慢、铝液温度不好造成过烧，或熔池材料不过关使耐火材料脱落时，其熔损率达到 5%。但是坩埚炉不适合大型的工业化生产，若采用有一定还原性气氛的熔化炉，并配备相应的精炼炉处理（省去炉外精炼），这样可充分保证铝液净化质量，并减少铝的损耗，其最好情况可达到约 0.5% 的熔损率。

原料的成分杂质含量和形状尺寸等都影响铝的烧损率。一般炉料的比表面积小，其熔损率较低。含易烧损元素多的废铝在熔炼时烧损量大。实践表明，一般已熔化的铝液在保温期间的熔损为 0.5%~1.0%，铝合金熔化的熔损为 1%~2%，铝料重熔为 2%~6%，不洁废料熔化为 6%~10%，回炉料的重熔 10%~15%。因此，在加料前尽量将附有涂层、油渍的废料做清除处理和去湿处理，增加 20% 左右；若提高 120℃，则氧化物量可增加 200% 左右。

熔炼时间过长，造成铝液吸气量增加，吸入的氧气直接使铝氧化，吸入的水蒸气也可离解出氧原子，使铝氧化。

　　加料顺序也是造成铝烧损量增加的主要原因之一，实际生产中应首先在熔炼炉内加入一定量的铝锭，熔化为铝水作为底料，然后再顺次加入中间合金，尽量减少火焰与中间合金的直接接触时间，容易氧化的合金较后加入。

　　工具带来损耗的主要原因是工具不刷涂料或涂料刷后烘干不彻底。不刷涂料或烘干不彻底的工具都会使熔体中的氧含量增加，从而加大烧损。

8.2.3.4　电磁搅拌

　　目前的搅拌分为人工搅拌、机械搅拌、电磁搅拌等。搅拌可以增加合金成分的均匀性，还能够减少 35% 的铝烧损、降低 25% 的能耗。人工搅拌存在很大的人为因素，如搅拌过程中动作幅度过大会造成大量的铝渣等等。机械式搅拌、液压式搅拌直接接触高温铝液，设备寿命短，搅拌不彻底，也已慢慢退出历史舞台。

　　电磁搅拌技术多应用于铝熔炼炉，也可用于静置炉。通过对炉内铝液的有效搅拌作用，可以提高铝液化学成分的均匀性，并可防止铁工具对铝液的污染；同时，可有效减小上下层温差，加速下部固体料的熔化速度，缩短熔化周期，提高炉子生产能力；而且由于免去了人工搅拌，从而减轻了工人的劳动强度。

　　电磁搅拌的基本原理类似于电机的工作原理，搅拌线圈类似于定子，金属液体相当于转子。电磁搅拌系统主要由电磁搅拌线圈、变频器、变压器、冷却水系统和控制系统组成。利用特殊的变频电源将所供的 50Hz 三相交流电变换成频率为 $0.8 \sim 3.5Hz$ 的三相超低频电流，该电流通过感应器线圈将产生相应的低频交变磁场（行波磁场）；磁场穿透炉壳和炉衬对熔池铝液产生电磁作用力，使铝液按磁场变化产生涡流、层流及上下运动，从而达到充分搅拌的效果。感应器线圈为水冷线圈。国产电磁搅拌设备多安装于炉子底部；国外先进的电磁搅拌系统也可以安装于炉子侧部。线圈与炉体之间没有直接接触。

　　为了保证磁场进入熔池，线圈所处部位的炉壳必须采用奥氏体不锈钢结构。同时，为了保证搅拌效果，通常须按电磁搅拌装置生产厂商提供的炉衬厚度进行炉底设计。

　　电磁搅拌系统一般具有如下搅拌功能：

　　(1) 具有 4 种搅拌强度，可以设定；

　　(2) 具有 5 种搅拌方式，可以选择（正搅，反搅，至少 3 种自动搅拌方式）；

　　(3) 可以实现定时搅拌，定时时间 $0 \sim 30min$。

　　在多个炉子安装电磁搅拌系统的情况下，可以采用共用的电源、搅拌器（需要配套搅拌器的运输和升降机构）和冷却水系统，以尽量节省投资。

　　国内电磁搅拌系统的应用是从小吨位炉子生产 A356 合金、防止铁污染开始的。首先在 5t、10t、15t 炉子上取得了成功经验。近几年针对炉子向大吨位发展的趋势，开发研制出了大吨位炉子用电磁搅拌装置。目前，最大的电磁搅拌装置是苏州新长光热能科技有限公司设计制造的50t燃气熔铝炉配套的石家庄优利科公司的产品，该设备目前正处于调试阶段。电磁搅拌装置可以实现定向循环搅拌，能够保证在1min时间内对熔池实现一次整体循环搅拌，从而保证废铝和合金的快速熔化。

在实际生产中，相对于人工或机械耙搅拌，采用电磁搅拌可以缩短熔铝炉的熔炼时间，提高熔化速度。因为减少或取消人工搅拌可以保证炉门一直处于关闭状态，减少了烧嘴关闭时间，既缩短了熔炼时间，又减少了炉子的热损失。有效地搅拌能够降低铝液表面温度，提高熔体温度的均匀性，增加熔池液面和炉膛的温差，因此能够提高从炉膛向熔池的传热效果。由于铝液温度均匀性的提高，在熔炼后期可以降低炉子的热负荷，从而减少熔池表面过热和氧化渣的形成。

通常情况下，使用电磁搅拌可以提高生产率8%~15%；由于熔炼时间的缩短可以减少8%~10%的燃料消耗。

由于电磁搅拌可以有效缩短熔炼时间和降低熔池表面温度，尤其是后者对控制氧化过程具有非常重要的作用。铝在750℃以上氧化速度明显增加，人工测温显示，在没有充分搅拌的熔池内，熔池表面温度在熔炼末期会超过800℃。通过对熔池进行电磁搅拌，可以降低熔池表面温度，减少炉渣的形成。

电磁搅拌能够显著缩短高熔点合金元素的溶化时间。采用电磁搅拌，相对于气体搅拌，熔化均匀时间能够缩短40%。

对熔池深度为600mm的熔铝炉开启电磁搅拌5min后，铝液上、下温差可以消除50~80℃，这不仅降低了炉渣的产生，同时也使热电偶的测温更能反映熔池的温度状态，使熔池内的温度更稳定。

实践证明，电磁搅拌系统应用于铝熔炼炉，可有效地提高熔体质量，并具有显著的节能效果。作为一种新型的搅拌技术值得在熔炼设备中加以推广，特别是在大型熔炼设备中的应用，其综合效果将更为显著。

8.2.4 中间合金及其制造

某些元素应先与基本金属（或其他元素）制成中间合金，然后再加入。使用中间合金的目的，是为了避免直接加合金元素时合金液的过热，缩短熔炼时间，以及减少混入合金液的非金属夹杂及气体。对中间合金的要求：熔点低，接近于正常熔炼温度；成分比较均匀，配料时便于准确地控制成分；在熔点低的前提下，其合金元素含量尽可能多，便于配料；容易破碎，配料时比较方便；所含夹杂物及气体要少。为了降低熔点，在合金中存在多种组元时，亦可做成三元中间合金。中间合金的制造方法有下述两种：

（1）混熔法。混熔法由两种元素互相熔合而成。以铝锰中间合金为例，其成分中一般含有（质量分数）$Mn = 10 \times 10^{-2}$，熔点为 780 ~ 800℃。熔制工艺为：在 850 ~ 900℃ 的铝液中，将小粒状的金属锰预热至 700 ~ 800℃ 后，分几批加入；每批加入后应立即搅拌铝液，待全部熔解后再加下一批；最后再加铝锭以降低铝液温度；通氯气（或用氯盐）精炼，扒渣。充分搅拌后，浇入预热的铸铁锭模；锭块的厚度为 15 ~ 20mm。这些均可减少锰的重力偏析。由于铝锰中间合金不脆，为使其易于破碎，锭块上铸有横直凹槽分成许多小格。对于铝镍、铝铁、铝铜、铝硅、铝铍等中间合金也可采用混熔法熔制。

（2）置换法。置换法也称热反应法。以铝钛中间合金为例，其中一般含有（质量分数）$Ti = 2 \times 10^{-2}$，其熔点约 900℃；如再增加钛量，熔点将更高。其熔炼工艺为：在加热至 1000 ~ 1200℃ 的铝液中，分批加入经烘干、粉碎、过筛后的氧化钛（TiO_2）和冰晶石（Na_3AlF_6）1:1 混合物，其量为铝液质量的 1/7 左右。由于发生下列反应：

$$2TiO_2 + 2Na_3AlF_6 \longrightarrow 2Na_2TiF_6 + Na_2O + Al_2O_3 \tag{8-7}$$

$$2Na_2TiF_6 + 6Al \longrightarrow 4NaF + 4F_2 \uparrow + 2TiAl_3 \tag{8-8}$$

钛溶解于铝中生成化合物 $TiAl_3$。反应进行很剧烈，故混合物应分小批加入，使其作用完全。加入过程中产生大量有毒的白烟（F_2），故应通风良好。混合物全部加完后，重新搅拌铝液，并在 950℃ 左右浇入预热的铸铁模中。

在置换法中 TiO_2 仅有约 50% 被还原进入合金。其余则留在熔渣中。熔制良好的铝钛中间合金的断面为细晶结构，带有均匀分布的金黄色的钛斑点。冰晶石直接参与了置换反应；而且降低 TiO_2 的熔点，使 TiO_2 处于液态，促使反应顺利进行；并能去除铝液中的反应产物及氧化夹杂物；同时也起了覆盖液面的作用，显著减少了铝液在高温下的氧化和吸气。

8.3　铝液在线精炼、净化

8.3.1　铝合金的净化（精炼）

铝合金净化（精炼）原理如下：

（1）除氢热力学。根据物理化学中气体溶解度的西华特定律（Sievert's Law），双原子气体分子氢在铝液中的溶解度 [H] 与液面上氢分压 P_{H_2} 成下列关系：

$$[H] = K_H \sqrt{P_{H_2}} \tag{8-9}$$

$$K_H = -\frac{A}{T} + B \tag{8-10}$$

式中　K_H——氢的溶解度系数；

　　　T——热力学温度；

A，B——常数。

对铝合金而言，不同的合金类和不同的成分，其数值各不相同。由上二式可知，炉气中氢分压低以及熔炼温度低时，则合金中氢的溶解度低。故应尽量降低铝液表面上的氢分压。为此可用真空处理，或向铝液中吹入气体，以在其内形成氧分压起始为零的气泡来降低含氢量。这种气体应不沾污且不溶于铝液，也不会在气液界面形成固态薄膜。至于温度的降低是有限的。

合金元素对铝中氢含量有不同影响（见表8-3）。但这要作具体分析，如硅含量大于6×10^{-2}的合金一般都要变质，加剧了吸气倾向。硅在合金凝固时促使氢的溶解度降低，同时增大合金黏度和表面张力，这使凝固过程析出大量的氢而又跑不出铸件，形成大量的针孔。铝硅合金是形成针孔最大的一类铝合金。

表8-3 元素对铝中氢含量的影响

元　素	$Zn < 18 \times 10^{-2}$	Mg	Si	$Cu < 20 \times 10^{-2}$	Ti	$Mn < 0.1 \times 10^{-2}$	Ni
铝中氢量的变化	增加	增加	减少	减少	增加	无影响	增加

（2）除气动力学。除去溶解在铝液中的气体的动力学过程大致经过下列几个阶段：

1）气体原子从铝液内部向表面或精炼气泡界面迁移。先以对流方式向界面区传质，再通过界面层扩散到界面上；

2）气体原子从溶解状态转变为吸附状态；

3）在吸附层中的气体原子生成气体分子；

4）气体分子从界面上脱附；

5）气体分子扩散进入大气或精炼气泡内，精炼气泡上浮到铝液表面进入大气。

由冶金原理可知，高温熔体脱气过程的决定因素是传质过程。这种传质包括原子扩散和宏观对流，称为对流扩散。此外，还存在原子间的动量、热量、质量的传递交换。这是一个很复杂的过程。奈恩斯特（Nernst）利用边界层的概念，把对流扩散转化成等原子扩散问题。因而可以应用菲克第一定律，经推导得到脱气动力学方程：

$$\lg \frac{C_{mt} - C_{ms}}{C_{mo} - C_{ms}} = -\frac{1}{2.3} \times \frac{A}{V} \beta t \tag{8-11}$$

式中　β——传质系数，与熔体的流速、黏度、密度、扩散系数及相界面形状大小有关；

A——反应的界面积；

V——熔体体积；

t——反应时间；

C_{ms} ——界面上的气体浓度；

C_{mo}，C_{mt} ——反应前和反应 t 时间的气体浓度。

界面上的气体浓度 C_{ms} 可以从西华特定律求得，若在真空环境下，C_{ms} 很小，可忽略，则

$$\lg \frac{C_{mt}}{C_{mo}} = -\frac{1}{2.3} \times \frac{A}{V}\beta t \tag{8-12}$$

由上述看出，提高比表面积，增大传质系数，延长作用时间，可降低气体最终浓度，提高精炼效果。为此应减少精炼气泡直径；增加气泡与铝液接触时间；在不致使溶液表面强烈翻腾而造成吸气氧化条件下，加强搅拌，以增大 P 值。国外著名的 SNIF 法（见图 8-2）和多孔吹头吹气法就是利用这一原理。SNIF 法的精炼气体是从动体与静体之间缝隙喷出，动体的旋转，使气泡细小，并分散到各处。这种装置适宜于大规模生产连续作业的铸锭工厂，生产率达 36t/h。

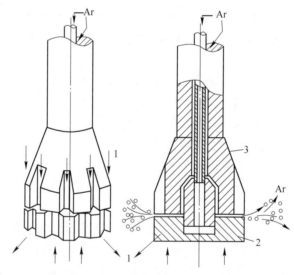

图 8-2　SNIF 法精炼喷头
1—铝液循环流动；2—动体；3—定体

至于精炼温度，从热力学角度应低些为好；从动力学讲希望高些，以降低熔体黏度。铝液的黏度一般较小，故以降低精炼温度为宜。

（3）除夹杂的热力学与动力学：

1）气体除夹杂的热力学气泡在铝液中与固体夹杂相遇时会发生能量变化。设 Al_2O_3 夹杂被气泡吸附，二者接触面积为 S，此时 S 上具有的界面能 $F_2 = S\sigma_{s-g}$；吸附前气泡与夹杂都和铝液接触，这时各自的 S 面上具有的界面能 $F_1 = S\sigma_{l-g} + S\sigma_{l-s}$。根据热力学第二定律，系统自发变化的条件是能量必须降低，故

夹杂被气泡自动吸附应满足 $\Delta F = F_2 - F_1 < 0$，即：

$$S\sigma_{s-g} - (S\sigma_{l-g} + S\sigma_{l-s}) < 0 \tag{8-13}$$

化简成 $$\sigma_{l-g} + \sigma_{l-s} > \sigma_{s-g} \tag{8-14}$$

Al_2O_3 夹杂与铝液不润湿，铝液与固体 Al_2O_3 接触角 $\theta = 134°$，固液气三相平衡时（见图8-3）有如下关系：

$$\sigma_{s-g} + \sigma_{l-g}\cos(180° - \theta) = \sigma_{l-s} \tag{8-15}$$

即 $$\sigma_{s-g} + \sigma_{l-g}\cos\theta = \sigma_{l-s} \tag{8-16}$$

因为 $\theta > 90°$，故

$$\cos\theta = (\sigma_{s-g} - \sigma_{l-s})/\sigma_{l-g} < 0 \tag{8-17}$$

σ_{l-g} 永为正值，故式（8-10）成立。所以铝液中的 Al_2O_3 夹杂能自动吸附在气泡上，而被带出液面。

2）气体除夹杂的动力学根据流体运动学原理，流体是按流线流动的，气泡上浮与铝液产生相对流动。由于流线的存在，只有小气泡才能有效地俘获小质点。气泡俘获夹杂物的模型有两种（见图8-4）。对较大的夹杂可能因惯性碰撞被气泡俘获1 对较小的夹杂则顺流线运动，在气泡周围相切，根据热力学只要夹杂与气泡一接触就能被俘获，相切俘获系数为：

$$E = \left(1 + \frac{2a}{r}\right)^2 - 1 \tag{8-18}$$

由式可知，当 $2a \ll r$ 时，俘获效率很小。因此要尽量减小气泡直径增大夹杂尺寸，以提高清除夹杂的效率。比 $2a$ 更小的夹杂就顺流线滑掉。最终气泡携带夹杂上升到液面。

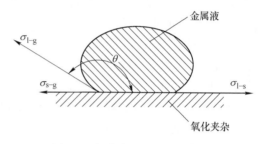

图8-3 氧化夹杂、铝液、炉气
三相间的表面张力示意图

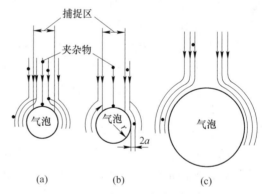

图8-4 上升的气泡俘获夹杂物的模型
（a）碰撞俘获；（b）相切俘获；
（c）气泡尺寸比夹杂物大很多；顺流线滑掉

以上只是理论分析，事实上铝合金中存在大量微米级的夹杂，工艺条件良好时仍可能被清除。因为熔体内的运动是很复杂的，有熔体本身的温差对流；若造成气泡扰动，既上升也有横向运动，且密集的气泡蜂拥而动，使流体的流线遭破坏，夹杂便易于接触气泡。另一方面，铝液中悬浮的夹杂微粒受到搅动时，会相互碰撞、聚集长大。但也有人认为，这只有在夹杂与铝液之间不润湿性较强时才有可能，并非任何夹杂都会有此效应。

　　3）过滤除夹杂原理：铝液通过固态的多孔物质，可把夹杂拦截下来。目前在熔炼工艺中采用3种形式的过滤器：颗粒材料过滤器、刚质微孔陶瓷过滤器、泡沫陶瓷过滤器。多用于铝加工厂的铸坯生产。颗粒过滤器是铝液连续通过厚层颗粒状过滤剂（见图8-5），过滤剂材料多用 Al_2O_3 质的氧化铝球、刚玉球以及冰晶石、萤石等。除杂机理是机械阻挡和表面吸附、流体拐弯沉积等，吸附与上述 Al_2O_3 夹杂的聚集长大的原因是一样的。刚质陶瓷过滤

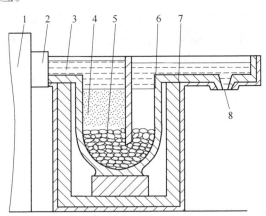

图 8-5　过滤装置示意图
1—反射炉；2—出铝槽；3—铝液；4—铝矾土；
5—铝矾土球；6—坩埚；7—过滤容器；8—浇注口

器外观结构像普通砂轮，孔隙率 <50%，泡沫陶瓷过滤器外观结构像海绵体，孔隙率 >80%~90%，都是以氧化铝材料为主烧结而成。二者过滤净化机理相同。过滤时带有夹杂的铝液沿曲折的沟道和孔隙流动，经常改变方向，在此过程中，夹杂物在沉积作用、流体动力作用、机械拦截作用、布朗扩散作用等捕集机理的联合作用下（通常沉积和拦截作用占优势），与过滤器内表面相接触。此时受有流体轴向压力、摩擦力、表面吸附力等滞留作用的夹杂，便被牢固地滞留在过滤材料的孔洞表面、缝隙处而与金属分离。

　　刚质陶瓷过滤器常用在铝加工厂的半连续铸锭作业线上，使用可靠，过滤效果很好，能将 6~8μm 的固体夹杂物过滤掉，而将更小的夹杂保留下来成为结晶核心，防止晶粒粗化。泡沫陶瓷过滤器除可用于上述铸锭生产外，在成型铸造车间多用在铸型浇道内。铝合金经过滤后，可除去大的和微小的微米级的夹杂；同时还能减少气体含量；吸附捕捉有害的金属杂质如铁相。经过滤的铝合金强度提高不多，但显著提高塑性和断裂韧性。对铸造性能则明显降低黏度，改善流动性。

8.3.2　铸造铝合金净化（精炼）工艺技术

　　铝合金净化方法按其作用原理可分为吸附净化和非吸附净化两个基本类型。吸附净化是指通过铝熔体直接与吸附剂（如各种气体、液体、固体精炼剂及过滤介质）相接触，使吸附剂与熔体中的气体和固态氧化夹杂物发生化学的、物理的

或机械的作用，从而达到除气、除杂质的目的。属于吸附净化的方法有：吹气法、过滤法、熔剂法等。非吸附净化是指不依靠向熔体中加吸附剂，而通过某种物理作用（比如真空、超声波、比重差等），改变金属—气体系统或金属—夹杂物系统的平衡状态，从而使气体和固体夹杂物从铝熔体中分离出来的方法。属于非吸附净化的有：静置处理、真空处理、超声波处理等。

8.3.2.1　铝合金的吸附净化法

铝合金的吸附净化法有以下4种：

（1）吹气法。吹气法又称气泡浮游法，它是将惰性气体（如氮气、氩气等），通入到铝熔体内部，形成气泡，熔体中的氢在分压差的作用下扩散进入到这些气泡中，并随气泡的上浮而被排除，达到除气的目的。气泡上浮的过程中还能吸附部分氧化夹杂，起到除杂的作用。吹气法是20世纪80年代发展起来的铝熔体净化工艺，主要用于除氢，按其气体导入方式，可分为单管吹气法、多孔吹头吹气法、固定喷吹法（以 MINT 法为代表）、旋转喷吹法。吹气法的效果一方面取决于惰性气体的性质和纯度，气体的密度大，黏度大，则在熔体中的上浮速度慢，停留时间长，有利于提高除气效果；气体的纯度高，含水量少，也有利于提高除气效果。另一方面，更主要的取决于气泡的大小和气泡在熔体中的分散程度，如果吹入的气泡直径越小，分布越均匀弥散，则气泡比表面积越大、熔体中的氢扩散进气泡的路程越短、气泡上浮越慢、作用时间越长，除气率越高。另外，还取决于吹气时间、吹气压力、吹气温度等工艺参数。

（2）过滤法。让铝熔体通过中性或活性材料制造的过滤器，以分离悬浮在熔体中的固态夹杂物的净化方法称过滤法。过滤材质可以是玻璃布、金属网、泡沫陶瓷过滤器、松散颗粒填充床等。一般最广泛使用的是玻璃布、刚玉球以及陶瓷泡沫。玻璃布过滤法的特点是适应性强、操作简便、成本低，但过滤效果不稳定，只能除去尺寸较大的夹杂物，对微小夹杂物效果较差，且玻璃布只能用一次，需要经常更换。陶瓷泡沫是近年来发展起来的新型陶瓷过滤材料，它是由氧化铝和氧化铬等组成的陶瓷浆料，借助聚氨酯泡沫成型，再经干燥、烧结而成。孔隙率高达80%~90%。它的特点是使用方便，过滤效果好，过滤时不需要很高的压头，价格便宜，但陶瓷泡沫较脆，易破损，通常只能使用一次。为了增加过滤效果，可采用双级过滤法，如 DFU 法等。

（3）熔剂精炼。铝镁类合金必须在熔剂保护下熔炼；合金中含镁多，不宜用氯或氯盐精炼。这时采用熔剂精炼是必要的。铝合金熔炼用熔剂分两类：一是覆盖熔剂，只起隔离保护作用；二是覆盖精炼熔剂，兼有保护和精炼作用。铝合金的熔剂种类繁多（见表8-4），一般由碱金属及碱土金属卤素盐类混合组成，NaCl 和 KCl 的混合盐是各种熔剂的基础。首先它们不与铝液起化学反应。它们的熔点低（共晶体为650℃），液态密度小（分别为 $1.55g/cm^3$ 和 $1.5g/cm^3$），故在熔炼温度下能成液态浮于合金液面；液态黏度较小，流动性好，对铝液有较好的润湿性；故能覆盖住合金整个液面，起良好的保护作用。熔剂的精炼机理是它能破碎氯化皮并吸收氧化物夹杂，附带除去了夹杂上的气体。在混合氯盐中加入少量氟盐（CaF_2、Na_3AlF_6）后，能显著提高熔剂吸附氧化物的能力及与铝液间的界面能，利于互相分离除渣。熔融冰晶石能溶解 Al_2O_3，使熔剂能显著吸收夹杂。Na_2SiF_6有类似效果。

表 8-4　铝合金常用的溶剂成分（质量分数,%）

NaCl	KCl	Na_3AlF_6	CaF_2	NaF	$MgCl_2$	其他	用途
50	50	—	—	—	—	—	一般铝合金用覆盖剂
47	47	6	—	—	—	—	
20	50	—	—	—	—	$30CaCl_2$	
75	—	—	—	—	—	$25CaCl_2$	
45	45	—	10	—	—	—	精炼熔剂
—	75	—	—	—	—	$25ZnCl_2$	
45	—	15	—	40	—	—	铝硅合金精炼变质多用熔剂
36 ~ 38	—	—	15 ~ 20	—	44 ~ 47		铝镁合金精炼变质剂①
39	50	6.6	4.4	—	—	—	重熔切屑用②
50	35	15	—	—	—	—	重熔废料用②
40	50	—	—	10	—	—	重熔废料用②
60	—	—	20	20	—	—	用于搅拌法熔切屑
60 ~ 70	—	6 ~ 10	—	5 ~ 10	—	14 ~ 25$BaCl_2$	重熔小而氧化严重的切屑用

①成分中 $MgCl_2$ 及 KCl 常以无水光卤石（其成分为50% $MgCl_2$，40% KCl，其余为 $CaCl_2$ + NaCl）形式加入，亦即成分为：80%~85% 无水光卤石和15%~20% CaF_2。

②熔剂中 Na_3AlF_6 可全部或部分地代以 CaF_2，如全部代替时应加入少量 $CaCl_2$。

熔剂精炼的操作：先将熔化时的旧熔剂清除，再向液面均匀撒精炼熔剂，搅拌几分钟，将其压入铝液深部。静置约 10min 后除熔渣。

熔剂精炼法多用于熔炼铝镁类合金及重熔切屑、小边角料、溢流、泼溅料等，在熔剂覆盖下熔化和熔剂精炼，可提高收得率。

（4）喷吹活性熔剂精炼。上述手工搅拌熔剂效果差。采用惰性气体将粉状熔剂直接喷入铝液深部，精炼效果极佳。动作过程见结构简图（见图 8-6）。该法发挥了气体除气效果好，熔剂除渣效率高的双重优点，可将铝液中的气体及夹杂含量降低到极低的水平，铸锭完全可用于轧制铝箔。所用精炼剂由除气剂和造渣剂组成，载体氮气也有精炼作用，加上深吹的特点，使熔剂与铝液有最大的接触界面，加速反应并提高效率。熔剂用量仅占铝量的 0.15%。此种方法适用于熔化量大的铝加工厂的各种铝合金。

8.3.2.2　铝合金的非吸附净化方法

铝合金的非吸附净化方法如下：

（1）静置处理。静置处理是将铝熔体在浇注前静置一段时间，由于夹杂物的密度比铝熔体的大，所以夹杂物会自发下沉，从而达到从熔体中分离的目的。静置处理所需的时间要足够长，以便较小的夹杂也能够沉积下来，但实际上，小颗粒的夹杂很难用该方法除去。

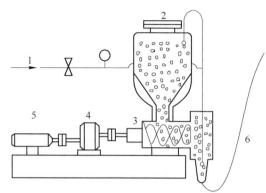

图 8-6　喷射熔剂精炼装置示意图
1—喷射气体；2—储料罐；3—定量给料器；4—涡轮
减速器；5—微型直流电机；6—精炼管

（2）真空处理。真空处理是将熔体置于有一定真空度的密闭保温炉内，利用氢在熔体中和气氛中的分压差，使熔体中氢不断生成气泡，并上浮逸出液面而被除去。真空处理是降低铝熔体中氢含量最有效的方法，但这种处理需要真空密封设备，价格昂贵，而且造成熔体温度的损失较大，除杂能力也极为有限，因此，在工业生产中很少使用。

（3）超声波处理。超声波处理是 20 世纪 90 年代发展起来的一项新的净化方法，目前已在进行工业应用方面的研究。其原理是利用超声波在熔体中的净化作用，使液相连续性破坏成孔穴，该孔穴使溶解在铝液中的气体聚集在一起，超声波弹性振荡促使气泡的结晶核心形成，并促使气泡聚集到一定尺寸，从而保证气体的析出。由于超声波发生器的局限性，该方法很难处理大批量的铝熔体，限制了其工业应用。

8.3.2.3　利用电解液配置合金的熔体净化与处理

铝电解槽温度一般在 965℃ 左右，铝液温度在 930℃ 左右，用真空包吸出、运输到铸造车间后，铝液温度仍然保持在 860~900℃，有利于添加合金原料和废冷料进行熔炼，从而降低能耗。但是，高温熔体容易氧化，非自发晶核少。

电解铝液中的主要杂质 Fe 和 Si 的含量（质量分数）为 0.15%~0.5%，其他微量杂质 Cu、Na、Mg、Ga、Ca、Ti 等的质量分数均在 0.03% 以下，杂质元素总质量分数为 0.15%~0.60%。电解铝熔体中非金属夹杂物主要是氧化铝夹渣，其次是电解质、氟化盐、碳粉碳粒等，夹杂物质量分数一般为 1%~2%。杂质成分复杂，不溶性夹杂物多、气体含量高，由于铝电解生产的特殊性，电解铝液中气体含量高（主要是 H_2）。特别是倒入敞口包或熔炼炉时，铝液与空气中的水分发生反应，使其氢含量进一步升高。

利用电解铝液生产铝箔坯料不同于重熔用铝锭的生产，工艺流程相对较长。目前我国大多数电解铝厂生产铝箔坯料的工艺流程为：电解铝液、中间合金（或金属添加剂）、废品—配料装炉—熔炼炉熔炼——一次精炼净化—搅拌扒渣—取样分析—化学成分调整—导入静置炉—二次精炼净化扒渣—成品样化学分析—流槽—炉外在线精炼净化—在线调质处理（晶粒细化)—过滤箱过滤净化—前箱—结晶器或铸嘴—连续铸造或铸轧—取样—质量检测—合格品包装—产品入库。从这一工艺流程可以看出，熔体的净化处理共 4 次，即熔炼炉、静置炉内的精炼净化、炉外在线精炼净化及过滤箱过滤净化，可见铸锭生产过程中熔体净化的重要性。

目前所采用的各种净化措施都不能实现 100% 的除渣除气。利用电解铝液直接生产铝箔坯料的熔炼过程中，必须进行 3 次精炼、2 次过滤。作者认为，除此之外还应该在输送电解铝液的台包中进行 1 次精炼，以减少熔炼炉壁结渣。氢气在铝及铝合金中的溶解度随着温度的升高而增大，因此在满足精炼效果及铸造温度的前提下，应尽可能地采用低温操作，防止熔体过热和长时间保温。熔体在炉内精炼后，保温停留时间超过 4h（不包括正常生产的停留时间）后而不能进入下道工序继续生产时应进行再次精炼，对于静置炉每班必须精炼一次，保持炉膛的清洁，及时清理炉膛内的结渣。通过炉前、炉内的净化处理和熔炼过程的控制，可去除大量的夹杂物和气体，铝液中的渣含量明显降低，同时可把 Na、Mg、Li、Ca 等碱金属与碱土金属含量降到最低，从而提高熔体纯度和洁净度。

8.4 铸造铝合金的液态处理控制组织

前面已阐述，细化基体晶粒、第二相（如 Al-Si 合金中的 Si 晶体）及杂质相，如 $\beta(Al_9FeSi_2)$，对提高机械性能和铸造性能有重大的作用。为此对液态合金进行处理，以改善凝固组织，此种液态处理有物理的和化学的方法。前者如用高温（如 Mg-Al 类合金及铸铁）、振动及超声波处理以细化组织；后者即直接或间接加入合金元素来改善组织，这是最常规的方法。

8.4.1 晶粒的细化处理

铝合金基体晶粒的细化元素常用 Ti、B、Zr，细化剂则为它们与铝的中间合金。常用的中间合金成分的质量分数为：$w(Ti) = 3\% \sim 5\%$、$w(B) = 0.5\% \sim 1.0\%$、$w(Ti) = 3\% \sim 5\%$、$w(B) = 0.5\% \sim 1.0\%$、$w(Zr) = 5\%$。细化所需加入的元素量约为 $w(Ti) = (0.15 \sim 0.3) \times 10^{-2}$、$w(B) = 0.03 \times 10^{-2}$、$w(Zr) = (0.1 \sim 0.2) \times 10^{-2}$。Ti 过量会形成大片状 $TiAl_3$，恶化机械性能，Zr 与 Ti 类似，

B 过多会严重吸气。把钛、硼按 5~10 比 1 同时加入的细化效果比单独加要更好，且加入量大大减少。硼的存在会阻滞 $TiAl_3$ 的聚集，起稳定作用。中间合金与炉料同时入炉。

用上述元素的盐类作细化剂效果更好，常用盐类有 K_2TiF_6、KBF_4、K_2ZrF_6、$ZrCl_4$、BCl_3 等。一般用 K_2TiF_6 与 KBF_4 按 4:1 混合后压成块，其用量为 0.2%~0.4% 加入铝液，经 5~10min 反应即可，用盐类细化剂的优点是加入量少，加钛量仅需中间合金加入钛量的 1/10，如 $w(B) = 0.03 \times 10^{-2} + 0.005 \times 10^{-2}$ 细化效果即很好。盐类中元素的收得率钛达 90%，硼不超过 50%。

细化作用有衰退现象。合金经孕育处理后，随着保温时间的延长，凝固后的晶粒逐渐变粗大。在 750℃ 保温情况下，用中间合金时经 0.5h 即开始发生衰退，而用盐类孕育剂时，经 1h 也无衰退，即使保温 4h，晶粒尺寸仍增加不大。原因是中间合金带入的 $TiAl_3$ 质点较粗大，其密度为 $3.37g/cm^3$，比铝液的 $2.6g/cm^3$ 大很多，故会逐渐沉降和聚集长大，减少了晶核数目，使晶粒逐渐变粗；盐类则是在铝液中通过化学作用形成 Ti 等的稀溶液，并于不很高温度下生成 $TiAl_3$ 等，其质点细小，分布弥散，故长期悬浮，衰退慢。但温度提高，衰退会加快，900℃ 保温 1h 即相当于 750℃ 保温 4h 的衰退效应。用中间合金的形式加入效果不好，用盐类则操作较繁，为此发展了新加入法。用成分 $w(10^{-2})$ 为 Al-5% Ti-1%B 的合金铸锭后，经轧制拉拔成约 $\phi10mm$ 的盘元，在熔炼后期插入铝液熔化即可。细化效果比中间合金好，钛量可降低至接近盐类加钛水平。这是因为合金高度形变后，内部 $TiAl_3$ 等化合物被破碎细化所致。近年国内开发了一种纯金属型的钛硼孕育剂，由高纯脱氢钛粉与熔盐粉末混合，经高压制成标准重量的圆饼，内含 40×10^{-2}Ti、4×10^{-2}B。其初始密度较大，是自沉式的，使用方便，避免烧损，且所含熔盐还有精炼作用。其用量按加钛量为 $(0.01 \sim 0.03) \times 10^{-2}$ 计算。在常规熔炼温度下，于最后一次精炼前及加镁前（若合金含镁）加入。据称在 5h 内无明显衰退。

细化机理是上述元素与铝液形成各种高温稳定的化合物质点，与 α-Al 相存在着良好的共格对应关系（例如，$TiAl_3$ 为四方晶格，晶格常数为 $a = 0.3851nm$、$c = 0.8608nm$，与铝的常数差为 4.6% 与 6.5%），成为异质晶核。加盐类时各反应如下：

$$TiAl_3: 3K_2TiF_6 + 13Al \longrightarrow 6KF + 4AlF_3 + 3TiAl_3 \tag{8-19}$$

$$ZrAl_3: 3K_2ZrF_6 + 13Al \longrightarrow 6KF + 4AlF_3 + 3ZrAl_3 \tag{8-20}$$

$$AlB_2: 2KBF_4 + 3Al \longrightarrow 2KF + 2AlF_3 + AlB_2 \tag{8-21}$$

$$TiB_2: 3K_2ZrF_6 + 6KBF_4 + 10Al \longrightarrow 12KF + 10AlF_3 + 3TiB_2 \tag{8-22}$$

$$TiC: 3K_2TiF_6 + 3C + 4Al \longrightarrow 6KF_6 + 4AlF_3 + 3TiC \tag{8-23}$$

其中，C 的来源：有的盐类孕育剂含有 C 粉，还可从 C_2Cl_6 分解而得，故盐类孕育剂通常在精炼后加入。若是加入中间合金及纯金属则直接与铝液反应形成上述化合物。钛与硼联合加入会有 $TiAl_3$、TiB_2、AlB_2 都起作用，故细化效果好。就细化效果看，TiB_2、TiC、AlB_2 依次降低，$TiAl_3$ 也可能比 TiB_2 要差。一般认为，细化处理对纯铝、铝铜类及铝镁类合金有效。除温度和保温时间影响晶粒大小外，如全部用新金属炉料熔制合金，其晶粒要比炉料中加入部分回炉料时要粗。

8.4.2　铝硅合金中共晶硅的变质处理

具体内容如下：

（1）Al-Ti-B。铝合金晶粒细化剂的发展大致分为以下几个阶段：20 世纪 40 年代主要为 Ti、B、Zr、Nb 盐熔剂；50 年代主要为 Ti、B 盐块剂；60 年代主要为 Al-Ti 块锭（含 $w(Ti) = 5.6\%$，$w(Al) = 10\%$）；70 年代主要为 Al-Ti-B 丝（5/1）；80 年代至今主要为 Al-Ti-B 丝（5/1，3/1，5/0.2 等）。目前。用 Al-Ti-B 孕育处理已成为铝合金晶粒细化最普遍采用的工艺方法。

在加 Al-Ti-B 的情况下，铝的成核机理为两个阶段：成核 1-$TiAl_3$ 在 TiB_2 上形成；成核 2-冷却中界面上包晶反应使 TiB_2 成核。

由英国剑桥大学和英国 LSM 公司及 AlCAN 国际研究中心参与用金属玻璃旋转冷技术来研究 α-Al 在所加 TiB_2 粒子基底上的成核现象，对 Al-Ti-B 晶粒细化剂的行为和机理解释如下：

加入 Al-5Ti-B，未发现单独的 $TiAl_3$，该相只以薄层状包在 TiB_2 粒子上，也未发现 $TiAl_3$ 在硼化物粒子保护壳内或硼化物凹角处保留下来的痕迹。

TiB_2、$TiAl_3$、α-Al 之间有一定的取向关系，其密排面和方向都是平行的。$TiAl_3$ 仅在 TiB_2 上以包覆铝形式存在。而 α-Al 是在 {0001} 小平面上成核。硼化物的凹角和空洞不是有利的成核格点。

晶粒细化过程：加入 Al-Ti-B→TiB_2 分散于熔体中和 $TiAl_3$ 溶解→基于局部活动性梯度 Ti 向 TiB_2 偏析→成核 1，$TiAl_3$ 在 TiB_2 上形成→成核 2，冷却中晶界上包晶反应导致 α-Al 成核→长时间静置下粒子沉淀。搅拌时粒子重新分布→Zr 原子失配妨碍在 TiB_2 界面上稳定堆砌导致"中毒"。

世界晶粒细化剂生产厂家主要有以下几家：

1）在晶粒细化剂生产厂家中，英国 LSM 公司生产的细化剂产量最大，细化效果最好。

2）荷兰 KBM 公司经过多年的生产和设备改造，已用连续挤压机生产长度不限的挤压产品。该产品有以下优点：产品更清洁，$TiAl_3$ 和 TiB_2 分布均匀，表面氧化减少，致密性差。

3）美国 KBA 公司由 AB、Wenatchee 和 Henderson 三家组成。AB 公司的 Al-Ti-B 丝产量居世界第 3 位，它用 Conform 设备生产。Wenatchee 公司有自动化

连续铸造设备和轧制设备，首先由反射炉融化铝，在预热浇包中加氟盐进行合金化处理，将合金液转入两台感应炉内静置，由连铸机铸出棒坯经矫直加热进入10机架连轧机轧成直径 $\phi9.5mm$ 的丝盘条并卷成卷。Henderson 公司主要生产锭状晶粒细化剂、中间合金硬化剂和难铸造合金等产品。

4）挪威 Hydelko 公司是挪威最大的两家金属公司合营的，它采用旋转喷嘴除气精炼，合金液采用热顶气滑 DC 铸造设备铸造成直径 $\phi150mm$ 圆锭，然后用轧制法轧成直径 $\phi9.5mm$ 的丝，该产品在整个长度上质量均匀，无粒子局部沉淀凝聚。

我国的 Al-Ti-B 晶粒细化剂生产也取得了较大的成绩。到目前为止，生产厂家已达到 20 多家，产量达到 2000t/a，但仍不能满足国内市场快速增长的需求，每年仍需从外国进口 3000t 以上（2003 年）。同时，我国的 Al-Ti-B 晶粒细化产品质量在稳步提高，在某些指标可以与外国同类产品相抗衡。其中，我国一些公司生产的产品细化稳定性好、检测手段完备，产品经用户使用，铸轧板晶粒度均稳定在 1~2 级以上，Al-Ti-B 丝晶粒度也在 2 级以上，已成为广大用户认可的优质 Al-Ti-B 晶粒细化剂。

虽然 Al-Ti-B 有较优异的晶粒细化性能，但抗衰减性能仍存在不尽人意之处。为此近年来国内外相继开发其他一些新型细化剂，即 Al-Ti-C-B 和 Al-Ti-B-Re 中间合金细化剂，已成为今后高质量铝熔体晶粒细化发展的一个方向。

（2）Al-Ti-B-Re。Al-Ti-B-Re 是一种新型细化剂，由于稀土的加入使细化相不易沉淀，提高了细化效果和抗衰减性。但具体细化机理和细化稳定性还缺乏系统的认识，正在进一步分析和研究中。

稀土元素包括化学周期表中第三副族元素的镧系 15 个元素和第四、第五周期的钪和钇。稀土元素属于典型的金属，它的活性仅次于碱金属和碱土金属，比其他金属元素活泼得多。它在铝及其合金中的作用主要有：

1）精炼、净化和除氢作用。稀土元素极易同氧、氢、硫、氮作用生成相应的化合物，因此稀土元素常用来对金属或其合金脱氧、脱硫、脱氢。例如，铝及铝合金在熔炼时会吸入水蒸气并与其相互作用生成化合物和氢气：

$$Al(液) + 3/2H_2O(气) = 1/2\gamma\text{-}Al_2O_3 + 3[H]$$

根据计算可知：lgAl 与 lgH$_2$O 发生反应就会产生 1.9gAl$_2$O$_3$ 和 1224cm^3 的标准状态下的氢气。由此可见，即使是极微量的水、水蒸气或水汽，都会使铸件产生严重的气孔缺陷，加入 Re 则可以有效的消除气体的有害作用。

2）变质作用。稀土元素化学性质非常活泼，极易在晶粒界面上析出，降低金相表面缺陷，阻碍晶粒的长大，有效控制枝晶粗化，这对后序的加工是十分有利的。

3）合金化作用。稀土元素在 α-Al 中的固溶度极低，大部分稀土元素会和其他金属元素（例如过渡族金属 Ti）或所含杂质作用生成弥散分布的化合物，从而起到强化合金的作用。而且稀土元素还能和原先存在的第二相发生作用，使第二相的形状、尺寸更加符合强化机制的要求。

鉴于稀土元素以上的特点，人们将其添加到 Al-Ti-B 中间合金中，希望以此来改变 Al-Ti-B 细化剂的缺陷，使其中的第二相更加弥散分布，使其在起细化作用的时候可以有更长时间的细化效果和更加稳定的性能。

稀土元素在细化剂 Al-Ti-B-Re 中的作用：

人们对 Al-Ti-B-Re 细化机理做了大量的研究，但一直都未能对其细化机理提出一种较为完善的理论。在此我们把所提出的解释总结为以下几种不同的观点：

①一是稀土元素与金属铝、某些合金元素或杂质（Fe、Si、S 等）形成的高熔点化合物充当了异质晶核，或是在晶界析出，由于钉扎作用而阻止晶粒长大。此外，稀土表面活性高，能降低晶核表面能，增大结晶形核率。

②二是稀土极易与 Al、Ti 生成不稳定的 AlTiRe 化合物或（Ti，Re）Al_3，两种化合物在铝熔体中很快被熔解，可以降低表面能，增加了铝熔体对硼化物、铝化物的润湿性，使 TiB_2 颗粒表面的铺张系数增加而难以形成紧密团块（颗粒细小的硼化物不易产生沉淀）。这样，不但达到了抑制衰退、长时间保持细化效果的作用，又充分发挥了它们的异质核作用，使细化效果增强。

③三是由于稀土元素在铝熔体中的固溶度极低且属表面活性类物质，容易在晶界和相界面上吸附偏聚，填补界面上的缺陷，从而阻碍 $TiAl_3$、TiB_2 晶体的生长，起到了细化 $TiAl_3$、TiB_2 尺寸的作用。人们一般都认同 $TiAl_3$、TiB_2 相是合金的主要细化相，而在相同条件下，块状 $TiAl_3$ 的细化效果最佳。因为块状 $TiAl_3$ 是以三维尺寸生长成紧密形的小方块等轴晶体，其中它有三个晶面面向熔体，增加了成核机会。所以 $TiAl_3$ 等轴晶粒越细小，数量越多，那么细化剂的细化效果就越好。由于稀土元素的加入细化了 $TiAl_3$ 尺寸，从而更加增强了细化剂的细化能力。

人们不仅希望通过稀土元素的加入，改善细化剂的衰退现象，使细化剂拥有更强的细化能力；更希望对其机理有更加深入的了解。但目前提出的细化机理，众说纷纭，没有统一的理论解释，而且现有的理论对于一些现象也不能自圆其说，这还需要做大量认真系统的研究。

在 Al-Ti-B 的基础上添加 Re 制成 Al-Ti-B-Re，Re 不仅保留了单独使用时的特点，还能进一步促进细化剂的细化效果和细化稳定性。新型的 Al-Ti-B-Re 中间合金所起到晶粒细化作用是单独的稀土或 Al-Ti-B 无法达到的。一些重要的产品，像罐材毛料、超薄铝箔、磁盘、阳极氧化产品等都急需无缺陷和质量稳定的晶粒细化剂。对于超薄烟箔、易拉罐等材料的生产，国内生产的细化剂根本无法达到要求，必须从国外进口。Al-Ti-B-Re 作为新一代的晶粒细化剂，则有望解决以上的难题。因此，Al-Ti-B-Re 的开发有着广阔的市场前景和应用前景。

（3）Al-Ti-C。Al-Ti-C 与 Al-Ti-B 相比，其异质形核核心 TiC 比 TiB$_2$ 具有更小的聚集倾向，并对 Zr、Cr、Mn、V 等元素"中毒免疫"，是一种有良好应用前景并被重点研究的晶粒细化剂材料。

Al-Ti-C 晶粒细化剂合金难以合成的主要原因是：C 与 Al 熔体的润湿性差，Al 熔体中 C 的溶解度极小，石墨粉末之间易产生碳—碳键而聚集成团，Al 熔体很难深入石墨团内部进行反应；石墨团易浮于 Al 熔体表面，与空气接触发生氧化反应，Al 熔体表面的氧化膜阻碍反应的进行。因此，石墨粉末与 Al-Ti 合金熔体间几乎不能发生 TiC 合成反应。

Al-Ti-C 中间合金对铝合金的晶粒细化效果，正被冶金界所证实。关键是怎样合成，即最佳制备工艺。为此许多科学家进行了深入研究，探索出了多种制备工艺：

1）以碳的化合物形式加入制备 TiC。如 Sigworth 的专利，在感应炉中熔化9080g 铝，加热至 760℃将 200gK$_2$TiF$_6$ 和 25gFe$_3$C 混合加入到熔体表面。搅拌、反应后再加入 730g 海绵钛，除去盐后转注入氧化铝坩埚中，升温到 1250℃使碳溶解而合成 AlTiC 中间合金。

2）用 2.5g 炭黑代替 Fe$_3$C 随 K$_2$TiFe 一起加入，其他同 1），而制备 AlTiC。

3）将 1000g 含 w(Ti) = 6% 的 Al 合金在电阻炉中熔化，并将平均粒度为20μm 的预热石墨粉 1.2g 包在铝箔中加入过热至 1000℃的合金熔体内，进行激烈的搅拌（2500r/min）。当石墨粉全部溶完后，继续搅拌 15min，使完全反应制备Al6% Ti-C。

4）根据液体蒸汽压与温度遵从克劳修斯-克莱贝龙方程的原理，找到了一种制备 Al-Ti-C 中间合金的新工艺，以工业纯铝（99.7%）钛屑（99%）及石墨颗粒为原料。首先按常规工艺熔炼 Al-Ti 二元合金，将合金液过热至 1000 ~ 1300℃保温，在抽真空的条件下，通过加料斗，将石墨颗粒撒在合金液表面，保持一定时间。然后进一步抽真空直至合金液沸腾。沸腾的熔体将其表面漂浮的石墨卷入溶体内，使其发生反应，通过真空度调整控制反应，制备 AlTiC 中间合金。

用 SEM 对 Al-Ti-C 中间合金细化高纯铝时产生的异质结晶核心进行观察。结果认为：有若干个第二相颗粒团，在颗粒表面有许多小突起块，其尺寸范围为20 ~ 100nm，在以颗粒团为中心形成的晕圈和枝晶中存在 Ti 的成分梯度，对晕圈和枝晶存在的原因作如下解释：在熔体中 TiC 颗粒团处（尤其是凹面和缝隙处）容易偏聚 Ti 原子，形成富 Ti 区。当 Ti 的浓度达到一定程度时，会在 TiC 表面形成 Ti$_3$Al$_4$ 薄层。而 TiAl$_3$ 在凝固过程中与周围铝液发生包晶反应生成 α-Al。在随后的冷却过程中，包晶反应先形成的富 Ti 区 α-Al 被后形成的贫钛 α-Al 包围后，心部的 Ti 不易向外扩散。这样在 α-Al 中形成 Ti 的成分梯度，侵蚀后形成梯度差别。由于在 α-Al 生长界面前沿液态中的成分梯度存在差别，并且受冷却速度的影响，一部分 α-Al 保持为晕圈状，一部分生长成枝晶状。

因此其基本细化机理是：TiC 有助于 TiAl₃ 形核，而 α-Al 又包在 TiAl₃ 外面，即 TiC 不直接对 α-Al 成核，通过促进 TiAl₃ 形核间接达到促进 α-Al 形核的作用。

人们在研究过程中探索出不同的制备方法，但以上各种制备方法成本太高，研究一种低成本的合成方法是很有前景的。

（4）Al-Ti-C-Re。开发稀土 Al-Ti-C 细化剂，除前所述，利用稀土活性元素的功能提高 Al-Ti-C 晶粒细化效果外，还有一个重要目的，即利用稀土来增强 C 元素向铝熔体扩散渗透，提高其合金化能力。

众所周知，Al-Ti-C 细化剂生产中由于铝熔体不润湿 C，使 C 元素的加入与合金化困难，以致长期以来未能实现 Al-Ti-C 合金的工业化生产。因此，能否利用稀土化学热处理与稀土材料表面改性有关机理很为人们关注。

在钢的稀土渗碳研究与应用中早已定论：稀土在渗碳过程中主要起到催渗和微合金化的双重作用。稀土的渗入大幅度加快了碳的扩散过程，使渗碳过程加速。由此可以推断：在铝熔体中含有稀土元素，将有利于碳元素熔入并合金化形成 TiC 化合物粒子，并表现出较单纯 Al-Ti-C 更好的 TiC 形成效果。

目前，稀土 Al-Ti-C 细化剂的制备工艺大体和制备 Al-Ti-C 中间合金相似，就是多添加一定量的稀土，因此，制备成本过高依然是其工业化面临的主要问题。所以，无论是 Al-Ti-C 的研究，还是稀土 Al-Ti-C 的研究，虽然他们的实验性能更优，但如果要替代 Al-Ti-B，还需要改进现有制备工艺，降低生产成本。

参 考 文 献

[1] 杜科选. 用电解铝液生产铝加工坯料的熔体净化方法探讨 [J]. 有色金属加工，2007（2）：31～34.
[2] 柳艳春，陈丽青. 铝液烧损的影响因素及降低烧损的方法 [J]. 科技资讯，2006（11）：203.
[3] 唐剑. 铝合金熔铸技术的现状及发展趋势 [J]. 铝加工，2001（4）：5～9.
[4] 景晓燕. 铝合金熔体净化工艺概述 [J]. 化学工程师，2003（10）：25～27.
[5] 陈存中. 有色金属熔炼与铸造 [M]. 北京：冶金工业出版社，1987：40～47.
[6] 郑来苏. 铸造合金及其熔炼 [M]. 西安：西北工业大学出版社，1994：173～176.
[7] 李英龙，冯海阔. Al-Ti-C 晶粒细化剂的连续铸挤组织与细化性能 [J]. 轻合金加工技术，2006（9）：18～21.
[8] 蒋建军. 新型 Al-Ti-B-稀土（RE）晶粒细化剂 [J]. 轻合金加工技术，2004（2）：18～21.

9　熔体除气净化工艺对超薄铝箔质量的影响

9.1　铝熔体中氢的来源及除氢原理

9.1.1　铝熔体中氢来源及生成机理

铝熔体中可能含有氢气、氮气及碳化气体等，主要以氢气为主，其占总气体含量的 90 以上，如表 9-1 所示。而氢在铝合金熔炼温度下的溶解度比其他气体大得多，所以除气的目的主要是指除去铝熔体中的氢气。氢在熔体中有两种存在形态：一是溶解型，以间隙原子状态溶解于熔体中；二是吸附型，吸附在夹杂及隙缝中（分子态氢：化合氢及络合氢）。经过多年的研究及实践，确认铝液中氢的来源主要是铝液与水汽的反应。熔炼时的周边环境湿度、铝锭及废料受潮、火焰反射炉燃料中的水分、带有油污的废料及充氮的钢管工具等都是水汽的来源，且这些都是不可避免的存在。

表 9-1　铝及铝合金中溶解气体组成

类　别	元素含量（质量分数）/%					
	H_2	N_2	CH_4	CO_2	CO	O_2
纯铝	92.2	3.1	2.9	0.4	—	0.1
硬铝	95.0	0.5	4.5	—	—	—

有资料表明，当铝液温度为 727℃时，即使极微小的水分压（P_{H_2O} = 2.59 × 10^{-20} Pa，相当于干空气条件）也能与铝液发生反应，这说明任何虽经过烘干的精炼熔剂及工具等，对铝液均是潮湿的，都会使之吸氢。

铝在熔化过程中，氢主要是通过以下反应进入合金熔体中：

在低于 250℃时，固态铝锭与大气中的水汽发生反应：

$$2Al(s) + 6H_2O(g) \longrightarrow 2Al(OH)_3(s) + 3H_2(g) \tag{9-1}$$

生成粉末状的 $Al(OH)_3$，俗称铝锈，对铝锭没有保护作用，此铝锈在温度升至 400℃左右，发生下列分解反应：

$$2Al(OH)_3 \longrightarrow 2Al_2O_3(s) + 3H_2O(g) \tag{9-2}$$

生成组织疏松的 Al_2O_3，能吸附水气，进入铝液后增大气体和氧化夹杂的含量，降低铝液质量。而反应产生的 H_2O 气又可与铝液发生反应生成游离态的原子 [H]，进入铝熔体。

高温下，铝锭熔化为铝液，与水汽发生以下反应：

$$2Al(l) + 3H_2O(g) \longrightarrow Al_2O_3(s) + 6[H] \tag{9-3}$$

生成游离态、极易溶于铝熔体中的原子 [H]，此反应为铝熔体吸氢的主要途径。

熔体中氢的来源除了铝液与水汽反应生成外，铝液还可以通过与熔体中的碳氢化合物发生反应生成分子氢。

$$4mAl(l) + C_mH_n \longrightarrow mAl_4C_3(s) + nH_2(g) \tag{9-4}$$

大气中的分子态氢及反应生成的分子氢依靠化学吸附、金属的亲和力及分压差作用，通过"吸附—扩散—溶解"进入铝熔体，即氢分子与铝熔体接触离解成氢原子，吸附在熔体表面，最后原子氢向铝熔体内扩散并溶解其中。原子态氢 [H] 则是直接溶解到铝溶液中。由于氢在固态铝与液态铝液中的溶解度相差很大，所以在合金铸轧凝固过程中会析出大量的氢气泡，在气泡逸出的过程中容易导致铸轧铝板产生缩孔及气孔等。当这些缺陷随板材轧制到厚度很小（双零箔）时，转化为铝箔的针孔，降低铝箔质量。因此，在铸轧前应最大限度的降低熔体中的氢含量。

9.1.2　熔体净化除氢原理

工业上铝熔体除气主要是指气体净化剂除氢，其原理是在熔炼温度范围内，向熔体中加入气体净化剂，利用熔体中氢与加入气体的表面吸附和分压差原理，氢扩散到气泡中，并伴随吸附氧化夹杂随气泡上浮而被带出熔体表面，使熔体得到净化。

气体净化剂可分为惰性气体、活性气体和氧化性气体三类。惰性气体是指不溶于铝液且不与氢发生反应的气体，主要有如氮气、氩气等，此类气体通过物理作用吸附除氢；活性气体主要是氯气，可以氯气或氯盐及氯化物的形式加入铝熔体中，氯气加入熔液后发生下列反应：

$$Cl_2(g) + H_2(g) \longrightarrow 2HCl(g) \tag{9-5}$$

$$3Cl_2(g) + Al(l) \longrightarrow 2AlCl_3(g) \tag{9-6}$$

$AlCl_3$ 沸点为 183℃，气泡氢分压为零，能起到除氢效果。活性气体氯气除氢的过程既有物理作用又有化学作用。所以除氢效果比惰性气体更佳，但氯气有毒、易腐蚀设备，对人体有害、污染环境且使铝合金结晶组织粗大。氧化性气体有硝酸钠和碳为主的熔剂，加入熔液后发生反应：

$$4NaNO_3(s) + 5C(s) \longrightarrow 4NaCNO_3(s) + N_2(g) + CO_2(g) \tag{9-7}$$

生成的氮气可作为惰性气体除气，而 CO_2 是氧化性气体，在高温下与铝液发生剧烈的氧化反应，生成氧化夹杂。所以此种熔剂还待进一步研究。

工业上使用的除氢原理为气泡浮游法，其原理如图9-1所示。

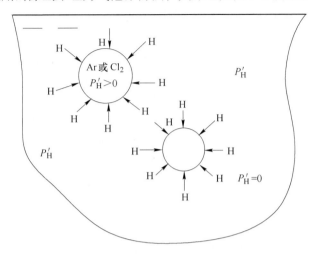

图9-1 铝熔体浮游法除氢净化原理图

由西华特定律可知，氢在熔体中的溶解度与表面分压存在下列关系，即：

$$K_{H_2} = [H] \big/ \sqrt{P_{H_2}} \tag{9-8}$$

$$K = A/T + B \tag{9-9}$$

式中 A，B——与熔体合金有关的特定常数。

根据铝熔体中的氢在一定温度和压力下达到平衡时的自由能：

$$\Delta G^0 = - RT\ln([H]^2/P_{H_2}) \tag{9-10}$$

当向熔体中加入净化气体时，熔体氢分压平衡被破坏，实际氢分压值设为 P'_{H_2}，此时的自由能变化为：

$$\Delta G = - RT\ln([H]^2/P_{H_2}) + RT\ln([H]^2/P'_{H_2}) = RT\ln(P_{H_2}/P'_{H_2}) \tag{9-11}$$

因为原始熔体氢分压大于气泡中氢分压，即 P_{H_2} 大于 P'_{H_2}，可知 $\Delta G > 0$ 时，也就是熔体中氢的分压大于气泡内的氢分压，溶解氢自动进入气泡；当 $P_{H_2} < P'_{H_2}$，即 $\Delta G < 0$，此时气泡中的氢向熔体溶解。一般情况下，加入的原始气泡氢分压为零，此时熔体中的氢分压大于气泡中氢分压，溶解于熔体中的 [H] 进入气泡，直到与气泡中分压达到平衡，并随气泡上浮到熔体表面，达到除气净化的效果。

铝熔体除氢净化有脱氢和除氢两个方面。脱氢是靠自身的动力学和热力学条件，氢自动从铝熔体中脱离；除氢是依靠外界条件加入除氢净化剂，人为创造脱氢条件。铝熔体脱氢过程分三个阶段，即气泡的形核、气泡的生长和上浮，最后是气泡从熔体表面逸出。

9.2　熔炼温度对熔体氢含量的影响

铝的熔点约为660℃，一般熔炼温度应低于755℃，根据环境温度和炉外流槽长度控制铝水出炉温度。铝水在静置炉中停留时间过长或出炉铝水温度过高都会造成铸轧板坯晶粒粗大。稳定的熔炼温度小于750℃，具体的熔炼保温时间要根据不同的设备效率而定。熔炼温度不宜过高，熔炼温度过高、炉料在熔炼炉及保温炉中的时间过长，一方面吸氢，气体饱和度增加，最终导致铝箔的针孔数增加；另一方面因为过热使熔体中活性结晶核心消除，造成晶粒粗大，含渣量增加影响铸轧板的质量，甚至在铝箔轧制过程中导致断带，影响生产效率。

9.2.1　实验过程

本实验所做的不同熔炼温度对熔体氢含量的影响是在静置炉外的流槽中取样测氢。连续铸轧生产超薄铝箔坯料，熔体从静置炉导出到铸轧前的温度是不断降低的，导出时温度为750℃，铸轧线前箱流槽温度严格控制在一定范围内（前箱温度是指在铸轧前，流入铸嘴时的熔体温度）。取样点分别为离前箱位置不同的6个点，用成都瑞杰公司的HAD-Ⅲ测氢仪测氢，每个位置测试6次，每次测氢时间为10min，设备平均每10s自动读出一个温度及氢含量数据。本实验是严格按照生产超薄铝箔坯料的熔铸工艺条件下进行（精炼气体是纯度为99.999%的氮气）。

9.2.2　实验结果及分析

根据实验测出的数据，选取温度为685~735℃之间的平均每增加10℃时的氢含量，如图9-2所示。

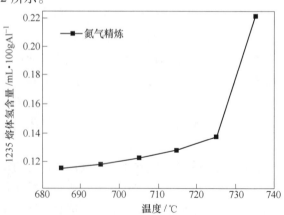

图9-2　熔炼温度与熔体氢含量的关系

从图 9-2 可看出,熔体的氢含量受熔炼温度的影响,熔炼温度越高,熔体的氢含量越高。在前箱温度 685℃ 时熔体氢含量最低为 0.116mL/100gAl,且温度每升高 10℃,曲线的斜率增加的越大,即熔体氢含量增加的速度加快。这可以从熔体表面张力解释,因为不同的熔炼温度,熔体表面张力不一样。即熔体的表面张力与熔体温度成反比,熔体温度越高,表面张力越小,铝液和熔体中氢的两相界面上铝熔体的收缩能力越小,熔体吸收氢的倾向就越大,熔体氢含量就越高,闫洪涛的论文对此观点从热力学方面做出了解释。此外,在平衡状态时,熔体中的氢属于饱和状态,当随着流槽流动,温度降低的时候,熔体中的氢饱和度也会随着温度的降低而有所下降,此时会有少量的氢从熔体中析出,降低了熔体氢含量。从图 9-2 可知,温度在 725 ~ 735℃ 之间,熔体氢含量增加的异常快,725℃ 氢含量为 0.14mL/100gAl 以下,而 735℃ 时的氢含量达到了 0.22mL/100gAl。这是因为在此温度范围内进行了在线加氮除气精炼。从此实验也可知,在线加氮除气对铝熔体的除气净化起到了很好的效果,此工序是生产超薄铝箔必不可少的环节。

根据以上分析,降低熔炼温度,能减少铝液中氢的含量。但 1235 铝合金的熔点为 664℃,为保证铸轧的连续进行,前箱的熔体温度不宜太低,也不能太高。前箱温度低,虽然可以降低熔体氢含量,但影响铝液流动性,有可能在铸嘴内腔结晶,破坏铸轧的顺利进行;前箱温度太高,增加熔体氢含量。利用此实验数据可得到:如果要求熔体中的氢含量小于 0.12mL/100gAl,此时的熔炼温度为 700℃ 左右。说明在满足熔体氢含量的前提下,可以在低于 700℃ 的温度范围调控合适的前箱温度,调整前箱与铸嘴的距离,使铝液流速恒定,保证铸轧的顺利进行。

9.3 精炼气体对熔体氢含量的影响

9.3.1 实验过程

精炼气体是纯度为 99.999% 的氮气,取熔炼炉熔体为实验对象,待炉料完全熔化以后,严格控制熔体精炼温度及氮气的压力:

熔炼温度 T:(715 ± 5)℃;

入口压力 P_{N_2}:0.7MPa;

除气压力 P_{N_2}:0.3MPa。

在此熔炼温度及充氮压力下,通过在炉底安装的透气砖充气精炼装置向铝熔体中以每次通 30s,每间隔 5s 通一次的方式,每次实验分别以 10dm³/h、30dm³/h、50dm³/h、80dm³/h、100dm³/h 的氮气加入量充氮气 30min,加氮停止,分别待精炼 5min、10min、15min 以及 20min 后,立即用测氢仪专用的加长钢制工具取铝熔体 100g,测熔体中的氢含量;取样后向熔体中喷覆盖剂,确保其他熔铸工艺正常操作（环境相对湿度为 30% 左右），待精炼转炉完成后，在铸轧前的前箱流槽测熔体氢含量，测氢时熔体温度为 695℃。因为是连续铸轧生产，每生产完一卷铝箔坯料再向熔炼炉中重新加料，所以每一组实验数据对应着每一卷铸轧铝箔坯料，每一组实验做 5 次取平均值。其中通氮气的时间及频率由电磁阀控制，氮气的流量由减压阀及流量阀控制。

9.3.2　实验结果及分析

根据实验所得到的数据，绘制氮气的加入量与精炼时间对铝熔体氢含量的影响图，如图 9-3 所示。

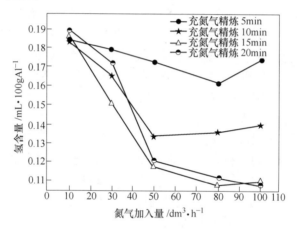

图 9-3　氮气的加入量及精炼时间对熔体氢含量的影响

从图 9-3 可知，加入氮气能明显降低熔体中的氢含量。加入量为 $10dm^3/h$，精炼时间为 5min 时，熔体中的氢含量最低为 0.185mL/100gAl，精炼时间达到 20min 时，熔体中的氢含量反而增加（含量为 0.190mL/100gAl）。此时加入熔体中的气泡在精炼 10~15min 后大部分已经逸出熔体表面。这样随着精炼时间的延长，熔体中通过精炼气泡带走的氢含量不及熔体吸气而造成的气体多，且铝熔体在精炼过程中有自动造渣的作用，所以熔体氢含量反而增加；当加入量达到 $50dm^3/h$ 及以上，精炼时间不低于 10min 时，熔体中的氢含量都在 0.14mL/100gAl 以下，达到超薄铝箔对铝熔体氢含量的要求；当加入量为 $80dm^3/h$、精炼时间为 15min 及加入量为 $100dm^3/h$、精炼时间为 20min 时，铝熔体中氢的含量最低，低至 0.11mL/100gAl 左右，此时的精炼效果最好。由图 9-3 可知，当精炼时间为 15min，氮气加入量为 $80dm^3/h$ 比加入量为 $100dm^3/h$ 时，反而是加入量为 $80dm^3/h$ 的除氢效果要更好。这是因为当加入量为 $100dm^3/h$，冲入炉底的大量气泡引起了炉内熔液的波动及翻滚，增加了熔体造渣吸氢的可能性；另一个原因是精炼 15min 后达到液面的气泡由于爆开而致使铝熔体和空气接触，铝熔体被氧化，由于气泡溢出液面的除氢效果不如气泡溢出界面爆破，而致使铝熔体被氧化导致的增氢效果，含氢量就又稍微升高。直到铝熔体表面形成一层致密的氧化膜，阻止铝熔体的进一步氧化。而熔体中也基本上没有了净化后剩余的细小气泡，氢含量才逐渐达到稳定。结合氮气的用量及精炼效果，氮气加入量为 $80dm^3/h$，精炼时间 15min 时对熔体精炼效果最好。

从此实验可知，在熔炼温度为 715℃ 时加入氮气精炼，要使铝熔体的氢含量小于 0.14mL/100gAl，向铝熔体中加入的氮气量应不低于 $50dm^3/h$，精炼时间至少为 10min；当加入量为 $80dm^3/h$、精炼时间达到 15min 时，熔体的氢含量最低，小于 0.11mL/100gAl，此时的除氢精炼效果最好。

应用以上工艺精炼后生产的铝箔坯料轧制成超薄铝箔，计算精炼时间大于5min 的精炼工艺下铝箔的平均成品率，利用所得的数据作图如图 9-4 所示。

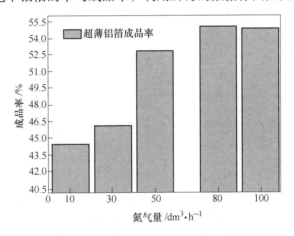

图 9-4　氮气加入量对超薄铝箔平均针孔数的影响

由图 9-4 可知，随着氮气量的增加，超薄铝箔的成品率也增加，氮气的加入量小于 $50dm^3/h$ 时，超薄铝箔的成品率低于 50%；氮气量的加入量达到 $50dm^3/h$ 时，超薄铝箔的成品率高于 50%，在 $80dm^3/h$ 时成品率最高为 55.15%。这也说明了铝熔体的氢含量明显影响超薄铝箔的成品率，氢含量越低，超薄铝箔的成品率越高。

从此实验可知，加精炼气体能较好的去除熔体中溶解的氢，降低熔体氢含量。精炼效果和气体的加入量及精炼时间有关系，当加入的精炼气体量在 $30dm^3/h$ 时，无论精炼多长时间都不能使熔体氢含量降低到 0.14mL/100gAl 以下；而当精炼气体加入量达到 $50dm^3/h$，精炼时间不少于 10min 时，可使熔体氢含量降低到 0.14mL/100gAl 以下；当加入量为 $80dm^3/h$、精炼时间为 15min 时，精炼除气净化效果最好。此时再增加精炼气体用量或增长精炼时间，不但不能更好的起到除氢效果，反而增加了气体的用量、增加成本。由以上实验数据分析可知，气体精炼的最佳工艺为加入量 80dm³/h、精炼时间 15min。

9.4　过滤技术对超薄铝箔质量的影响

经过炉内氮气除气、除渣和充分精炼的铝熔体，在炉外铝流水槽上采用在线除气、陶瓷板过滤和在线晶粒细化等炉外净化技术。使用的在线过滤装置是福州麦特公司生产的双级过滤箱，过滤板分别是目数为 30ppi 的一级及目数为 40/50ppi 的泡沫陶瓷双级过滤板（表 9-2 为单级和双级过滤板的厚度及过滤效率），在前箱流槽前还装置了目数为 10ppi 的一级过滤板。过滤板对铝熔体起到除渣的作用，保证铸轧板具有优质的冶金质量。但过滤板随着过滤时间的延长，过滤板的孔隙会被夹渣所堵塞，影响过滤效果。所以过滤板需及时的更换，但经常更换过滤板影响生产的正常进行，降低生产效率。本实验从过滤板对超薄铝箔的针孔数及成品率方面做了研究。

表 9-2　过滤片影响因素

过滤片目数/ppi	过滤片厚度/mm	过滤效率/%
30	500	99
40/50	50/50	99

9.4.1　实验过程

生产的铝箔铸轧坯料每卷质量 5t，严格按照生产超薄铝箔坯料的铸轧工艺，从开始换过滤板的第一卷铝箔坯料开始，检测熔体的氢含量，计算每一卷超薄铝箔（0.0045mm 及 0.005mm 厚铝箔）的针孔数及成品率。每组过滤板生产 15 卷铝箔坯料，重复以上实验 3 次，取每组数据的平均值作为实验数据。1 号对应的平均针孔及成品率表示每次换过滤板生产的第一卷超薄铝箔的 3 个实验数据值的平均值。

9.4.2　实验结果及分析

根据所得实验结果，做表 9-3 及图 9-5。

由表 9-3 及图 9-5 可知，第 3 卷到第 12 卷的超薄铝箔平均针孔数低于 3000 个/m²，头两卷及后三卷的针孔数大于 3000 个/m²；第 6 卷到第 12 卷的超薄铝箔成品率基本高于 50%，最高的为第 8 卷的 54.65%。由此分析可知当换新过滤板后，选取第 6 卷到第 12 卷的铝箔坯料用作超薄铝箔生产，其针孔数少、成品率高。刚开始使用新过滤板时，流槽和前箱液面发生波动，熔体中稍微大一些的颗粒可能通过过滤板，这些"大颗粒"遗传在铸轧板中，影响其内在质量；但当过滤板使用一段时间后，在其孔隙处会吸附一些细小的杂质颗粒，随着使用时间的延长，这些吸附颗粒聚集成层，过滤板孔隙变小，过滤效果增加；但当过滤板吸附的杂质数量多到阻塞过滤板孔隙时，过滤效果又开始降低，铸轧板质量降低，严重的甚至影响铝液的流动性，造成连续铸轧的中断。从以上的针孔情况可知，双级过滤板能很好的去除熔体中的小颗粒夹杂，对熔体能起到较好的过滤效果。

表 9-3 过滤板对超薄铝箔平均针孔数及成品率的影响

批号编号	平均针孔数/个·m^{-3}	平均成品率/%
1 号	3201	44.53
2 号	3103	43.99
3 号	2984	45.02
4 号	2957	46.38
5 号	2913	48.57
6 号	2799	50.33
7 号	2854	51.24
8 号	2887	52.65
9 号	2792	51.31
10 号	2915	50.67
11 号	2855	51.47
12 号	2959	49.82
13 号	3147	45.69
14 号	3548	44.77
15 号	3614	43.08

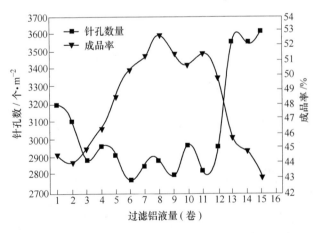

图 9-5 过滤板对超薄铝箔平均针孔及成品率的影响

通过以上分析可知，使用 40/50ppi 双级过滤板净化铝熔体，当新更换过滤板时，第 3 卷到第 12 卷的铝箔针孔少于 3000 个/m^2，其中第 6 卷到第 11 卷的成品率高于50%。所以要得到更优良的超薄铝箔，最好使用新换过滤片后生产的26~55t的铝箔坯料生产超薄铝箔。

9.5　环境湿度对1235铝合金熔体吸氢特性的影响

9.5.1　实验方法

选择环境相对湿度分别在30%~40%、40%~50%、50%~60%、60%~70%（标记为1号、2号、3号、4号）区间内生产出的超薄铝箔各5批试样，检测环境相对湿度与超薄铝箔针孔数量、成品率的关系。工业纯铝经重熔后检测合金成分，使用铝硅合金及铁剂作为铁、硅添加合金，按第11章表11-2合金成分范围配1235合金。在升温熔炼过程中，通惰性气体30min、精炼15min、喷覆盖剂、扒渣、测熔体氢含量，经双辊连续铸轧出厚为（6±0.1）mm的铸轧板，最终轧制成超薄铝箔。

9.5.2　环境湿度与熔液氢含量的关系

图9-6为保温温度为745℃时，1235合金分别在相对湿度为30%、45%、65%下氢含量随时间变化的关系。从图9-6可以看出，在相同熔炼温度和环境温度下，虽然环境的相对湿度不同，但随着时间的延长，铝熔体的氢含量都在升高，直到达到此温度下的饱和氢含量，图中显示在大约经过2h时熔体氢含量达到饱和。此外，在相同的保温时间和熔炼温度下，环境湿度越高，熔体的氢含量越大。

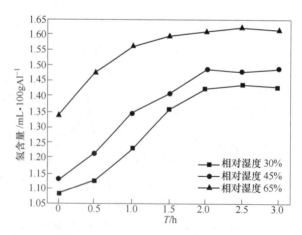

图9-6　熔炼温度为745℃时不同湿度对应的1235合金
铝熔体氢含量随时间变化关系

在熔炼温度下，铝液与水汽发生下列反应：

$$2Al(l) + 3H_2O(g) \longrightarrow Al(OH)_3 + 6[H] \tag{9-12}$$

根据熔液中氢溶解度的 Sieverts 公式（即式（9-13））：

$$C_H = k \sqrt{P_{H_2}} \exp\left(-\frac{\Delta H}{2RT}\right) \tag{9-13}$$

转化成如下形式：

$$\ln C_H = -\frac{A}{T} + B + \frac{1}{2}\ln P_{H_2} \tag{9-14}$$

式中　　C_H——氢含量，mL/100gAl；

　　　　T——熔炼温度，K；

　　　ΔH——氢的溶解热，J/mol；

　　　　R——气体常数，8.314J/mol·K；

　　　P_{H_2}——氢分压，MPa；

　　A，B——与熔体合金的成分有关的溶解度的常数。

由式（9-14）可知，熔体中氢含量与熔体温度和氢的分压有关：当环境温度与熔炼温度一定时，氢分压越大，氢含量就越高。环境湿度大时，熔体中的氢分压就大，氢含量也就高，这与图9-6所显示的结果相符合。

9.5.3　理论氢分压和不同湿度下的氢实际分压计算

在745℃时，铝液与周围空气中的水分发生式（9-12）反应，生成[H]，查看参考文献，知式（9-1）的自由焓 $\Delta F = -207000 + 63.8T$，根据下面的质量定律公式：

$$\ln K_P = -\Delta F/RT = \frac{-207000 + 63.8T}{RT} \tag{9-15}$$

式中，K_P 为化学反应平衡常数，其表达式定义及值如下：

$$K_P = \frac{P_{H_2}}{P_{H_2O}} = 4.02 \times 10^{12} \tag{9-16}$$

由式（9-5）可知，当平衡常数一定时，水分压越大氢分压也越大。

当大气湿度 U 一定时，可根据以下公式得到水分压，从而可以算出氢分压：

$$U = P_{H_2O}/P_W \times 100\% \tag{9-17}$$

$$P_W = 611.2\exp\left(\frac{17.62T}{243.12 + T}\right) \tag{9-18}$$

式中　　P_W——在干燥温度时相对于纯水的饱和水气压，Pa；

　　　P_{H_2}——环境氢分压；

　　　P_{H_2O}——大气实际水分压，Pa；

　　　　T——环境温度，℃。

根据式（9-16）、式（9-17）、式（9-18），得出环境相对湿度为 30%、45%、65% 时理论氢分压分别为：0.51×10^{10} MPa、0.76×10^{10} MPa、1.09×10^{10} MPa。由此可知，铝液与水汽反应产生的理论氢分压很大。

本实验所用材料为 1235 工业纯铝，其中式（9-14）的 A，B 值可以通过资料查到，A，B 分别取值为 2550、2.6。铝熔体的熔炼温度为 745℃，即 $T = 1018K$，代入式（9-14）中，计算在保温 2.5h 时所得不同湿度实际氢分压分别为 1.05MPa、1.57MPa、2.28MPa。

由以上计算结果可知，氢的实际分压比理论分压小很多，说明铝液与水汽反应生成的氢只有极少部分溶解到铝熔体中。这是因为铝液表面氢的分压大于周边环境的氢分压，而铝液表面的 Al_2O_3 氧化膜又阻碍了氢向熔体中扩散，这使得大部分反应生成的氢原子结合成氢分子从而扩散到大气中。

9.5.4　铝液溶氢率的计算

利用计算出的理论氢分压与实际氢分压值，根据溶氢百分比，可得到在大气相对湿度分别为 30%、45%、65% 时实际参加反应的氢含量，即溶氢率：

溶氢率 η ＝氢实际分压/氢理论分压

可计算出各相对湿度下的溶氢率分别为：

30% 时的溶氢率 ＝1.05MPa/0.51×10^{10}MPa ＝2.06×10^{-10}

45% 时的溶氢率 ＝1.57MPa/0.76×10^{10}MPa ＝2.06×10^{-10}

65% 时的溶氢率 ＝2.28MPa/1.09×10^{10}MPa ＝2.09×10^{-10}

由此可知，当环境相对湿度提高时，铝液相应的溶氢率分别为 2.06×10^{-10}MPa、2.06×10^{-10}MPa、2.09×10^{-10}MPa，溶氢率增加的不明显，基本在 2.06×10^{-10}MPa 左右。而溶氢率与一定环境湿度下的理论氢含量的乘积就是实际氢分压，将实际氢分压代入 Sieverts 公式就可以得出此熔炼温度下的饱和氢含量。这就解决了在生产实验中，因为氢分压难以测得，不能直接得出熔体的氢含量的问题。

从此实验可知当环境湿度不同时，铝液的实际氢分压也不同，湿度越大，铝液中氢含量越高。这说明在 1235 铝合金的熔炼过程中，环境湿度也能影响铝箔坯料的性能。

9.5.5　环境湿度对超薄铝箔质量的影响研究

表 9-4 及表 9-5 为 0.0045mm 厚铝箔的平均针孔数、成品率与环境相对湿度的关系。从表中可以看出，超薄铝箔的针孔数及成品率随环境相对湿度增加而变化的趋势。当环境相对湿度在 50% 及以下时，超薄铝箔的针孔数少于 3000 个/m²；而当环境相对湿度大于 50% 时，超薄铝箔的针孔数大于 3000 个/m²；当环境湿度在 60% ~ 70% 之间时，超薄铝箔的平均针孔数量不仅高达 3500

个/m²，且成品率较低。

表9-4　不同湿度下0.0045mm铝箔的平均针孔数、成品率

规格/0.0045mm	1号	2号	3号	4号
针孔数/个·m⁻²	2512	2716	3002	3716
成品率/%	47.72	49.15	47.85	44.64
氢含量/mL·100gAl⁻¹	0.107	0.111	0.119	0.126
轧制平均断带次数/次	7	5	8	9

表9-5　不同湿度下0.0045mm铝箔的平均针孔数、断带数

序号	相对湿度/%	氢含量/mL·kgAl⁻¹	针孔2/个·m⁻²	断带次数/次·卷⁻¹	成品率/%	相对湿度/%	针孔1/个·m⁻²	氢含量/mL·kgAl⁻¹	断带次数/次·卷⁻¹	成品率/%
1	34	5.87	1852	4	45.44	52	3878	6.77	6	47.04
2	36	5.99	1785	3	44.42	54	2843	6.03	7	43.72
3	39	6.22	1866	4	47.83	56	2653	7.21	6	45.50
4	41	5.78	1457	5	48.17	57	3052	6.50	5	46.53
5	43	5.19	1484	2	55.15	58	3790	7.96	7	42.84
6	44	5.28	1042	2	47.64	60	2980	6.63	7	44.57
7	45	6.67	2086	6	50.70	62	4473	8.66	5	40.43
8	47	5.75	1945	5	49.91	64	2842	6.72	8	43.81
9	48	5.70	2019	5	46.45	67	4696	8.64	9	42.10
10	50	5.66	1542	4	49.67	70	4226	6.59	5	43.51

从图9-7走势可知，随着环境相对湿度的增加，超薄铝箔的针孔数量呈逐渐增加的趋势，而成品率降低。当环境湿度在25%~45%之间，超薄铝箔的针孔数量及成品率变化不明显，针孔在2700个/m²以下，成品率在48.5%以上；当环境湿度在45%~60%之间时，超薄铝箔的针孔数量开始明显的增加，数量超过2800个/m²，成品率变化不明显，基本在48.5%以上；当湿度大于65%时，针孔数及成品率变化最明显，针孔数最多的达到3516个/m²，成品率降到44.53%。

由式（9-13）可知，当熔炼温度一定时，氢分压越大，溶解的氢就越多。从实验结果得知，当熔炼温度一定时，环境湿度越大，其实际氢分压也越大，溶氢率有所增加，导致铝熔体中氢含量增加，使铝箔铸轧坯料内部产生微气孔、缩孔的倾向增大，影响坯料的质量，致使最终轧制成的超薄铝箔的针孔数量趋于增加。

根据以上分析结果可知，环境相对湿度对超薄铝箔的针孔有影响，湿度越大，铝箔针孔数量越多。且在轧制生产过程中环境相对湿度大的铝箔坯料平均断带次数增加（见表9-4及表9-5）、成品铝箔串孔倾向性也增加，最终的结果是导

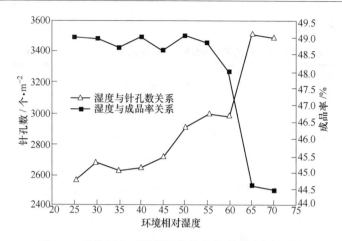

图 9-7　环境湿度对超薄铝箔针孔数及成品率的影响

致产品判废率高，影响企业效益。

　　图 9-8 及图 9-9 为云南昆明某铝箔企业使用自产铸轧坯料生产的 0.0045mm 及 0.005mm 厚超薄铝箔的针孔数及成品率与月份的关系（图 9-8 及图 9-9 的月份是 2010 年及 2011 年每个月的数据平均值），从图中可知 7、8、9 三个月的针孔数相比于其他月份要高，平均月针孔数在 2500 个/m² 以上，最高的达到 3400 个/m²；图 9-9 中，6、7、8、9、10 这几个月份超薄铝箔的成品率最低、成品率在 46% 以下，8、9 月份最低，成品率甚至没有达到 44%。以一个月为生产周期，例如，7、8、9 月份的铸轧坯料应在 6、7、8 三个月生产；这可从昆明的气候方面解释，通常昆明 5~9 月份为雨季，雨季时空气湿度大，湿度大时水蒸气的分压也增加，一是阻碍熔体中氢的析出，提高了氢在熔体中平衡浓度；二是增高了外部环境的氢分压，当铝熔体中氢的分压小于外界环境时，大气中的气体进入铝

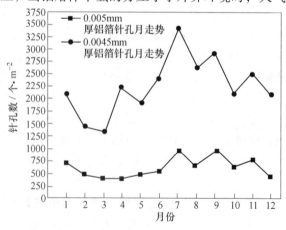

图 9-8　超薄铝箔的月份平均针孔数

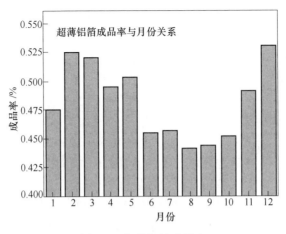

图 9-9　超薄铝箔成品率

熔体，直到铝熔体中氢分压与外部环境氢分压达到平衡，从而增加了熔体中氢含量。以上表明大气湿度对铝箔铸轧坯料中含氢量有影响，即湿度大，熔体氢含量高，进而导致铝箔成品的针孔数趋于增加。由此可知，在相同的生产条件下，干燥的季节比湿度相对大的雨季更适合自产铸轧坯料生产超薄铝箔。

0.0045mm 与 0.005mm 厚铝箔相比，其厚度相差只有 10% （0.0005mm），但其平均针孔数却多达 2000 个/m²。由此可知，要生产出优质的超薄铝箔，其铝箔坯料必须具有良好的内在质量。有资料表明：最佳的铸轧坯料化合物尺寸应在 0.001 ~ 0.005mm 之间。铸轧坯料微气孔及夹杂越少、组织性能越好，越有利于后续轧制、断带次数及串孔等铝箔缺陷也相应减少，提高了成品率。

图 9-10 显示的是经过除气除渣、在线精炼处理后，生产超薄铝箔坯料的铝熔体在 700℃时所测的氢含量与湿度的拟合曲线。一般用于生产超薄铝箔的铸轧

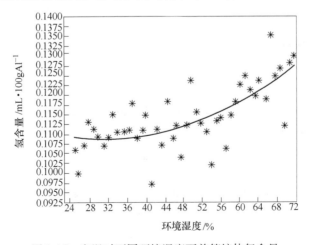

图 9-10　室温时不同环境湿度下前箱熔体氢含量

坯料，其熔体氢含量应控制在 0.12mL/100gAl 以下，氢含量越低，气体和夹杂物含量越少，铝箔坯料组织质量越高。铝箔企业生产实践已经证实，当铝熔体氢含量高于 0.12mL/100gAl 时，其坯料生产出的超薄铝箔针孔偏多，轧制时断带次数增加，成品率降低，增加了超薄铝箔的生产成本，影响企业的生产效率。用于生产超薄铝箔的铝熔体氢含量应控制为：[H]≤0.12mL/100gAl，越低越好。从图 9-10 可知，铝熔体中氢含量随着大气湿度的增加而增加，当环境相对湿度在 25%~65% 之间时，铝熔体平均氢含量在 0.10~0.12mL/100gAl 范围内；当环境相对湿度大于 55% 时，随着环境湿度的增加，铝熔体中氢含量增加的速率逐渐加快，轧制出的超薄铝箔针孔偏多、成品率低且断带次数增加。由此可知，最适合于超薄铝箔生产的环境相对湿度应小于 55%，最好不得超过 65%。

表 9-4 不同环境湿度下的平均氢含量基本符合图 9-10 氢含量曲线。由图 9-10 及表 9-4 可知，1235 铝合金经除气除渣后平均铝熔体氢含量，基本维持在 0.10~0.13mL/100gAl 范围内，最高的不超过 0.14mL/100gAl，最低的也达到 0.109mL/100gAl。这是因为当大气湿度提高时，水蒸气的分压加大，阻碍着熔体中氢气的排出，因而提高了氢在铝熔体中的平衡浓度，同时也加速了水蒸气与铝熔体的反应速度，使铝熔体在很短的时间内就可以达到饱和浓度。因此，此时再加大精炼强度已不能明显地降低铝熔体中的含气量。因为铝熔体中氢的存在不可彻底根除，当环境湿度大时，应加大除气工序的强度，最大限度的降低铝熔体中的氢含量，以获得质量优异的铝箔坯料，为生产超薄铝箔做好基础。

由此实验可知，干燥的地区比潮湿的地区、旱季比雨季更有利于超薄双零铝箔的生产。环境湿度大于 65% 时的熔体氢含量大于 0.12mL/100gAl 且增加速度加快，超薄铝箔的针孔数量明显增加、成品率降低。此条件下的铸轧坯料不宜用来做超薄铝箔的生产，适合用来生产优质超薄铝箔的 1235 铝铸轧坯料，应选择环境湿度在 55% 以下。

9.6　本章小结

(1) 分析了氢的来源及除氢原理；
(2) 研究了熔炼温度、精炼气体、过滤板的使用时间及环境相对湿度对熔体氢含量及超薄铝箔质量的影响情况。

参 考 文 献

[1] 向凌霄. 原铝及其合金的熔炼与铸造 [M]. 冶金工业出版社，2005：10~12.
[2] David P, Wayne M. Processing Molten Aluminum Part 2：Cleaning up Your Metal [J]. Modem callng, 1990 (2)：55.
[3] 傅高升，康积行. 铝熔体中夹杂物与气体相互作用的关系 [J]. 中国有色会属学报，1999

(7)：51～56.

[4] 王晓秋，丁伟中．铝合金熔体中气体的行为研究 [J]．中国稀土学报，2002（20）：241～243.

[5] David，Wayne M. Processing Molten Aluminum Part2：Cleaning Up Your Metal [J]．Modem casting，1990（2）：55.

[6] X. G. Chen. Efficiencyof Impeller Degassing and Degassing Phenomenain Aluminum Melt [J]．AFSTransactions，1994：191～197.

[7] 孙业赞，厉松春，等．液态 ZL101Al 合金吸氢特性的研究 [J]．金属学报，1999，35（9）：938～941.

[8] Acklin T，Davidsion N. Proceeding of the ASF international conference on molten aluminum processing [J]．America，1989（25）：126.

[9] Kanicki D. The 61st World Foundry Congress [J]．Beijing，1995.

[10] Backerud L，Chai G，Tammien J. Solidification Characteristic of aluminum alloys [J]．Vol：Foundry Alloy，Deplanes，ILUSA：AFS，Skan aluminium，1990：71.

[11] Utigard T A. JOM [J]．1998，21（11）：38～41.

[12] 闫洪涛，肖刚．铝熔体除氢净化工理论与工艺的研究 [J]．热加工工艺，2007，36（1）：29～33.

[13] Leonard S. Aubrey. The development and performance evaluation of dual stage ceramic formfiltition system [J]．light metals，1996：845～855.

[14] 陆文华，李隆盛，黄良余．铸造合金及其熔炼 [M]．北京：机械工业出版社，2004（11）：299～322.

[15] 王肇经．铸造铝合金中的气体和非金属夹杂物 [M]．1989（1）：11～13.

[16] 何峰，程军．铸造铝合金中的气体和氧化夹杂 [J]．华北工学院学报，1997，18（1）：56.

[17] 郭义庆．连续铸轧过程中氢的来源与预防 [J]．铝加工，2004（154）：17～19.

[18] 尹卓湘．铝及其合金中溶气的物理化学 [J]．轻金属，2006（1）：53～57.

[19] 李占元，杨菊．低温环境相对湿度的测量 [J]．中国计量，2005（7）：62～63.

[20] Paul N，Crepeau. Molten Aluminum Contamination：Gas，Inclusions and Dross [J]．Modem Casting，1997，87（7）：39～41.

[21] 王晓秋，丁伟中．铝合金熔体中气体的行为研究 [J]．中国稀土学报，2002（20）：241～243.

[22] Pattle D. Advances in degassing aluminum alloys [J]．The Foundry Man，1988，(5)：232.

[23] 丁文光．大气湿度对铝合金铸锭质量的影响 [J]．有色冶金，1965（3）：44～45.

[24] 汤爱涛，潘复生，张静．AAl235 铝箔坯料退火工艺和显微组织的研究 [J]．轻合金加工技术，1999，27（7）：16～18.

[25] 饶竹贵．连续铸轧关键工艺技术对超薄铝箔质量的影响研究 [D]．昆明：昆明理工大学，2012.

10　合金成分控制工艺对超薄
铝箔质量的影响

10.1　Fe、Si 元素对 1235 工业纯铝组织影响

配制 1235 合金时，应尽可能的减少固溶 Fe、Si 的含量，使 Fe、Si 充分析出。Fe 和 Si 固溶在铝中不仅增加了材料的硬度、提高了材料的变形抗力及加工硬化率，而且随着轧制厚度的逐渐减薄，如果固溶在铝基体中的 Fe 和 Si 含量越高，其形成的粗大第二相越容易引起针孔的产生，严重的甚至在轧制过程中导致铝箔断带。目前，铝箔用工业纯铝 Fe/Si 比一般控制在 2.0～5.0 之间，在此范围内，铝合金中的 α - AlFeSi 化合物相较多，有利于铝箔轧制生产。所以在配置 1235 铝合金成分时，Fe 含量应大于 Si 含量，Fe/Si 比值控制在 2.0～5.0 之间，一般控制 Si 元素含量在 0.08%～0.15% 最合适[1]。但对于生产超薄铝箔坯料而言，由于其对性能的要求更高，所以其化学成分允许波动幅度的控制更为严格。

10.2　主要合金元素 Fe、Si 对超薄铝箔质量的影响

10.2.1　实验过程

按生产铝箔坯料的正常工艺配制 1235 工业纯铝，主要是控制 Fe、Si 元素的含量。先向熔炼炉中加铝锭，升温，待铝锭完全溶解 0.5h 后，在温度 $T=720℃$ 时，用特制的铁勺取熔体样，先空冷 1min，再水冷，试样经过铣床加工去掉表面的氧化膜层，用光谱分析仪在试样的表面测五个点的化学成分，取平均值。对照 1235 合金的化学成分标准，计算所需添加合金的量。本实验对 Fe、Si 元素含量的窄幅控制范围为：Fe 元素含量控制在 $w(Fe)=0.36\%～0.42\%$ 范围内，$w(Si)=0.10\%～0.16\%$ 范围内，Fe、Si 的总含量要求：$0.46\%<Fe+Si<0.58\%$。配料时，先确定 Si 元素的含量为 0.10%（由于是工业生产，其合金成分范围允许在一定范围内波动，波动范围为 0.10%±0.01%；本实验所指的 Fe、Si 合金成分均是在 ±0.01% 波动），向熔体中加铝硅合金（Si 的合金成分为 20%），同时加铁剂（$w(Fe)=75\%$）分别调整熔体中 Si、Fe 含量，再分别控制

熔体中 $w(Fe)$ 为 0.36%、0.38%、0.40% 及 0.42%，每一炉料 Fe、Si 元素的含量只能有一组数据，每一组合金成分做三炉实验，取平均值；与此相同，再分别配置 Si 质量分数为 0.12%、0.14% 及 0.16%，Fe 元素质量分数分别为 0.36%、0.38%、0.40% 及 0.42% 的 1235 合金，得到 1235 合金熔体的 Fe、Si 元素的加入量与对应的 Fe/Si 就可以确定，如表 10-1 所示。

表 10-1 Fe、Si 加入量及相应的 Fe/Si 比

Fe/Si \ Si \ Fe	0.10	0.12	0.14	0.16
0.36	3.60	3.00	2.57	2.25
0.38	3.80	3.17	2.71	2.37
0.40	4.00	3.33	2.85	2.50
0.42	4.20	3.50	3.00	2.63

10.2.2 实验结果及分析

铝箔坯料轧制成超薄铝箔，利用针孔的透光可见性，计算超薄铝箔针孔的数目及成品率，根据实验所得的数据作表 10-2 如下。

表 10-2 Fe/Si 比对超薄铝箔针孔的影响

Fe/Si 比	平均针孔数量/个·m^{-2}	成品率/%
2.25	3105	44.53
2.37	2936	45.21
2.5	2847	47.18
2.57	2453	45.52
2.71	1986	50.31
2.85	2053	55.28
3.00	1879	45.36
3.00	2112	47.55
3.17	2043	52.76
3.33	1988	53.09
3.5	3053	48.53
3.6	3127	46.32
3.8	3219	45.55
4.0	3547	46.04
4.2	4208	42.28

根据表 10-2 的数据做图，如图 10-1 所示。

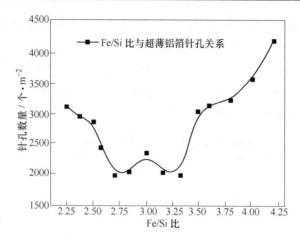

图 10-1　Fe/Si 比与超薄铝箔的针孔关系

　　从 Fe/Si 比对超薄铝箔质量影响的图表走势可知，铝熔体中的 Fe/Si 比对最终超薄铝箔的针孔数量及成品率有明显的影响。在 0.36% $< w($Fe$) <$ 0.42%、0.10% $< w($Si$) <$ 0.14% 的合金成分范围内，超薄铝箔的平均针孔数量都在 5000 个/m² 以下、成品率高于 40%。当 $w($Fe$)/w($Si$)$ 比在 2.25~2.60 及 3.40~4.20 时，超薄铝箔的针孔数量多于 2500 个/m²，且成品率低于 50%。Fe/Si 比大于 3.50 时，针孔的数量高于 3000 个/m²，且随着比值的增加，其针孔数量呈直线增加，Fe/Si 比为 4.20 时，针孔数量最多为 4208 个/m²，且成品率降到最低 42%。当 Fe/Si 比在 2.60~3.40 之间时，其针孔数最少、成品率最高，针孔数量基本在 2000 个/m² 左右，每平方米比 Fe/Si 比值大于 3.50 时的平均铝箔针孔少 1000 多个，而成品率基本都在 50% 以上，最高达到 53.09%。

　　对照表 10-1 及图 10-2 可知，当 Fe、Si 元素含量及 $w($Fe$)/w($Si$)$ 比值在表正

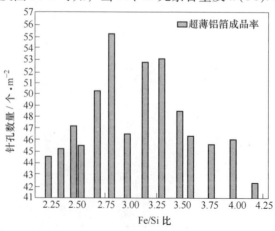

图 10-2　Fe/Si 比对超薄铝箔成品率的影响

中心 4 个值时，其超薄铝箔的针孔数量最少、成品率最高。这说明当 Fe 合金元素的添加量在 0.38% ~ 0.40% 范围内，Si 合金元素的添加量在 0.12% ~ 0.14% 之间时，用其铝箔坯料生产出的超薄铝箔针孔数量最少、成品率最高，此时的 Fe/Si 比值在 2.71 ~ 3.33 之间。这也可以解释图 10-1、图 10-2 中当 $w(\text{Fe})/w(\text{Si})$ 比值为 3.00 时出现的针孔数量、成品率"异常"现象。从表 10-1 可知，当 $w(\text{Fe})/w(\text{Si})$ 比值为 3.00 时，Fe、Si 质量分数分别为 0.36%、0.12% 及 0.42%、0.14%，Fe 含量不在 0.38% ~ 0.40% 范围内，此范围内可能形成了更多粗大、坚硬的不利于轧制的化合物，这些化合物缺陷在随坯料轧制到一定厚度时逐渐表露出来，最终导致针孔的形成。

10.2.3　成分窄幅控制对超薄铝箔质量的影响

根据以上的实验结果，控制 Fe、Si 的元素含量及 $w(\text{Fe})/w(\text{Si})$ 比，其工艺为：

$$0.38\% < w(\text{Fe}) < 0.40\%$$

$$0.12\% < w(\text{Si}) < 0.14\%$$

$$2.75 < w(\text{Fe})/w(\text{Si}) < 3.30$$

在此工艺范围内，试生产超薄铝箔 10 卷，计算其平均针孔数量、轧制过程的断带次数及最终产品成品率，与调整前工艺对比，数据如表 10-3 所示。

表 10-3　不同工艺对超薄铝箔质量的影响

类　别	$w(\text{Fe})/\%$	$w(\text{Si})/\%$	Fe/Si	成品率/%	针孔数 /个·m^{-2}	断带次数 /次
调整前工艺	0.36 ~ 0.42	0.10 ~ 0.14	2.0 ~ 5.0	45.34	3047	8
调整后工艺	0.38 ~ 0.40	0.12 ~ 0.14	2.75 ~ 3.30	51.23	2498	6

由此表的数据对比可知，调整后工艺比前工艺条件下生产的超薄铝箔平均针孔数量减小约 500 个/m^2，断带次数每卷减少两次，成品率提高了将近 6 个百分点。由此实验可知，通过合金成分窄幅的合理控制，可以提高超薄铝箔的质量，提高企业的生产效益。

10.3　铝箔坯料组织的扫描分析

生产出的每一卷铝箔坯料规格为 6mm × 1260mm，经后续加工生产出超薄铝箔。当轧制到厚度为 0.2mm 时取 $w(\text{Fe})$ 为 0.42%、$w(\text{Si})$ 为 0.14% 的 0.2mm 厚试样做扫描分析。铝箔坯料的熔铸缺陷具有遗传性，这些缺陷随着厚度的不断减薄逐渐暴露出来，最终影响铝箔质量。图 10-3 为 1235 合金铝箔铸轧坯料轧制到厚度为 0.2mm 时扫描电子显微镜下的试样显微组织形貌图。

6mm 厚铝箔铸轧坯料试样轧制到 0.2mm 过程中，经过了均匀化退火和中间退火工艺。图 10-3 扫描电镜的高倍显微组织中出现了一个长度和宽度大约为 $30\mu m \times 25\mu m$ 的腐蚀坑，取正常基体的一个点及腐蚀坑中的两个点做分析，标记为 1、2、3。三个点能谱成分图从上到下分别为图 10-3 中 1、2、3 点的化学成分含量。由成分表可知，基体点 2 的化学成分正常。在腐蚀坑 1、3 点处 Fe 元素的含量超标，分别

图 10-3　0.2mm 铝箔形貌

达到了 0.91%、1.00%，这表明在腐蚀坑内出现了 Fe 元素的富集现象。3 个点还发现了 1.67% 的氧元素，氧可以铝和铁形成氧化物，成为腐蚀起始点，最终引起针孔的产生。当 1235 合金熔体中的 Fe 元素含量过高时，Fe 在铝熔体中根据温度的不同，既溶解在铝熔体中，也可以偏聚成原子团或以 $FeAl_x$ 等第二相颗粒的形式析出。这样有利于形成铝和铁的二元化合物，这些析出的化合物会起到增加腐蚀起始点的作用，不利于后续的轧制。在中温退火时的杂质元素 Fe 往往以饱和均质固溶形式存在铝基体中。此时的 Fe 含量出现了超标甚至富集现象，说明在配 1235 合金时，Fe 的加入量过高，当轧制到 0.2mm 时，过多量的 Fe 容易导致铝箔表现出现大的腐蚀坑现象。因为 Fe 元素是以块状的铝铁合金形式加入到熔体中，所以也可能是在熔炼时对熔体搅拌不充分，或者是熔炼、保温时间不够长而导致了 Fe 的富集现象。

从图 10-4 中可以观察到在基体上出现了很多小白点。通过能谱分析，白色小颗粒点 1 的杂质元素化学成分的质量分数分别为：$w(O) = 1.78\%$、$w(Si) = 5.12\%$、$w(Fe) = 15.74\%$。基体点 2 出现少量的 O：0.86% 元素，可能是轧制过程中表面添加的轧制油引起。在此厚度，因为经过多道次的轧制（需添加轧制油），出现了少量的氧正常。由图 10-4 中 1 点的成分图可以看出白色颗粒点主要的合金 Fe、Si 及

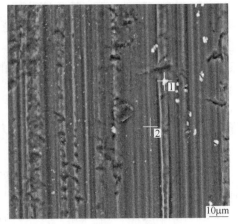

图 10-4　0.2mm 铝箔形貌

O 元素含量过高。由前面所述理论可知，铸轧坯料中的稳定相化合物主要为 α(Fe-Si-Al)、β(Fe-Si-Al) 相和 $FeAl_3$ 相。当 Fe 和 Si 元素过高时，由 1 点、2 点的能谱图可知，白点颗粒可能是游离的坚硬单质硅，也可能是 FeSiAl 化合物相，这些单质或者化合物如果大量存在，不利于铝箔的顺利轧制且增加超薄铝箔的针孔数量，较大的颗粒甚至导致铝箔轧制过程中的断带。

　　箔材越趋于薄型，则固溶于铝中的 Fe、Si 对轧制硬化的影响越强。超薄铝箔的厚度不大于 5μm，所以在轧制过程中，任何直径大于 5μm 的第二相颗粒或者其他物质都可能导致铝箔针孔的产生。铝箔坯料中的第二相化合物理想尺寸应在 1~5μm 之间。大于 5μm 的第二相化合物易成为裂纹源，通过裂纹扩展形成针孔；小于 1μm 的第二相化合物又增加加工硬化率，使铝箔材料的变形抗力加大、塑性变差。从图 10-5 可知，白色颗粒化合物的尺寸范围基本在 1~4μm 之间，基本没有尺寸超过 5μm 粗大的白点化合物颗粒，大部分属于理想尺寸范围之内。经过此分析说明，在 Fe 添加量为 0.42%、Si 为 0.14% 时，铝箔坯料并没有出现粗大的第二相化合物，而此添加量下出现的铝箔

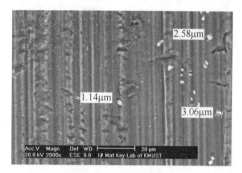

图 10-5　0.2mm 铝箔形貌

针孔偏多、断带现象，是由 Fe 元素富集引起的腐蚀坑以及游离的单质硅所造成，并没有发现粗大的化合物相。

10.4　铝箔坯料组织的 TEM 分析

10.4.1　透射试样的制备

　　6mm 的铸轧坯料，经轧制多个道次后最终得到超薄铝箔。取合金成分调整后 6mm、2.55mm 均匀化退火前后及 0.5mm 中间退火前后的铝箔毛料为实验试样，将试样：（1）将 0.5mm 厚以上的试样线切割切成约 0.5mm 厚的均匀薄片；（2）镶样，用粗砂纸、细砂纸打磨到 150~200μm 厚；（3）抛光研磨到约 100μm 厚；（4）冲成 $\phi3mm$ 的圆片；（5）选择合适的电解液和双喷电解仪的工作条件，将 $\phi3mm$ 的圆片中心减薄出小孔（电解液为 10% 的高氯酸和 90% 的冰醋酸混合液，双喷电解减薄仪的电压 V：50V；A：30mA）；（6）迅速取出减薄试样放入无水乙醇中漂洗干净；（7）最后在型号为 JEM—2100 的透射电子显微镜下拍照薄膜试样，其加速电压为 200kV。

10.4.2　铝箔坯料的第二相化合物分析

图 10-6 分别为 6mm、2.55mm 均匀化退火前后及 0.5mm 中间退火前后铝箔毛料的透射电镜显微组织。

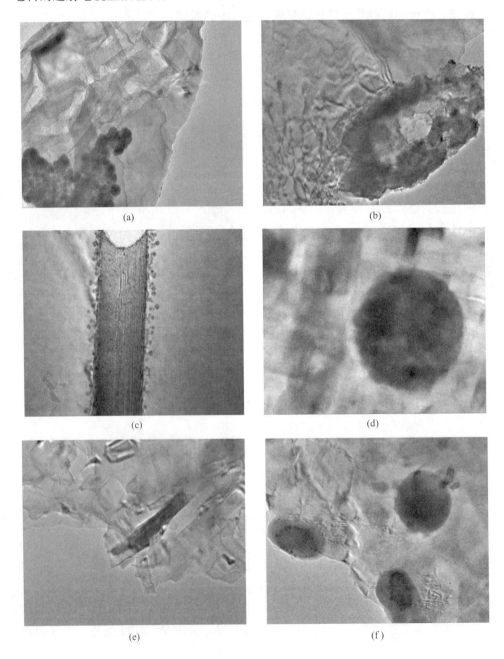

(a)　　　　　　　　　　　　(b)

(c)　　　　　　　　　　　　(d)

(e)　　　　　　　　　　　　(f)

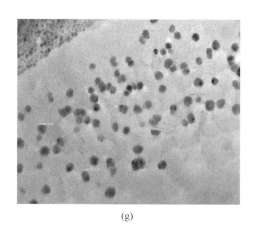
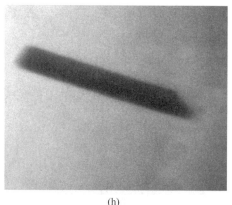

(g)　　　　　　　　　　　　　　　　(h)

图 10-6　不同厚度的铝箔第二相化合物形貌

(a)、(b) 6mm 铸轧板；(c) 2.55mm 加工态×15000；(d) 2.55mm 退火态；(e) 0.5mm 加工态；
(f) 0.5mm 退火态；(g) 2.55mm 加工态×40000；(h) 2.55mm 加工态×10000

从图 10-6 可知，在 1235 工业纯铝铸轧生产的铝箔坯料组织具有明显的第二相化合物。加工态第二相的形貌为块状和条状，退火态第二相形貌为球状。6mm厚铸轧板的第二相形貌较规则，为块状，如图 10-6 (a)、(b) 所示。当经过一次轧制到 2.55mm 时，第二相的形貌由块状变为条状（见图 10-6 (h)），且第二相的附近聚集有很多细小的颗粒（见图 10-6 (g)），这些细小颗粒尺寸比轧制前小。2.55mm 厚铝箔坯料经 630℃、保温 7h 的均匀化退火及 0.5mm 厚试样经380℃、保温 6h 的中间退火，其第二相的形貌都由加工态的块状变为圆球状，细小颗粒消失。轧制到 0.5mm 时，第二相化合物的数目增加、尺寸变小（见图10-7 (f)）。由以上图分析可知，在此合金配比范围内形成了化合物尺寸在 1～5μm 之间的有利于轧制的条状 α 相化合物。随着轧制厚度的减薄，第二相化合物的尺寸逐渐减小，6mm 第二相化合物尺寸最长的不超过 2.5μm，轧制到0.5mm 厚时，其第二相尺寸减少到 500nm 左右。细小颗粒也由 6mm 时的 50nm转变到 2.55mm 时的 20～30nm，最后变为 0.5mm 厚的 10nm。这些细小的颗粒的数目不多，只是在第二相化合物周围富集，尺寸小到 10nm，对铝箔轧制性能基本没影响。

图 10-7 为 6mm 厚试样的透射高倍显微组织图，图 10-8 为所对应的图 10-7的 1、2 区域衍射花样的标定图，由衍射花样分析知，区域 1 是 $Al_{0.5}Fe_3Si_{0.5}$ 及单质 Si 的衍射花样，说明 1 区域的第二相化合物是 $Al_{0.5}Fe_3Si_{0.5}$，第二相的表面或周围分布有游离的单质 Si。区域 2 的衍射花样是三元相 Al_3FeSi_2 的衍射花样。由此可知，铸轧坯料组织中存在铝铁硅的三元第二相化合物，由于 6mm 铸轧坯料是由快速冷却形成，其第二相化合物的组织多为亚稳相，经过均匀化退火后，这些亚稳相转变为稳定相。

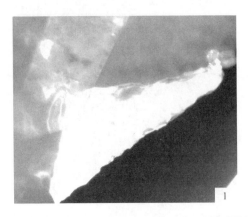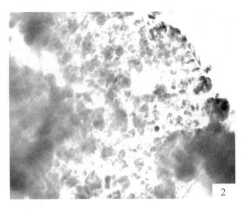

图 10-7　6mm 厚试样的透射组织形貌

图 10-8　区域的衍射花样

　　6mm 试样经多道次轧制到 0.5mm，经过中间退火，其第二相的 TEM 形貌及衍射花样如图 10-9 所示。图 10-9（a）的第二相化合物呈球状，分布均匀，尺寸小于超薄铝箔的厚度（0.0045mm），图 10-9（b）为 Al_9FeSi_3 化合物的衍射花样。由以上的衍射花样分析知，铝箔坯料并不存在前文所述的呈粗大长针状或盘片状的铝铁硅三元 β 相。铝箔坯料经过轧制、热处理后其第二相的种类、形貌及分布发生了改变，这些化合物形状规则，尺寸较小、容易变形，基本不影响铝箔的轧制。但第二相化合物尺寸太小反而会提高铝箔坯料的抗拉强度和屈服强度，降低了塑性，增加铝箔轧制的难度。

　　通过研究以上试样的 TEM 图的第二相化合物的种类、尺寸及形貌变化说明，在 0.38% < Fe < 0.40%、0.12% < Si < 0.14%、2.75 < Fe/Si < 3.30 合金范围内生产的铝箔坯料，其组织内部的第二相化合物都有利于轧制，基本没有粗大、坚硬、不容易变形的 β 第二相。随着轧制道次的增加，第二相化合物被压扁压碎。

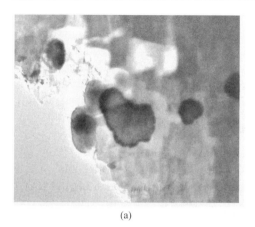 

(a)   (b)

图 10-9   0.5mm 厚试样的形貌及衍射花样

加工态的第二相化合物通过使用适当的热处理工艺可以改变第二相的种类、形貌和分布，由加工态的片条状转变为球状，有利于铝箔轧制。

10.5   本章小结

（1）通过合金元素 Fe、Si 的成分窄幅控制对超薄铝箔质量的影响情况研究，确定了 1235 工艺纯铝的最佳的合金成分；

（2）通过透射电镜分析铝箔坯料的第二相形貌，证明了在以上合金的控制范围内并没有形成粗大的、形状不规则的不利于轧制的第二相化合物。

参 考 文 献

[1] 洪群力，卢德强. 铸轧坯料生产负公差铝箔工艺研究 [J]. 轻合金加工技术，2000，28 (9)：23~24.

[2] 毛宏亮. 1235 铝箔连续铸轧坯料组织及其退火工艺的研究 [D]. 昆明：昆明理工大学，2014.

[3] 杨钢. 超薄双零铝箔坯料组织和性能控制的基础研究 [D]. 昆明：昆明理工大学，2012.

[4] 岳有成. 热处理工艺对超薄双零铝箔坯料组织和性能影响的研究 [D]. 昆明：昆明理工大学，2011.

[5] 饶竹贵. 连续铸轧关键工艺技术对超薄铝箔质量的影响研究 [D]. 昆明：昆明理工大学，2011.

11　Al_5Ti_1B 晶粒细化剂对超薄铝箔质量的影响

在熔铸过程中对熔体晶粒组织进行细化处理研究也是当代铝加工业的重要课题之一。目前，向熔体中添加少量的细化剂是最简便而又最有效的晶粒组织细化方法。对用铸轧法生产铝箔坯料，细化剂通常是在流槽在线逆向加入。在线加入具有细化效果连续稳定、细化剂分布均匀，不用人工搅拌（自动化）及可削弱由于 TiB_2 粒子沉聚而造成的细化效果降低的现象。其中被广泛使用的是 Al_5Ti_1B 中间合金。

11.1　铝熔体晶粒细化目的

晶粒组织粗大或大小不一影响铝箔坯料的强度和塑性，在后续的轧制过程中，由于大、小晶粒受到的轧制力不一样，其变形抗力及对晶粒变形的协调性也不同，这样容易在晶界处产生裂纹。随着铝箔材料减薄到一定厚度，在宏观上表现为铝箔的针孔，从而增加了成品铝箔的针孔数量，影响铝箔质量。因此需要对铝熔体进行细化处理。

晶粒细化的目的是在铸板整个截面上获得均匀、细小的等轴晶。等轴晶各向异性小，加工时变形均匀、塑性好、性能优异，利于铸轧及后续的塑性加工。要得到这种组织，通常需要对熔体进行细化处理。方法是向熔体中加入一些能够产生非自发形核的物质，通过异质形核核心粒子达到细化晶粒的目的。对铝箔坯料的生产来说，晶粒细化通常指的是对铝熔体进行形核变质处理，作为晶核核心的物质应具有下列条件：

（1）晶格结构与铝相似；
（2）原子间距与铝晶粒的原子间距相近（差别不大于 15%）；
（3）在铝熔体中的溶解度很小；
（4）熔点高于铝。

11.2　Al-Ti-B 晶粒细化机理

目前，获得基本肯定的 Al-Ti-B 中间合金细化晶粒机理的一个结论是：

TiAl₃、TiB₂粒子是铝熔体潜在的结晶核心，Ti 可细化铝合金晶粒，而硼的存在又能显著提高 Al-Ti-B 中间合金的细化效果。其中包晶理论能解释晶粒细化的大部分问题，是最有前途的一种细化理论。

Al-Ti-B 中间合金的包晶理论是：当向铝熔体中加入 Al-Ti-B 中间合金后，熔体中的 α-Al 基体和中间合金的 TiAl₃相很快熔解在铝熔体中，而合金中的 TiB₂化合物分散的悬浮在铝熔体中，存在于铝基体 TiB₂边界处的 AlB₂及 B 的一些亚稳相，随加入时间的延长，转变为 TiB₂。因为 TiB₂是稳定化合物，TiB₂能稳定存在于熔体中很长时间（其熔点为2920℃），且其分布于整个熔体中，即使溶解，溶解的量也很少。随着 Al-Ti-B 中间合金溶解的进行，铝熔体中就存在大量游离的过剩 Ti 原子，而 TiB₂又能给这些游离的过剩 Ti 原子带来活动性，使 Ti 原子向 TiB₂熔界面偏析，从而在 TiB₂的晶面上偏聚、富集形成 TiAl₃化合物薄层。随着温度的降低，TiB₂周围的 Ti 原子与铝液中的 α-Al 发生包晶反应形成新的 TiAl₃沉淀薄膜，包覆在 TiB₂上，然后以 TiB₂为结晶核心开始形核长大，待铝熔体冷却到包晶温度（665℃）产生包晶反应：

$$L\text{-}Al + TiAl_3 \ (\text{TiB}_2\text{颗粒表面的包层}) \longrightarrow \alpha\text{-}Al$$

TiAl₃层消失，在 TiB₂晶面上的 α-Al 晶体作为铝熔体的结晶核心开始形核长大，从而达到细化晶粒的目的。因 TiB₂粒子数量很多，则潜在晶体核心数目很大，细化作用显著。

异质形核的关键是晶粒细化作用的晶核数量。Al-Ti-B 晶粒细化剂加入铝熔体后其稳定的金属间相主要是 TiAl₃、TiB₂相。TiB₂因其晶格常数与 α-Al 相差较大（TiB₂：0.030280nm；α-Al：0.40491nm），固 TiB₂晶粒与铝熔体周围无共格关系，说明它不是铝熔体晶粒的有效核心，不能单独的作为晶粒细化剂使用，只有同 TiAl₃配合才能产生良好的细化效果。而基体中存在的 TiAl₃（熔点 1337℃）与周围铝原子存在共格关系，它是有效的形核剂。

Al-Ti-B 中间合金的细化效果主要与合金中的 TiAl₃、TiB₂两种化合物的总量、颗粒的形状、大小及数量有关。此外，细化剂添加量的多少、加入方式、加入时的熔体温度（根据熔体温度，控制加入速度）、起细化作用的时间（一般认为 TiAl₃质点在加入熔体中 10min 时效果最好，40min 后细化效果衰退，TiB₂质点的聚集倾向随时间的延长而加大）等对细化效果也有影响。本实验是在加入温度为735℃，在线逆向加入的方式，研究 Al-Ti-B 中间合金加入量对铝箔质量的影响。

11.3　Al₅Ti₁B 中间合金的成分要求

本实验用来细化铝箔坯料的晶粒细化剂有 3 种：国产、合资及进口 Al₅Ti₁B 细化剂。国产、合资为国内深圳新星化工有限公司生产，进口为荷兰 KBM 公司生产。从表面看，进口 Al_5Ti_1B 细化剂呈银白色，光亮且有光泽；国产细化剂表面呈灰色、暗淡且表面不光滑；合资细化剂介于两者之间。其合金成分如表 11-1 所示。

表 11-1　铝钛硼丝的化学成分

合金牌号	化学成分/%						
	主要成分			杂质（≤）			总和
	Ti	B	Al	Fe	Si	V	
Al_5Ti_1B	4.5~5.5	0.8~1.2	余量	0.30	0.35	0.25	1.0

11.4　Al_5Ti_1B 中间合金对铝箔质量的影响实验

11.4.1　实验方法

晶粒细化剂 Al_5Ti_1B（$\phi(9.5 \pm 0.2)mm$，198kg/卷）三卷、铝锭、添加铝硅合金及铁剂配置 1235 铝合金，其成分如表 11-2 所示。

表 11-2　1235 合金的化学成分（质量分数/%）

Fe	Si	Cu	Mn	Mg	Zn	Ti	V	其他杂质	Al
0.38~0.42	0.12~0.14	≤0.03	≤0.03	≤0.03	≤0.03	0.012~0.040	0.008~0.014	≤0.02	余量

工业纯铝经重熔后检测合金成分，使用铝硅合金及铁剂分别作为铁、硅合金添加元素，按表 11-2 合金成分范围配 1235 合金。在熔炼及静置过程中，利用 N_2 通过透气砖在底部连续充气进行精炼；采用初级和终级陶瓷过滤板过滤，以保证熔体的冶金质量。1235 铝合金经熔炼保温后在轧制前的流槽中，以 360mm/min（平均每生产 1 吨铝箔坯料所需 Al_5Ti_1B 中间合金 2.8kg）、380mm/min（3.0kg/t）、400mm/min（3.2kg/t）的添加速度，分别连续加入合资、进口 Al_5Ti_1B 晶粒细化剂，对 1235 铝熔体进行变质处理，通过法塔亨特式双辊连续铸轧机，以 1060mm/min 的铸轧速度连续铸轧出厚度为（6±0.1）mm 厚的超薄铝箔铸轧板。铸轧前检测流槽熔体中的 Ti、B 合金元素百分质量（%），对 6mm 厚铸轧铝箔坯料做力学性能测试；铸轧坯料最终轧制为 0.0045mm 厚的成品铝箔，在轧制过程中检测经过不同细化剂细化处理后的铝箔坯料断带次数，计算铝箔的针孔数量。

11.4.2　实验结果及讨论

11.4.2.1　Al_5Ti_1B 中间合金的合金成分

由表 11-3 可知，国产 Al_5Ti_1B 主要合金元素 Ti、B 的质量分数相对进口、合资的低，Ti 含量只有 4.86%，远低于进口的 5.19%，而 Fe、Si 的含量较之要高；

进口的铝钛硼其 B 含量最高达到 1.02%，其他杂质元素含量都控制在规定范围内。根据晶粒细化理论，起细化作用的主要是 Ti 的合金化合物（$TiAl_3$ 和 TiB_2 两种粒子），当 Al_5Ti_1B 中间合金中 Ti、B 的含量越高时，合金内形成的潜在形核相 $TiAl_3$ 和 TiB_2 粒子数量越多。一般优质的 Al_5Ti_1B 其 $TiAl_3$ 相形状越规则（最佳形状为块状），TiB_2 粒子颗粒越细小、分布越均匀，其变质效果越好。

表 11-3　Al_5Ti_1B 合金成分（质量分数/%）

细化剂类型	Ti	B	Fe	Si	V	单个杂质	杂质总量	Al
国产 1 号	4.86	0.96	0.15	0.14	≤0.02	≤0.02	≤0.10	余量
合资（国产 2 号）	4.99	0.98	0.14	0.12	≤0.02	≤0.02	≤0.10	余量
进口	5.19	1.02	0.11	0.10	≤0.02	≤0.02	≤0.10	余量

11.4.2.2　Al_5Ti_1B 细化剂的组织

图 11-1 为 Al_5Ti_1B 中间合金的 X 射线衍射分析结果。由图可知，Al_5Ti_1B 中间合金只存在 3 种稳定相，分别为 α-Al 基体、$TiAl_3$（白色颗粒）、TiB_2 相（黑色小颗粒）。从 Al_5Ti_1B 的金相图中可知白色的颗粒是 $TiAl_3$ 粒子，黑色的细小颗粒为 TiB_2 粒子，其余的是基体。

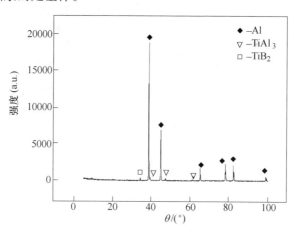

图 11-1　Al_5Ti_1B 中间合金的 XRD 图

从 Al_5Ti_1B 中间合金的金相显微组织图 11-2 可知，3 种 Al_5Ti_1B 细化剂中的 $TiAl_3$ 粒子分布都比较均匀、数量较多、形状多呈块状和棒条状、尺寸大部分都在 50μm 以下。国产 Al_5Ti_1B 白色颗粒（$TiAl_3$）尺寸大小不一，尺寸大于 30μm 超过 15%，其余的大部分尺寸在 10~30μm 之间。合资及进口 Al_5Ti_1B 细化剂的 $TiAl_3$ 粒子尺寸基本在 20μm 以下，分布均匀、形状为较规则的块状。从 Al_5Ti_1B 高倍金相组织图 11-3 看出，国产 Al_5Ti_1B 有个别粗大的 $TiAl_3$ 粒子，其尺寸长度

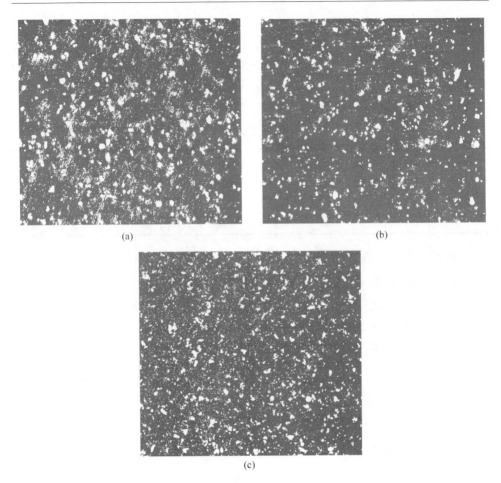

图 11-2　Al_5Ti_1B 晶粒细化剂的金相组织（×50）
（a）国产 1 Al_5Ti_1B；（b）合资（国产 2）Al_5Ti_1B；（c）进口 Al_5Ti_1B

大于 $200\mu m$，宽度在 $50\mu m$ 以上，且 TiB_2 粒子颗粒粗大、分布不均匀，呈聚集团
状存在。当聚集团内部 TiB_2 粒子与粒子黏合在一起，在细化处理时多余的 TiB_2 易
沉积，影响细化效果。另有研究表明，TiB_2 粒子聚集会引起铝箔的气孔，降低结
构用铝合金的力学性能。合资的 Al_5Ti_1B 中间合金 $TiAl_3$ 粒子呈多块状，而进口
Al_5Ti_1B 呈不规则的块状，TiB_2 细小粒数量比合资的 Al_5Ti_1B 少。我国已有企业通
过生产实践证明，以上进口、合资的 Al_5Ti_1B 中间合金，都可用作提高双零铝箔
甚至超薄铝箔铸轧坯料冶金质量的细化剂，而国产的 Al_5Ti_1B 由于合金成分的不
稳定性、TiB_2 粒子粗大等本身质量问题，只能用作一般铝箔坯料（单零箔、厚
箔）及 3102 铝合金电容箔等的变质剂。所以本文不作国产 1 号对超薄铝箔质量
的影响研究。

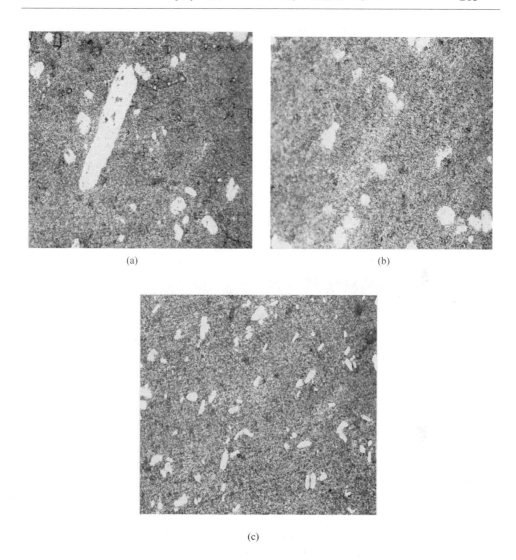

(a)　　　　　　　　　　　　　　　(b)

(c)

图 11-3　Al$_5$Ti$_1$B 晶粒细化剂的金相组织（×500）
（a）国产 1 Al$_5$Ti$_1$B；（b）合资（国产 2）Al$_5$Ti$_1$B；（c）进口 Al$_5$Ti$_1$B

11.4.2.3　Al$_5$Ti$_1$B 的细化效果

从图 11-4 中可知，添加合资及进口 Al$_5$Ti$_1$B 细化剂对 1235 工业纯铝都具有明显的细化效果。添加细化剂前铝熔体的晶粒粗大且晶粒大小不一，添加细化剂后晶粒尺寸变小，形状相对规则。从图 11-4（b）、（c）可知，合资及进口 Al$_5$Ti$_1$B 对 1235 铝熔体的细化效果基本相同，但经过合资细化剂细化的铝熔体晶粒更加细小、晶粒大小也更加均匀。

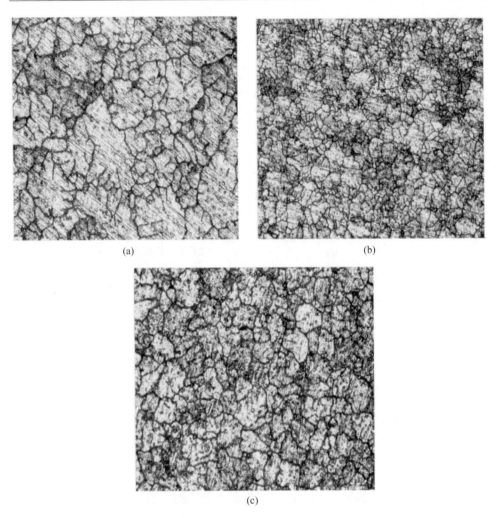

图 11-4　添加细化剂前、后的铝熔体微观组织（×100）

（a）未添加；（b）添加合资 Al_5Ti_1B；（c）添加进口 Al_5Ti_1B

11.4.3　Al_5Ti_1B 对超薄铝箔质量的影响

以在线方式，添加速度为 360mm/min、380mm/min、400mm/min 分别添加合资、进口 Al_5Ti_1B 作为晶粒细化剂，生产型号为 6mm×1130mm 的铝箔铸轧坯料，经轧制加工成 0.0045mm 厚超薄铝箔。

表 11-4 为每生产 1t 1235 铝合金铸轧板所添加的合资 Al_5Ti_1B 用量；表 11-5 为进口、合资 Al_5Ti_1B 中间合金添加速度同为 380mm/min 时，检测出的前箱流槽中 1235 铝熔体中 Ti、B 质量分数。有研究表明，Ti 能细化铸造组织，而且在压延时容易产生加工软化，提高轧制性能。但 Ti 含量过高（>0.05%），使合金变

脆，形成困难，易产生坚硬的、粗大的化合物，使超薄铝箔针孔数增加。另外，如果与 Ti 同时添加 50×10^{-6} mm/min 的硼，细化晶粒效果更佳，若硼含量超过 50×10^{-6} mm/min，形成的粗大金属间化合物 TiB$_2$ 粒子将恶化轧制性能。所以在熔炼时加入适当的 Al$_5$Ti$_1$B 作为晶粒细化剂，以提高轧制性能，改善针孔状况。

表 11-4   合资 Al$_5$Ti$_1$B 不同添加量时铝熔体中的 Ti、B 含量

合金元素含量 （质量分数）/% 　添加量/kg·t^{-1}	2.96 （360mm/min）	3.15 （380mm/min）	3.34 （400mm/min）
Ti	0.015	0.018	0.021
B	0.0021	0.0036	0.0050

表 11-5   添加合资、进口 Al$_5$Ti$_1$B 后铝熔体中的 Ti、B 含量

细化剂	试样号	$w(\text{Ti})$/%	$w(\text{B})$/%	细化剂	试样号	$w(\text{Ti})$/%	$w(\text{B})$/%
进口	1	0.0179	0.0017	合资	1	0.0176	0.0033
	2	0.0169	0.0013		2	0.0186	0.0036
	3	0.0187	0.0025		3	0.0193	0.0039
	4	0.0191	0.0031		4	0.0179	0.0034
	5	0.0210	0.0024		5	0.0196	0.0038
平均值		0.0187	0.0022	平均值		0.0186	0.0036

由表 11-5 可知，在两种细化剂添加量相同的条件下，经过细化处理后前箱流槽中的铝熔体中 Ti 含量在 0.01%~0.03% 之间；B 含量在 $(20 \sim 50) \times 10^{-6}$ 范围内，Ti、B 含量在此范围能使细化剂达到最佳的细化效果，此时熔体中的 Ti 含量为 0.0186%、B 含量为 0.0036%。在相同条件下，添加合资 Al$_5$Ti$_1$B 细化剂比添加进口 Al$_5$Ti$_1$B 细化剂变质处理后铝熔体中 Ti、B 含量及比例更稳定，且 B 的平均含量高，而进口 Al$_5$Ti$_1$B 细化剂的原始 B 含量比合资的高（见表 11-2），这说明进口细化剂本身质量的不稳定性，且在细化过程中 TiB$_2$ 粒子发生沉聚现象更严重。

表 11-6 是使用合资、进口 Al$_5$Ti$_1$B 中间合金各一卷（$G = 198$kg）在线连续加入到 1235 铝合金熔体中进行细化处理后，检测出的最终成品超薄双零铝箔的平均针孔等质量情况。由此表可知，随着细化剂添加速度（添加量）的增加，轧制过程中铝箔坯料的平均断带次数减少，成品铝箔的平均针孔数量降低；添加进口细化剂比添加合资细化剂对铝箔质量的影响更明显。由此可知，增加细化剂的添加量能减少超薄铝箔的针孔数量，降低断带次数，增加成品率，从而提高铝箔质量和企业效益。当添加速度由 360mm/min 增加到 380mm/min 时，0.0045mm 厚铝箔针孔数明显减少、成品率增加近 7 个百分点；当添加速度由 380mm/min

增加到400mm/min时，断带次数、针孔数及成品率基本不变。经以上分析可知，使用合资 Al_5Ti_1B 细化剂、添加速度为380mm/min时更有利于生产出优质的超薄铝箔。

表 11-6　合资、进口细化剂对超薄铝箔质量的影响

添加速度	360mm/min (2.96kg·t⁻¹)			380mm/min (3.15kg·t⁻¹)			400mm/min (3.34kg·t⁻¹)		
细化剂种类	针孔数/个·m⁻²	断带次数/卷	成品率/%	针孔数/个·m⁻²	断带次数/卷	成品率/%	针孔数/个·m⁻²	断带次数/卷	成品率/%
合资	3719	10	46.29	1945	8	52.66	2026	7	50.84
进口	5461	8	43.32	3566	6	50.34	3547	6	51.07

11.4.4　Al_5Ti_1B 细化剂对铝箔铸轧坯料力学性能的影响

表11-7为使用合资、进口 Al_5Ti_1B 中间合金，添加量分别为 2.96kg/t、3.15kg/t 及 3.34kg/t 时所生产的 6mm 厚 1235 铝箔铸轧坯料的力学性能。

表 11-7　6mm 厚 1235 铝合金铸轧坯料的力学性能

添加量/kg·t⁻¹		2.96		3.15		3.34	
试样方向	细化剂种类	抗拉强度/MPa	伸长率/%	抗拉强度/MPa	伸长率/%	抗拉强度/MPa	伸长率/%
纵向	合资	104.67	43.65	106.19	43.68	106.22	43.55
	进口	103.96	42.12	105.48	42.14	105.37	42.07
横向	合资	106.33	45.17	106.88	44.55	106.79	44.47
	进口	105.28	44.73	106.06	43.90	106.37	43.47
45°	合资	101.51	38.01	104.66	42.68	104.64	42.56
	进口	100.84	37.33	103.89	41.60	104.87	40.99

由表11-7可知，在添加速度相同的情况下，使用合资、进口两种 Al_5Ti_1B 对 6mm 厚铝箔坯料的力学性能影响基本相同。随着细化剂添加量增加，Al_5Ti_1B 细化效果越强，坯料的晶粒尺寸也就越小，铝材的抗拉强度及伸长率增加，材料的塑性越好。因为晶粒越细小，相同体积内的晶界越多，材料发生变形时，位错滑移时绕过晶界所需的能量越高，位错越不容易滑动，反映在宏观上是材料的抗拉强度高。当添加速度为 360mm/min 时，铸轧坯料的各向异性较大。铸轧坯料各向异性大时，在后续的轧制过程中因晶粒大小不一而使铝箔坯料表面受轧制力不均匀，导致铝箔坯料断带倾向性增加及后续成品铝箔的表面波浪纹等缺陷，最终导致铝箔断带次数及针孔数量的增加。当两种细化剂添加速度同为 400mm/min 时，其抗拉强度与伸长率较 380mm/min 时变化不大。此时，再增加 Al_5Ti_1B 的添加速度，不但对 1235 铝合金起不到明显的晶粒细化作用，而且还增加成本。与

进口 Al$_5$Ti$_1$B 相比，合资 Al$_5$Ti$_1$B 价格相对便宜。所以，在此条件下，从对生产超薄铝箔坯料细化作用效果及经济方面来说，使用合资 Al$_5$Ti$_1$B 作为晶粒细化剂，添加速度为 380mm/min 最合适。

11.5 本章小结

（1）通过研究国内外 Al$_5$Ti$_1$B 中间合金的合金成分及金相组织，得出合资、进口 Al$_5$Ti$_1$B 起细化作用的 TiAl$_3$、TiB$_2$ 相分布均匀、形状规则，适合用作铝熔体的细化。

（2）每生产 1t 铝箔坯料，添加 3.15kg、铝熔体中的 Ti 含量为 0.0186%、B 为 0.0036%时，使用合资 Al$_5$Ti$_1$B 中间合金对超薄铝箔质量的提高最有利。

参 考 文 献

［1］ Jones G P, Pearson J. Factor affecting the grain refinement of aluminum using Tianium and Boron additives ［J］. Metal Trans B, 1976, 7B: 223 ~ 234.

［2］ Yaguchi, Tezuka H, Sato T. Factors affecting the grain refinement of cast Al Alloys by Al- B Master alloy ［J］. Mater sci forum, 2000, Vols: 331 ~ 337, 391 ~ 396.

［3］ 李利君. La 对 ZA27 合金组织机械性能及时效特性的影响 ［J］. 铸造技术, 1995, （3）: 25 ~ 29.

［4］ 高泽生, 译. TiCAlTM 在辊式铸造 AA8111 合金中晶粒细化的研究 ［J］. 华铝技术, 2000 （4）: 2.

［5］ 张静, 潘复生. 铝箔生产中铝箔毛料的组织控制 ［J］. 材料导报, 2006, 20 （5）: 108 ~ 110.

［6］ 仲崇彩, 于冬镇. AlTiB 晶粒细化剂细化效果的研究 ［J］. 轻合金加工技术, 1997, 25 （6）: 15 ~ 17.

［7］ 饶竹贵. 连续铸轧关键工艺技术对超薄铝箔质量的影响研究 ［D］昆明: 昆明理工大学, 2011: 65.

12　1235 连续铸轧铝箔坯料的组织和性能研究

12.1　连续铸轧坯料质量对最后产品的影响因素

连续铸轧坯料的内部组织的好坏差异对铝箔后续生产有着重要的影响并存在遗传效应，所以对连续铸轧坯料组织的研究与改善就显得非常重要。影响连续铸轧过程和坯料质量的因素非常多，例如，铸轧区长度、铸轧速度、铸轧温度、冷却条件、合金成分以及环境状况等，这些因素之间也是互相关联的，往往一个因素的变化会牵连到其他许多因素的变化。本实验从力学性能的差异来观察其对后续铝箔质量的影响，并且同时主要针对一些变化较明显的因素对铸轧坯料质量的影响进行研究。

12.1.1　力学性能对连续铸轧坯料最后产品的影响

工厂在稳定生产过程中，往往对大多工艺参数都已经设定好一个范围，一般波动都比较小，但是其最后的成品在最小轧制厚度、针孔数和成品率上都存在一定的差异。所以这里对 6mm 厚的不同批次的铸轧坯料的力学性能进行测试分析，并结合后续的成品结果进行总结。

最小轧制厚度、针孔数和成品率是衡量铝箔生产水平的 3 个最重要的指标，三者之间也存在一定的关联，例如，最小轧制厚度高一点其相应的成品率也会更高，针孔数也会更小。云南某铝箔企业不同厚度铝箔产品的针孔数如图 12-1 所示，不同厚度铝箔对成品率的影响如图 12-2 所示。从图 12-1、图 12-2 可以看出，铝箔厚度越薄成品率越低，并且针孔数也更多。本实验所取样品是按照不同生产批次来进行的，也就是工厂中不同的铸轧卷，由于成品率是按时间厚度的方式进行的宏观的统计，而不是按不同铸轧卷的方式统计的，所以这里主要对最后成品的最小轧制厚度和针孔数进行统计。铝箔产品的针孔数量是衡量铝箔质量的一个重要指标，它可以非常直观地反映出铝箔产品的质量。对于双零铝箔来说，没有针孔是不大可能的，但是针孔的数量和大小都不能超过临界值，即针孔直径 $5\mu m$、针孔数量 1000 个/m^2，否则，就会影响到铝箔的防潮、遮光和耐腐蚀等性能。目前，双零六铝箔的针孔数已基本可以控制在 100 个/m^2 以下，质量优等的双零六铝箔更可达 50 个/m^2 以下。针孔数量和大小主要取决于坯料的冶金质量和加工缺陷。产生针孔的原因是材料内部的缺陷或杂质颗粒、含气量和化合物等，当铝箔厚度减薄时，针孔数目随着材料的含气量、杂质含量和第二相的尺寸的增加而增加，并且材料的性能越不均匀，越容易产生针孔。

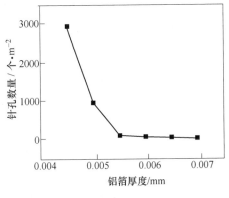

图 12-1   铝箔厚度对针孔数的影响   图 12-2   铝箔厚度对成品率的影响

铸轧坯料在生产过程中一些主要的工艺参数设定，如表 12-1 所示。

表 12-1   连续铸轧过程中一些工艺参数的设定

项　　目	工艺参数设置
铸轧区长度/mm	50
铸轧辊凸度/mm	0.12
铸轧辊粗糙度/μm	0.8
冷却水温度/℃	40
铸轧板宽度/mm	1085 ~ 1260
过滤板	先后经过 30 目（500mm 厚）+ 50 目（50mm 厚）

铸轧过程生产的铸轧卷的板形控制也是影响后续铝箔加工的一个重要因素。生产中的板形控制执行行业标准《铝及铝合金铸轧带材》（YS/T 90—2002）。其中：（1）横向厚差：行业标准小于板厚的 0.6%，工厂实际小于 0.03mm；（2）纵向厚差：行业标准偏差为不超过 0.15mm，工厂实际偏差范围为 ±0.15mm；（3）中凸度：主要指的是带材任一截面中心点厚度与两个边部厚度平均值相对于中心点厚度的百分比，行业标准不得大于板厚的 1%，工厂为 0.05mm。

表 12-2 为稳定生产的连续铸轧铝箔坯料的力学性能及其对应的最后成品情况。实验过程主要为对生产出来的每卷铸轧卷的生产工艺参数进行记录，并对其力学性能进行测试，最后追踪其最后成品的状况。连续铸轧中铝钛硼丝的加入主要起晶粒细化的作用，表中 360mm/min 的铝钛硼丝送入速度代表着每小时

2.96kg 铝钛硼丝加进熔炼炉，380mm/min 的速度则代表着 3.15kg 每小时的加入量。表中铸轧速度速度和轧辊速度不同，这是因为铸轧过程中，一开始铝和轧辊表面互相黏着以相同的速度前进，在板坯逐渐被轧制变薄而拉向轧辊出口处，使得在轧辊出口处时板坯的离开速度（即坯料组织的铸轧速度）比铸轧辊的表面线速度要大。这里的前箱温度是指在铸轧前流入铸嘴时的熔体温度。

表 12-2　力学性能对连续铸轧铝箔坯料最后成品的影响

编号	抗拉强度/MPa	伸长率/%	最后成品厚度/mm	针孔数/个·m^{-2}	保温炉温度/℃	前箱温度/℃	环境湿度/%	AlTiB速度/mm·min^{-1}	轧辊速度/m·min^{-1}	铸轧速度/m·min^{-1}	Fe/Si
1	100.39	43.6	0.005	2~6	732	694	50	380	1.06	1.17	3.179
2	99.29	44.3	0.005	2~5	750	694	48	360	1.05	1.16	3.286
3	98.11	43.5	0.005	8~12	753	694	46	380	1.06	1.18	3.145
4	97.98	43.7	0.005	6~12	759	695	48	380	1.06	1.17	3.087
5	97.91	44.5	0.005	5~10	743	694	58	360	1.06	1.18	3.172
6	97.89	42.7	0.0055	38~96	748	695	45	360	1.05	1.18	3.144
7	97.56	43.3	0.005	5~10	738	694	56	360	1.06	1.18	2.953
8	96.15	42.5	0.005	6~13	749	694	60	360	1.05	1.14	3.117
9	95.60	43.7	0.005	6~13	734	695	58	380	1.06	1.18	3.183
10	95.44	43.1	0.005	5~8	748	695	52	360	1.07	1.17	2.677
11	94.72	41.8	0.0055	30~66	760	697	40	380	1.06	1.18	3.252
12	94.48	41.3	0.0055	33~54	756	695	38	360	1.06	1.17	3.267
13	94.47	43.2	0.005	7~12	757	694	60	380	1.06	1.17	3.113
14	94.27	43.2	0.005	5~10	747	695	48	360	1.05	1.18	3.071
15	94.19	42.6	0.005	5~20	744	695	56	360	1.06	1.18	3.187
16	94.00	42.5	0.0055	80~230	739	695	43	360	1.06	1.18	3.287
17	93.93	42.9	0.005	6~15	728	695	40	380	1.06	1.17	3.092
18	93.87	42.5	0.0055	45~120	735	695	54	360	1.06	1.18	3.203
19	93.68	42.4	0.006	35~56	750	695	50	360	1.05	1.16	3.056
20	93.59	42.0	0.006	24~68	749	694	50	360	1.05	1.16	3.056
21	93.46	41.1	0.0055	58~90	743	694	40	360	1.07	1.18	3.11
22	93.44	41.6	0.006	39~120	750	695	28	380	1.06	1.18	3.149
23	93.32	41.2	0.005	7~20	736	694	50	380	1.07	1.18	3.088
24	93.14	40.1	0.006	39~57	758	694	50	360	1.06	1.16	3.134
25	93.14	41.8	0.0055	45~180	738	694	36	360	1.06	1.18	3.194
26	93.13	41.3	0.0055	90~270	747	695	50	380	1.07	1.17	3.183

编号	抗拉强度/MPa	伸长率/%	最后成品厚度/mm	针孔数/个·m⁻²	保温炉温度/℃	前箱温度/℃	环境湿度/%	AlTiB速度/mm·min⁻¹	轧辊速度/m·min⁻¹	铸轧速度/m·min⁻¹	Fe/Si
27	92.94	42.9	0.006	9~99	748	695	46	380	1.07	1.19	3.353
28	92.56	42.6	0.005	8~11	737	695	32	380	1.07	1.19	3.273
29	92.45	42.9	0.005	3~8	746	694	35	380	1.07	1.19	3.256
30	92.28	40.5	0.0065	36~57	750	692	46	360	1.06	1.18	3.14
31	92.17	41.4	0.006	90~870	738	695	44	380	1.07	1.19	3.156
32	92.12	40.9	0.0065	33~69	748	693	52	360	1.05	1.16	3.131
33	92.08	42.3	0.005	5~10	746	693	48	380	1.07	1.18	3.102
34	91.88	38.6	0.006	63~114	743	694	50	360	1.06	1.16	3.256
35	91.58	40.3	0.006	48~148	736	694	44	380	1.07	1.18	3.183
36	91.58	42.7	0.005	5~18	738	695	34	380	1.07	1.19	3.225
37	91.35	41.2	0.0065	36~57	758	695	50	360	1.06	1.18	3.142
38	91.23	40.5	0.005	5~20	759	695	46	380	1.06	1.17	3.194
39	90.86	41.6	0.006	70~210	748	694	48	380	1.07	1.18	3.25
40	90.80	40.4	0.0065	36~57	739	695	48	360	1.07	1.19	3.135
41	90.50	41.2	0.006	56~120	739	694	42	360	1.06	1.17	3.19
42	90.47	43.0	0.005	5~20	741	695	60	360	1.06	1.18	3.221
43	90.06	41.0	0.0065	35~58	757	696	62	380	1.06	1.18	3.087
44	89.61	40.3	0.0065	42~96	736	694	50	380	1.07	1.18	3.119
45	87.49	41.9	0.006	39~157	748	694	42	360	1.05	1.15	3.202
46	86.06	40.7	0.006	90~870	731	695	48	380	1.06	1.18	3.116
47	84.72	40.5	0.0065	45~96	742	694	34	360	1.06	1.18	3.347
48	84.64	40.4	0.0065	33~54	748	695	44	360	1.06	1.18	3.224
49	84.31	40.3	0.0065	57~81	758	695	48	360	1.06	1.16	3.21
50	83.58	40.7	0.0065	30~76	748	695	53	360	1.06	1.18	3.258
51	82.81	39.4	0.0065	40~90	732	695	46	380	1.06	1.18	3.062
52	82.16	39.9	0.0065	55~81	740	693	48	360	1.06	1.16	3.325
53	81.98	41.7	0.0055	90~280	744	692	30	380	1.07	1.18	3.04
54	81.94	41.9	0.0065	43~128	747	695	28	360	1.06	1.18	3.267
55	81.02	40.3	0.0065	45~106	740	695	36	360	1.07	1.18	3.056
56	80.06	40.9	0.0055	87~270	750	694	62	360	1.05	1.18	3.039
57	79.84	40.5	0.006	38~135	740	695	46	360	1.07	1.19	3.246
58	79.35	41.1	0.006	130~450	735	695	39	380	1.07	1.18	3.221
59	79.06	39.8	0.0065	45~120	736	694	48	380	1.07	1.18	3.267
60	78.80	39.9	0.0065	55~160	746	693	36	380	1.07	1.18	3.096

对表 12-2 中的结果作统计学趋势的分析，图 12-3 为最后铝箔成品厚度相同的铸轧坯料的平均力学性能，从中可以看出其统计上的趋势。在稳定生产质量合格的前提下，抗拉强度越大，伸长率越高，则最后产品的最小轧制厚度越薄，相对应的针孔数也越少。图 12-4 和图 12-5 分别为表 12-2 中编号为 1 和 30 的两卷铸轧卷的金相和显微组织。图 12-4 中力学性能更好的铸轧卷晶粒组织相对更均匀，粗大

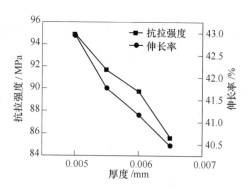

图 12-3　连续铸轧坯料力学性能
对铝箔成品最小厚度的影响

的晶粒比较少，由图 12-5 中也可以看出，编号为 1 的力学性能更好的铸轧卷中第二相的分布更均匀，且 30 号铸轧卷粗大第二相更多。铸轧生产时，晶粒细小均匀，第二相组织成分和枝晶均匀，则其抗拉强度相应也越大，伸长率也跟高。这是因为大的晶粒更多导致材料不均匀，容易使得金属变形协调能力降低，材料的强度降低。而第二相化合物分布不均匀，使得滑移变形时材料滑移变形时不均匀，加大了加工硬化率，塑性降低，且易产生针孔。组织和成分更均匀将有利于铝箔坯料组织的后续轧制，所以就使力学性能更好的坯料其最后成品情况要也更好。这里伸长率变化相对较小，但从整体变化趋势上来看，相对还是伸长率越高其成品情况越好，可能是由于铸轧坯料中组织和成分更均匀，导致其坯料中柱状晶组织和晶粒方向更均匀和一致，从而提高了伸长率。

图 12-4　力学性能不同的连续铸轧坯料金相组织图

12.1.2　环境湿度对连续铸轧坯料最后产品的影响

环境相对湿度对铝箔最后成品有着一定的影响，表 12-3 为对不同环境湿度

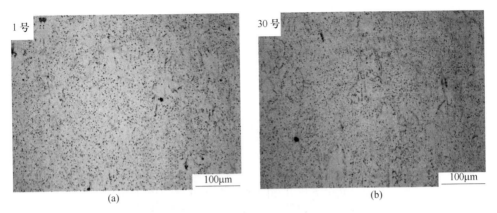

图 12-5 力学性能不同的连续铸轧坯料显微组织图

下 6mm 厚的连续铸轧卷的力学性能及其最后成品情况。这批铸轧卷取样时保温炉温度为 730 ~ 750℃，Fe/Si 为 3.0 ~ 3.2，分析时以环境湿度的变化为主要考虑。随着环境相对湿度的上升，铸轧卷的力学性能下降的趋势明显，且在相同成品厚度的情况下针孔数也随之增多。这是由于铝液会与空气中水汽反应，而随着环境湿度的增加，则导致了铝熔体的氢含量也在增加，最终导致了铸轧卷中的疏松增加，铸轧卷的强度和塑性下降。并且在后续轧制中氢会在组织疏松的地方形成气泡，当轧制到较薄厚度时（一般在 0.025mm 以下），较大的气泡容易产生针孔。环境相对湿度的上升会增加针孔数的同时，由于铸轧卷内部组织缺陷的增加，也会使得成品率下降。图 12-6 为不同月份某铝箔企业 0.0045mm 厚铝箔的成品率，从图中可以看出 12 月、1 月的成品率最高，而 6 ~ 10 月成品率最低，这是由于昆明气候干湿两季区分明显，5 ~ 10 月为雨季降水量占全年的 85% 左右，11 月至次年 4 月为干季降水量仅为 15% 左右。

表 12-3 环境相对湿度对连续铸轧坯料力学性能和最后成品的影响

编号	环境相对湿度/%	抗拉强度/MPa	伸长率/%	成品厚度/mm	针孔数/个·m^{-2}
61	30	93.4	42.6	0.006	39 ~ 63
62	40	94.7	42.8	0.006	35 ~ 68
63	50	93.6	42	0.006	24 ~ 75
64	60	90.5	42.5	0.006	48 ~ 120
65	70	83.6	40.7	0.006	36 ~ 150
66	75	80.1	40.9	0.006	90 ~ 240

一般在环境湿度超过 70% 时，针孔数明显大量增加，所以轧制超薄双零铝箔时不宜在相对湿度超过 70% 的环境下进行，最好控制在 50% 以内。

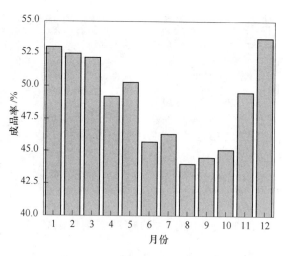

图 12-6　不同月份 0.0045mm 厚铝箔成品率

12.1.3　Fe/Si 对连续铸轧坯料最后产品的影响

　　Fe 和 Si 元素是 1235 铝合金中的主要杂质元素，它们的含量及 Fe/Si 比都对合金的组织和性能有着重要的影响，1235 铝合金在熔炼过程中都要对 Fe、Si 等杂质元素进行严格的控制。本实验所取样品为环境相对湿度在 60% 以下，保温炉温度在 730 ~ 750℃ 生产的铸轧卷。表 12-4 为不同 Fe/Si 时铸轧卷的力学性能及其最终成品情况。图 12-7 为不同 Fe/Si 铸轧卷的显微组织图。表 12-5 为不同 Fe/Si 连续铸轧坯料第二相尺寸分布的统计结果。从图 12-7 和表 12-5 的统计结果看，随着 Fe/Si 的增加，第二相质点面积含量有所增加，说明析出的第二相数量在增加。同时，小于 1μm 的第二相质点个数百分比没有变化，而大于 5μm 的第二相质点个数百分比在 Fe/Si 大于 3.0 之后略有增加。这说明由于 Fe/Si 的增加，Fe 含量增多，而 Fe 在 Al 中的固溶度极低，所以凝固时 Al_3Fe 先析出，随着温度的下降和 Si 参与析出，Al_3Fe 会向其他三元相转变，而 Fe/Si 的增加会造成 Al_3Fe 剩余量的增加，最终导致针状 Al_3Fe 析出增加。而未经过退火的 Al_3Fe 尺寸并不大，所以析出的第二相化合物总数增加而大尺寸化合物数量增加不大。由于 Al_3Fe 相硬而脆且是平衡相，在铝箔的后续生产加工中无法消除，所以会使得针孔数增加，且 Al_3Fe 相的存在会对坯料力学性能产生影响，随着 Fe/Si 的增加抗拉强度降低，这在表 12-4 中有一定的体现。杂质元素含量的升高，使得第二相化合物数量和尺寸都会相应的增大，且易在晶界聚集分布，这会降低材料的抗拉强度和塑性。因为本实验所取样为正常生产状态下，Fe/Si 控制的范围变化非常小，会受到其他因素的干扰，所以在伸长率和最后成品上反映的并不十分明显。

表 12-4   **Fe/Si 对连续铸轧坯料力学性能和最终成品的影响**

编号	Fe/%	Si/%	Fe/Si	抗拉强度/MPa	伸长率/%	成品厚度/mm	针孔数/个·m^{-2}
67	0.366	0.13	2.82	95.3	42.2	0.0055	33 ~ 54
68	0.382	0.129	2.96	94.8	42.1	0.0055	30 ~ 67
69	0.39	0.127	3.07	94.3	42.2	0.0055	38 ~ 90
70	0.396	0.125	3.17	92.8	41.5	0.0055	45 ~ 120
71	0.409	0.124	3.3	92.7	41.8	0.0055	58 ~ 95

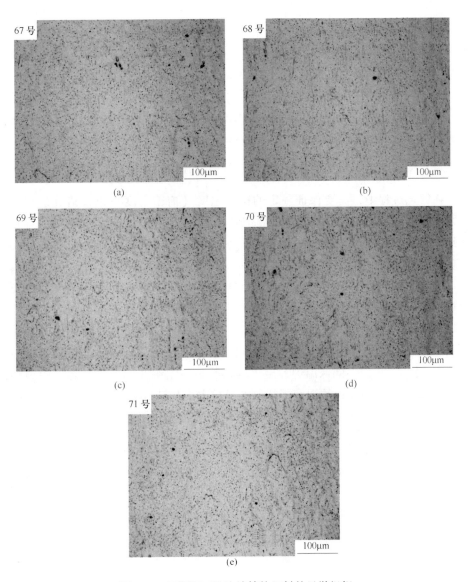

图 12-7   不同 Fe/Si 连续铸轧坯料的显微组织

表 12-5　不同 Fe/Si 连续铸轧坯料第二相尺寸分布的统计结果

Fe/Si	第二相质点个数所占比例/%			面积百分比/%
	<1μm	1~5μm	>5μm	
2.82	21.4	60.4	18.2	2.6
2.96	22	59.5	18.5	2.63
3.07	21.5	58.1	20.4	2.74
3.17	21.4	58.1	20.5	2.82
3.3	20.8	58.0	21.2	2.87

在工厂生产中，Fe/Si 的控制范围一般在 2.5~3.0 以上，而本实验取样所在的某铝箔企业 Fe/Si 主要控制在 3.0~3.2。这是因为 Fe 在 Al 中的固溶度很低，而 Si 的固溶度很大且强烈的导致加工硬化，适当的提高 Fe 含量可以使铝基体中的 Si 元素析出充分，从而使基体净化，可以提高材料的轧制性能，即 Fe/Si 的提高可以降低抗拉强度。所以 Fe/Si 控制在 3.0~3.2 应该是可行的。

12.1.4　保温炉温度对连续铸轧坯料最后产品的影响

在铸轧过程中，需要保证稳定的铸轧温度（前箱温度）以及铸轧过程中铸轧区内铝熔体凝固速度的恒定。保温炉温度对铸轧温度有着关键的影响，并且考虑到保温炉到铸嘴之间的距离而导致的温度损失，所以保温炉温度要比铸轧温度更高。

在其他工艺参数相同或者变化不大的情况下，其中 Fe/Si 为 3.0~3.2，环境相对湿度低于 60%，对不同保温炉温度生产出的铸轧坯料进行组织和力学性能的测试研究。表 12-6 为不同保温炉温度下所取样品的编号及其所对应的产品铸轧工艺参数和成品情况。图 12-8 为不同保温炉温度下的连续铸轧坯料组织的力学性能。图 12-9 为不同保温炉温度下的铸轧坯料组织在偏振光状态下的金相组织。表 12-7 为不同保温炉温度下样品的晶粒大小测量结果。其中，a 为晶粒的长轴平均长度，b 为晶粒的短轴平均长度，d 为晶粒的平均直径。

表 12-6　保温炉温度对连续铸轧坯料最后成品的影响

编　号	保温炉温度/℃	最小轧制厚度/mm	针孔数/个·m^{-2}
72	770	0.006	100~210
73	760	0.006	63~115
74	750	0.006	30~65
75	740	0.006	24~57
76	730	0.006	21~45

从表 12-6 最后成品的结果看，保温炉温度过高使得最后成品在相同最小轧制厚度的情况下针孔数要相对较多，这是因为铝熔体中的氢饱和度会随着温度的升高而升高，铝熔体在铝熔点温度时氢含量为常温时的 19 倍，而氢含量的升高容易在后期轧制过程中造成更多的针孔数。从图 12-8 的力学性能图可以看出，由于晶粒粗大的原因导致了 760℃ 和 770℃ 时抗拉强度的下降，在其他情况下，抗拉强度基本变化不大。

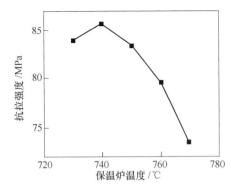

图 12-8　保温炉温度对连续铸轧坯料抗拉强度的影响

从图 12-9 和表 12-7 晶粒大小的测量结果可以看出，在保温炉温度为 770℃ 和 760℃ 时，坯料组织的晶粒大小明显比 730℃、740℃ 和 750℃ 时的晶粒更粗大，而 730℃、740℃ 和 750℃ 时的晶粒大小则无明显差距。这是因为在熔炼过程中，保温炉静置时温度过高，导致了晶粒粗大，而这种晶粒粗大的组织在之后的铸轧

(a)　　　　　　　　　　　　　　　　　(b)

(c)　　　　　　　　　　　　　　　　　(d)

图 12-9　不同保温炉温度下连续铸轧坯料的金相组织

表 12-7　不同保温炉温度下连续铸轧坯料晶粒大小的测量结果

编　号	保温炉温度/℃	a/μm	b/μm	d/μm
72	770	171.1	100.7	135.9
73	760	158.1	96.7	127.4
74	750	141.3	86.9	114.1
75	740	138.5	84.5	111.5
76	730	126.4	80.8	103.6

过程会一直延续下去，即使铸轧温度降下去也难以消除保温炉温度过高对晶粒过大的影响。

　　在连续铸轧过程中，保温炉静置时如果温度过高，会生成粗大晶粒和提高含氢量，影响后续铝箔产品的质量，而如果保温炉温度过低，这降低了铝熔体的流动性，而考虑到保温炉到铸嘴过程中温度会发生损失，也不应使保温炉温度过低。所以保温炉温度应该尽量控制在一个合理的范围，结合工艺过程和试验数据，保温炉温度在 730～750℃ 时为宜，尤其要避免温度超过 750℃。

12.2　连续铸轧坯料的原始微观组织表征

12.2.1　连续铸轧坯料不同方向表面的金相组织

　　铝熔体在连续铸轧时，由于是在铸轧区内快速冷却，冷却速度可达 100～1000℃/s。这一速度比一般的水冷半连续铸锭要高出接近两个数量级，导致凝固过程为快速定向导热结晶。因此，铸轧组织带有快速凝固和定向结晶这种激冷凝固的特性，这使得铸轧坯料的显微组织必然带有一些在这种工艺条件下的特点。具体表现为铸轧组织呈明显树枝状枝晶组织且一次枝晶发达，并产生一定的偏析。此时，热量一般都会从某些特定的方向上散出，从而形成了温度梯度使得结晶从低温区向高温区生长，导致了晶体的成长方向性很强。面心立方金属结构的铝一般快速生长的晶体学方向是 <100> 方向，所以散热在结晶体内造成了温度梯度的形成，从而使得铝熔体结晶形核的过程中结晶核有一定的选择的择优生长。另外，这些快速冷却形成的树枝状晶的一次轴沿散热方向生长，也会导致柱状晶的形成。

图 12-10 为对铸轧卷坯的方向示意图，该方向图在本论文中之后的 EBSD 分析中同样适用。图 12-11 分别为同一卷铸轧卷坯的 ND 面、TD 面在偏振光状态下的金相组织图。在铸轧坯料组织 ND 轧制面的显微组织中可以看出由于铸轧生产中，冷却速率快冷却时间很短，会在铸轧板坯料的断面上产生较大的过冷，溶体的凝固与变形都是在铸轧区内完成，因此得到的晶粒尺寸分布很不均匀，具有明显的不平衡特征。其外观总体像铸造组织，并且有轧制变形的特征，也即晶粒形貌为沿轧制方向变形拉长的铸造晶粒。由于连续铸轧时结合

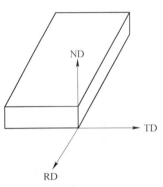

图 12-10　铸轧卷坯的方向示意图

了铸造和轧制过程，其从轧辊辊缝轧出之后又有 250~300℃ 的残余温度而产生了的回复再结晶过程。所以铸造晶粒内部又有动态回复和再结晶形成的亚晶块，在金相组织中可以发现，铸造组织的周围存在细小的再结晶晶粒。所以铸轧坯料组织中往往存在铸造晶粒、轧制变形晶粒和再结晶晶粒，可以总结为铸轧坯料显微组织形貌为发生了动态回复和少量再结晶的铸造组织。由图 12-11 中 TD 面金相组织可以看出，铸轧板侧面晶粒组织被压扁且沿轧制方向被拉长。

(a)

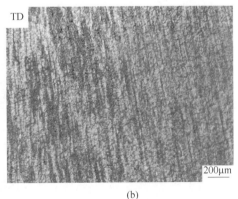

(b)

图 12-11　连续铸轧坯料不同方向表面的金相组织

图 12-12 为同一卷铸轧卷 ND 方向的上、下轧制面的金相组织图。表 12-8 为

对应的晶粒大小的测量结果。从图 12-12 中可知，连续铸轧过程由于凝固时间短凝固速度快，所以其晶粒一般都比较细小。在铸轧时由于坯料的上、下表面的液体静压力不同以及地心引力的影响，导致了上、下两表面的结晶条件存在着差异。一般下表面的 Fe、Ti 元素含量总比上表面的高，所以下表面的晶粒一般比上表面的要更细小。而下表面晶粒更为细小的原因主要是在铸嘴处上下嘴子片和铸轧辊之间的间隙处，熔体氧化膜的曲率大小不一样。所以，上表面的铝熔体与轧辊相接触的时间要比下表面来的更迟一些，从而使得下表面的铝熔体冷却强度要更大，最后导致了下表面的晶粒更加细小。从显微组织上来看，上、下表面都有明显的柱状晶组织并且组织比较致密。

图 12-12　连续铸轧坯料上、下表面金相组织

表 12-8　连续铸轧坯料上、下表面晶粒大小的测量结果

编　号	$a/\mu m$	$b/\mu m$	$d/\mu m$
上表面	139.8	87.7	113.8
下表面	124.2	78.1	101.1

12.2.2　连续铸轧坯料的 EBSD 织构分析

铝的晶体结构是很多单晶体集合的多晶体，一般情况下为各向同性，但是在生产加工铝箔的过程中，由于铸轧、冷轧、退火等的原因，促使多晶体的各晶粒聚集在某些方向排列使得这些方向取向几率增大，从而形成择优取向即产生织构。织构对材料的物理和化学性能有 20%~50% 的影响，所以有必要对铝箔生产过程中的织构演变进行研究。

由于连续铸轧过程中坯料组织存在铸造过程，轧制过程和部分退火过程，所以铸轧态组织呈现明显的不均匀性，本文在对铸轧坯料组织进行 EBSD 分析时，对坯料同一样品不同的区域进行观察，以便更全面的分析其织构组成。

一般把所选取的取向空间特定截面上的 ODF 取向分布函数值以等密度线的

形式画在平面图上，这样可以很直观的对织构进行分析。图 12-13 为铸轧坯料组织不同区域的 ODF 图。立方晶系 ODF 图主要对常用空间 $\varphi_2 = 0°$ 和 $\varphi_2 = 45°$ 截面图进行分析。

由图 12-13（a）可得，其含有的织构有 {210} <221> 织构，{221} <210>

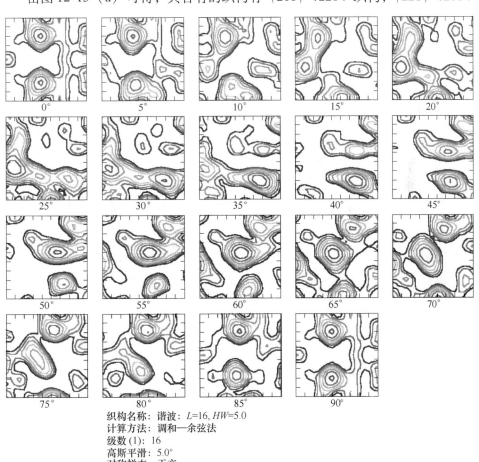

织构名称：谐波：$L=16$，$HW=5.0$
计算方法：调和—余弦法
级数 (1)：16
高斯平滑：$5.0°$
对称样本：正交
表示法：欧拉角 (Bunge)

最大值=4.280
————3.359
————2.636
————2.069
————1.624
————1.274
————1.000
————0.785

固定角度：φ_2

→ $\varphi_1(0.0°\sim90.0°)$

↓

$\varphi(0.0°\sim90.0°)$

(a)

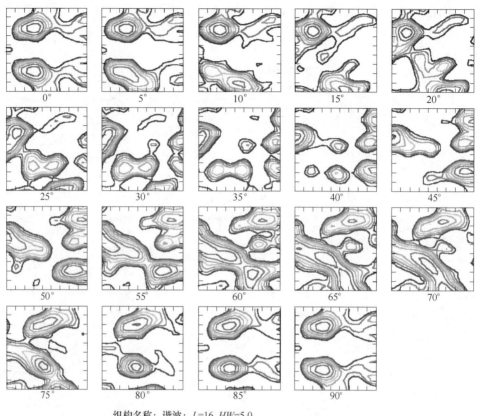

0°　　5°　　10°　　15°　　20°

25°　　30°　　35°　　40°　　45°

50°　　55°　　60°　　65°　　70°

75°　　80°　　85°　　90°

织构名称：谐波：$L=16$, $HW=5.0$
计算方法：调和—余弦法
级数(1)：16
高斯平滑：5.0°
对称样本：正交
表示法：欧拉角(Bunge)

最大值 =3.289
—— 2.697
—— 2.212
—— 1.814
—— 1.487
—— 1.219
—— 1.000
—— 0.820
固定角度：φ_2
→φ_1(0.0°~90.0°)

φ(0.0°~90.0°)

(b)

图 12-13　连续铸轧坯料组织的 ODF 图
(a)，(b) 同一样品的不同区域

织构，$\{112\}<111>$铜型织构和 $\{110\}<100>$高斯织构；而从图 12-13（b）可得 $\{210\}<367>$织构，$\{221\}<210>$织构，$\{112\}<110>$织构，$\{112\}<111>$铜型织构和 $\{110\}<100>$高斯织构。两图中皆有少量织构无法判断，估计为铸轧过程中各种因素的综合叠加作用。两图中都明显存在欧拉角为（0°，45°，0°）的高斯织构，其含量很少。由于激冷快速凝固和定向结晶的特定，铝合金铸造时容易生成 $<100>$丝织构，其丝平行于结晶方向，当凝固后的铝合金进入轧制区之后，丝织构容易转变成轧制织构，所以在 EBSD 织构观察时并未发现丝织构。$\{112\}<111>$铜型织构是面心立方的铝板中存在的典型的轧制织构，它的存在明显反映了铸轧时的轧制过程。$\{210\}<367>$织构可以看成是 $\{210\}<221>$织构演化而来。$\{210\}<221>$织构和 $\{221\}<210>$织构成对出现，这可能是因为铸轧中伴随着一定的再结晶现象。

极图是表达晶体取向的极射赤面投影图，把一个多晶体内的所有的晶粒作极射赤面投影，每个投影点的权重为其所代表的晶粒的体积大小，因而可以得到这些投影点在球面上的加权密度分布，即极密度分布。根据极密度的分布产生的起伏的等密度线来表示极密度值，这样就可以用来分析样品所含的织构。在实际织构表示中，往往在几个晶面作极图，同一取向的在不同晶面上的极密度分布虽然不一样，但是标定的织构是一样的。所以往往也通过不同的极图对织构进行验证，一般极图采用(001)、(111)、(110)等低指数晶面投影。由织构和极图的原理可知，某一织构 $\{hkl\}<uvw>$其对应的某一晶面（HKL）的极图与（HKL）晶面和 $\{hkl\}$晶面、$<uvw>$晶面之间的夹角有关，反之，也可从极图上得出夹角从而算出织构。

图 12-14 为6mm 厚连续铸轧坯料的极图。从图 12-14 的极图中，用解析法可以得出连续铸轧坯料铸轧态主要织构为，用 12-14（a）对应的织构有 $\{221\}<012>$织构和 $\{112\}<111>$铜型织构，图 12-14（b）对应的织构有 $\{221\}<012>$织构和 $\{112\}<111>$铜型织构。由此可看出，连续铸轧坯料中 $\{221\}<012>$织构和 $\{112\}<111>$铜型织构为主要织构。

由反极图的理论可知，板织构的反极图应以其轧向，横向和轧面法向三个方向为特征外观方向，由此得到 3 张反极图，分别表示了各晶粒平行于该方向的晶向的极点分布。在 Oxyz 参考坐标系中，轧向为 [100] 方向，横向为 [010] 方向，轧面法向为 [001] 方向。图 12-15 为连续铸轧坯料的反极图。

从图 12-15（a）中分析可知，与轧面法向（ND）一致的晶面是 $\{221\}$ 和 $\{210\}$，与轧向（RD）一致的晶面是 $\{210\}$。从图 12-15（b）中可知，与轧面法向（ND）一致的晶面是 $\{221\}$ 和 $\{210\}$，与轧向（RD）一致的晶面是 $\{210\}$ 和 $\{112\}$。

综上所述，经过 ODF 图、极图和反极图的分析，其结果大体一致。所以，

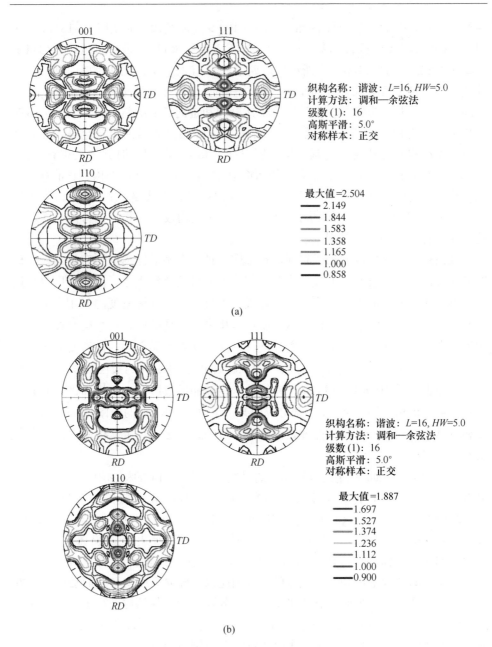

图 12-14　连续铸轧坯料组织的极图

（a），（b）同一样品的不同区域

RD—轧制方向；TD—轧件的垂直方向

6mm 厚连续铸轧铝箔坯料组织的主要织构为 {210} <221> 织构、{221} <210> 织构、{112} <111> 铜型织构，并含有少量的 {110} <100> 高斯织构。

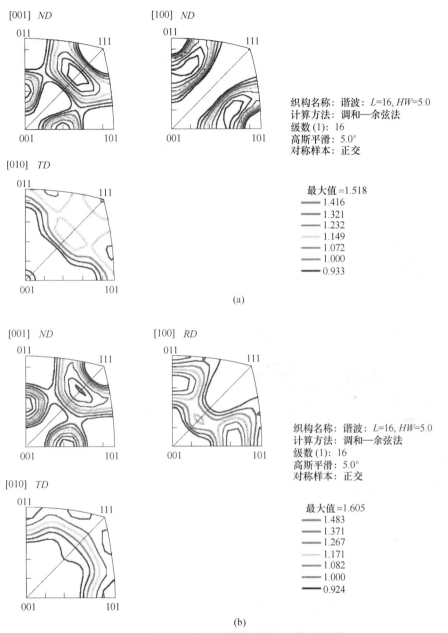

图 12-15 连续铸轧坯料组织的反极图

（a），（b）同一样品的不同区域

ND—法线方向；TD—轧件的垂直方向；RD—轧制方向

12.2.3 连续铸轧坯料的 TEM 分析

经对 6mm 厚铝连续铸轧铝箔坯料组织进行 TEM 观察，如图 12-16 所示。在

图 12-16（a）中的一个个小颗粒，大小在 20~50nm 不等，它是由于在铸轧过程中铝熔体快速冷却而激冷形成的快速凝固组织。因为液态金属凝固速率越快，成核就越多，相应的晶粒尺寸就越小。从图中的分布可以看出，这些纳米晶组织相对于晶粒大小为微米级别的基体组织其显得非常细小，同时其含量也非常少。图 12-16（a）对应的电子衍射花样如图 12-16（b）所示，该图为明显的完全无序

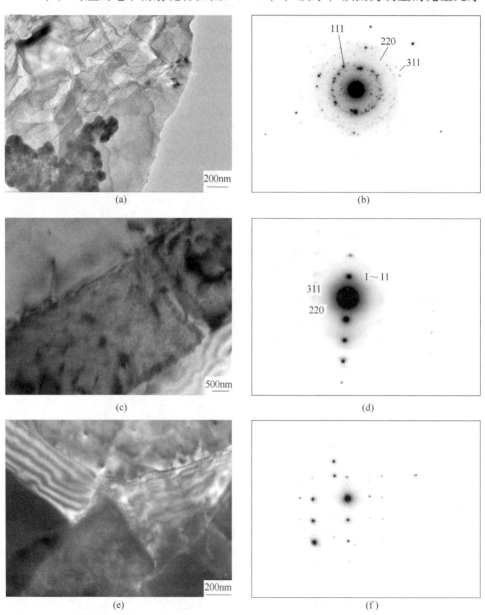

图 12-16　6mm 厚连续铸轧坯料的高分辨透射电镜图

的多晶电子衍射花样。经过计算，其三条衍射环分别对应铝的 (111)、(220)、(311) 晶面。图 12-16 (c) 中可以看到晶粒由"板条"状的亚晶块构成，这种组织是在热变形过程中发生动态回复和再结晶的组织，在这些"板条"状的亚晶边上进行选区电子衍射，其电子衍射花样如图 12-16 (d) 所示，它是铝单晶衍射斑点，为电子沿晶体的 $[\bar{1}12]$ 方向入射得到的单晶电子衍射斑点图，与中心斑点相邻的斑点对应的晶面指数为 $\{111\}$、$\{220\}$、$\{311\}$，其中一套斑点可标定为 $(\bar{1}11)$、(220)、(311)。因此图 12-16 (c) 可说明在亚晶的边界有滑移带，与滑移带相邻的是铝单晶晶粒。

在图 12-16 (e) 中的左边可以看到有晶面滑移直接产生的近似平行台阶，台阶宽在 30~50nm 之间，而图中除了左边的滑移带外，右边则有密集的近似平行的位错线，这些位错线反应形成了很多的小角亚晶界。由于铝是高层错能的金属，扩展位错的宽度相对较小则导致交滑移越容易，使得位错易于通过交滑移，在大部分的螺位错滑移到相交的滑移面之后，就生成了很多的小角晶界。在图 12-16 (e) 的滑移台阶上做选取电子衍射分析均获得了如图 12-16 (f) 所示的电子衍射斑点。该套斑点是由位向相同的 3 套铝单晶斑叠加而成，由电子斑点的特征可知它们是沿 $(\bar{1}12)$ 晶面产生了滑移。从图 12-16 (e) 中的这些信息说明，在 1235 铝合金的铸轧态中出现了深度塑性变形组织，有沿 $(\bar{1}12)$ 晶面滑移的滑移带，还出现了高密度的位错线区域。而图 12-16 (e) 对应的衍射斑点虽然都表示铝的单晶晶粒，但是它们晶粒取向有差异，说明在铸轧过程中，铝箔坯料组织的各向异性很明显。

铸轧态的 1235 铝合金的微观组织与传统的热轧的轧制态的微观组织有显著不同，这直接导致了连续铸轧坯料在后续加工中的组织有着铸轧态组织的某些遗传特征，从而对相关的工艺产生一定的影响。后面将继续研究铸轧之后连续铸轧坯料在冷轧，均匀化退火和中间退火过程中组织和性能的变化。

12.2.4　连续铸轧坯料的断口分析

关于金属材料断裂的宏观、微观特征和断裂机理等的研究，对材料的设计和选材有十分重要的意义。一般金属材料都由裂纹的形成和裂纹的扩展两个阶段构成它的断裂过程。所以对金属材料断口表面的形貌进行观察分析，有助于了解材料的微观结构和裂纹扩展的机制。图 12-17 为 6mm 厚连续铸轧铝箔坯料组织拉伸后断口图。

从图 12-17 (a) 中用肉眼观察到的断口的形貌可以看出，6mm 铸轧态坯料组织的拉伸断口为延性断裂，其断裂机理为微孔聚集型断裂。样品经过超过40% 伸长率的较大塑性变形之后断裂，断裂样品的肉眼观察有明显的颈缩。这里裂纹的扩展是由于孔穴的形成及合并造成的。微孔聚集断裂包括微孔成核、长大、聚合，直至在外力的作用下断裂，铝合金内部位错增加并逐渐聚集堆积，最后在变形大的区域形成许多微小的孔洞。材料基体内的第二相颗粒和夹杂物是形成这些孔洞的主因，当继续增加外力时这些孔洞不断增长、聚集直至形成裂纹。这些断口即是韧窝断口，其韧窝大都为拉伸等轴韧窝。韧窝的大小（直径和深度）取决于与其第二相质点的大小数量和材料的塑性变形能力。第二相质点越多越细则韧窝越多越浅，由于铸轧坯料组织第二相分布及大小很不均匀，所以断口韧窝的大小分布也十分不均匀，从韧窝数量可以看出，第二相含量较多。基体材料的塑性好所以存在一些韧窝深度特别大。

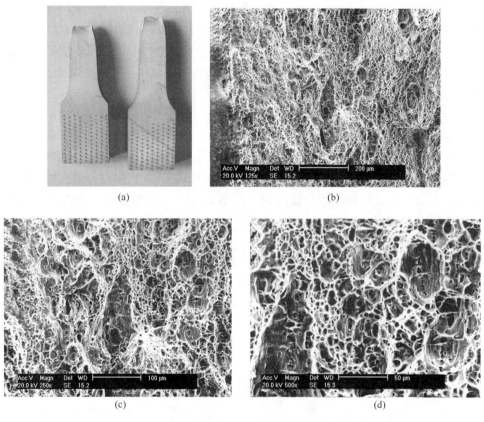

（a）　　　　　　　　　　　　　　（b）

（c）　　　　　　　　　　　　　　（d）

图 12-17　6mm 厚铸轧态连续铸轧坯料组织断口图
（a）宏观断口；（b）125×；（c）250×；（d）500×

12.3　本章小结

本章旨在对铸轧态连续铸轧坯料的质量进行显微机理研究，并结合其产品最后成品情况对生产进行指导和改进。

（1）晶粒和第二相化合物分布越均匀，则对应的铸轧坯料的力学性能越好，这些铸轧卷的最后成品的最小轧制厚度也越薄，针孔数也越低。

（2）轧制超薄双零铝箔时不宜在相对湿度超过 70% 的环境下进行，最好控制在 50% 以内。适当提高 Fe 含量有利于 Si 元素的充分析出，所以 Fe/Si 控制在 3.0 ~ 3.2 应该是可行的。保温炉温度在 730 ~ 750℃ 时为宜，尤其要避免温度超过 750℃。

（3）6mm 厚铸轧坯料组织抗拉强度在 80 ~ 100MPa，伸长率为 42% 左右，晶粒大小为 120μm 左右。铸轧坯料组织在轧制面中存在铸造晶粒、轧制变形晶粒和再结晶晶粒，组织不均匀性明显。

（4）对 6mm 厚铸轧坯料进行 EBSD 分析，其主要织构为 {210} < 221 > 织构、{221} < 210 > 织构、{112} < 111 > 铜型织构，并含有少量的 {110} < 100 > 高斯织构。

（5）6mm 厚连续铸轧坯料组织 TEM 分析结果表明，铸轧坯料组织中有由于激冷快速凝固的细小组织，晶粒组织中有板条状的亚晶组织。在铸轧坯料组织中有深度塑性变形组织，有沿（112）晶面滑移的滑移带，滑移带上晶粒各向异性明显。除此之外，铸轧坯料组织中还发现高密度的位错线区域，这些位错线反应形成了很多的小角亚晶界。

参 考 文 献

[1] 毛宏亮. 1235 铝箔连续铸轧坯料组织及其退火工艺的研究 [D]. 昆明：昆明理工大学，2014：36 ~ 56.

[2] Jones G P, Pearson J. Factor affecting the grain refinement of aluminum using Tianium and Boron Additives [J]. Metal Trans B, 1976, 7B：223 ~ 234.

[3] Yaguchi, Tezuka H, Sato T. Factors affecting the grain refinement of cast Al Alloys by Al- B Master Alloy [J]. Mater sci forum, 2000：331 ~ 337；391 ~ 396.

[4] 饶竹贵，杨钢，孙力军，等. 环境湿度对超薄双零铝箔质量的影响研究 [J]. 材料导报，2012, 26（8）：99 ~ 101.

[5] 于文光. 大气湿度对铝合金铸锭质量的影响 [J]. 有色金属，1965（1）：44 ~ 45.

[6] 牛猛，赵光辉. 铝箔毛料质量对铝箔轧制产生的影响 [J]. 轻合金加工技术，2003, 31（12）：20 ~ 23.

[7] 王晓秋，丁伟中. 铝合金熔体中气体的行为研究 [J]. 中国稀土学报，2002（20）：241 ~ 243.

[8] Paul N, Crepeau. Molten aluminum contamination：gas, lnclusions and dross [J]. Modem casting, 1997, 87（7）：39 ~ 41.

[9] 许庆彦，冯伟明，柳百成，等. 铝合金枝晶生长的数值模拟 [J]. 金属学报，2002, 38（8）：799 ~ 803.

[10] Yan W D, Fu G S, Chen G Q, et al. EBSD study on boundaries and texture of 1235 aluminum

alloy affected by strain rates ［J］. Advance materials Research, 2011: 284 ~ 286, 1684 ~ 1690.

［11］ 颜文煅, 傅高升, 陈贵清, 等. 采用电子背散射衍射技术研究变形温度对压缩后 1235 铝合金织构的影响 ［J］. 机械工程材料, 2012, 36 (1): 76 ~ 80.

［12］ Huang J C, Hsiao I C, Wang T D, et al. EBSD study on grain boundary characteristics in fine-grained Al alloys ［J］. Scripta material, 2000, 43: 213 ~ 220.

［13］ Huang Y, Humphreys F J. Measurements of subgrain growth in a single-phase aluminum alloy by high-resolution EBSD ［J］. Materials characterization, 2001, 47: 235 ~ 240.

［14］ 黄孝瑛, 侯耀永, 李理. 电子衍衬分析原理与图谱 ［M］. 济南: 山东科学技术出版社, 1998: 51 ~ 53.

［15］ 崔约贤, 王长利. 金属断口分析 ［M］. 哈尔滨: 哈尔滨工业大学出版社, 1998: 44 ~ 47.

13　均匀化退火对 1235 铝箔坯料组织和性能的影响

13.1　均匀化退火机制

由于连续铸轧过程中的快速冷却，超薄双零铝箔坯料内部晶粒细小，其伸长率在 30% 左右，具有一定的塑性，可直接用于冷轧。经过第一道次的轧制，其厚度由 6mm 至 2.55mm，加工率约为 57.5%。此时，由于加工率的增大，坯料内部晶粒被拉长，晶体结构遭到破坏，加工硬化率提高，塑性下降，伸长率约为 5%~8%，不宜再直接进行冷轧，因此需要进行一次均匀化退火。

均匀化退火的目的主要是恢复使超薄双零铝箔坯料的塑性，减小变形抗力，改善加工产品的性能，同时促使由于快速冷却所形成的不平衡共晶组织的溶解，使组织达到或接近平衡状态。

超薄双零铝箔坯料均匀化退火的过程即是发生回复、再结晶的过程，这个过程是热力学与动力学共同作用的结果。经过冷变形后的坯料，由于位错增殖、空位增加，以及弹性应力的存在，导致变形储能 ΔE 增高，吉布斯自由能计算公式为：

$$\Delta G = \Delta H - T\Delta S \tag{13-1}$$

由式（13-1）可知，在冷变形的过程中，坯料的熵变 ΔS 不大，$T\Delta S$ 项则可忽略不计，则变形储能 $\Delta E \approx \Delta G$。由此可知，经冷变形后的坯料吉布斯自由能升高，其热力学处于不稳定状态，有发生变化以降低能量的趋势，变形储能即成为发生回复、再结晶的驱动力。

在动力学方面，冷变形后的坯料在热处理加热时，其内部的变化是通过空位移动和原子扩散进行的，而原子扩散的能力以扩散系数 D 表示，决定于温度、原子扩散系数与温度的关系，可用 Arrhenius 方程表示如下：

$$D = D_0 \exp\left(-\frac{Q}{RT}\right) \tag{13-2}$$

式中　D——与温度基本无关的扩散系数；

　　　Q——扩散激活能；

　　　R——摩尔气体常数；

　　　T——绝对温度。

由式（13-2）可以看出，随温度的升高，原子扩散能力增强，温度降低，扩散困难。因此，超薄双零铝箔坯料经冷变形后，尽快处于热力学上的不稳定状态。但是由于温度较低，原子不易扩散，变化过程非常缓慢，只有提高加热温度，增大原子的扩散能力，满足动力学条件，回复与再结晶的过程才能得以发生。

经冷轧后的超薄双零铝箔坯料，其加工率达 60% 左右，由于加工率的增加，破坏了坯料的内部结构，坯料的抗拉强度达到 180MPa，而塑性只有 5%~8%，不宜再对坯料进行连续冷轧，因此要对坯料进行一次均匀化退火。坯料均匀化可以消除连续铸轧时因激冷而产生的内应力，因而明显提高坯料的塑性，使其冷轧加工性能得到改善，改善板材表面质量，提高耐蚀性，同时可以消除枝晶偏析，使非平衡相溶解或发生转变（如聚集、球化或相变），溶质浓度逐渐均匀化，从而获得更均一的组织。由于连续轧制的坯料组织具有遗传性，因此作为铝箔生产的第一道热处理工艺，均匀化制度对后续铝箔毛料的变形加工性能和最终铝箔产品的性能起着非常重要的作用。

均匀化热处理主要包括保温温度、保温时间以及冷却速度三个关键的工艺参数，要得到理想的坯料微观组织和力学性能，就需要对这三个主要的工艺参数进行优选。

均匀化退火温度的提高，扩散速度将得到大幅提升，这样一来，相应的保温时间可以缩短从而提高生产效率。但是如果温度过高，合金容易沿晶界熔化而导致过烧，所以，需要采取一个合理的均匀化退火工艺。通常均匀化退火温度为 $0.9~0.95T_{熔}$，$T_{熔}$ 为铝箔坯料组织实际开始熔化的温度，并要求其应低于非平衡固相线或合金中低熔点共晶温度 5~40℃。在 1235 铝合金中，铝硅的共晶温度是 577±1℃，铝铁的共晶温度是 655℃。由此可以看出，理论上均匀化退火温度应该在 567~613℃ 之间，工厂实际为 540℃ 以上。本实验选用均匀化温度为 540℃、560℃、580℃、610℃、620℃、630℃、635℃、640℃。

非平衡相的溶解和晶内偏析的减少和消除所需要的时间决定着均匀化退火的时间，一般情况下，均匀化退火在非平衡相溶解后，固溶体内的成分仍不是很均匀，还需保温一定时间才能使固溶体内的成分充分均匀化。而铝合金的固溶体成分充分均匀化的时间仅稍长于非平衡相完全溶解的时间，所以可以以非平衡相完全溶解的时间来估算均匀化所需的时间。

非平衡过剩相在固溶体中溶解有以下经验关系：

$$\tau_s = amb \tag{13-3}$$

式中　τ_s——非平衡过剩相溶解所需的时间；

　　　m——平均厚度；

　a,b——材料的系数，由均匀化退火温度和金属材料的本身属性决定，铝合金的 b 值一般在 1.5~2.5 范围内。

　　如果将固溶体中枝晶网胞中的浓度分布近似地看成正弦波形，则可按照扩散理论推导出使固溶体中成分偏析振幅降低到 1% 所需的时间：

$$T_p = 0.467\lambda^2/D \tag{13-4}$$

式中　T_p——固溶体中成分偏析振幅降到 1% 所需的时间；

　　　　λ^2——成分半波长，即枝晶网胞线的一半；

　　　　D——扩散系数。

　　从式（13-3）和式（13-4）可以看出，均匀化退火温度越高，扩散系数越大，非平衡相溶解所需的时间和偏析消除的时间都越小。而 λ 和 m 越小也可以直接缩短均匀化退火的时间，所以退火后快速冷却或者退火前进行一定的加工变形使组织碎化都是有利的。本实验均匀化退火所采用的时间分别为 1h、2h、3h、5h、7h、9h。

　　生产时，加热速度的大小以不会使得铝箔坯料产生裂纹和其他大的变形为准则制定即可。本实验所用井式退火炉加热速度为 5℃/min。

　　均匀化退火之后的冷却速度，一般没有太多要求，在实际生产中大多采用空冷和风冷的方式，空冷可以提高生产效率。同时，这样也可以防止冷却过慢导致第二相和晶粒的长大。本实验工厂的工艺为风冷，由于实验样品比较小，所以采用空冷。

　　均匀化退火作为铝箔坯料的第一道热处理工艺，能否获得优良的均匀化组织是后续铝箔质量保证的基础，而通过均匀化退火可以消除枝晶偏析，使非平衡相发生溶解或者转变，使过饱和固溶体发生分解，消除激冷铸造时产生的内应力并使得溶质浓度逐渐均匀化而获得更均匀的组织。坯料在均匀化过程中，第二相的种类、大小和分布都会发生变化从而影响后续工艺和产品质量。

　　工厂一般将铸轧态坯料组织经过一个道次轧制后，厚度在 2.5~3.0mm 之间的坯料进行均匀化退火。本实验所用为连续铸轧生产的 6mm 厚坯料经过一个道次的冷轧加工，道次加工率为 50% 之后，得到 3mm 厚的冷轧态坯料组织，此时，进行均匀化退火。

13.2　铝箔坯料均匀化退火的金相显微组织分析

　　在铸轧时较高的凝固速度的情况下，合金元素在铝中的分布是不均匀的，容易形成晶内偏析。进行均匀化退火，可以使过饱和固溶体分解和第二相球化，消除晶内偏析，提高材料塑韧性。

13.2.1　均匀化退火前后晶粒的变化

　　图 13-1 为 3mm 厚冷轧态的金相组织图。从图中可以看出经过冷轧之后，晶

粒组织大小十分的不均匀且明显沿轧制方向被拉长成扁平的条状。铝合金在冷加工变形的过程中，一般是通过晶体内部的滑移来完成的，随变形加工率的增加，晶粒会沿着变形方向被拉长形成纤维组织。

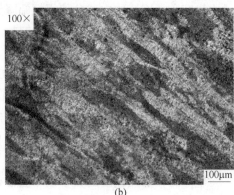

(a)　　　　　　　　　　　　　　　　　　(b)

图 13-1　3mm 厚冷轧态金相组织

　　图 13-2 为 3mm 厚铝箔坯料在 540℃温度时不同退火时间下的金相显微组织。表 13-1 为 540℃均匀化退火后晶粒大小测量结果。图 13-3 为 560℃均匀化退火的金相组织。表 13-2 为 560℃均匀化退火后晶粒大小测量结果。图 13-4 为 580℃均匀化退火的金相组织。表 13-3 为 580℃均匀化退火后晶粒大小测量结果。其中，a 为晶粒的长轴平均长度，b 为晶粒的短轴平均长度，d 为晶粒的平均直径。

表 13-1　540℃均匀化退火后晶粒大小测量结果

退火时间/h	$a/\mu m$	$b/\mu m$	$d/\mu m$
3	60.4	45.1	52.8
5	72.4	50.4	61.4
7	78.7	55.5	67.1
9	87.1	68.5	77.8

表 13-2　560℃均匀化退火后晶粒大小测量结果

退火时间/h	$a/\mu m$	$b/\mu m$	$d/\mu m$
3	66	45.5	55.8
5	74.1	52.1	63.3
7	79.3	55.8	67.6
9	87.8	67.6	77.7

图 13-2 540℃均匀化退火的金相组织

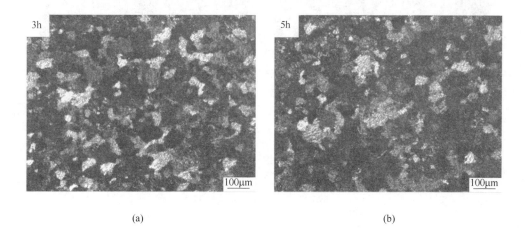

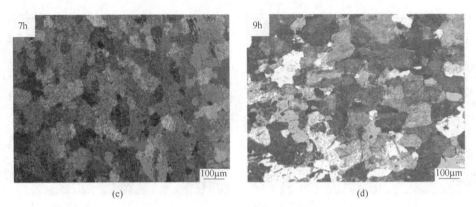

图 13-3　560℃均匀化退火的金相组织

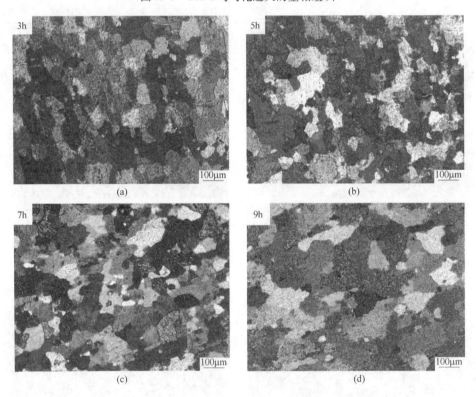

图 13-4　580℃均匀化退火的金相组织

表 13-3　580℃均匀化退火后晶粒大小测量结果

退火时间/h	$a/\mu m$	$b/\mu m$	$d/\mu m$
3	69.4	45.5	57.5
5	70.9	53.7	62.3
7	77.9	57.4	67.7
9	95.3	69.5	82.4

综合图 13-2 ~ 图 13-4 和表 13-1 ~ 表 13-4 的信息可以看出，由于铸轧组织十分不均匀，所以一直遗传到冷轧后。而即使经过均匀化退火之后，晶粒的大小及晶粒的长轴短轴之比不均匀性仍然十分明显，所以均匀化退火之后形成了不均匀的再结晶组织。均匀化退火过程中由于退火温度较高，所以坯料在很短的时间内已经完成了再结晶过程。之后随着退火时间的延长，退火温度的升高，晶粒逐渐长大的趋势十分明显。退火时间为 5h 时比 3h 时晶粒长大了 6 ~ 8μm，7h 比5h 长大了 4 ~ 6μm，而 9h 比 7h 至少长大了 10μm，且晶粒大小十分不均匀，发生二次再结晶且异常长大晶粒比较多。当退火时间到 7h 时，已经有少量较粗大晶粒的出现，而当退火时间延长至 9h 时，粗大晶粒数量非常多且尺寸非常大。晶粒大小不均匀时，在大小晶粒接触的部位容易出现裂纹从而在生成针孔，这也对后期成品造成不利影响。从晶粒组织来看，均匀化退火时间不应超过 7h。

以上 540 ~ 580℃之间在不同时间均匀化退火条件下，各样品的金相由毛宏亮制作完成，下面 610 ~ 640℃之间在不同时间均匀化退火条件下，各样品的金相由岳有成制作完成。

从图 13-5 可以看出，均匀化退火时保温 1h 和 2h 时，晶粒的长大现象并不

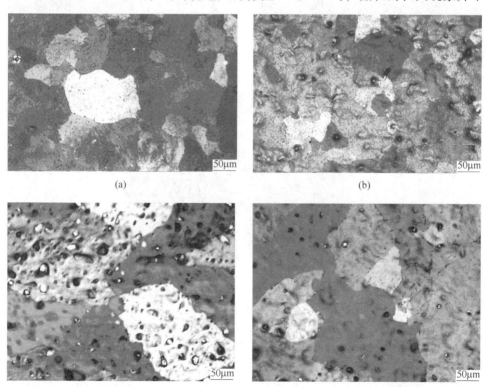

(a)

(b)

(c)

(d)

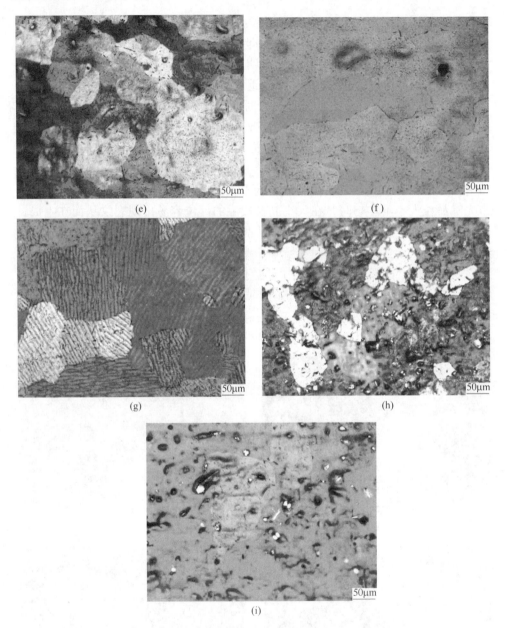

图 13-5　均匀化退火保温 1h、2h 的坯料微观组织
(a) 620℃×1h；(b) 630℃×1h；(c) 635℃×1h；(d) 640℃×1h；(e) 610℃×2h；
(f) 620℃×2h；(g) 630℃×2h；(h) 635℃×2h；(i) 640℃×2h

明显，同时，也观察不出明显的规律。图 13-5（a）、（b）中，620℃和 630℃保温 1h 时，晶粒均匀并细小，晶粒正常长大，并没有形成二次再结晶；当保温时间增加至 2h 时，图 13-5（e）~（i）中，晶粒明显的长大，平均尺寸达到 50μm

以上。并且随着均匀化退火温度的升高和保温时间的延长，晶粒长大有成片状的趋势。在晶粒长大过程中，一些小晶粒缩小，而大晶粒长大，从而随着退火时间延长系统总的晶界面积减小，这是因为随着温度的升高，已经接近铝合金的熔点。

由图 13-6 显微组织观察表明，随着保温时间的延长，晶粒长大的很不均匀，成片状分布。图 13-6（c），试样经 630℃×4h 时退火后，晶粒成片状，并有小晶粒被大晶粒"吞噬"的趋势。这是由于在晶粒长大过程中，晶粒尺寸总体长大但对应晶体内总的晶界面积下降，从而使系统晶界能降低。对于经过冷轧后的铝箔坯料，初次再结晶后形成的新晶粒中可能仍然残留一部分形变能，各晶粒之间的残留形变能的差异，使晶界倾向于向着残留形变能较高的晶粒一侧移动，使界面另一侧的低能晶粒长大，大晶粒不断的长大，小晶粒不断的缩小并最终消失。

退火时间增加至 8~9h，如图 13-7 所示，铝箔坯料中晶粒进一步长大，晶界趋于平滑，晶粒形状趋于规则，并伴有第二相析出。初次再结晶过程中晶粒总是向着其晶界的曲率中心相反的方向生长，为了获得尽可能高的体积/界面比，新长大的晶粒总是倾向于球状，从而具有外凸晶粒形貌，直到与相邻的再结晶晶粒

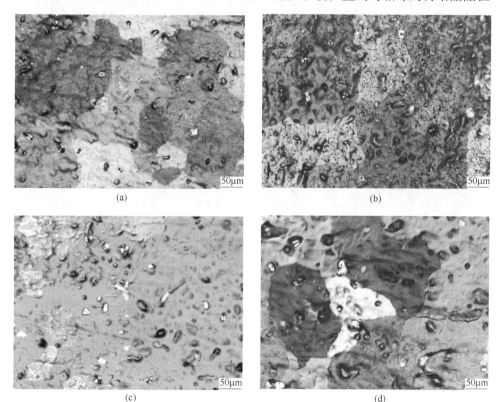

(a)

(b)

(c)

(d)

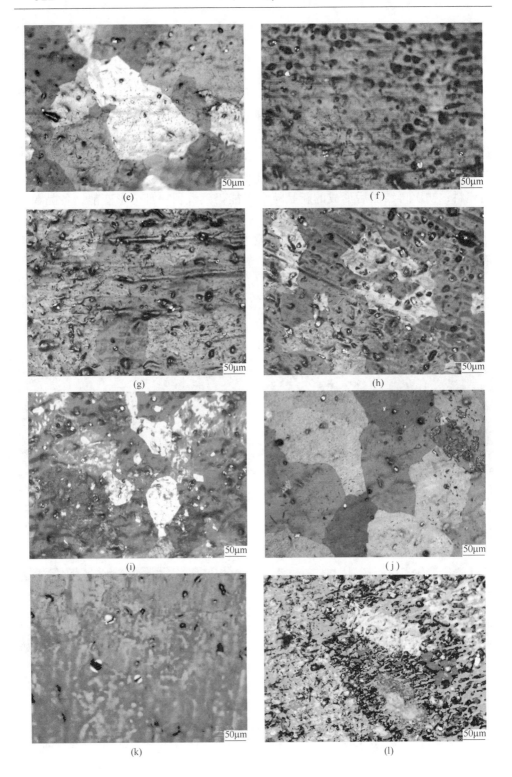

(e)

(f)

(g)

(h)

(i)

(j)

(k)

(l)

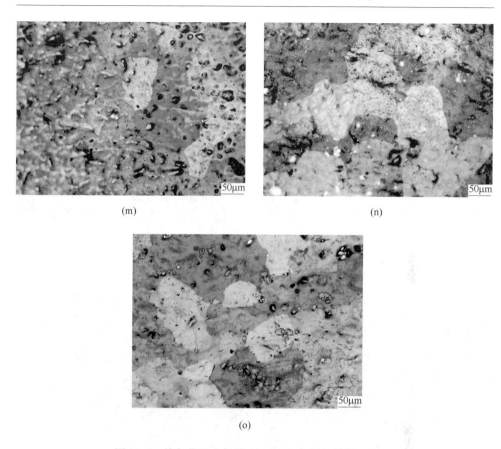

图 13-6 均匀化退火保温 4h、5h、7h 的坯料微观组织

(a) 610℃×4h；(b) 620℃×4h；(c) 630℃×4h；(d) 635℃×4h；(e) 640℃×4h；
(f) 610℃×5h；(g) 620℃×5h；(h) 630℃×5h；(i) 635℃×5h；(j) 640℃×5h；
(k) 610℃×7h；(l) 620℃×7h；(m) 630℃×7h；(n) 635℃×7h；(o) 640℃×7h

相遇。图 13-7（j）晶粒具有内凹晶界，为了降低界面能，晶界不断向曲率中心移动，便使其晶界平直化。因此晶界相交处的界面张力平衡被破坏，于是晶界端部便随晶界向外移动，这种移动过程便使具有内凹晶界的晶粒不断长大，小晶粒即不断缩小并趋于消亡。而大晶粒便不断长大，这即是热处理时间增加至 8~9h 后，晶粒的二次再结晶过程。

13.2.2 均匀化退火前后第二相的尺寸分布

图 13-8 为均匀化退火样品的显微组织。表 13-4 为均匀化退火样品的第二相尺寸分布的统计结果。3mm 厚铝箔坯料组织在均匀化退火前后的第二相尺寸，都显然比 6mm 厚铸轧态时的要细小，且大都为圆颗粒。在冷轧时，大的化合物会被轧制破碎，导致大尺寸的化合物比例减少，小尺寸化合物比例增加，使得

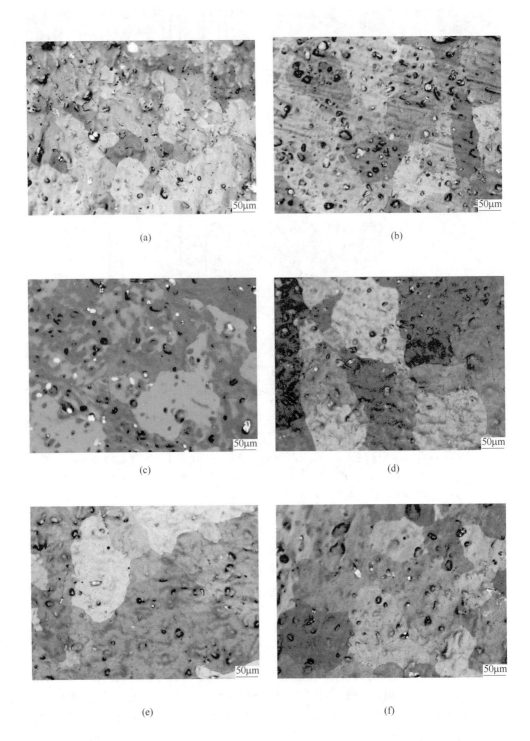

(a)

(b)

(c)

(d)

(e)

(f)

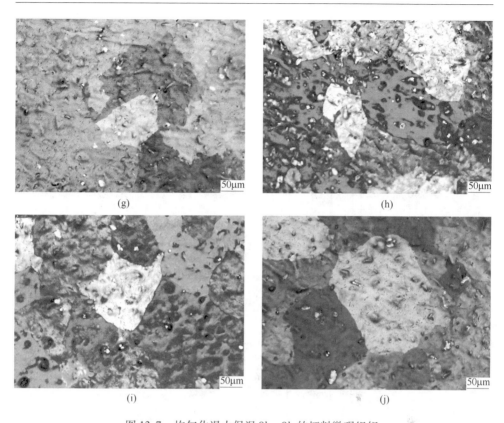

图 13-7　均匀化退火保温 8h、9h 的坯料微观组织

（a）610℃×8h；（b）620℃×8h；（c）630℃×8h；（d）635℃×8h；
（e）640℃×8h；（f）610℃×9h；（g）620℃×9h；（h）630℃×9h；
（i）635℃×9h；（j）640℃×9h

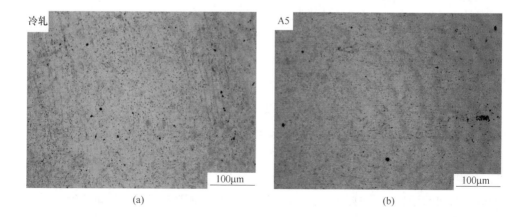

（a）　　　　　　　　　　　　　　　　（b）

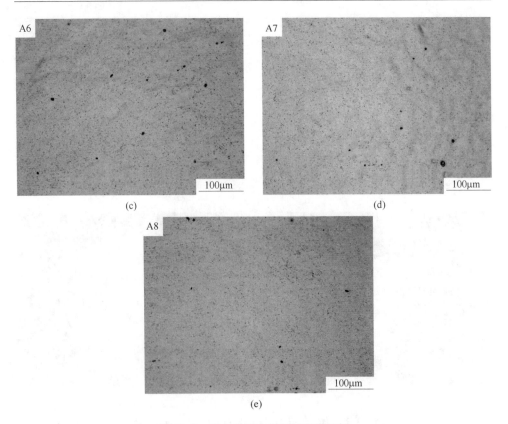

图 13-8 均匀化退火样品的显微组织

表 13-4 均匀化退火样品的第二相尺寸分布的统计结果

编号	状态	第二相质点个数所占比例/%			面积百分比/%
		$<1\mu m$	$1\sim5\mu m$	$>5\mu m$	
	冷轧态	25.4	60.5	14.1	3.45
A5	560℃×3h	29.8	60.9	9.3	2.56
A6	560℃×5h	30.9	60.4	8.7	2.46
A7	560℃×7h	30.7	60.6	8.7	2.45
A8	560℃×9h	31.0	60.7	8.3	2.31

3mm 厚冷轧态的第二相面积含量要高于 6mm 厚铸轧态。在均匀化退火时，呈骨骼状的 α（AlFeSi）相会分解为圆颗粒状，呈条状的 β（AlFeSi）相会分解为短棒状。这些都会导致化合物总体尺寸减少，可以观察到尺寸小于 1μm 的化合物随着退火时间的延长而增加，而尺寸大于 5um 的化合物则随着退火时间的延长而减小。在均匀化退火过程中，会同时发生不平衡相的溶解和过饱和固溶体的析出，也即此过程中溶入和析出同时存在。而由于铸轧时遗留下来的不平衡相更多，所

以非平衡相溶入基体是主要过程，平衡相的析出并不充分，导致第二相化合物的面积含量比冷轧时候明显降低。且随着均匀化退火时间的延长而略有降低。均匀化退火主要为非平衡相的溶解过程，为使这一过程充分进行，应尽可能提高退火时间，最好超过 5h。

13.3　均匀化退火坯料的 SEM 和能谱观察

通过观察不同退火时间的显微组织发现，保温温度在 630℃ 以上，保温时间在 7h、8h 以及 9h 时不同的均匀化处理，样品的表面均会出现黑色的条状物体，而且在晶界与晶体内部也会出现白色的颗粒状物体，而亮度则有所差别。因此，通过 SEM 观察和能谱仪来确定这几种物质的成分。

从图 13-9 的 SEM 和能谱可知，出现在晶粒与晶界处的白色颗粒，其组成的化学成分是不同的。由金相观察发现，在经过均匀化退火后的坯料组织上会出现数量众多的黑色针状物体，其形状与 Al_3Fe 类似，因此需要进行能谱分析进行鉴定。由图 13-9 的能谱分析可知，黑色的针状物体中只含有 Fe 和 Al 两种物质，其

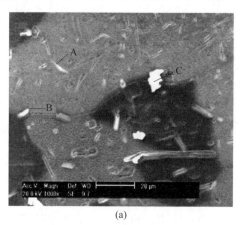

(a)

元素	质量分数	原子分数/%
O K	10.77	18.73
Fe L	20.16	10.04
Al K	69.07	71.22

(b)

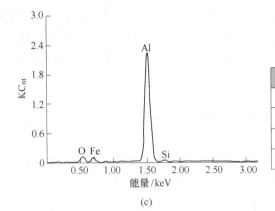

元素	wt/%	at/%
O *K*	09.74	16.93
Fe *L*	18.59	09.26
Al *K*	69.91	72.07
Si *K*	01.76	01.74

(c)

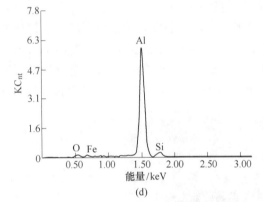

元素	wt/%	at/%
O *K*	04.77	08.04
Fe *L*	05.49	02.65
Al *K*	81.60	81.50
Si *K*	08.14	07.81

(d)

图 13-9　均匀化退火坯料的 SEM 扫描结果与能谱分析
（a）SEM 扫描；（b）物质 A 的成分；（C）物质 B 的成分；（d）物质 C 的成分

质量比大约为 1:3，由此我们可以断定，黑色的针状物体则为 Al_3Fe。这说明，在均匀化退火的过程中，随着保温温度的升高和保温时间的延长，在超薄铝箔坯料的内部发生了相的变化，而这一点也可以通过下文中的 XRD 分析证实。

由于本实验中所选取的超薄铝箔坯料的试样是通过连续铸轧法生产的，同时含有杂质元素 Fe、Si。由于快速凝固，因此在坯料内部存在众多的不平衡相，在均匀化退火的过程中，存在着不平衡相向平衡相的转变。出现在晶体的颜色稍有差异的白色颗粒物体，首先可以确定的是因为里面含有的成分不同而造成的。通过能谱检测发现，颜色较亮的白色颗粒中含有的 Si 较多，而稍暗的颗粒中含有的 Fe 较多，从而造成了亮度上的差异。根据重庆大学潘复生教授等人的研究，α（AlFeSi）相中的 Si 含量较低，而 β（AlFeSi）相中的 Si 含量较高。由此可知，金相观察中出现的两种亮度稍有差异的白色颗粒状物质分别为 α（AlFeSi）相和 β（AlFeSi）相，且 α（AlFeSi）相较为细小。

13.4 铝箔坯料均匀化退火的 XRD 分析

图 13-10 为不同均匀化退火温度下 3mm 厚铝箔坯料组织 XRD 变化图。图 13-11 为不同均匀化退火时间下 3mm 厚铝箔坯料组织 XRD 变化图。1235 铝合金中在铸轧之后可能会形成第二相多达十余种，且在均匀化过程中会发生极其复杂的相变。铸轧坯料中第二相主要有 $FeAl_3$ 相、α（AlFeSi）相和 β（AlFeSi）相。所以，从图 13-10、图 13-11 可以看出，除了 Al_6Fe、Al_3Fe 和 $Al_{0.5}Fe_3Si_{0.5}$ 三种化合物以外，样品中还有较多的峰难以确定其物相。冷轧后仍然从铸轧组织中遗传了较多的 Al_6Fe 相，Al_6Fe 相为不稳定相，呈丝织状，在均匀化退火过程中会发生 $Al_6Fe \rightarrow Al_3Fe$ 的转变，该转变为 Fe 在 Al 基体中向 Al_3Fe 扩散析出，为溶解—析出机制。

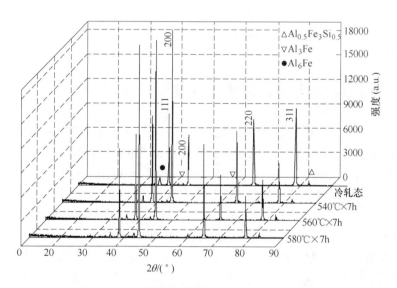

图 13-10 不同均匀化退火温度 XRD 分析结果

综合图 13-10 和图 13-11 分析可知，随着退火温度的升高和退火时间的延长，$Al_6Fe \rightarrow Al_3Fe$ 转变的越充分，Al_3Fe 为粗大针状容易形成针孔且在后续的退火加工中难以消除，所以，在促使不平衡相向平衡相转变的同时均匀化退火温度不宜过高。同时，张静等人研究表明，均匀化退火过高还有发生 β（Al_5FeSi）$\rightarrow$ β（$Al_9Fe_2Si_2$）转变，β（$Al_9Fe_2Si_2$）同样为难以消除的粗大棒状化合物，这也同样要求适当降低均匀化退火温度。同时，从图 13-10 和图 13-11 中还可以看出，在冷轧态时，各个晶面的峰高差异不大，而经过均匀化退火之后，（200）面的峰远高于其他峰，说明在退火时，择优取向明显。

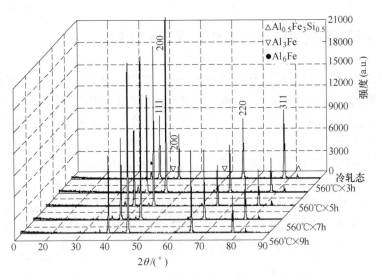

图 13-11　不同均匀化退火时间 XRD 分析结果

13.5　铝箔坯料均匀化退火的 EBSD 织构分析

多晶体在外力的作用下发生塑性变形时，由于晶体内部的位错运动和晶内出现的机械孪生，使得晶体的取向也会随之发生相应的转动，导致晶粒取向聚集而形成形变织构。铝在轧制时承受了轧向的拉应力和轧面法向的压应力，其会生成轧制织构，纯铝的变形基本靠位错滑移来完成。

对 6mm 厚连续铸轧坯料经过一个道次冷轧后到 3mm 厚（冷轧 50%）的样品进行 EBSD 分析，其 ODF 图、极图、反极图如图 13-12 所示。从图 13-12（a）ODF 截面图中可以很明显的得到（0°，45°，0°）、（90°，35°，45°）、（90°，90°，45°）三组欧拉角，其分别对应 {110}＜001＞织构、{112}＜111＞织构和 {110}＜001＞织构。图 13-12（b）极图中可以同样得出存在 {110}＜001＞高斯织构和 {112}＜111＞铜型织构，在（111）晶面的投影图可以看出铜型织构的唇型"纯金属式"织构，其中间强度特别大是由 {110}＜001＞和 {112}＜111＞两种织构叠加的结果。图 13-12（c）反极图中与轧面法向（ND）一致的晶面是 {331}，与轧向（RD）一致的晶面是 {110}，这是由于在法向面投影的晶粒取向比较分散，难以准确判定。综上可得，经过轧制后 3mm 厚坯料中主要有 {110}＜001＞高斯织构和 {112}＜111＞铜型织构，它们都是面心立方金属的典型轧制织构。高斯织构在 6mm 厚铸轧态坯料组织中已经有少量存在，而在经过一次冷加工后成为最主要的织构。{112}＜111＞铜型织构的存在而没有发现黄铜型 {110}＜211＞织构，说明纯铝其层错能高，纯铝在塑性变形时主要靠位错的滑移来完成。

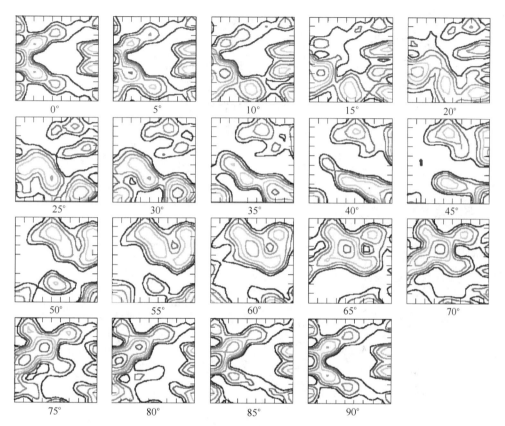

0°　　　5°　　　10°　　　15°　　　20°

25°　　　30°　　　35°　　　40°　　　45°

50°　　　55°　　　60°　　　65°　　　70°

75°　　　80°　　　85°　　　90°

织构名称：谐波：$L=16$，$HW=5.0$
计算方法：调和—余弦法
级数 (1)：16
高斯平滑：5.0°
对称样本：正交
表示法：欧拉角 (Bunge)

最大值=4.715
——3.641
——2.812
——2.171
——1.677
——1.295
——1.000
——0.772
固定角度：φ_2
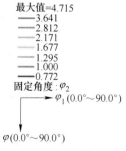
$\varphi_1 (0.0°\sim90.0°)$

$\varphi(0.0°\sim90.0°)$

(a)

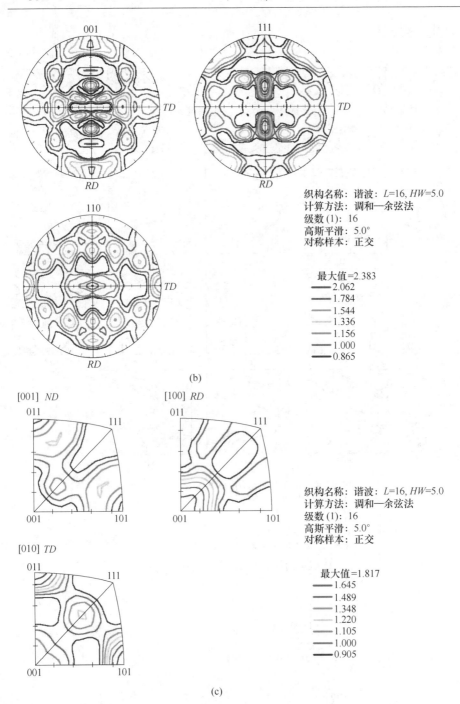

(b)

(c)

图 13-12　3mm 厚冷轧态铝箔坯料组织

(a) ODF 图；(b) 极图；(c) 反极图

RD—轧制方向；TD—轧件的垂直方向；ND—位法线方向

1235铝合金的均匀化退火是为了消除坯料组织的晶内偏析和沿晶界分布的非平衡共晶相，同时让过饱和固溶体充分析出分解。这也是均匀化退火和一般再结晶退火的主要区别。本实验对加工变形量50%的3mm厚冷轧态铸轧坯料进行均匀化退火并对其织构进行分析。

图13-13为经过560℃×7h均匀化退火的3mm厚退火态铝箔坯料组织的ODF

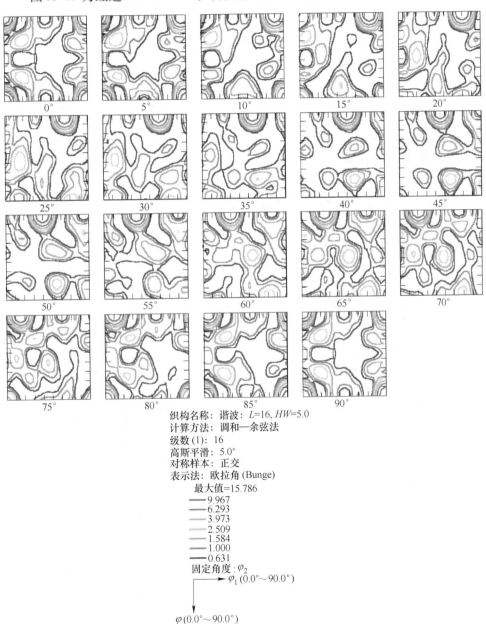

织构名称：谐波：L=16, HW=5.0
计算方法：调和—余弦法
级数(1)：16
高斯平滑：5.0°
对称样本：正交
表示法：欧拉角(Bunge)
最大值=15.786
——9.967
——6.293
——3.973
——2.509
——1.584
——1.000
——0.631
固定角度：φ_2
$\varphi_1(0.0°\sim90.0°)$
$\varphi(0.0°\sim90.0°)$
(a)

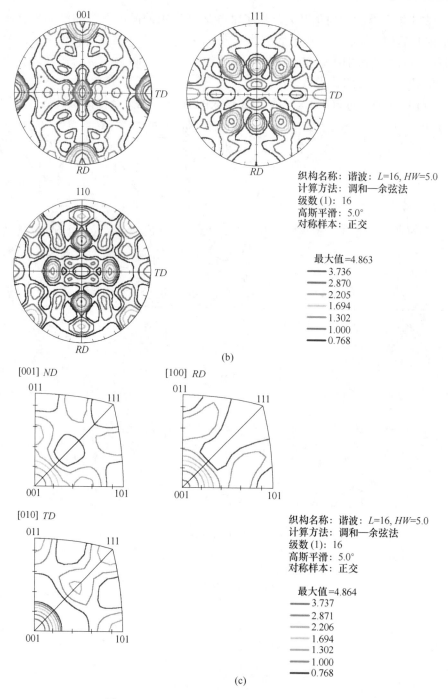

图 13-13　3mm 厚均匀化退火态铝箔坯料组织

（a）ODF 图；（b）极图；（c）反极图

RD—轧制方向；*TD*—轧件的垂直方向；*ND*—法线方向

图、极图和反极图。从图 13-13（a）中可以得出（0°，0°，0°）、（90°，0°，0°）、（0°，90°，0°）、（90°，90°，0°）、（45°，0°，45°）五组欧拉角，它们都代表着 {100} [001] 立方织构。图 13-13（b）均匀化退火态极图和 {100} <001> 立方织构标准理论极图完全一致，所有的极密度值高的点完全重合。图 13-13（c）反极图中与轧面法向（ND）一致的晶面是 {100}，与轧向（RD）一致的晶面也是 {100}，则从反极图中可看出均匀化退火后主要织构也是 {100} <001> 立方织构。综上所得，3mm 厚连续铸轧坯料组织经过 560℃ ×7h 均匀化退火后的主要织构为 {100} <001> 立方织构。该织构不仅是面心立方金属的典型再结晶退火织构，也是铝箔产品加工过程中的理想织构。这里主要存在的织构为立方织构，说明在该均匀化退火制度下 Fe 分布非常均匀。立方织构在这里成为最主要的织构也说明在均匀化退火过程当中，同样发生了再结晶过程。

图 13-14 是用 EBSD 方法绘制的晶粒尺寸分布柱状图，与铸轧坯料的晶粒尺寸相比，经过一次大变形（变形率接近 60%）的超薄双零铝箔坯料，晶粒尺寸大部分集中在 18～26μm 之间，晶粒比较细小，这是由于在冷变形的过程中，晶粒遭到破坏，出现晶粒破碎等现象。因此，反映出来的晶粒尺寸就会相对较小，同时变形抗力增大，不利于继续加工变形；经过较高温度的均匀化退火坯料，其晶粒尺寸较大，超过 100μm，较大的晶粒尺寸提高了坯料的塑性，减小变形抗力。

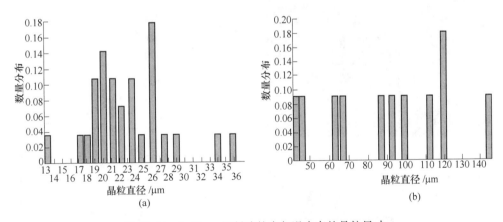

图 13-14　2.55mm 坯料冷轧态与退火态的晶粒尺寸

（a）冷轧态均匀化退火坯料的晶粒尺寸；（b）均匀化退火后坯料的晶粒尺寸

13.6　铝箔坯料均匀化退火的 TEM 分析

在经过一个道次轧制 50% 的变形量之后，要对冷轧态的坯料组织进行均匀化退火。本节对均匀化退火前后的坯料组织进行 TEM 组织分析。图 13-15 为均匀化退火前的 3mm 厚冷轧态的铝箔坯料组织的 TEM 图。从图 13-15（a）可以看出，经过轧制之后，晶界之间的基体被拉长，相比铸轧态时，还有轧制破碎的小颗粒分布在四周。图 13-15（b）中的"板状"亚晶块在轧制的过程中，也明显有拉长的痕迹和边部被轧制破碎的现象。图 13-15（c）、（e）中可以看到基体中有粗大块状和丝织状第二相析出，其所对应的选区电子衍射斑点分别如图 13-15（d）、（f）所示。图 13-15（c）中有明显大量的位错线并且和第二相缠绕在一

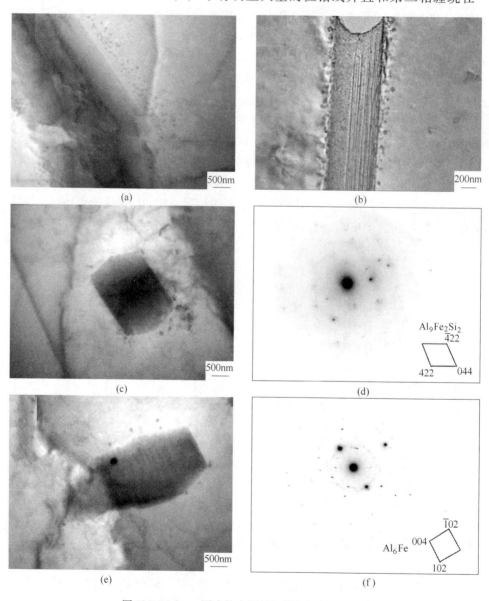

图 13-15　3mm 厚冷轧态铝箔坯料组织的 TEM 图

起，这些比铸轧态时增加了很多，它们是在轧制的时候形成的。而第二相也在这里形成了阻碍钉扎作用，结合其形貌与图 13-15（d）的衍射斑点，可初步判断其为 β($Al_9Fe_2Si_2$)。图 13-15（e）中化合物在轧制时被拉长且呈丝织状，结合图 13-15（f）的衍射斑点，可初步判断为 Al_6Fe。

图 13-16 为 3mm 厚经 560℃×7h 均匀化退火态铝箔坯料组织的 TEM 图。在经过均匀化退火之后，板条状亚晶块已经消失。基体内的位错线较均匀化退火前已经大为减少。图 13-16（b）中为在均匀化退火中析出的第二相为针状，结合图 13-16（c）中的选区电子衍射，可判断其为 Al_3Fe，说明经过均匀化退火过程中析出生成了 Al_3Fe。

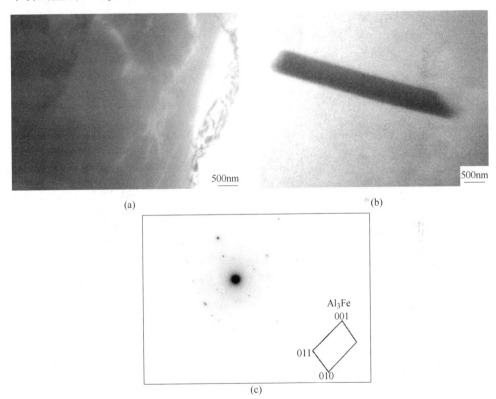

图 13-16　3mm 厚退火态铝箔坯料组织的 TEM 图

13.7　铝箔坯料均匀化退火的力学性能分析

13.7.1　不同均匀化退火条件对力学性能的影响

通过对 3mm 厚冷轧态铝箔坯料组织在不同均匀化退火制度下样品进行硬度

测试和拉伸性能测试，得出退火工艺对力学性能的影响。图 13-17 为不同均匀化退火制度下的抗拉强度变化曲线图。图 13-18 为不同均匀化制度下的伸长率变化曲线图。由图 13-17 和图 13-18 可以得出，经过 3h 的退火，铝合金的强度降低迅速，说明此时基体内的位错迅速减少，残余应力充分消除，铸轧坯料的变形组织经过回复和再结晶已经完全消失，轧制加工性能得到恢复，强度降低塑性提高。在 3h 到 7h 时，坯料组织的强度缓慢下降，塑性略有提高，这是因为坯料组织晶粒逐渐缓慢长大。而当退火时间达到 9h 时，由于坯料中晶粒大小不均匀，有晶粒粗化严重，在拉伸变形时，大小晶粒变形不均匀，使得强度下降明显而伸长率也同时发生下降。这里的分析结果和晶粒组织分析结果一致。

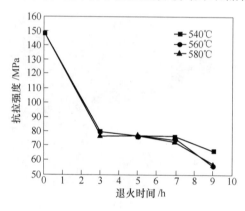

图 13-17　不同均匀化退火制度下
抗拉强度的变化

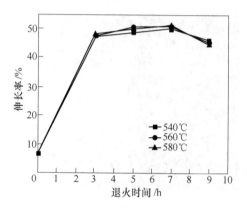

图 13-18　不同均匀化退火制度下
伸长率的变化

图 13-19 为不同均匀化制度下硬度变化曲线图。从图中看出，退火之后，坯料组织内部由于位错减少硬度急剧降低。不同退火工艺下的硬度变化和抗拉强度变化不同，在退火 5h 之后，硬度值还略有提高，这是因为 Fe、Si 的固溶将增大材料的硬度。而随着退火的进行非平衡相的溶解，造成了基体中 Fe、Si 的固溶度有所增加。再加上硬度测量时的误差和材料的不均匀性，使得硬度的变化规律性不强。

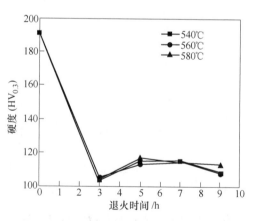

图 13-19　不同均匀化制度下显微硬度的变化

冷轧前，超薄双零铝箔铸轧坯料的伸长率在 30% 左右，图 13-20、图 13-21 为不同温度下均匀化退火 5h、7h 以及 9h 后垂直于轧制方向和平行于轧制方向的坯料力学性能。从图中可以得知，垂直于轧制方向坯料的抗拉强度和伸长率要低于平行方向，这是由于经过冷轧的坯料，晶体结构遭到破坏，晶粒被拉长所致。随着退火温度的升高和保温时间的延长，坯料的抗拉强度有所下降，而伸长率则提高，经 630℃ × 7h 均匀化退火后的样品，其纵向和横向的抗拉强度分别为79.5MPa 和 81.9MPa，伸长率都在 30% 以上。这就减小了因冷轧造成的坯料纵向与横向之间的性能差异，同时，其塑性基本回复到了轧制前铸轧坯料的程度，经此温度和保温时间下退火后的坯料可继续进行冷轧。

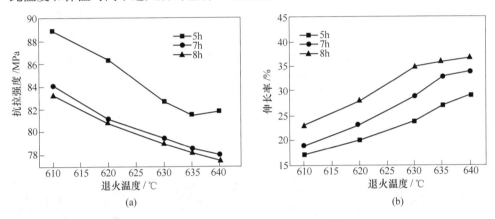

图 13-20　均匀化退火坯料沿垂直于轧制方向的拉伸曲线
（a）不同温度下的抗拉强度曲线；（b）不同温度下的伸长率曲线

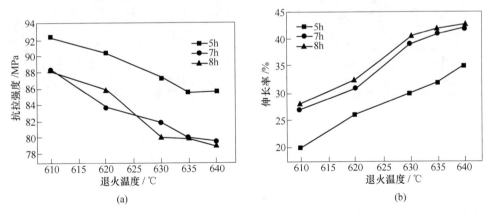

图 13-21　均匀化退火坯料沿平行于轧制方向的拉伸曲线
（a）不同温度下的抗拉强度曲线；（b）不同温度下的伸长率曲线

13.7.2　断口观察

图 13-22 为均匀化退火后坯料的断口形貌。在试样的拉伸过程中，可明显观

察到缩颈，且断口呈锯齿状，经 SEM 扫描可看出数量众多抛物线形状的小孔和韧窝，说明经均匀化退火后坯料的断裂为韧性断裂。同时，经断口观察可以看出，垂直于轧制方向与平行于轧制方向坯料的小孔和韧窝形状不同，在图 13-22（a）中，垂直于轧制方向坯料的小孔呈向右倾斜的趋势，而图 13-22（b）中平行于轧制方向坯料的小孔则向左倾斜，这是由于试样在拉伸的过程中所受的作用力不同造成的。

对于垂直于轧制方向的坯料，在拉伸的过程中，试样受到正应力的作用，裂纹由试样的中间产生并向两边扩展。随着应力的进一步加大，裂纹的扩展速度就会越快，在高应力的作用下，裂纹尖端的塑性区域要大于低应力作用下的塑性区域，以致小孔的数量就会增多。裂纹由中间向周围扩展，断口边缘小孔数量多于中间区域，是裂纹扩展加速的原因，图 13-22（a）中裂纹向右扩展，图 13-22（b）中裂纹向左扩展，且图 13-22（b）中断口边缘小孔的数量少于图 13-22（a）。因此可知，垂直于轧制方向坯料在拉伸的过程中，裂纹的扩展速度要比平行轧制方向的坯料快，因而断裂的也快，其抗拉强度也就低于平行轧制方向的坯料。

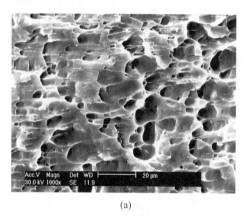 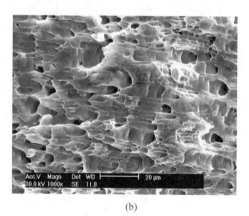

（a）　　　　　　　　　　　　　　　　（b）

图 13-22　均匀化退火坯料的拉伸断口形貌
（a）垂直于轧制方向；（b）平行于轧制方向

13.7.3　对均匀化退火坯料的生产追踪

根据上述的实验结果得知，超薄双零铝箔坯料通过 630℃ ×7h 的均匀化退火工艺较为理想，但是对最终的产品的影响还需要进一步的证实。因此，我们选取了同种规格的超薄铝箔坯料，研究在此工艺条件下，最终生产出的超薄铝箔的成品率和针孔数。在均匀化退火的过程中，将退火温度设定为 630℃，而让保温时间在 7h 左右浮动，并对最终产品厚度为 0.0045mm 的超薄双零铝箔进行了跟踪，其结果如图 13-23 所示。

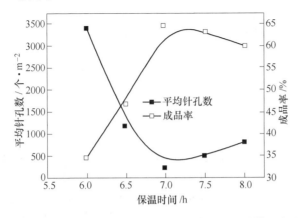

图 13-23   均匀化退火保温时间对 0.0045mm 铝箔平均针孔数和成品率的影响

从图 13-23 中反映的趋势来看，随着保温时间延长，平均针孔数随之逐渐降低，在保温 7h 时的平均针孔数是最少的。当保温时间在 7.5h、8h 时，平均针孔数有上升的趋势。对应的成品率也是先随着保温时间的延长而升高，在保温 7h 时的成品率是最高的，保温时间的再延长，成品率则略为降低。这种结果与 XRD 的分析结果相对应，也印证了 630℃ ×7h 的均匀化热处理制度是较为理想的。

13.8 本章小结

本章分析了经过 50% 加工变形率之后，3mm 厚冷轧态样品及其在不同均匀化退火制度下的组织和性能，有如下结论：

（1）由于铸轧组织十分不均匀，所以经过冷轧和均匀化退火之后的晶粒组织仍然不均匀，即 50% 加工率的冷轧组织和均匀化退火之后的再结晶组织，在晶粒大小和长短轴之比上不均匀性明显。

（2）经过均匀化退火之后，3mm 厚铝箔坯料晶粒大小在 55 ~ 65μm 之间，抗拉强度为 76MPa 左右，伸长率为 50% 左右。均匀化退火温度应选在 540 ~ 560℃ 之间，退火时间应选在 5 ~ 7h。

（3）经过轧制后 3mm 厚坯料中，主要有 {110} < 001 > 高斯织构和 {112} < 111 > 铜型织构，它们都是面心立方金属的典型轧制织构。3mm 厚铝箔坯料组织经过 560℃ ×7h 均匀化退火后的主要织构为 {100} < 001 > 立方织构。

（4）TEM 分析中可以看出，经过 50% 加工率冷轧后，其坯料组织内部位错明显增加且亚晶组织有破碎，并且存在较多的第二相化合物，包括粗大棒状的 β(Al$_9$Fe$_2$Si$_2$) 和丝织状的 Al$_6$Fe。在经过 560℃ ×7h 均匀化退火之后，亚晶组织消失，位错明显减少，且有 Al_3Fe 相析出。

（5）经过 60% 变形量的超薄双零铝箔坯料，在均匀化退火后，坯料横向的抗拉强度与伸长率均高于纵向，在 630℃ ×7h 的均匀化退火后，纵向与横向的伸长率都能达到 30% 以上。对断口观察发现，坯料纵向的裂纹扩展速度大于横向，对成品铝箔的生产追踪得知，在 630℃ ×7h 的均匀化退火制度下，超薄双零铝箔的成品率最高，针孔数相对较低。

参 考 文 献

[1] Robson J D. Optimizing the homogenization of zirconium containing commercial aluminium alloys using a novelprocess model [J]. Mater Sci Eng A, 2002, A338: 219 ~ 229.

[2] Li Y J, Arnberg L. Quantitative study on the precipitation behavior of dispersoids in DC—east AA3003 alloy duringheating and homogenization [J]. Acta Materialia, 2003, 51 (12): 3415 ~ 3428.

[3] 李松瑞，周善初. 金属热处理 [M]. 长沙：中南大学出版社，2003：17 ~ 23.

[4] 刘成，罗兵辉，王聪，等. 2024 铝合金的均匀化热处理研究 [J]. 铝加工，2010 (4)：8 ~ 14.

[5] 崔忠圻. 金属学与热处理 [M]. 哈尔滨：哈尔滨工业大学出版社，1989：226 ~ 234.

[6] 李成侣，潘清林，刘晓艳，等. 2124 铝合金的均匀化热处理 [J]. 中国有色金属学报，2010, 20 (2)：209 ~ 216.

[7] 宋东明，闫洪，柯昱，等. 热处理温度对 1235 铝板组织和性能的影响 [J]. 铝加工，2006 (2)：23 ~ 24.

[8] Gupta A K, Lloyd D J, Court S A. Precipitation hardening in Al-Mg-Si alloys with and without excess Si [J]. Materials Science and Engineer, 2000, A316: 11 ~ 17.

[9] 毛卫民，赵新兵. 金属的再结晶与晶粒长大 [M]. 北京：冶金工业出版社，1994.

[10] 毛宏亮. 1235 铝箔连续铸轧坯料组织及其退火工艺的研究 [D]. 昆明：昆明理工大学，2014.

[11] 岳有成. 热处理工艺对超薄双零铝箔坯料组织和性能影响的研究 [D]. 昆明：昆明理工大学，2011.

[12] 段瑞芬，赵刚，李建荣. 铝箔生产技术 [M]. 北京：冶金工业出版社，2010：85 ~ 86.

[13] 潘复生，张静. 铝箔材料 [M]. 北京：化学工业出版社，2005.

[14] 张静. AA1235 合金铝箔的组织控制和工艺优化 [D]. 重庆：重庆大学，1999.

[15] 蔡金山. 热处理对高纯铝箔织构的影响 [J]. 新疆有色金属，2003：52 ~ 53.

[16] Derek Hull. 断口形貌学 [M]. 李晓刚，董超芳，译. 北京：科学出版社，2009.

14　中间退火对 1235 铝箔坯料组织和性能的影响

14.1　中间退火工艺

经均匀化退火后的坯料其厚度在 2.55mm 左右，要加工成为超薄双零铝箔，还需要经过若干道次的冷轧，每一道次的冷轧都是一次加工硬化的过程，都会对坯料的塑性产生影响。均匀化退火后的坯料，经三个道次的轧制，厚度减小至 0.5 ~ 0.6mm，而每一道次的加工率分别为 30%、38.9% 以及 54.5%，加工率逐渐加大，对坯料的塑性及内部的组织破坏严重，因此需要进行一次中间退火，使坯料的组织和性能得以恢复。

均匀化退火后的超薄双零铝箔坯料在经过三个道次的轧制之后，由于每个道次的加工率均在 30% 以上，使坯料的塑性显著降低，不利于继续冷轧。因此需要进行一次中间退火，恢复坯料的塑性，消除加工硬化和内应力。同时改变第二相的分布、降低杂质元素 Fe、Si 的固溶度，为超薄双零铝箔的轧制做好组织和性能上的准备。

再结晶温度主要包括开始再结晶温度和完成再结晶温度。开始再结晶温度通常是指再结晶的开始温度，即在一定的变形程度和保温时间的条件下，金属及合金开始发生再结晶的最低温度，也就是开始形成再结晶新晶粒的温度；当冷变形金属接近全部（约 95%）发生再结晶、形成等轴新晶粒尚未长大的温度是完成再结晶温度，即为完成再结晶温度。

纯金属的再结晶温度与其熔化温度有一定的关系，可以用下列公式表示：

$$T_r = (0.35 ~ 0.40)T_m \tag{14-1}$$

式中，T_r 为再结晶的开始温度；T_m 为纯金属的熔化温度，应用的条件是工业纯金属、大变形（约 70%）、退火时间 0.5 ~ 1h。再结晶完成时的温度要高于开始再结晶温度。金属的再结晶温度不是一个严格确切的值，它不仅与材料的特性有关，而且与合金成分、冷变形程度、退火时间保温时间、加热速度及原始晶粒度等条件有关。

影响再结晶温度有以下诸因素：

（1）冷变形程度的影响。金属和合金材料的冷变形程度对再结晶温度的影响最为明显。金属的变形程度越大，冷变形储存的能量就越多，就有更大的推动力促使金属进行再结晶，因此再结晶温度降低；同时，随着变形程度的增加，金属材料完成再结晶过程所需要的时间就相对的缩短，当变形量增大到一定程度时，再结晶温度变化不大，基本稳定，而不是继续降低。本实验采用的超薄铝箔中间退火坯料是经均匀化退火后的坯料，经过三个道次的冷变形，厚度由 2.55mm→1.8mm→1.1mm→0.5mm，变形量均在30%以上，变形储存能也大幅度地增加，因此，再结晶温度较低。

（2）合金成分及杂质元素的影响。金属中的杂质和少量合金元素对其再结晶温度也有影响。金属的纯度越高，再结晶过程就会进行的越快，从而再结晶温度也越低；而在金属中加入少量元素可以提高再结晶温度，金属越纯，少量元素的作用越明显。这是由于少量元素熔于铝基体中形成微量溶质原子，与位错和晶界交互作用，钉扎位错和晶界，阻碍位错的滑移与攀移和晶界的迁移，使得再结晶形核、长大比较困难，阻碍再结晶的发生，因而使再结晶温度升高。

（3）原始晶粒尺寸。晶粒尺寸越细小，再结晶温度越低。这是由于晶粒细小，晶界增多，在再结晶过程中提供了更多的有利生核区域。另外，细晶粒金属有更大的变形抗力，相同变形程度下，变形储能高，再结晶驱动力大，因此细晶粒容易发生再结晶，使再结晶温度降低。

（4）退火温度和保温时间的影响。根据再结晶动力学特性，发生一定体积分量的再结晶所需时间与温度有 $1/T = A + B\ln t$ 的关系。由此关系式可以推知，再结晶开始温度或完成温度均与保持时间有关，当冷变形程度一定时，随着退火温度的升高，再结晶所需的保温时间就随之缩短；反之，当退火温度较低时，则要相应的延长退火保温时间。

（5）加热速度的影响。金属材料在快速加热时，由于冷变形所引起的晶格扭曲和内应力来不及进行恢复，因而可在较低的温度下发生再结晶，其再结晶温度就低，一般可得到较细小的晶粒。而在缓慢加热时，在加热的过程中，金属先发生回复过程，晶格扭曲畸变几乎会完全消失，使再结晶核心数目显著减少，其再结晶温度就高，晶粒易于长大。

在现有的超薄铝箔生产工艺中，铝箔坯料在经过三道次冷轧机的轧制之后，需要对坯料进行一次中间退火，恢复其组织和性能之后再进行轧制。

（6）升温速度。对于1235工业纯铝，由于其具有良好的导热性能，在快速加热时不会出现钢铁那样，由于受热不均匀，产生较大的内应力而引起裂纹，所以在退火时可以尽量采用高温快速加热。通过研究表明，经冷轧后的超薄铝箔坯料，由于内部存在晶格扭曲以及位错等缺陷，在快速加热时，这些缺陷来不及进行回复。因此有众多的形核核心，得到的晶粒会比较细小，细小的晶粒能够限制第二相的颗粒和尺寸，有利于后续的冷轧加工，因此，在本实验中采取的升温速度为5℃/min。

（7）保温温度。从目前现有的资料来看，大多数企业采用的中间退火温度在300～450℃之间，但是此温度范围是比较宽泛的。重庆大学潘复生等学者经过研究发现，在中间退火的过程中，会出现固溶贫化现象，即在某一个温度值时Fe、Si固溶度处于一个极小值，这个温度值所对应的点即为固溶贫化点。而这个温度值则在380℃左右，这一温度值也被大多数企业采用。因此，在本实验中，所选取的中间退火温度是在380℃左右上下浮动的，即360℃、370℃、380℃、390℃、400℃。

（8）保温时间。热处理的过程中，在热处理温度相同的的情况下，不同的保温时间对晶粒长大的影响是显著的。在热处理的初始阶段，晶粒会随着保温时间的延长而逐渐长大，但是并不是无限长大，在某一个保温温度时，晶粒长大到一定的尺寸后便会基本终止。所以，在一定的保温温度和保温时间下，晶粒的长大都会存在一个极限值。此时，若再提高退火温度和延长保温时间，晶粒还会继续长大，一直达到后一个温度下的极限值。这是因为中间退火也是基于原子的扩散活动，随着温度的升高，原子扩散能力增加，打破了晶体内部的平衡关系。同时破坏了晶界附近的杂质偏聚区，并促使坯料内部弥散相部分溶解，使境界迁移更加容易进行。因此，保温温度对于中间退火的晶粒长大至关重要，要想得到理想的晶粒，就需要确定合理的保温时间。在本实验中，选择的保温时间为1h、2h、4h、6h、8h和10h，实验后对样品进行组织观察，得到合理的保温时间。

（9）冷却方式。本实验中选用的样品体积较小，在中间退火的过程中受热比较均匀。因此，在保温过程结束后，选取的是在空气中冷却。

14.2　铝箔坯料中间退火的金相显微组织分析

14.2.1　中间退火前后晶粒的变化

图14-1～图14-4的金相照片由毛宏亮制作完成。图14-1为0.7mm厚冷轧态的金相组织图。经过三个道次冷轧后，晶粒组织被轧制拉长成条状的纤维组织。此时，合金基体内存在较多的位错和残余应力，阻碍了进一步深加工，需要对其进行再结晶退火以恢复力学性能。

在不同的中间退火制度下，对经过总加工率70%冷加工后0.7mm厚的冷轧态坯料组织其金相组织进行研究，研究退火工艺对晶粒组织的影响。图14-2为360℃中间退火后铝箔坯料组织金相组织图。表14-1为360℃中间退火后晶粒大小测量结果。图14-3为380℃中间退火后铝箔坯料组织金相组织图。表14-2为380℃中间退火后晶粒大小测量结果。图14-4为400℃中间退火后铝箔坯料组织金相组织图。表14-3为400℃中间退火后晶粒大小测量结果。表中，a为晶粒的长轴平均长度，b为晶粒的短轴平均长度，d为晶粒的平均直径。

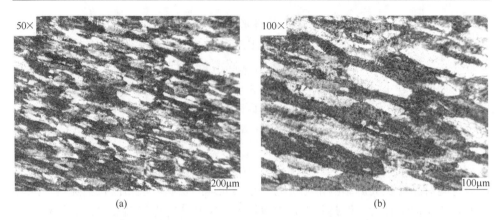

图 14-1　0.7mm 厚冷轧态金相组织

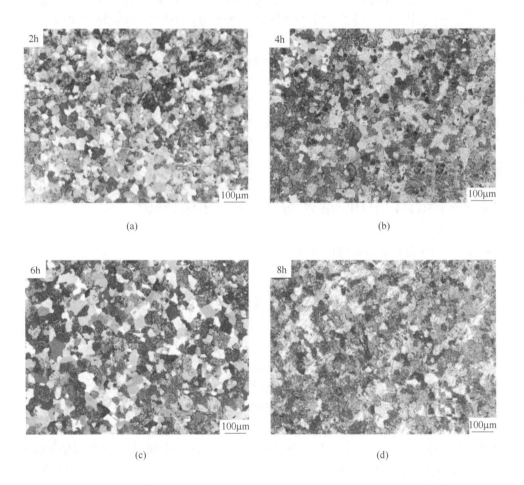

(e)

图 14-2　360℃中间退火的金相组织

表 14-1　360℃中间退火后晶粒大小测量结果

退火时间/h	$a/\mu m$	$b/\mu m$	$d/\mu m$
2	40.2	34	37.1
4	41.2	36.6	38.9
6	45.2	40.8	43
8	48.6	43	45.8
10	67	49.8	58.4

表 14-2　380℃中间退火后晶粒大小测量结果

退火时间/h	$a/\mu m$	$b/\mu m$	$d/\mu m$
2	42.2	33.7	38
4	42.5	37.5	40
6	50.3	41.9	46.1
8	53	43.4	48.2
10	71.6	51.2	61.7

表 14-3　400℃中间退火后晶粒大小测量结果

退火时间/h	$a/\mu m$	$b/\mu m$	$d/\mu m$
2	42.5	34.3	39.4
4	45.1	40.1	42.6
6	54.4	48	51.2
8	56.2	51.4	53.8
10	79.8	55.2	67.5

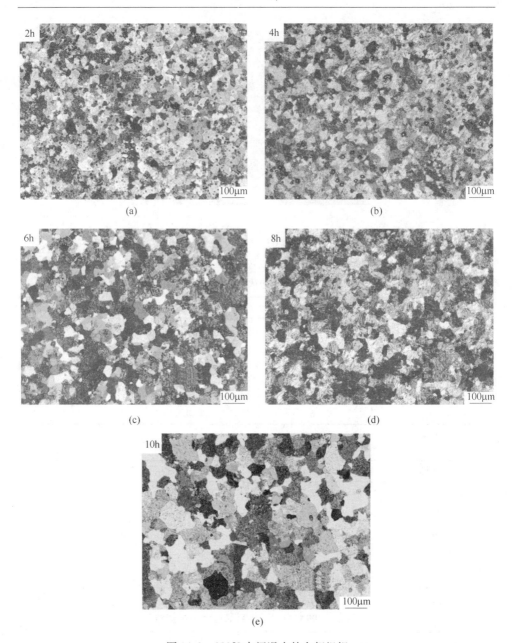

图 14-3　380℃中间退火的金相组织

　　综合以上图、表信息分析可知，中间退火后的晶粒大小比均匀化退火后的晶粒总体要小 20μm，且晶粒形状要比均匀化退火之后均匀了许多，大多为等轴晶粒。坯料组织在 2h 退火温度之前已经完全再结晶，晶粒细小均匀，随着退火温度的升高和退火时间的延长呈增长趋势，且在 400℃时，晶粒随退火温度长大的

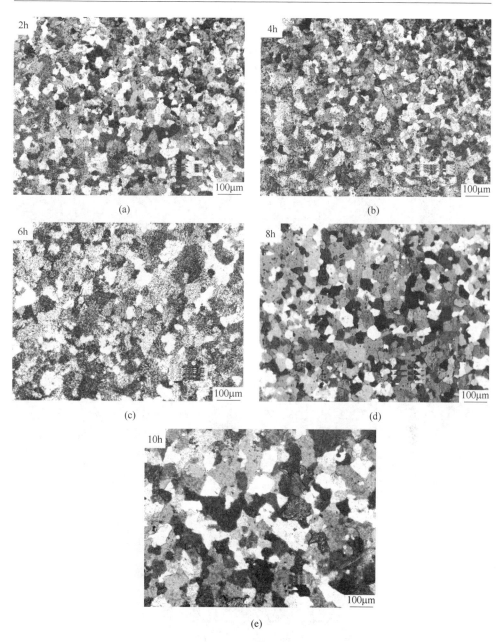

图 14-4　400℃ 中间退火的金相组织

速度快于其他温度。晶粒在退火 2～8h 之间时，晶粒的长大非常缓慢，大多时候退火时间每延长 2h，晶粒长大 2μm 左右。首先这是因为在一定的退火温度下，晶粒尺寸与时间呈抛物线关系，此时再结晶晶粒的大小有一极限值，达到极限值之后难以再增长；其次，中间退火会析出第二相，且此时析出的第二相大都是弥散均匀分布，这些弥散的第二相质点会阻碍晶界移动，尤其是第二相数量越多尺寸越小，这一作用越明显从而使得晶粒越细小。当退火温度达到 10h 时，有少数晶粒急剧长大逐步吞蚀周围的小晶粒，晶粒发生二次再结晶而不均匀长大。

图 14-5 ~ 图 14-9 的金相照片由岳有成制作完成。

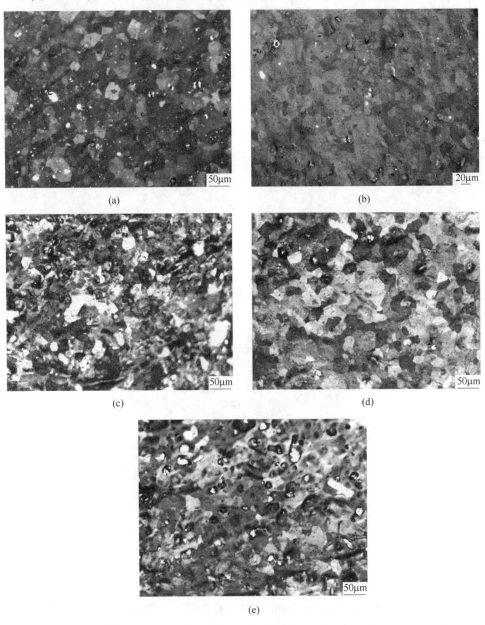

图 14-5　360℃下不同时间退火组织形貌图

(a) 1h；(b) 2h；(c) 4h；(d) 6h；(e) 8h

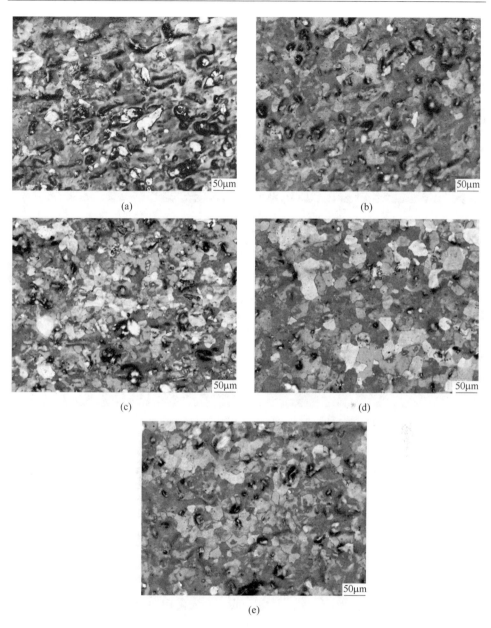

图 14-6　370℃下不同时间退火组织形貌图
（a）1h；（b）2h；（c）4h；（d）6h；（e）8h

从图 14-5~图 14-7 看出，在 360℃、370℃、380℃下退火 1h 后，铝箔材料基体已经完成再结晶过程，即变形晶粒完全消失，基体的自由能较变形态时明显降低。但由于再结晶晶粒扩展，表面的自由能较高，并且晶粒晶界的表面张力不均匀，所以这时的晶粒仍处于不稳定状态。随退火温度的升高，再结晶形核率增

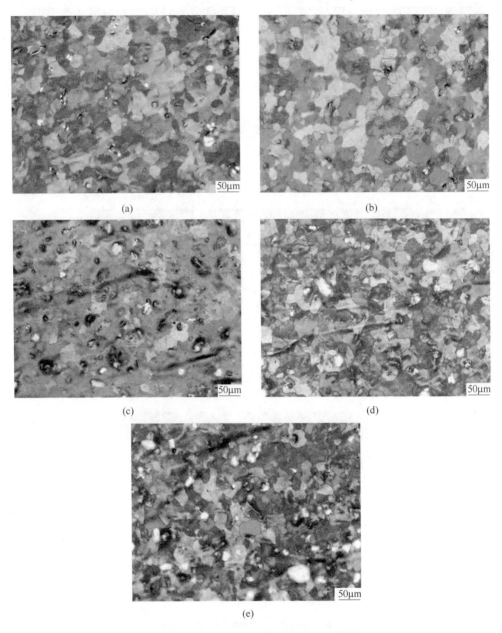

图 14-7　380℃下不同时间退火组织形貌图
(a) 1h；(b) 2h；(c) 4h；(d) 6h；(e) 8h

大的趋势比晶核长大速率增长的趋势强，所以退火温度越高，再结晶完成瞬间的晶粒尺寸越小。如图 14-6 (d) 中所示，370℃下退火 6h，晶粒大小均匀，并在各晶粒内均匀析出细小第二相。再提高退火温度，超薄双零铝箔坯料中晶粒继续

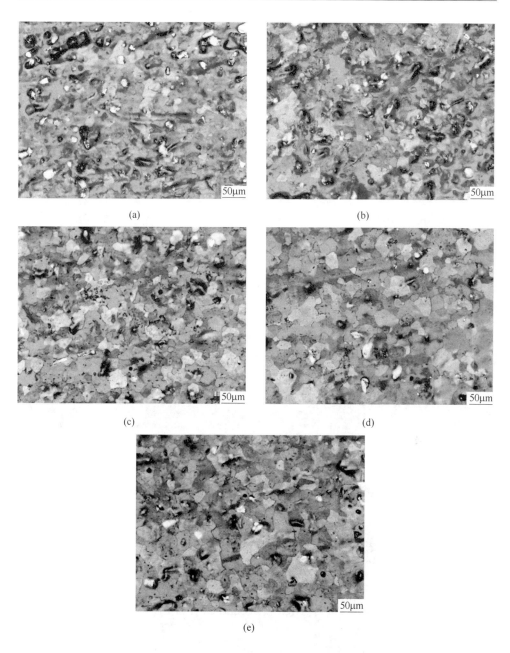

图 14-8　390℃下不同时间退火组织形貌图
(a) 1h；(b) 2h；(c) 4h；(d) 6h；(e) 8h

长大，一直达到后一温度下的极限值。这是因为：（1）原子扩散能力提高了，打破了晶界迁移力与阻力的平衡关系；（2）温度升高可使晶界附近杂质偏聚区破坏，并促进弥散相部分溶解，使晶界迁移更易于进行。

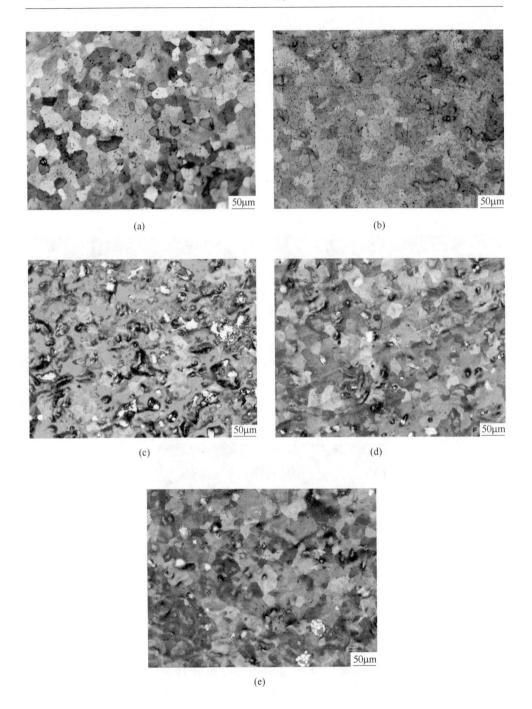

图 14-9　400℃下不同时间退火组织形貌图

（a）1h；（b）2h；（c）4h；（d）6h；（e）8h

当退火温度升至 390℃、400℃，如图 14-8、图 14-9 所示，铝箔坯料晶粒较均匀的再结晶基体中，某些个别晶粒急剧生长并吞蚀周围再结晶基体，最终形成个别粗大的晶粒，即二次再结晶。二次再结晶的必要条件是基体稳定化，即正常晶粒长大受阻。所以，由于某种原因使个别晶粒长大不受阻碍，则它们就会成为二次再结晶的核心，因此，凡阻碍正常晶粒长大的因素均对二次再结晶有影响。图 14-9（a）中，铝箔坯料基体中析出弥散细小第二相，虽然弥散相对正常晶粒长大的阻碍作用最为明显。但在此试验中，弥散相体积分数较小，并呈弥散分布，未形成局部聚集，因此弥散相并不是晶粒二次再结晶的主要影响因素。另外，铝箔坯料中存在明显则有取向，基体中存在少数不同位向的晶粒（如原始晶界附近），这些晶粒尺寸若较小或与平均尺寸相等，则被周围晶粒吞并。若这些位向的晶粒尺寸较平均尺寸大，就会发生长大而开始二次再结晶过程。

14.2.2　中间退火前后第二相的尺寸分布

图 14-10 为中间退火样品的显微组织。表 14-4 为中间退火样品的第二相尺寸分布的统计结果。综合以上信息，随着退火温度的上升，第二相质点的面积含量逐渐上升，尤其是退火时间 6h 以后增长迅速。中间退火过程也同时发生过饱和固溶体的分解析出和非平衡相的溶解两个过程。此时非平衡相已经较少，以析出为主，这导致了第二相质点面积含量增加。刚开始，由于保温时间较短第二相未来得及长大，且此时析出的第二相质点较多，所以在 6h 前大于 5μm 的第二相个数百分比变化不大，且大多弥散均匀分布，之后由于退火时间的延长，析出的第二相逐渐粗化，大于 5μm 的第二相个数快速增加。大于 5μm 的粗大第二相在后续轧制中容易形成针孔，所以综合第二相总数和大尺寸化合物总数，退火时间不宜超过 6h。小于 1μm 的小尺寸化合物，由于退火时间的延长则不断聚集长大而导致个数百分比不断下降。

表 14-4　中间退火样品的第二相尺寸分布的统计结果

编号	状态	第二相质点个数所占比例/%			面积百分比/%
		<1μm	1~5μm	>5μm	
	冷轧态	32.0	59.5	8.5	2.65
B6	380℃×2h	30.8	60.0	9.2	2.87
B7	380℃×4h	28.9	61.7	9.4	3.01
B8	380℃×6h	27.6	62.5	9.9	3.25
B9	380℃×8h	20.5	63.9	15.6	3.32
B10	380℃×10h	15.3	67.5	17.2	3.44

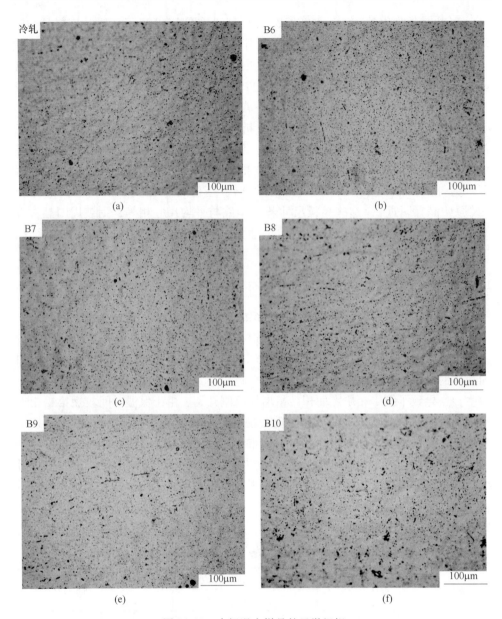

图 14-10　中间退火样品的显微组织

14.3　铝箔坯料中间退火的 XRD 分析

图 14-11 为不同中间退火时间下 0.7mm 厚铝箔坯料组织 XRD 变化图。从图 14-11 中分析可知，随着中间退火时间的延长，$\alpha(Al_{12}Fe_3Si_2)$ 转变明显且逐渐增

多，β（Al_5FeSi）则逐渐减少，这说明中间退火时会发生 β（Al_5FeSi）→α（$Al_{12}Fe_3Si_2$）的转变。中间退火时 XRD 图中的衍射峰比均匀化退火时要更少，因为此时不平衡相已经大部分溶解，基体中主要存在的都是稳定平衡相。

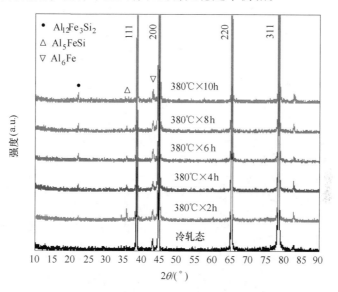

图 14-11　不同中间退火时间 XRD 分析结果

14.4　铝箔坯料中间退火的 EBSD 织构分析

560℃×7h 均匀化退火之后的 3mm 厚铝箔坯料组织在经过三个道次轧制到 0.7mm 厚，此时取样进行 EBSD 分析。

图 14-12 为 0.7mm 厚冷轧态铝箔坯料组织的 ODF 图、极图和反极图。图 14-12（a）中可以得出（0°，45°，0°）、（90°，35°，45°）和（90°，90°，45°）三组欧拉角，其分别对应 {110}<001>织构、{112}<111>织构和 {110}<001>织构，ODF 图中还有一组欧拉角织构未判定，可能是几类轧制织构的叠加。图 14-12（b）中运用解析法可以得出有 {112}<111>铜型织构和 {110}<001>高斯织构，两种织构在 {111} 晶面和 {110} 晶面的投影叠加在一起。图 14-12（c）中可以得出与轧面法向方向一致的晶面处于 {112} 晶面和 {110} 晶面之间，其密度分布值比较分散，而与轧制方向一致的晶面很明显为 {100} 晶面和 {111} 晶面。综上所述，可以得出 0.7mm 厚冷轧态的铸轧坯料组织中主要存在 {112}<111>铜型织构和 {110}<001>高斯织构这两种面心立方金属的典型轧制织构。0.7mm 冷轧态的织构类型和 3mm 冷轧态的织构类型完全一样，和 6mm 铸轧态中的轧制织构也基本保持一致。

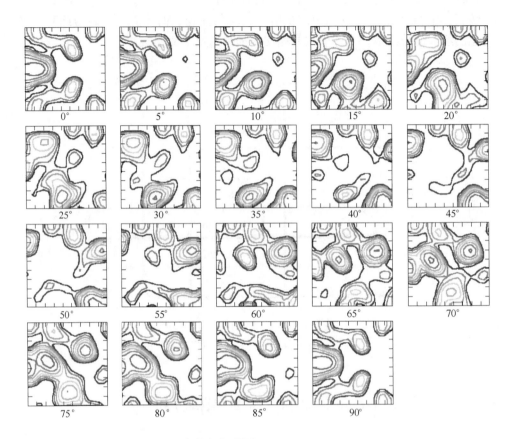

织构名称：谐波：$L=16$, $HW=5.0$
计算方法：调和—余弦法
级数 (1)：16
高斯平滑：$5.0°$
对称样本：正交
表示法：欧拉角 (Bunge)

最大值 $=4.236$
—— 3.330
—— 2.618
—— 2.058
—— 1.618
—— 1.272
—— 1.000
—— 0.786
固定角度：φ_2
→ $\varphi_1 (0.0°\sim 90.0°)$

$\varphi (0.0°\sim 90.0°)$

(a)

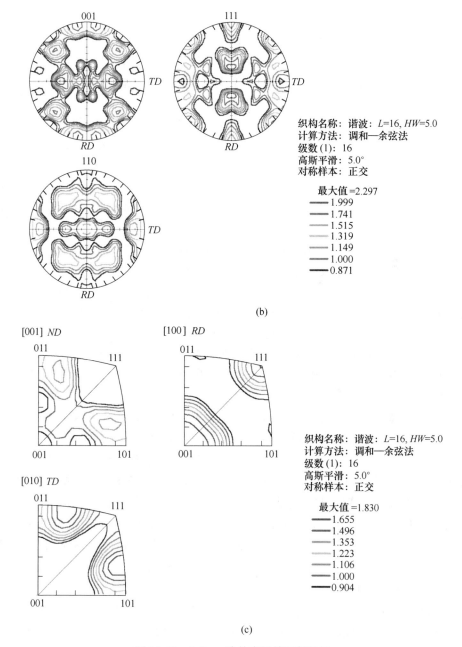

织构名称：谐波：$L=16$, $HW=5.0$
计算方法：调和—余弦法
级数(1)：16
高斯平滑：$5.0°$
对称样本：正交

最大值=2.297
—— 1.999
—— 1.741
—— 1.515
—— 1.319
—— 1.149
—— 1.000
—— 0.871

(b)

织构名称：谐波：$L=16$, $HW=5.0$
计算方法：调和—余弦法
级数(1)：16
高斯平滑：$5.0°$
对称样本：正交

最大值=1.830
—— 1.655
—— 1.496
—— 1.353
—— 1.223
—— 1.106
—— 1.000
—— 0.904

(c)

图 14-12　0.7mm 冷轧态铝箔坯料组织
（a）ODF 图；（b）极图；（c）反极图
RD—轧制方向；TD—轧件的垂直方向；ND—法线方向

在轧制变形时，铝合金中各晶粒的取向会在取向空间内沿不同的轨迹转动，晶粒会从不稳定取向聚集区（离散区）向稳定取向区（聚集区）转动。在这个转动过程中，晶粒的取向会在一些零离散的取向区稳定流动，即晶粒取向先从离散区向零离散区汇聚，然后再转向稳定的聚集区。晶粒的取向在流动过程中会沿转动轨迹遗留下一些未继续转动的变形晶体亚结构，从而在取向空间的变形轨迹上形成一定的取向梯度。除此之外，一个晶粒内部不同部位也会同时发生不同方向的转动，这也会在晶体内造成点阵弯曲和取向梯度。

面心立方金属铝合金在冷轧变形过程中，｛110｝<211>取向是处于聚集区内而｛100｝<001>取向是处于离散区内，｛110｝<001>相对于前者属于离散区内的取向，而相对于后者是聚集区内的取向。这也就是经过均匀化退火之后铸轧坯料组织中存在｛100｝<001>立方织构，而经过冷轧之后立方织构已经完全消失而高斯织构大量出现的原因，高斯织构之所以没有向黄铜织构转变的原因在于加工变形量不够。

0.7mm 厚冷轧态的铝箔坯料为了后续的轧制加工，此时应消除加工硬化，提高伸长率而进行中间退火，这里对 380℃×6h 中间退火的坯料进行 EBSD 分析。中间退火是再结晶退火的一种，金属在经过冷变形之后，金属内部存在着以位错为主的晶体缺陷，这使得其保留了一定的储存能，它是再结晶的驱动力。而铝合金在经过冷变形之后的再结晶过程是一个形核与长大的过程，而其形核和晶粒长大的取向也通常不是随机的，其受到金属成分、加工变形量、热处理工艺和变形晶粒取向等的影响。再结晶之后的多晶体材料中一般会生成再结晶织构。

图 14-13 为 0.7mm 厚中间退火态铝箔坯料组织的 ODF 图、极图和反极图。从图 14-13（a）中可以得到如表 14-5 所示的欧拉角及其所对应的织构。可以看出，再结晶退火织构的织构成分比较复杂，有｛100｝<001>立方织构、｛110｝<001>高斯织构、｛112｝<111>铜型织构和｛124｝<112>R 型织构。图 14-13（b）极图中可以计算出其大概是由立方织构，高斯织构和铜型织构叠加而成。从图 14-13（c）中得出，其与轧面法向方向一致晶面是｛110｝，与轧面方向一致的晶面是｛001｝。综上所述，0.7mm 厚的退火态铸轧铝箔坯料组织中有｛100｝<001>立方织构、｛110｝<001>高斯织构和｛124｝<112>R 型织构，可能存在｛112｝<111>铜型织构。

｛100｝<001>立方织构是铝箔生产中的重要织构，尤其是在高压阳极电解电容器中更是要求有高的立方织构含量，同时它和｛124｝<112>R 型织构也是冷轧铝板退火后最主要的再结晶织构。一般情况下，冷轧后的铝板经过再结晶退火后很容易生成很强的立方织构。｛124｝<112>R 型织构从组分上讲，很类似于冷轧织构，因此可以推断中间退火再结晶过程中存在一定的原位再结晶，从而使得再结晶织构继承了冷轧晶粒的取向。｛110｝<001>高斯织构，｛112｝<111>铜型织构都是面心立方金属的主要冷轧织构。

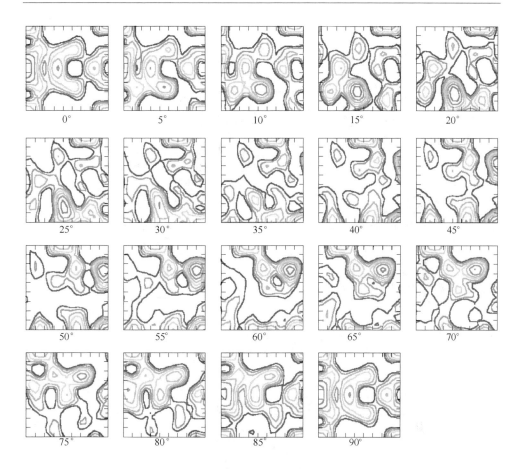

织构名称：谐波：$L=16, HW=5.0$
计算方法：调和—余弦法
级数 (1)：16
高斯平滑：$5.0°$
对称样本：正交
表示法：欧拉角 (Bunge)

最大值$=4.417$

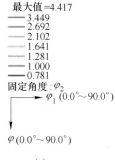

固定角度：φ_2
$\varphi_1 (0.0°\sim90.0°)$

$\varphi (0.0°\sim90.0°)$

(a)

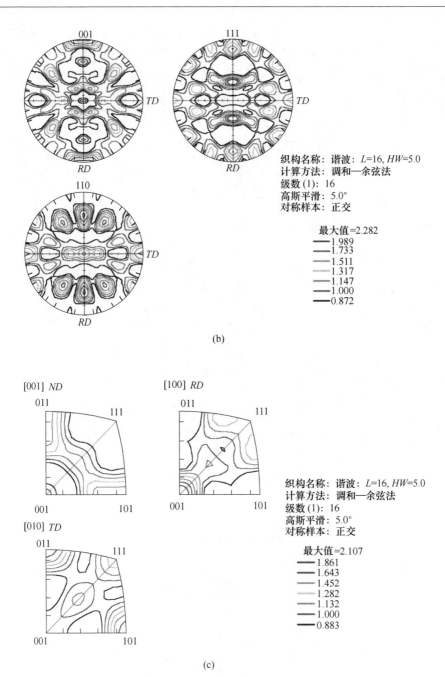

(b)

(c)

图 14-13　0.7mm 厚退火态铝箔坯料组织

(a) ODF 图；(b) 极图；(c) 反极图

RD—轧制方向；TD—轧件的垂直方向；ND—法线方向

表 14-5   0.7mm 厚退火态铝箔坯料组织 ODF 图欧拉角及其对应织构

欧拉角	对应织构
45°, 0°, 45°	{100} <001>织构
0°, 0°, 0°	{100} <001>织构
0°, 90°, 0°	{100} <001>织构
90°, 0°, 0°	{100} <001>织构
90°, 90°, 0°	{100} <001>织构
0°, 45°, 0°	{110} <001>织构
90°, 90°, 45°	{110} <001>织构
90°, 35°, 45°	{112} <111>织构
60°, 29°, 65°	{124} <112>织构

再结晶是一个晶粒形核与长大的过程，且该过程主要依靠大角度晶界的迁移来完成。冷变形后的金属在再结晶的开始阶段，金属基体内会出现经过回复过程而形成的低缺陷密度的亚结构，它会成为潜在的再结晶晶核。当这些亚结构的取向处在聚集区周围时，则亚结构和金属基体之间的晶界并不是可动性较高的大角度晶界，取向梯度小不易作为再结晶晶核而长大。而如果这些亚结构的取向处在离散区周围时，则亚结构与金属基体的取向差大，形成的取向梯度也大，可以形成可动性较高的大角度晶界，从而转变成潜在的再结晶晶核，这种晶核就决定了随后的再结晶过程及对应的再结晶织构。

正是这样，冷轧后织构的组分对再结晶织构有着重要的影响。不管是在均匀化退火还是中间退火之后，铸轧坯料组织中的主要织构都是立方织构，其原因也就是因为面心立方金属中主要的冷轧织构，都与立方取向再结晶晶核构成明显的大角度晶界，从而导致立方取向再结晶晶粒长大有明显的优势。这也就是在中间退火之后 {100} <001>立方织构又从无到有而大量形成的原因。经过冷轧后，0.7mm 厚的坯料组织中已经有较强的 {110} <001>高斯织构，再结晶退火后其依然存在，这说明高斯织构即是轧制织构又是再结晶织构。高斯织构的存在还因为其相对于立方织构处在聚集区，而相对于其他织构则处于离散区，所以其等密度线值依然很高即含量体积比依然很高，从这里可以看出冷轧织构对再结晶织构的影响。除此之外，由于立方织构和高斯织构这些高对称性的织构的相应取向的亚结构有更高的回复倾向，所以也导致其具有更明显的增长优势。

14.5   铝箔坯料中间退火的 TEM 分析

均匀化退火之后，又经过70%加工率之后的0.7mm厚铝箔坯料组织的 TEM 图如图 14-14 所示。在图 14-14（a）、（b）中可以看出，经过三个道次70%以上的总道次加工率以后，由于铝箔坯料组织厚度已经变得比较薄，其内部组织被轧制拉长并且呈现扁平状。由图 14-14（b）中可以看出，在晶粒组织内部有析出的第二相，在图 14-14（c）也中可以看出，在晶粒内部的边界处，有成分偏析存在导致的大的板条状的第二相存在，这些大的第二相，其在之后的轧制过程中容易造成针孔，应该在退火过程使其发生转变。在图 14-14（a）晶粒图中可以看出，铝合金在经过大的塑性变形后，其位错密度会增大并发生交互作用，使得位错会发生聚集缠结而不均匀分布，最终导致晶粒被分化成了许多位向略有差异的小晶块，形成了晶粒内的亚结构。结合图 14-14（c）中第二相的形貌和图 14-14（d）中的衍射斑点分析，可初步判断图 14-14（c）中的第二相其为 β（Al_5FeSi）。

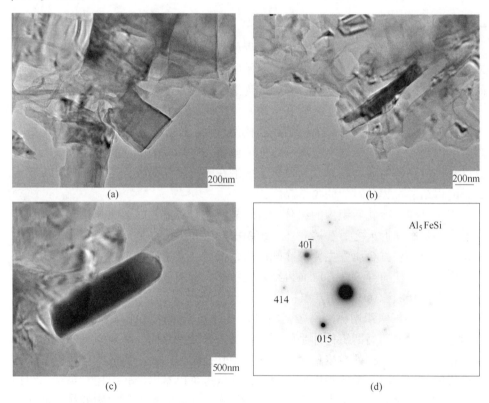

图 14-14　0.7mm 厚冷轧态铝箔坯料组织的 TEM 图

　　图 14-15 为经过 380℃ ×6h 中间退火之后的 0.7mm 厚的铝箔坯料组织的 TEM 图。从图 14-15（a）、（b）中反映经过中间退火之后，之前呈块条状的 β（Al_5FeSi）逐渐向细小颗粒状的 α（$Al_{12}Fe_3Si_2$）转变。可以看出，α（$Al_{12}Fe_3Si_2$）的尺寸非常细小，为纳米数量级。在之后的退火过程中，这些圆颗粒状的 α（$Al_{12}Fe_3Si_2$）会逐渐团聚长大，如图 14-15（c）所示，图 14-15（d）为其所对应的选区电子衍

射斑点。综合图 14-15（c）中第二相的形貌和图 14-15（d）的选区电子衍射斑点，可初步判断其为 $Al_{12}Fe_3Si_2$。

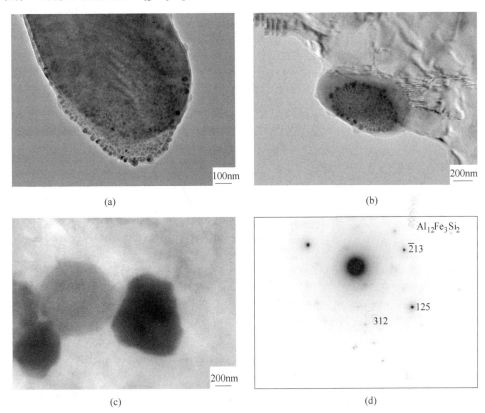

图 14-15　0.7mm 退火态铝箔坯料组织的 TEM 图

14.6　铝箔坯料中间退火的力学性能分析

14.6.1　中间退火温度和时间对力学性能的影响

图 14-16 为不同中间退火制度下的抗拉强度变化曲线图。图 14-17 为不同中间退火制度下的伸长率变化曲线图。由于中间退火过程中晶粒细小等轴，且随着退火时间的延长，在 10h 以前基本都是等轴均匀生长，所以抗拉强度在这一过程中平稳下降，伸长率也逐渐平稳提高。在 10h 时，由于晶粒二次再结晶长大明显，伸长率有所下降。图 14-18 为不同中间制度下硬度变化曲线图。0.7mm 冷轧态的显微硬度 $HV_{0.3}$ 有 178.4，退火之后迅速下降，在 2h 时再结晶已经完成使坯料组织加工硬化得到消除。Fe、Si 元素在铝中的固溶能强烈地提高材料的硬度，所以硬度可以反映出 Fe、Si 在基体中的析出量。在中间退火过程中，一方面会

从基体中析出 α（$Al_{12}Fe_3Si_2$）使得固溶度降低，另一方面，β（Al_5FeSi）→
α（$Al_{12}Fe_3Si_2$）的转变属于高硅相向低硅相的转变，又会使得基体中固溶度升高。
在退火刚开始的过程中，以析出为更主要的方式。所以硬度呈下降趋势。380℃
和 400℃ 退火时，在退火时间为 6h 时硬度都略有提高，且 400℃ 的硬度比 380℃
时还要高。说明此时相的转变导致的固溶度升高的能力高于第二相的析出导致的
固溶度降低，也即存在所谓的最佳固溶贫化点。

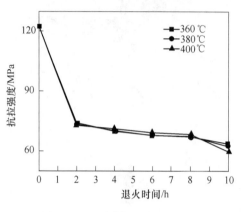

图 14-16　不同中间退火制度下
抗拉强度的变化

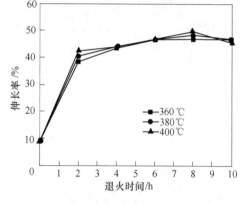

图 14-17　不同中间退火制度下
伸长率的变化

　　对超薄双零铝箔坯料的中间退
火，关键是要确定退火温度。因此，
首先采取的实验温度范围在 240 ~
400℃ 之间，选取的保温时间为 1h，
主要目的是确定超薄双零铝箔坯料
的再结晶温度。而当坯料达到再结
晶的开始温度时，反映在力学性能
上则是抗拉强度的显著降低，塑性
的明显提高。

　　由图 14-19 可知，在 240℃ ×1h
时，与退火前的力学性能相比，降
低的并不是很明显，而伸长率也未
见有所提高，因此将温度升高。当

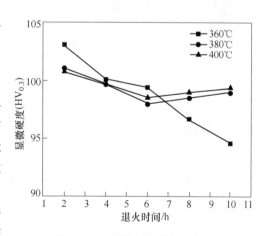

图 14-18　不同中间退火制度下
显微硬度的变化

退火温度达到 280℃ 时，坯料的抗拉强度显著降低、塑性明显提高，表明在此温
度下，坯料已经开始了再结晶的过程；随着退火温度的继续升高，抗拉强度继续
下降，而塑性继续上升，当温度达到 320℃ 以上时，坯料的强度和塑性变化都不
大，说明此时再结晶的过程已经完成。

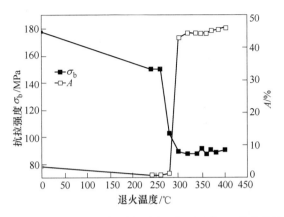

图 14-19　超薄双零铝箔坯料不同温度下退火 1h 的力学性能

由金相观察得知，不同退火温度下保温 6h 时，坯料的显微组织较理想，其晶粒大小均匀，尺寸在 15~20μm，因此对不同中间退火温度下保温 6h 的超薄双零铝箔坯料进行了室温下的力学性能测试。拉伸速度为 4mm/min，标距段为 30mm，其力学性能如图 14-20、图 14-21 所示。

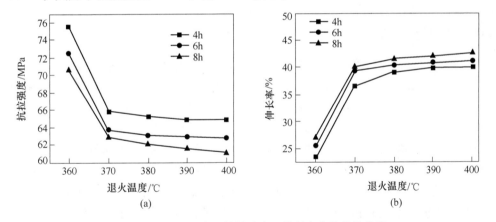

图 14-20　中间退火坯料沿垂直于轧制方向的拉伸曲线
（a）不同温度下的抗拉强度曲线；（b）不同温度下的伸长率曲线

由图 14-20、图 14-21 可知，在 360~400℃范围内保温时，超薄双零铝箔坯料平行于轧制方向的抗拉强度稍高于垂直于轧制方向，可达 76.4MPa。随着退火温度的升高，到 370℃×6h 时，平行于轧制方向的抗拉强度降至 66.8MPa，伸长率达到 45%左右。当退火温度继续升高时，抗拉强度也会有少量的升高，这一点与潘复生教授等人研究发现的在 380℃左右退火时的固溶贫化现象相对应。然而，从本实验的力学性能测试中可以发现，超薄双零铝箔坯料的抗拉强度在 370℃×6h 的中间退火工艺下是最低的，而相应的伸长率是较高的。这是由于本

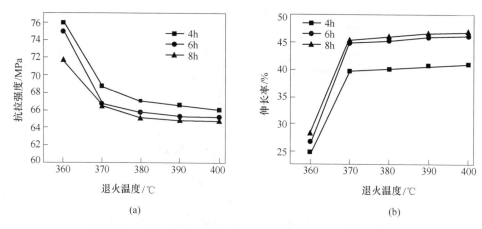

图 14-21　中间退火坯料沿平行于轧制方向的拉伸曲线
(a) 不同温度下的抗拉强度曲线；(b) 不同温度下的伸长率曲线

实验中所选取的坯料厚度为 0.5mm，加工率超过了 60%，由于加工率的增大，导致了固溶贫化温度点的前移。因此，在现有的中间退火工艺下，若加工率较大，可以考虑降退火温度适当的降低 5～10℃。

14.6.2　断口观察

铝箔坯料拉伸试验中，当载荷超过材料的屈服极限时，首先产生均匀的塑性变形，当载荷超过拉伸曲线的最高点时，试样出现颈缩，如图 14-22 (a) 中所示，颈缩是由于试样在拉伸过程中形变的不均匀化造成的。另外，形变的局部化还会造成形变带，裂纹分叉等现象。370℃×6h 退火铝箔坯料拉伸断口的平面和拉伸轴呈 45°角，断口比较光亮，但断口附近也有明显的宏观塑性变形的痕迹，是典型的纯剪切断口，也是一种常见的韧性断口。图 14-22 (a) 中，断口两边呈现出蛇形滑移特征，因为铝箔坯料试样在拉伸载荷作用下，产生塑性变形时，在基体内沿一定晶面和方向产生滑移，基体是多晶体结构，则位向不同的晶粒间相互约束，滑移的进行需要依靠多个交叉滑移系进行，这便在断口形成蛇形滑移花样。图 14-22 (b) 中显示，370℃×6h 退火铝箔坯料拉伸断口的剪切唇区内，形成大小不等的韧窝，韧窝形状规则，深度较深，基体中第二相的尺寸和分布对韧窝的形状有很大影响，而且受材料本身微观结构和相对塑性的影响，韧窝会表现出完全不同的形态和大小。

图 14-23 是 380℃×6h 退火铝箔坯料的拉伸断口形貌图。图 14-23 (a) 显示，此温度处理后的铝箔坯料拉伸断口与 370℃×6h (见图 14-22) 热处理的试样断口形貌明显不同，不再是等轴韧窝，而是变为在拉长韧窝中，存在一种卵形韧窝，如图 14-23 (b) 所示。

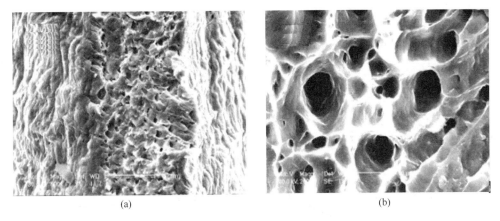

(a)　　　　　　　　　　　　　　　　(b)

图 14-22　370℃×6h 退火铝箔坯料拉伸断口形貌

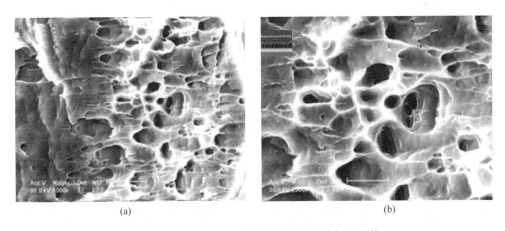

(a)　　　　　　　　　　　　　　　　(b)

图 14-23　380℃×6h 退火铝箔坯料拉伸断口形貌

14.6.3　对中间退火坯料的生产追踪

14.6.3.1　升温速度对力学性能的影响

从图 14-24 中可以看出，随着中间退火时升温速度的增大，坯料的抗拉强度是随之上升的。这是由于在快速加热时，冷变形所引起的晶格扭曲和内应力来不及恢复，坯料在较低的温度下会发生再结晶，因此得到较细小的晶粒；在较慢的加热速度时，坯料组织中会先发生回复的过程，晶格畸变就会几乎完全消失，使再结晶核心数目显著减少，晶粒易于长大。反映图 14-24 中就是随着升温速度的增大，坯料的抗拉强度随之上升。

14.6.3.2　升温速度对成品铝箔针孔率的影响

铝箔坯料的中间退火过程可以消除加工硬化和内应力，使坯料的塑性得以恢复。中间退火对坯料中化合物的尺寸也有重要影响，对于轧制厚度为 6μm 以下的

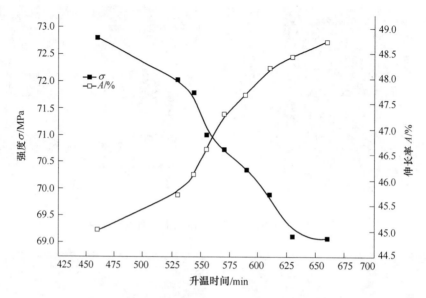

图 14-24　中间退火升温速度与坯料力学性能的关系

表 14-6　升温时间与成品铝箔的平均针孔数对应表

升温时间/min	460	530	545	555	570	590	610	630	660
平均针孔数/个·m^{-2}	1772	2082	2276	2622	2535	2914	3175	4310	5431

铝箔时，任何尺寸大于 5μm 的化合物，都易导致箔材轧制中在粗大的化合物的位置形成针孔而使成品铝箔的针孔率增加，而化合物的尺寸过小（<1μm）时，则会使加工硬化率提高，而轧制 0.0045mm 超薄铝箔更是如此，因此应当尽可能的将化合物尺寸控制在 1~5μm。

快速升温时，回复过程来不及进行或进行的很不充分，因而使冷变形储能大幅度的降低，快速加热提高了形核率，因此可以得到较细小的晶粒组织。在相同的保温时间下，细小的晶粒组织生长的较慢，能有效的阻止大尺寸化合物的形成，可以有效地在后续的冷轧过程中减少针孔的形成。反映在图 14-25 中即为升温速度越快，成品铝箔的针孔率会

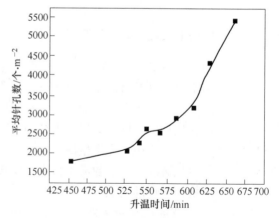

图 14-25　成品铝箔针孔数与中间
退火升温速度关系对应图

呈现整体下降的趋势,因此在中间退火时应选择较快的升温速度。

14.7 本章小结

经过 70% 冷塑性变形之后的 0.7mm 厚铝箔坯料组织,在中间退火前后的组织和力学变化有如下规律:

(1) 中间退火后的晶粒大小比均匀化退火后的晶粒总体要小 20μm,且晶粒形状要比均匀化退火之后均匀了许多,大多为等轴晶粒,晶粒大小在 40~50μm 之间。退火之后,0.7mm 厚铝箔坯料抗拉强度为 67MPa 左右,伸长率为 47% 左右。中间退火制度应选择 380℃ ×6h。

(2) 0.7mm 厚冷轧态的铝箔坯料组织中主要存在 {112} <111> 铜型织构和 {110} <001> 高斯织构。0.7mm 厚的退火态铝箔坯料组织中有 {100} <001> 立方织构,{110} <001> 高斯织构和 {124} <112> R 型织构。

(3) 经过 70% 变形量的轧制之后,其内部组织被轧制拉长并且呈现扁平状,在之后的中间退火过程中,块条状的 $\beta(Al_5FeSi)$ 逐渐向细小颗粒状的 $\alpha(Al_{12}Fe_3Si_2)$ 转变,且 $\alpha(Al_{12}Fe_3Si_2)$ 会团聚长大。

(4) 在 0.5mm 厚度的中间退火坯料拉伸实验中,坯料横向的抗拉强度与伸长率同样高于纵向,370℃ ×6h 中间退火后的坯料,其伸长率可达 45% 左右,且其拉伸断口呈现出卵形韧窝;对坯料中间退火的升温速度研究发现,快速升温时,其抗拉强度较高,晶粒细小,反映在成品铝箔的生产中则可得知,快速升温时,成品铝箔的成品率较高,相对针孔数较少。

参 考 文 献

[1] 冯云祥,张静,潘复生,等. 中间退火工艺对铝箔力学性能和成品率的影响 [J]. 重庆大学学报 (自然科学版),2000,23 (5):32~35.

[2] 刘志恩. 材料科学基础 [M]. 西安:西北工业大学出版社,2003.

[3] 段瑞芬,赵刚,李建荣,等. 铝箔生产技术 [M]. 北京:冶金工业出版社,2010.

[4] 张永晖,彭大暑,张辉. 快速再结晶退火过程金属晶粒度的计算 [J]. 热加工工艺,2001 (2):23~24.

[5] 潘复生,张静. 铝箔材料 [M]. 北京:化学工业出版社,2005.

[6] 毛卫民,赵新兵. 金属的再结晶与晶粒长大 [M]. 北京:冶金工业出版社,1994.

[7] 毛宏亮.1235 铝箔连续铸轧坯料组织及其退火工艺的研究 [D]. 昆明:昆明理工大学,2014.

[8] 李念奎,凌杲,聂波,等. 铝合金材料及其热处理技术 [M]. 北京:冶金工业出版社,2012:291~296.

[9] 岳有成. 热处理工艺对超薄双零铝箔坯料组织和性能影响的研究 [D]. 昆明:昆明理工大学,2011.

[10] 王轶农，蒋奇武，赵壤. 冷轧高纯铝板再结晶织构的演变特征 [J]. 东北大学学报（自然科学版）[J]. 2000, 21 (1)：84~87.

[11] 潘复生，周守则. Al-Mg-Si-Re 合金共晶化合物的研究 [J]. 机械工程学报，1990, 26 (4)：7~11.

[12] 郭士安，肖立隆. 铸轧坯料生产高质量铝板带箔的工艺研究 [J]. 轻合金加工技术，1997, 25 (8)：9~13.

[13] 毛卫民. 金属材料的晶体学织构与各向异性 [M]. 北京：科学出版社，2002：40~64.

[14] L. F. 蒙多尔福. 铝合金的组织与性能 [M]. 王祝堂，张振录，译. 北京：冶金工业出版社，1988.

[15] 冉广，周敬恩，王永芳. 铸造 A356 铝合金的拉伸性能及其断口分析 [J]. 稀有金属材料与工程，2006, 35 (10)：1620~1624.

[16] 徐丽珠，张民生. 退火态 3003 铝合金板材拉伸断口的研究 [J]. 轻合金加工技术，2010, 38 (2)：30~32.

[17] 徐匡迪. 断口学 [M]. 北京：高等教育出版社，2005.

15　超薄双零铝箔的成品退火工艺及其影响

　　大部分铝箔轧制成成品之后一般都需要再进行一次成品退火，成品退火又称软化退火。对于双合轧制的铝箔，成品退火不仅是为了使成品铝箔完全再结晶，而且要完全除掉铝箔表面的残油，恢复成品铝箔一定的力学性能，并能使其光亮平整的自由展开。通常，轧制完的成品铝箔卷材应尽快的分卷和分切，尽量减少其存放的时间。

　　现代铝箔生产一般采用热处理方法除油，主要考虑油类的扩散和挥发问题。铝箔退火工艺设计一般包括两个方面：其一是彻底除油；其二是改变铝箔的力学性能。退火过程中这两个方面是同时进行的，在实际的生产中，消除油斑比改善力学性能更难一些。生产中一般采用两种方法：一是在低温完全除油后再升温，以温度来改善力学性能；二是采用长时间较高温度退火，在除油的同时改善机械性能。

　　铝箔在退火过程中常出现黏结、起棱、起鼓、表面油渍、油斑等一些质量缺陷。这些质量问题均与轧制油的物热性能以及成品退火工艺有关。据有关资料对铝箔轧制润滑油的物热性能分析得知，轧制油在60℃时就开始挥发，80℃以上时挥发速度急剧增加，154℃时挥发量已达97.5%，少量油品在高温时发生热解。在175℃以下，轧制油的挥发是以液体蒸发为主的物理变化，而在175℃以上则是以氧化反应为主的热解反应。并得出"提高加热速度，可以有效细化晶粒"，但普通箱式炉很难做到，可通过合理控制合金成分、改善铸轧板组织、增加冷变形程度、高温短时退火等途径来改善其组织性能。

15.1　铝箔成品退火的种类

15.1.1　低温除油退火

　　铝箔轧制后，铝箔表面会残留部分轧制油，为了减少表面残油，又能保证加工状态的力学性能，可采用低温除油退火工艺。退火温度为150~200℃，退火时间为10~20h，表面除油效果良好，铝箔的抗拉强度微降5%~15%。

15.1.2　不完全再结晶退火

　　不完全退火又称部分软化退火，退火后的组织除存在加工变形组织外，还可能存在着一定量的再结晶组织，不完全再结晶退火主要是为了获得满足不同性能要求的 H22、H24、H26 状态的铝箔成品。

15. 1. 3　完全再结晶退火

完全再结晶退火的温度在再结晶温度以上，保温时间充分长，退火后的铝箔为软状态。软状态退火不仅是为了使铝箔再结晶，而且要完全除掉铝箔表面的残油，使铝箔表面光亮平整并能自由伸展开。

15. 2　影响铝箔退火质量的因素

15. 2. 1　加热温度和冷却速度

应有控制地慢速加热。在保证充分再结晶的条件下，热处理温度尽可能低；尽可能吹进干净的空气，将轧制油的挥发出的油污空气尽可能地带出去，以保证成品铝箔的表面清洁；控制冷却条件，快速冷却会导致表面质量的缺陷。

15. 2. 2　升温、保温、降温时间

确定升温、保温、降温时间，应考虑箔材宽度、卷材直径、空隙率、表面粗糙度和装炉量等因素。铝箔宽度与退火时间如图 15-1 所示，箔材越宽，其退火时间就会越长。

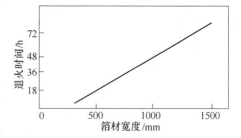

图 15-1　不同宽度铝箔的退火时间

15. 3　成品退火工艺参数的选定

15. 3. 1　加热速度

加热速度是指单位时间所升高的温度。采取合理的加热速度对成品铝箔的质量影响是很大的。对于直径较大、宽幅较宽的铝箔卷而言，快速升温时，会引起铝箔卷的受热不均匀，使铝箔卷的表面与内部的温差较大，铝箔卷表面和心部体积变化会有较大差别，由于热胀冷缩的原因引起成品铝箔表面起鼓、起棱等缺陷。但快速升温又可防止在退火过程中的晶粒局部粗大以及不均匀长大的问题，能够得到细小而又均匀的组织，并能有效地改善成品铝箔的力学性能，因此，加热速度的快慢显著影响成品铝箔的质量。

综合上述因素考虑，在本实验中，由于成品的厚度在 0. 0045 ~ 0. 0055mm，

故采取的升温速率较慢，并在退火的过程中尽可能地吹进干净的空气，将蒸发的油雾尽可能地带出炉内，使其获得高表面质量的成品。

15.3.2　加热温度

加热温度是指成品退火的保温温度。加热温度对退火质量的影响很大，若选择合理，不仅可以获得良好的产品质量，而且可以提高生产率，降低能耗。选择加热温度应考虑下列因素：

（1）对软状态铝箔，要求铝表面光亮、无残油和油斑。从去除铝箔表面残油的角度来看，加热温度越高，去油性能越好。但加热温度太高，会使铝箔内部晶粒组织粗大，力学性能下降。对于连续铸轧坯料生产的超薄双零铝箔而言，超薄铝箔的成品退火温度可设置在200℃左右。

（2）加热温度越高，铝箔的自由伸展性越差。

（3）加热温度的高低对铝箔的组织和性能影响最大，尤其对中间状态铝箔，正确选择加热温度是保证中间状态铝箔组织和力学性能的关键。为保证铝箔的组织力学性能，一般先采用试验室试验，根据试验结果制定退火工艺，然后再在工业生产中进行生产试验。值得注意的是，按试验结果选定的最佳成品退火工艺，在工业生产中往往并不理想，考虑工业生产保温时间要长，通常将试验室选定的温度修正为10~30℃，用于工业生产较为理想。

在本实验过程中，考虑到工业耗能问题，温度设置在185℃。

15.3.3　保温时间

保温时间是指加热温度的保温时间。保温时间和加热时间在一定条件下可相互影响，加热温度高，保温时间就短。当加热温度一定时，保温时间要保证铝箔表面和内部温度均匀一致。保温时间的选择要考虑下列因素：

（1）铝箔卷的宽度和直径。对软状态双张铝箔卷，当退火温度一定时，为达到除油效果目的，应随着铝箔卷宽度和直径的增大，延长保温时间，对宽幅、卷径大的铝箔保温时间可达100~120h。不同宽度铝箔卷的保温时间如图15-2所示。

（2）孔隙率对除油效果影响较大，孔隙率大，保温时间可缩短，在其他条件相同时，孔隙率为14%的0.007mm铝箔卷与孔隙率为10%的0.007mm的铝箔卷相比，前者可缩短

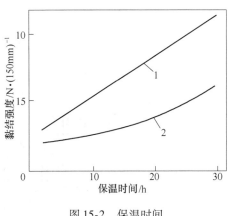

图15-2　保温时间

1—400℃；2—300℃

保温时间 10%~20% 。

（3）对性能要求的铝箔，保温时间要足以使铝箔卷表面、内部组织和性能均匀一致。

（4）考虑到生产效率，在能够保证铝箔退火质量的前提下，应尽量提高加热温度，缩短保温时间。

对于宽幅小于 500mm 的超薄双零铝箔，采取的保温时间小于 20h，对于宽幅大于 500mm 的超薄双零铝箔，保温时间则要在 20h 以上。

15.3.4 冷却速度

冷却速度的选择要考虑下列因素：

（1）铝箔卷厚度、宽度和直径。铝箔厚度越薄，宽度和直径越大，冷却速度应越慢。冷却速度对 0.02mm 以上较厚的铝箔卷影响较小，但对 0.02mm 以下较薄的铝箔卷应控制其冷却速度和出炉温度，冷却速度应小于 15℃/h，出炉温度应小于 60℃。

（2）组织和性能。对热处理不可强化合金箔材，冷却速度对组织性能的影响很小，但对热处理可强化的合金箔材，如果冷却速度太快，第二相质点得不到充分长大，就有可能形成细小的弥散质点，造成部分淬火效应，使强度升高，塑性降低，所以对此类合金箔材的冷却速度应加以控制。1235 工业纯铝属于不可热处理强化铝合金，因此，在实验中采取的冷却方式为空冷。

15.4   成品超薄双零铝箔的晶粒尺寸与 ODF 截面图

经一系列冷变形之后，最终生产出成品铝箔，所选取的试验用成品铝箔的厚度为 0.0045mm 左右，其晶粒尺寸如图 15-3 所示。从图 15-3 中可得知，该成品

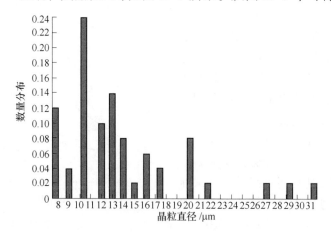

图 15-3   0.0045mm 成品铝箔的晶粒尺寸

铝箔的晶粒尺寸比较细小，80%集中在16μm以下。而对超薄双零铝箔晶粒取向的检测发现，在成品铝箔中，如图15-4所示，主要存在$(\bar{1}01)[212]$织构、$(\bar{1}03)[331]$织构、$(113)[\bar{1}\bar{1}0]$织构、$(\bar{1}10)[\bar{1}\bar{1}0]$织构，同时，也发现有少量的立方织构的存在，一般情况下，立方织构是退火状态坯料内部主要存在的一种织构，但成品铝箔在箔轧和分卷之后会存放一段时间，这就形成了一个自然时效的过程，铁在铝中有少量的析出，导致了少量立方织构的形成。

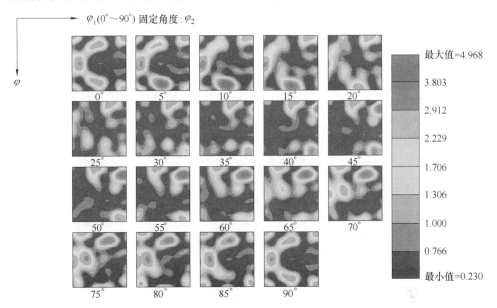

图15-4　0.0045mm成品铝箔冷轧态的ODF恒φ_2截面图

15.5　成品超薄双零铝箔的力学性能

测定成品超薄双零铝箔的力学性能过程与坯料不同。由于成品铝箔的厚度均在0.0045~0.005mm之间，已经到了铝箔厚度的极限，无法再对其进行加工成标准的拉伸试样。

铝箔的厚度用感量为0.1mg的分析天平由测重法测得。测量步骤：用取样板在需要测定厚度的铝箔上一次取下100cm²有代表性的试样，将取下的试样用丙酮或其他合适的溶剂擦拭，以除掉油和其他污垢，将上述擦拭干净且已干燥的试样放在分析天平上称量。因此，利用下面公式即可求得铝箔厚度：

$$T = W/10nD \tag{15-1}$$

式中　T——被测铝箔的总厚度，mm；

　　　W——用天平称量时所得的质量，g；

n——试样片数；

D——被测铝箔的密度，g/cm^3。

对于 1235 工业纯铝生产的超薄双零铝箔，D 值为 164.3。在进行拉伸试验时，在拉伸试验机的夹头处夹上若干纸片，分别对试样经成品退火前后进行拉伸试验。其结果见表 15-1 和表 15-2。

表 15-1　成品铝箔退火前力学性能

抗拉强度/MPa	伸长率/%	厚度/mm
152	0.4	0.0041
147	0.5	0.00454
145	0.54	0.0048
141	0.6	0.00505
140	0.6	0.0052

表 15-2　成品铝箔退火后力学性能

抗拉强度/MPa	伸长率/%	厚度/mm
80	0.87	0.0041
76	0.95	0.00454
72	1.03	0.0048
69	1.36	0.00505
67	1.4	0.0052

成品超薄双零铝箔在冷轧态的抗拉强度较高，而伸长率只有 0.4%~0.6%，经过 20h 升温至 185℃后保温 19h 的成品退火处理后，其抗拉强度降低，而伸长率也提升至 0.8%~1.4% 之间，超薄双零铝箔的性能得到了一定程度的恢复。

通过对超薄双零铝箔经过成品退火后的质量跟踪发现，成品超薄双零铝箔经过退火后能够自由的伸展开，起棱、起鼓等问题不突出，而表面的油污也能挥发得比较彻底。因此可以得知，20h 升温至 185℃ × 19h 的成品退火工艺是较为理想的。

15.6　本章小结

（1）成品超薄双零铝箔的晶粒尺寸较小，集中在 $16\mu m$ 以下，由于自然时效的存在，其内部织构主要以 $(\bar{1}01)[\bar{2}1\bar{2}]$ 织构、$(\bar{1}03)[\bar{3}31]$ 织构、$(\bar{1}13)[\bar{1}\ \bar{1}0]$ 织构、$(\bar{1}10)[\bar{1}\ \bar{1}0]$ 织构为主。

（2）成品超薄双零铝箔在进行成品退火前，其抗拉强度最大可达 152MPa，而伸长率只有 0.4%~0.6%。经 185℃ × 19h 的成品退火处理后，抗拉强度降至

67~80MPa，伸长率也稍有提高，可至0.8%~1.4%。

参 考 文 献

[1] 佟颖. 消除铝箔表面残油的措施 [J]. 轻合金加工技术，2002 (2)：20~22.

[2] 董则防，潘秋红，张安乐，等. 胶带用8011-O铝箔退火工艺研究 [J]. 轻合金加工技术，2010，38 (3)：31~32.

[3] 王志兴. 铝箔卷退火后产生起鼓现象的讨论 [J]. 轻合金加工技术，2005，3 (2)：33~34.

[4] 徐丽珠，张民生. 退火态3003铝合金板材拉伸断口的研究 [J]. 轻合金加工技术，2010，38 (2)：30~32.

[5] 蔡金山. 热处理对高纯铝箔织构的影响 [J]. 新疆有色金属，2003：52~53.

[6] 徐匡迪. 断口学 [M]. 北京：高等教育出版社，2005.

[7] 李鹏. 双零铝箔力学性能的实验研究 [D]. 长沙：中南大学，2004.

[8] 杨钢. 超薄双零铝箔坯料组织和性能控制的基础研究 [D]. 昆明：昆明理工大学，2012：82~87.